Martin G. Möhrle

Betrieblicher Einsatz Computerunterstützten Lernens

Martin G. Möhrle

Betrieblicher Einsatz Computerunterstützten Lernens

Zukunftsorientiertes Wissens-Management im Unternehmen

Druck und buchbinderische Verarbeitung: Langelüddecke, Braunschweig
Gedruckt auf säurefreiem Papier

ISNM-13: 978-3-528-05516-5   e-ISBN-13: 978-3-322-84938-0
DOI: 10.1007/ 978-3-322-84938-0

Zum Geleit:
Lernen im Wandel - Wandel des Lernens

Nichts sei so beständig wie der Wandel, lehrte *Heraklit*, der große vorsokratische Philosoph, schon vor 2.500 Jahren. Nur vollzieht sich der Wandel heute - angetrieben durch den technischen Fortschritt - immer schneller und macht vor keinen Tabus halt.

Wandel des Lehrens und Lernens ...

Ein solches - bisheriges - Tabu stellen die Prozesse des *Lehrens und Lernens* dar. Noch dominiert das Von-Mensch-zu-Mensch-Prinzip, wie es im Schulunterricht, in der Universitätsvorlesung und im individuellen Lehrgespräch praktiziert wird, jeweils unterstützt durch schriftliches Material. Wie lange noch?

durch IKT

Die Informations- und Kommunikationstechnologie (IKT) wird das Lehren und Lernen *von Grund auf* verändern. Das *Computerunterstützte Lernen* (CUL) drängt mit Macht in die Lehr- und Lernprozesse hinein, auf allen Wissensebenen, in praktisch allen Stoffgebieten und in den meisten Lehrinstitutionen. CUL wird nicht haltmachen vor den *Schulen*, auch nicht vor den *Universitäten* und erst recht nicht vor den *Unternehmen*. Drei Beispiele:

- *Technische Produkte* - insbesondere solche von hoher Komplexität - werden mit CUL-Nutzungs- und -Reparaturanweisungen geliefert werden.

- Viele *Dienstleistungen* - und auch hier wieder vor allem die komplexen - werden mit CUL Kunden und Mitarbeitern erklärt werden.

- In die innerbetriebliche Aus- und Weiterbildung wird CUL *massiv* einziehen.

CUL-Durchdringung des Unternehmens

Das ist das Thema von Herrn Möhrle: die *CUL-Durchdringung des Unternehmens.* Für welche *Einsatzbereiche* eignet sich CUL? Durch welche *informationstechnischen Fortschritte* wird die Leistungsfähigkeit bzw. Kostengünstigkeit von CUL weiter verbessert? Wie sehen *CUL-Experten* die Zukunft? Und: Welche Konzepte gibt es zur *systematischen Ermittlung von CUL-Anwendungspotentialen* im Unternehmen?

Zielgruppen des Buchs

Die Antworten auf diese Fragen gehen viele an:

- *Führungskräfte* in Unternehmen und öffentlichen Bildungsinstitutionen,

- *Verantwortliche für Aus- und Weiterbildung,*

- wirtschaftlich denkende *CUL-Entwickler,*

- *Berater* von Unternehmen,

- *Forschende* und *Lernende* im Bereich der Betriebsinformatik.

Nutzen für den Leser

Sie alle können von den Ausführungen von Herrn Möhrle *profitieren*: von der profunden Darstellung der *CUL-Grundlagen,* von der einerseits optimistisch stimmenden, andererseits Realismus einfordernden *Delphi-Expertenbefragung,* von der nützlichen Aufarbeitung britischer Erfahrungen mit dem *Breiteneinsatz von CUL,* von der Vorgehensweise *LOLA* zur nachvollziehbaren Bestimmung des CUL-Anwendungspotentials.

Insgesamt zielt die Arbeit von Möhrle auf ein *zukunftsweisendes Wissensmanagement* und die Steigerung der "Intelligenz des Unternehmens".

Prof. Dr. Heiner Müller-Merbach   Universität Kaiserslautern

Inhaltsverzeichnis

1 Eine betriebswirtschaftliche Technologievorausschau für das Computerunterstützte Lernen

*Wir ertrinken in Informationen
und hungern nach Wissen.*

*(John Naisbitt, *1929)*

*"Es ist schlimm genug, ... daß man jetzt
nichts mehr für sein ganzes Leben lernen kann.
Unsere Vorfahren hielten sich an den Unterricht,
den sie in ihrer Jugend empfangen;
wir aber müssen jetzt alle fünf Jahre umlernen,
wenn wir nicht ganz aus der Mode kommen wollen."*

*(Johann Wolfgang Goethe, 1749 bis 1832,
in: "Die Wahlverwandschaften",
aus: Goethes Sämtliche Werke in 36 Bänden,
19. Band, Stuttgart: Cottasche Buchhandlung 1893, S.35,
vgl. auch Arnold 1990, S.99).*

Als Erich Gutenberg im Jahre 1958 seine *"Einführung in die Betriebswirtschaftslehre"* veröffentlichte,

- standen deutsche Industrie- und Dienstleistungsunternehmen noch kaum im Wettbewerb mit sich *ständig verbessernden und ständig innovativen* japanischen und südostasiatischen Unternehmen (vgl. Imai 1992 zum Konzept des *Kaizen*),

- befand sich die *Informatik* (damals noch als *Datenverarbeitung* bezeichnet) als dynamische und durchgängige Schlüsseltechnologie für Unternehmen aller Art erst *am Anfang ihres Entwicklungsverlaufs* (vgl. Nefiodow 1986, S.7),

- hatte der *generelle technologische Fortschritt noch nicht die hohe Geschwindigkeit,* die er in den späteren Jahren angenommen hat (vgl. Weingart und Winterhager 1984, S.94, mit dem empirischen Befund, daß sich die Anzahl wissenschaftlicher Publikationen alle 15 Jahre verdoppelt) und

- hatten Meadows, Zahn und Milling (1972) noch nicht auf die *"Grenzen des Wachstums"* hingewiesen und galt *quantitatives Wachstum* der Industrieproduktion *anstelle intelligenter Anpassung* an Technologie-, Umwelt- und Sozialverhältnisse als ein wirtschaftspolitisches Hauptziel.

Lehren und Lernen als Kernelemente

Wäre all dies schon bekannt oder vorhersagbar gewesen, hätte Erich Gutenberg möglicherweise bereits damals das *Lehren und Lernen* neben die unternehmerischen Leitungsinstrumente der *Planung und Kontrolle, Organisation* und *Führung* gestellt (vgl. Gutenberg 1958, S.47). Denn die Erhaltung und Entwicklung von *Kompetenz* (vgl. Momm 1995, S.102), das Vertiefen und Steigern von *Wissen und Fähigkeiten,* mit anderen Worten: das *Lehren und Lernen,* gewinnen zunehmend an Bedeutung für die Unternehmen. Sie bilden nach neuerer Auffassung *Kernelemente betriebswirtschaftlichen Handelns.* Begleitet wird diese Tendenz durch *neue Wege der Computerunterstützung* des Lehrens und Lernens.

Lehren und Lernen spielen in allen betriebswirtschaftlichen Funktionsbereichen eine bedeutende Rolle, insbesondere sind sie ein *integraler Bestandteil vieler Entscheidungsprozesse* (vgl. Golüke 1991, S.1120-1122). Gestaltung und Durchführung von Lehr- und Lernprozessen sollten daher als *Leitungsaufgabe* gesehen werden, die *jede* Führungskraft in einem Unternehmen zu erbringen hat. Gleichwohl bieten die Aktivitäten der Abteilungen für betriebliche Weiterbildung den bisher einzig greifbaren *quantitativen Indikator* für die betriebswirtschaftliche Bedeutung des Lehrens und Lernens:

Betriebliche Weiterbildung als Indikator für Lehren und Lernen

- Das Institut der Deutschen Wirtschaft hat für die Jahre 1992 und 1987 die Weiterbildungskosten deutscher Unternehmen erhoben. Danach entstanden im Jahr 1992 Kosten in Höhe von *30,9 Mrd. DM* für Lehr- und Informationsveranstaltungen, Lernen am Arbeitsplatz sowie selbstgesteuertes Lernen (vgl. Institut der Deutschen Wirtschaft 1994, Tabelle 132). Im Jahr 1987 betrugen die Kosten hingegen erst *23,9 Mrd. DM* (vgl. Institut der Deutschen Wirtschaft 1993, Tabelle 133). Aus beiden Angaben läßt sich eine *durchschnittliche jährliche Steigerung von 5,3%* im Zeitraum zwischen 1987 und 1992 errechnen.

• Nach einer Erhebung von Bardeleben und Gawlik (1987, S.101), die einmalig im Jahr 1987 durchgeführt wurde, haben sich in Großunternehmen die Weiterbildungsausgaben pro Mitarbeiter von 370 DM im Jahre 1981 auf 680 DM im Jahre 1985 fast verdoppelt; dem liegt eine *Wachstumsrate von 16% p.a.* zugrunde.

Lehren und Lernen zielen zum einen auf die Steigerung der *Leistungsfähigkeit von Individuen* und erhöhen zum anderen die *Leistungsfähigkeit eines Unternehmens als Ganzes*:

• Lehren und Lernen beziehen sich zunächst auf die *einzelnen Mitarbeiter* eines Unternehmens: Die Mitarbeiter sind die Adressaten von Angeboten, die ihre *individuelle intellektuelle, motorische oder verhaltensorientierte Leistungsfähigkeit* erhöhen sollen.

• Der persönliche Qualifikationszuwachs einzelner Mitarbeiter steigert in aller Regel zudem die *Leistungsfähigkeit eines Unternehmens als Ganzes*. Darüber hinaus bedarf es jedoch spezieller Lehr- und Lernangebote, die zu einem *organisatorischen Lernen* beitragen. Hierunter faßt Stata (1989, S.64) *drei Fähigkeiten* in einer Organisation, nämlich

— erstens das *Wissen* zwischen all ihren Mitgliedern *auszutauschen,*

— zweitens bei Problemen zu einem *Konsens* zu *gelangen* und

— drittens ein abgestimmtes, zielgerichtetes *Verhalten* zu *erreichen* (vgl. auch Geißler 1995, S.45-53, mit einer ähnlichen, wenngleich noch differenzierteren Begriffsbestimmung).

— Dies sei noch ergänzt um die *vierte* Fähigkeit in einer Organisation, nämlich ihre Mitglieder zu einem *konstruktiven Dialog* anzuregen.

Für beide Zwecke, sowohl individuelles als auch organisatorisches Lehren und Lernen, eignen sich *verschiedene Lehr- und Lernformen,* u.a. die autodidaktische Aneignung aus Büchern und die Ausbildung in Seminaren und Workshops. Von besonderer Bedeutung für die Zukunft dürfte sich die Lehr- und Lernform des *Computerunterstützten Lernens* (CUL) erweisen. Hier setzt das vorliegende Buch an:

• Bereits heute setzen Unternehmen in ausgewählten Feldern das CUL ein (Abschnitt 1.1, S.4 ff.).

• Technologische Dynamik einerseits und Wandel im betrieblichen Umfeld andererseits werden in Zukunft den CUL-Einsatz erweitern und in vielem verändern. Die hieraus resultierenden, betriebswirtschaftlich bedeutsamen Konsequenzen führen zur *Aufgabenstellung* für dieses Buch (Abschnitt 1.2, S.11 f.).

• Zur Operationalisierung der Aufgabenstellung und gleichzeitig als Untersuchungsmethode für die weiteren Kapitel wird eine *betriebswirtschaftliche Technologievorausschau* vorgeschlagen (Abschnitt 1.3, S.12 ff.). Sie zielt auf eine *technologische* und eine *anwendungsorientierte Perspektive* einer Technologie als den beiden Polen eines Spannungsfelds.

• Aufgabenstellung und Untersuchungsmethode prägen gemeinsam den weiteren *Aufbau des Buchs* (Abschnitt 1.4, S.18 ff.).

1.1 Eine Frage am Anfang: Warum setzen Unternehmen heute CUL als Lehr- und Lernform ein?

Beispiele von ...

Schon heute wird das Computerunterstützte Lernen (CUL) in der betrieblichen Praxis in ausgesuchten Fällen eingesetzt, insbesondere in der *betrieblichen Aus- und Weiterbildung* (siehe auch die empirische Untersuchung von Grass und Jablonka 1990). Drei Beispiele mögen dies illustrieren:

Karstadt, ...

• Die Karstadt AG verwendet eine CUL-Applikation, um ihre Mitarbeiter hinsichtlich des in einem Handelsunternehmen sehr wichtigen *Wettbewerbsrechts* zu schulen: *"Anhand von Fallbeispielen erarbeitet der Lernende, was im Wettbewerb rechtlich erlaubt bzw. nicht erlaubt ist. Er macht sich auf diese Weise mit den wichtigsten Begriffen und Zusammenhängen dieses Rechtsgebiets vertraut. ... Die Wissensvermittlung erfolgt ... durch Fallbeispiele aus der Praxis, die dem Lerner hypothetische Entscheidungen abverlangen"* (Kryschak 1993, S.125).

Audi und ...

• Die Audi AG vermittelt ihren Mitarbeitern in der Motormontage Kenntnisse über *"Die elektronische Motorsteuerung des V6-Motors"* in einer CUL-Applikation (vgl. Specht und Kos 1993, S.90-91). Darin werden verschiedene, im Motor eingesetzte Sensoren erklärt, u.a. ein Klopfsensor und ein Drehzahlgeber, sowie unterschiedliche Aktoren. In der CUL-Applikation kommen simulative Elemente, multimediale Darstellungen und Lernspiele zum

Einsatz: *"So wurden beispielsweise mit Hilfe einfacher Simulationen nicht sichtbare Vorgänge im Motor verständlich erklärt. Am Beispiel der Saugrohrumschaltung konnte der Lernende durch eigenständige, stufenlose Einstellung der Motordrehzahl auf einer Skala in einer Graphik beobachten, welchen Weg die angesaugte Luft ... im Saugrohr nimmt und wie sich die Schwingungsverhältnisse im Saugrohr verändern"* (Specht und Kos 1993, S.91).

Colonia

- Die Colonia Versicherungs AG nutzt CUL-Applikationen zur Weiterbildung ihres Versicherungs-Außendienstes (vgl. Grüter und Schlosser 1993, S.146-147). Im Mittelpunkt stehen dabei *Produkte des Unternehmens* wie Wohngebäudeversicherungen oder Unfallversicherungen. Mit den CUL-Applikationen löst die Colonia Versicherungs AG ein besonderes Problem, denn vor dem CUL-Einsatz mußte sie Mitarbeiter aus allen deutschen Bundesländern zu Weiterbildungsseminaren abziehen und zentral schulen.

Die drei Beispiele regen zu *Fragen* an: Warum setzen die Unternehmen in den Beispielen CUL-Applikationen ein? Hätten *herkömmliche Lehr- und Lernformen* nicht sowohl Ausbildern als auch Mitarbeitern nähergelegen? War der Bedarf an *originären Eigenschaften* des CULs gegenüber den herkömmlichen Lehr- und Lernformen für die Entscheidung ausschlaggebend?

Drei Gründe für CUL-Einsatz: ...

Eine erste Annäherung an diese Fragen sei durch drei Antworten versucht (Bild 1.1):

- erstens durch die Leitidee einer CUL-Applikation als *Mensch-Maschine-Tandem,*

- zweitens durch den Bedarf an *originären Eigenschaften* der Lehr- und Lernform CUL und

- drittens durch ihre Beurteilung hinsichtlich *komparativer Kriterien,* also ihre *Positionierung* im Vergleich zu herkömmlichen Lehr- und Lernformen.

Idee des Mensch-Maschine-Tandems, ...

Als erste Antwort auf die angesprochenen Fragen sei das CUL als *Mensch-Maschine-Tandem* charakterisiert: Durch die Nutzung der maschinellen Eigenschaften des Computers zur Unterstützung der intellektuellen Fähigkeiten des Menschen bildet die Kombination von Mensch und Maschine eine konstruktive Beziehung, eben ein *Mensch-Maschine-Tandem* (vgl. zum Begriff Müller-Merbach 1988a, S.9-11). Eine CUL-Applikation hilft den Anwendern, indem sie ihnen Wissen und Fähigkeiten vermittelt,

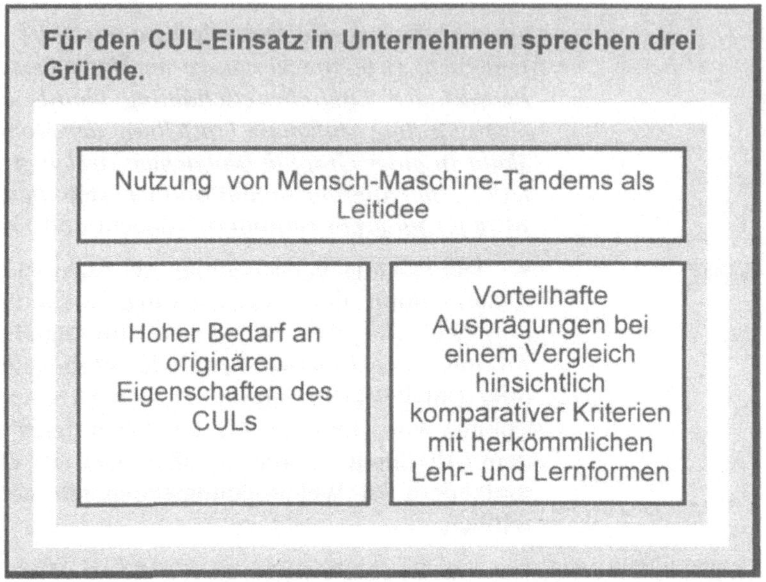

welche die Anwender bei der Lösung ihrer fachlichen Probleme nutzen können; die CUL-Applikation hat jedoch *nicht* die Aufgabe des eigenständigen Problemlösens.

Bedarf an originären Eigenschaften des CULs und ...

An die erste Antwort anschließend stellt sich die Frage, was denn die *originären Eigenschaften* des CULs seien. Der *Bedarf* an diesen Eigenschaften bildet die zweite Antwort auf die oben angesprochenen Fragen. Als *Minimalkonfiguration* sei dabei ein heute üblicher Computerarbeitsplatz zugrundegelegt, an dem ein Lernender alleine eine CUL-Applikation bearbeite. Der Computerarbeitsplatz bestehe aus

- einem handelsüblichen Personal-Computer

- mit einer geeigneten Graphikkarte und einem Monitor sowie

- einer Maus und einer Tastatur (vgl. hierzu u.a. Bäumler 1988, S.45-46).

Bereits in dieser Minimalkonfiguration, also beispielsweise noch ohne Netzwerkanschluß oder Multimedia-Einrichtungen, kommen *originäre Eigenschaften des CULs* zum Tragen. Fünf dieser Eigenschaften seien herausgestellt (Bild 1.2):

- Simulative Elemente: Eine CUL-Applikation kann ein reales System nachbilden, seine Eigenschaften und sein Verhalten den

Bild 1.2:
Originäre Eigen-
schaften des CULs

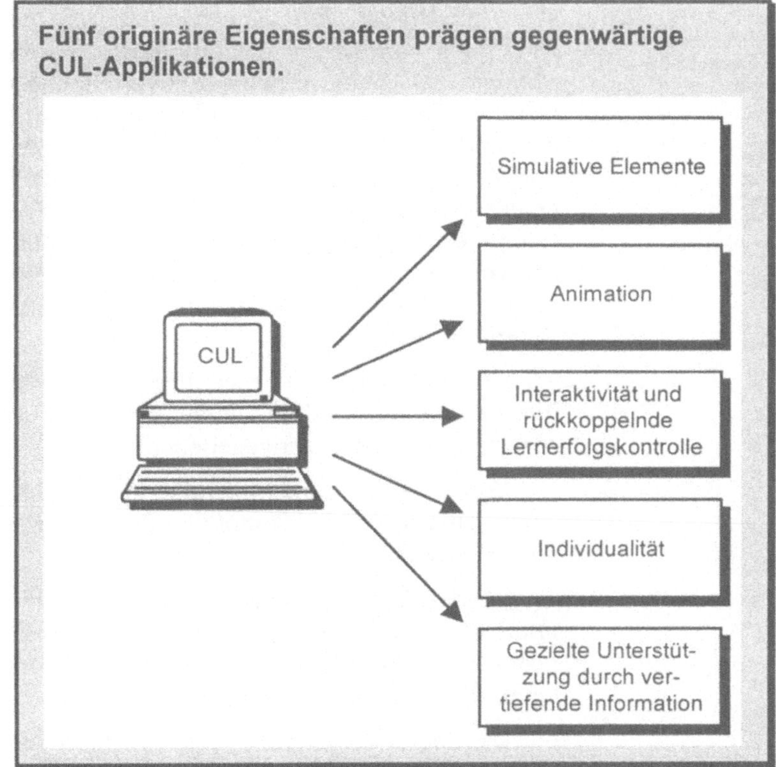

Lernenden zur experimentellen Erprobung anbieten (vgl. Steppi 1989, S.18-19). So können im obigen Beispiel der Audi-Motorsteuerung die Lernenden bestimmte Parameter des Motors verändern und die Folgen beobachten. In vielen CUL-Applikationen zu Anwendungs-Software werden die Bildschirmseiten der Anwendungs-Software nachgebildet, und ihre Funktionalität wird in weiten Teilen simuliert (vgl. beispielsweise Kneisle 1992 mit einer Übersicht der CUL-Applikationen zu DOS und Windows).

• *Animation:* Bildschirminhalte in CUL-Applikationen können durch Animationen *anregend* und *aufmerksamkeitsfördernd* gestaltet werden. Zu den Animationen zählt Fankhänel (1989, S.66) Bewegungen und Überlagerungen von Text- sowie Graphikobjekten auf dem Bildschirm. Magnenat-Thalmann und Thalmann (1985, S.3) ergänzen dies um Farbveränderungen, Metamorphosen (ein Objekt wird in ein anderes überführt) und weitere optische Effekte wie Ein- und Ausblenden.

- *Interaktivität und rückkoppelnde Lernerfolgskontrolle:* Die Lernenden können mit CUL-Applikationen *interagieren*, in eine Abfolge von Frage, Antwort, Antwortanalyse und Rückmeldung bzw. in eine Abfolge von Anweisung, Handlung, Handlungsanalyse und Rückmeldung treten (vgl. ausführlich zu diesen beiden Formen der Interaktion Steppi 1989, S.49-65). Der *Anstoß* zu einer Interaktion kann sowohl von den Lernenden als auch vom Computer kommen. Je nach der Berücksichtigung von Aktionen der Lernenden und von ihren Eingangsvoraussetzungen unterscheiden Keller und Müller (1992, S.25) zwischen *vier Ebenen* der Interaktion:

– Sie bezeichnen die erste Ebene als *"Response insensitive"*. Alle Aktionen eines Computers beruhen nur auf der jeweils *letzten* von einem Benutzer gegebenen Antwort.

– Es folgt etwas stärker interaktiv die Ebene des *"Response sensitive"*. Hier agiert der Computer auf der Basis *mehrerer Antworten* eines Benutzers.

– Wiederum etwas stärker interaktiv ist die Ebene des *"Idiographic"*, auf der der Computer in begrenztem Umfang Lerncharakteristika des Benutzers wie Neigungen, Vorkenntnisse und Alter auswertet und zur Aktion verwendet.

– Die Ebene der höchsten Interaktivität bezeichnen Keller und Müller (1992, S.25) als *"Student model"*. Bei ihr agiert der Computer aufgrund eines umfassenden *Profils der Eigenschaften des Benutzers*. Ein solches Profil umfaßt u.a. die Fähigkeiten des Benutzers, seine Lernstrategien, Motivationslage und vorhandene Wissenslücken.

- *Individualität:* Auf den Interaktionsfähigkeiten des Computers baut die *Individualität* auf. Die CUL-Applikation soll sich möglichst eng an die Bedürfnisse der Lernenden anschmiegen, wozu sich insbesondere die *individuelle Auswahl eines Lernwegs* durch die CUL-Applikation eignet (vgl. Steppi 1989, S.66-78). Weitere Möglichkeiten zur Individualisierung bieten die freie Wahl der Farbgestaltung auf dem Bildschirm sowie das von den Lernenden gewählte Ein- oder Ausblenden bestimmter Menüs.

- *Gezielte Unterstützung durch vertiefende Information:* Eine CUL-Applikation kann die Lernenden unterstützen, indem sie ihnen vertiefende Information anbietet. Technisch wird dies beispielsweise durch eine Datenbankanwendung im Hintergrund realisiert. Die vertiefende Information umfaßt zum einen *Hilfen,* wie sie die Lernenden zum inhaltlichen Verständnis oder zur Navigation in der CUL-Applikation anfordern (vgl. Bauer und Schwab 1987, S.24, zur Auslösung der Hilfe), zum anderen *Fakten*, die die Lernenden zu kennen wünschen, beispielsweise die Bilanzkennzahlen eines Unternehmens in einer CUL-Applikation zur Unternehmensbewertung.

In der ersten Antwort wurde das CUL als Ausprägung eines Mensch-Maschine-Tandems charakterisiert, die originären Eigenschaften des CULs wurden in der zweiten Antwort herausgestellt. Wie positioniert sich das CUL nun im Vergleich mit anderen Lehr- und Lernformen? *Komparative Kriterien* und die *Beurteilung des CULs hinsichtlich dieser Kriterien* bilden die dritte Antwort auf die auf S.5 gestellten Fragen.

Gutes Abschneiden bei Vergleich hinsichtlich komparativer Kriterien

Als *vergleichbare Lehr- und Lernformen*, die in der betrieblichen Aus- und Weiterbildung zum Einsatz kommen, nennen Grüter und Schlosser (1993, S.142)

- das *Lehrbuch*,

- das *Lehrgespräch* (das manche Autoren auch als *Frontalunterricht* bezeichnen, insbesondere wenn es in Form eines Monologs stattfindet),

- die *gelenkte Diskussion* sowie

- den *Film* und das *Video* (vgl. Fickert 1993, S.14-16, mit einem geschichtlichen Abriß über Lehrbuch, Film und Video).

Zum Vergleich zwischen den verschiedenen Lehr- und Lernformen eignen sich insbesondere *vier komparative Kriterien*: erstens die *zeitliche und räumliche Flexibilität* des Lernens, zweitens das *individuelle Eingehen* auf Bedürfnisse und Fragen der einzelnen Lernenden, drittens die Notwendigkeit der *Aktualität* der Lehr- und Lernobjekte und viertens die *Wirtschaftlichkeit*, die in hohem Maße von der Anzahl der Lernenden abhängt.

Im Vergleich mit anderen Lehr- und Lernformen zeichnet sich für das *gegenwärtige* CUL ein *Profil* ab, das seine besondere Eignung in bestimmten Situationen erkennen läßt (Tabelle 1.1): Die Lehr- und Lernform des gegenwärtigen CULs eignet sich besonders,

- wenn zeitliche und räumliche Flexibilität des Lernens gewünscht wird,

Tabelle 1.1:
Vergleich zwischen fünf Lehr- und Lernformen hinsichtlich komparativer Kriterien. Zur Charakterisierung der Wirtschaftlichkeit sei der Verlauf der Kosten pro Lernendem in Abhängigkeit von der Anzahl der Lernenden verwendet. Für alle Lehr- und Lernformen wird von einer vorhandenen Grundinfrastruktur (Räume, Projektionsgeräte, Computer) ausgegangen.
Quelle: Eigene Einschätzung, in Anlehnung an eine Argumentation von Grüter und Schlosser (1993, S.142).

Lehr- und Lernform	Kriterium zeitliche und räumliche Flexibilität	individuelles Eingehen auf den einzelnen Lernenden	Notwendigkeit der Aktualität des Lehr- und Lernstoffs	Wirtschaftlichkeit: Verlauf der Kosten pro Lernendem = f (Lernendenanzahl)
Lehrbuch	++	o	- -	Degression
Lehrgespräch	- -	++	++	degressive Sägezähne mit fixem Sockel
gelenkte Diskussion	- -	++	++	degressive Sägezähne mit fixem Sockel
Film und Video	o	- -	- -	Degression
CUL	+	+	o	Degression

Legende:

++ = sehr gut geeignet	+ = gut geeignet	o = geeignet	- - = wenig geeignet

- wenn individuelles Eingehen auf die Lernenden in mittlerem Maße erforderlich ist,

- wenn die zu vermittelnden Lehr- und Lernobjekte nicht oder nur wenig aktuell sind und

- wenn eine große Anzahl an Lernenden zu betreuen ist.

Resümee

Zurück zum Ausgangspunkt: Aus welchen Gründen setzen die Unternehmen in den eingangs aufgeführten Beispielen die Lehr- und Lernform des CULs ein? Sie tun es, weil sie die *originären Eigenschaften* des CULs nutzen wollen: die Karstadt AG und die Audi AG die *Interaktionsfähigkeit*, die Audi AG zusätzlich in starkem Maße die *simulativen Elemente*. Und sie tun es, weil das CUL im Vergleich mit anderen Lehr- und Lernformen *Vorteile in bestimmten Situationen* aufzuweisen hat: Dies trifft vor allem für das Beispiel der Colonia AG zu.

1.2	## Aufgabenstellung: Warum und in welchen Anwendungsfeldern werden Unternehmen zukünftig CUL einsetzen?

Im vorherigen Abschnitt wurde analysiert, warum Unternehmen *heute* CUL als Lehr- und Lernform einsetzen, und dabei wurde auf die originären Eigenschaften des gegenwärtigen CULs und seine Beurteilung hinsichtlich komparativer Kriterien abgehoben. Doch werden diese originären Eigenschaften und die Beurteilung hinsichtlich der komparativen Kriterien in der Zukunft *konstant* bleiben? Bedarf es nicht - aus betriebswirtschaftlicher Sicht - einer *umfassenden Prognose* und gegebenenfalls einer *revidierten Beurteilung* zukünftigen CULs?

Änderungen im Zeitverlauf durch ...

Vieles spricht für eine *starke Ausweitung* des betrieblichen CUL-Einsatzes in der Zukunft. Die Ausweitung resultiert zum einen aus *technologischen,* zum anderen aus *anwendungsorientierten* Aspekten:

Technologie und ...

- *Technologische Aspekte:* CUL ist eine Lehr- und Lernform, die von zahlreichen Informations- und Kommunikationstechnologien beeinflußt und vorangetrieben wird. Bereits heute erkennbare Trends stammen aus unterschiedlichen Gebieten (vgl. im Überblick dazu Möhrle 1993a, S.60); u.a. werden sich auswirken:

  - Objektorientierte Programmierumgebungen mit einem Schwerpunkt bei der Gestaltung von Bildschirmseiten (z.B. Hypercard, ToolBook),

  - Hypertext und Hypermedia,

  - Telematik und Computer Supported Cooperative Work (CSCW) sowie

  - Wissensbasierung.

Die treibenden Technologien werden nicht nur - wie man ohne vertiefende Analyse vermuten könnte - die programmiertechnische Seite des CULs verändern, sondern Basisüberlegungen zu sowie Entwurf, Distribution, Benutzung und Evaluation von CUL-Applikationen *vollständig* durchdringen und modifizieren.

Anwendungsumfeld

- *Anwendungsorientierte Aspekte:* Auch das betriebliche Umfeld wird sich verändern. Die allgemeine rapide *Zunahme des Wissens* wird den Bedarf nach Lehr- und Lernformen generell stimulieren (vgl. etwa Leibing 1991, S.24, mit einer Analyse des Qualifikationsbedarfs im Bundesland Baden-Württemberg im Jahre 2000). Dabei zeichnet sich eine *Umschichtung* innerhalb des Wissens ab: So plädiert Müller-Merbach (1988a, S.12) für die verstärkte Vermittlung von Funktionalwissen im Gegensatz zum Prozeduralwissen. Eine veränderte Rolle des Computers, nämlich die eines *Kommunikationsinstruments* (vgl. Winograd und Flores 1989, S.257-266, sowie Gates und Myhrvold 1989), wird durch dessen *steigende Verfügbarkeit* ergänzt und ebenfalls den Bedarf an CUL-Applikationen anfachen.

Beide Aspekte münden in die *Aufgabenstellung* für das vorliegende Buch:

Aufgabenstellung

> Technologischer Fortschritt und Wandel im betrieblichen Umfeld erfordern eine langfristige Prognose und Beurteilung der zukünftigen Erstellung und des zukünftigen Einsatzes von CUL-Applikationen aus betriebswirtschaftlichem Blickwinkel.

1.3   Eine betriebswirtschaftliche Technologievorausschau als Untersuchungsmethode

Welche Untersuchungsmethode?

Technologische und anwendungsorientierte Aspekte werden das CUL in Zukunft verändern - dies ist das Ergebnis der einleitenden Ausführungen. Auf die genauere Ermittlung solcher technologischen und anwendungsorientierten Aspekte zielt die *betriebswirtschaftliche Technologievorausschau* (zu *"Alternativen"* siehe Kasten 1.1). Eine betriebswirtschaftliche Technologievorausschau hat als Betrachtungsgegenstand zunächst einmal eine *Technologie*. Nun reicht der Begriff des *CULs* über den einer Technologie hinaus, denn nicht nur technisches, sondern auch *methodisches* und *pädagogisches Know-how* wird zum Entwurf von CUL-Applikationen benötigt. Gleichwohl läßt sich das CUL als *Lehr- und Lernform mit einem starken Bezug zu Informations- und Kommunikationstechnologien* verstehen, und es scheint sinnvoll, die Betrachtungsweise der betriebswirtschaftlichen Technologievorausschau auf das CUL zu übertragen.

Die betriebswirtschaftliche Technologievorausschau sei in *drei Punkten* erläutert:

• Die betriebswirtschaftliche Technologievorausschau umfaßt das Spannungsfeld zwischen *Technologiedruck* und *Marktsog*, die auf eine Technologie einwirken (Abschnitt 1.3.1). Beide verkörpern betriebswirtschaftlich interpretierbare Größen, die einer Fach- und Führungskraft in einem Unternehmen Aufschluß über Handlungsoptionen und -notwendigkeiten geben.

Kasten 1.1:
Gibt es eine
Alternative zur
betriebswirtschaft-
lichen Technologie-
vorausschau?

Zu einer betriebswirtschaftlichen Technologievorausschau gibt es *"Alternativen"*: Martino (1993, S.13-14) skizziert augenzwinkernd *sechs Einstellungen und Vorgehensweisen,* die manche Unternehmen alternativ zu einer systematischen Technologievorausschau anwenden:

• *"Keine Vorausschau"*: Manche Unternehmen verzichten aus Gründen kurzfristiger Kosteneinsparung ganz auf eine Technologievorausschau.

• *"Alles kann passieren"*: Andere Unternehmen vertreten die Ansicht, in Zukunft könne alles mögliche passieren, und eine Technologievorausschau sei daher unmöglich.

• *"Die glorreiche Vergangenheit"*: Wieder andere Unternehmen verweisen auf Erfolge in der Vergangenheit, und sie leiten durch Fortschreibung der Erfolgsrezepte der Vergangenheit ihr Vorgehen in der Zukunft ab.

• *"Lineare Extrapolation"*: Manche Unternehmen gehen von einem linearen Technologiefortschritt aus (dieselbe Technologie, nur leistungsfähiger).

• *"Der Druck auf den Not-Aus-Schalter"*: Einige Unternehmen verzichten auf eine systematische Technologievorausschau, reagieren aber auf jeden etwas stärkeren, auch peripheren Technologietrend mit heftiger Aktivität.

• *"Intuitive Vorausschau"*: Eine besondere Art der Technologievorausschau besteht im Gewinnen eines Experten, der rein intuitiv eine Vorausschau erstellt.

Alle sechs Einstellungen und Vorgehensweisen sind *problematisch*: Vor allem bei *starker technologischer Dynamik* besteht bei den ersten fünf die Gefahr der späten, *möglicherweise zu späten Anpassung.* Der sechsten Einstellung und Vorgehensweise mangelt es hingegen an *Objektivität*; sie ist nicht unabhängig von der Person des Experten nachvollziehbar.

Martino (1993, S.14) schreibt diese alternativen Einstellungen und Vorgehensweisen *sehr vielen Unternehmen* zu. Daneben bezeichnet Schneider (1984, S.4) Technologien als *zentrale Überlebensdeterminanten* des neuzeitlichen Industrieunternehmens. Es erscheint daher als empfehlenswert, betriebswirtschaftliche Technologievorausschauen in das Feld betriebswirtschaftlicher Forschung aufzunehmen.

• Eine Vielzahl von *Instrumenten* steht zur Verfügung, um die Wirkung von Technologiedruck und Marktsog auf eine Technologie vorausschauend zu beurteilen (Abschnitt 1.3.2).

• Die betriebswirtschaftliche Technologievorausschau lehnt sich teils eng, teils lose an vergleichbare Ansätze aus der betriebswirtschaftlichen Fachliteratur an (Abschnitt 1.3.3). Enge Beziehungen bestehen zur *"Technologie-Frühaufklärung"* von Peiffer (1992) und zur *"Technologischen Analyse und Prognose"* von Schneider (1984).

1.3.1 Zielgrößen einer betriebswirtschaftlichen Technologievorausschau

Eine betriebswirtschaftliche Technologievorausschau zielt auf zwei Größen, zum einen auf den *Technologiedruck*, zum anderen auf den *Marktsog* auf eine Technologie (Bild 1.3). Beide Größen wurden begrifflich aus der Volkswirtschaftslehre abgeleitet und adaptiert. Zunächst seien sie für die betriebswirtschaftliche Technologievorausschau definiert:

Definitionen

• Der *Technologiedruck* umfaßt alles, was von technologischer Seite auf eine bestimmte Technologie einwirken wird, insbesondere durch andere Technologien ausgelöste Fortschritte. Diese Fortschritte führen zu einem *Umsetzungsdruck.* Ein Maß für den Technologiedruck ist die *Produktivität* als das Verhältnis zwischen Leistungen und Kosten beim Einsatz der betrachteten Technologie (vgl. Abschnitt 3.1.3, S.97 ff., mit einer ausführlichen Diskussion des in diesem Buch verwendeten Produktivitätsbegriffs).

• Der *Marktsog* schließt alle betrieblichen Anwendungsmöglichkeiten und -erfordernisse einer Technologie ein, die von Kunden oder Wettbewerbern ausgelöst werden. Der Marktsog steht somit für einen *Problemlösungssog.* Als ein Maß für den Marktsog eignet sich die *Einsatzhäufigkeit* oder - allgemeiner - die *Anzahl der Anwendungsfelder* der betrachteten Technologie.

Begrifflicher Ursprung

Die Begriffe des Technologiedrucks und Marktsogs stammen ursprünglich aus der *Volkswirtschaftslehre* (vgl. Leder 1989, S.30), wo sie zur Erklärung der Entstehung von *Innovationen* dienen. An beide Begriffe knüpft eine gesonderte Theorie an:

• Die *Technologiedruck-Theorie* (von Leder 1989, S.30, als Angebotsdruck-Theorie bezeichnet) streicht die Bedeutung von

Bild 1.3:
Definitionen von
Technologiedruck
und Marktsog

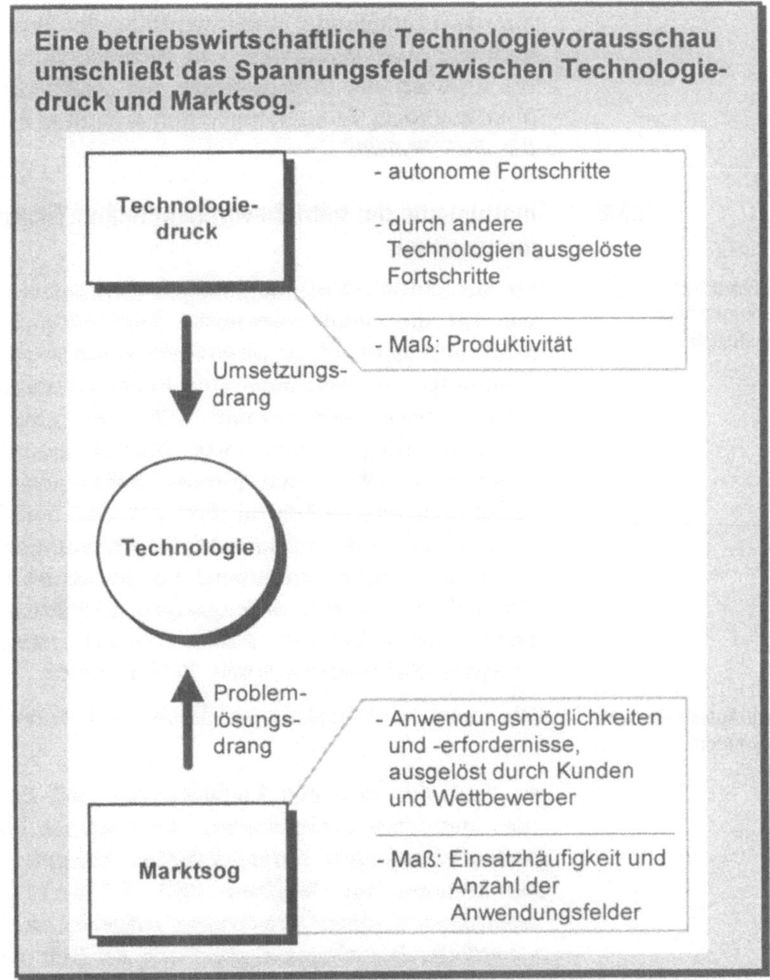

Angebotsfaktoren wie etwa die *Verfügbarkeit und Struktur technologischen Wissens* als Triebkräfte von Neuerungen heraus. Erstmals in dieser Richtung argumentierte Schumpeter (1912) im Rahmen seiner Arbeit zum *"dynamischen Unternehmer"*.

- Die *Marktsog-Theorie* (von Leder 1989, S.30, als Nachfragesog-Theorie bezeichnet) geht von *Marktbedürfnissen und Nachfrageerwartungen* als Entstehungsursachen für technologische Neuerungen aus. Diese Theorie vertritt erstmals mit Nachdruck Schmookler (1966).

Für das vorliegende Buch wurden die Begriffe des Technologiedrucks und Marktsogs vom Bezugsobjekt der *Innovation* gelöst und an das Bezugsobjekt der *Technologie* gebunden (vgl. Möhrle 1988a, S.14-16, mit einer Adaption für das Bezugsobjekt des *FuE-Projekts*).

1.3.2 Instrumente der betriebswirtschaftlichen Technologievorausschau

Vielzahl an
Instrumenten,
aufbauend ...

Für die betriebswirtschaftliche Technologievorausschau - ähnlich wie für die damit verwandte Technologiefolgenabschätzung - steht eine *Vielzahl an Instrumenten* zur Verfügung. Dazu zählen Erhebungs-, Auswertungs- und Präsentationsinstrumente (vgl. Paschen, Gresser und Conrad 1978, S.65; eine umfangreiche Zusammenstellung bieten zwei Bücher amerikanischer Autoren: Porter et al. 1991 sowie Martino 1983). Aus der Vielfalt stechen *sieben Instrumente* hervor. Sie umfassen vom Ansatz her die Erhebung, die Auswertung und die Präsentation *übergreifend* und finden außerdem zunehmend Einsatz in der Forschung. Es handelt sich um *Expertenbefragungen*, *Delphi*-Untersuchungen, *Szenario*-Untersuchungen, *Relevanzbaum*-Untersuchungen, *Patentanalysen*, *Bibliometrie* sowie *Technometrie*.

auf Auskünften von
Experten, ...

Die ersten vier Instrumente bauen auf *Auskünften von Experten* auf:

• Experten besitzen Fachkenntnis und Erfahrung auf einem oder mehreren Sachgebieten, wodurch sie im Rahmen von *Expertenbefragungen* aussagekräftige Zukunftsprojektionen abgeben können (vgl. Wolfrum 1991, S.139-141). Sowohl *Gruppendiskussionen*, deren Ergebnisse aufgezeichnet werden, als auch *schriftliche Fragebögen* eignen sich zur Befragung der Experten.

• Eine besondere Form der Expertenbefragung bildet die *Delphi-Untersuchung* (vgl. Wolfrum 1991, S.141-144). Bei ihr wird jeweils derselbe Expertenkreis in mehreren Runden schriftlich befragt. Dabei gehen die Ergebnisse einer vorherigen Runde in den Fragebogen für die nächste Runde ein, woraus sich ein Rückkopplungseffekt ergibt.

• *Szenario-Untersuchungen* generieren geschlossene Bilder der Zukunft (vgl. Geschka und Winckler 1989, S.17-21). Auch sie beruhen auf dem Zusammenwirken von Experten, die in strukturierter Form normalerweise mindestens zwei Szenarien erstellen. Die Experten gehen von äußeren Einflußfaktoren auf das

Untersuchungsfeld aus und bilden, unterstützt durch das Cross-Impact-Verfahren, stimmige Annahmenbündel, innerhalb derer sich die Szenarien dann bewegen.

• Auch *Relevanzbaum-Untersuchungen* bilden eine besondere Form der Expertenbefragung. Den Ausgangspunkt bei einem Relevanzbaum bildet entweder eine zukünftige Technologieanwendung als Ziel oder ein zukünftiges Technologiepotential als Mittel (vgl. Staudt 1974, S.38-46). Die Experten brechen sodann die Technologieanwendung in Ziel-Mittel-Ketten bzw. das Technologiepotential in Mittel-Ziel-Ketten herunter.

auf speziellen
Datenbanken und ...

Zwei weitere Instrumente nutzen *spezielle Datenbanken* anstelle der Experten als Auskunftsquellen (vgl. hierzu und im folgenden Becker 1988):

• Bei der *Patentanalyse* werten die Untersuchenden eine oder mehrere Patentdatenbanken aus. Dabei können sie entweder die Gesamtheit der Patentdaten nach zukunftsträchtigen Technologiefeldern durchsuchen oder sich auf bestimmte Felder der Patentstatistik konzentrieren, in denen sie das Entstehen neuer Technologien vermuten (vgl. Becker 1988, S.20).

• Neben Patenten können auch *Publikationen* ausgewertet werden, deren bibliographische Angaben in zahlreichen Datenbanken gespeichert sind. Dies geschieht in der *Bibliometrie*. Die Untersuchenden können alle Publikationen zu einer bestimmten Technologie über die Zeit und über andere Kriterien hinweg erfassen. Manche Datenbanken bieten zudem eine vorgeschaltete Qualitätsauslese der Publikationen mittels Zitierraten.

auf einer Kombi-
nation aus beiden

Eine Kombination aus Expertenbefragungen und Datenbankanalysen wird üblicherweise beim siebten vorgestellten Instrument einer betriebswirtschaftlichen Technologievorausschau angewendet, der *Technometrie*. Sie entwickelt Indikatoren zur Erfassung des Leistungsstands einer ausgewählten Technologie (vgl. Daniel 1989, S.225). Hieran knüpft oftmals die Bewertung von Produkten oder Verfahren an, in die die Technologie eingeht.

1.3.3   Methodische Vorschläge aus der Fachliteratur mit Verwandtschaft zur betriebswirtschaftlichen Technologievorausschau

Andere Vorschläge
von ...

In der Fachliteratur gibt es bereits seit längerem *methodische Vorschläge*, aus deren Fundus die hier vorgeschlagene Methode der betriebswirtschaftlichen Technologievorausschau inhaltlich und instrumentell schöpft. Sie lehnt sich eng an die Vorschläge von Peiffer und von Schneider, entfernt an die von Martino sowie von Ulrich und Lahner an:

Peiffer, ...

• Peiffer (1992, S.107-109) verwendet eine *Technologiedruck- und Marktsog-Analyse* als generelle Such- und Beobachtungsstrategie in der von ihm vorgeschlagenen "Technologie-Frühaufklärung". Dieser Analysegliederung folgt auch Servatius (1992, S.27-30).

Schneider, ...

• Schneider (1984, S.35-45) behandelt die Technologievorausschau innerhalb eines "Mikro-Erklärungsmodells der Technik-Entstehung". Der *"Anwendungsdrang technologischer Potentiale"*, verbunden mit dem *"Beseitigungsdrang von Mängeln"*, spannen das Feld auf, in dem er die Technologievorausschau ansiedelt (vgl. Schneider 1984, S.38). Darüber hinaus weist er in Anlehnung an Staudt (1974, S.50) auf die Notwendigkeit des *Abgleichs* zwischen beiden Kriterien hin.

Martino sowie
Ulrich und Lahner

• Lose Anlehnung besteht zwischen der betriebswirtschaftlichen Technologievorausschau und Vorschlägen von Martino (1983, S.1-3) sowie von Ulrich und Lahner (1974, S.39), die beide stärker auf *rein technologische Leistungsmaße* abzielen.

1.4 Vorschau auf das Buch

Aufbau

Dieses Buch soll primär den in einem Unternehmen über den *CUL-Einsatz Entscheidenden* beraten. Der *Aufbau* des Buchs spiegelt die Aufgabenstellung und die betriebswirtschaftliche Technologievorausschau als Untersuchungsmethode wider (siehe den Hauptgedankenflußplan in Bild 1.4, zur Leserführung siehe Kasten 1.2). Auf Kapitel 1 folgen fünf weitere Kapitel: Nach den *Grundlagen des CULs* (Kapitel 2) verzweigt die Argumentation einerseits auf den *Technologiedruck auf das CUL* (Kapitel 3), andererseits auf den *Marktsog auf das CUL* (Kapitel 4 und 5). In Kapitel 6 wird das Buch zusammengefaßt und mit einem Ausblick abgeschlossen.

Grundlagen

• In Kapitel 2 geht es um die Grundlagen des CULs, die jeder kennen sollte, der über den CUL-Einsatz in einem Unternehmen zu entscheiden hat: Das CUL kommt in *vielfältigen Erscheinungsformen* vor, die herausgestellt werden. Der CUL-Prozeß wird in *fünf Komponenten* gegliedert, und die *Historie* des CULs und seiner Vorläufer wird skizziert.

Bild: 1.4:
Hauptgedanken-
flußplan des Buchs

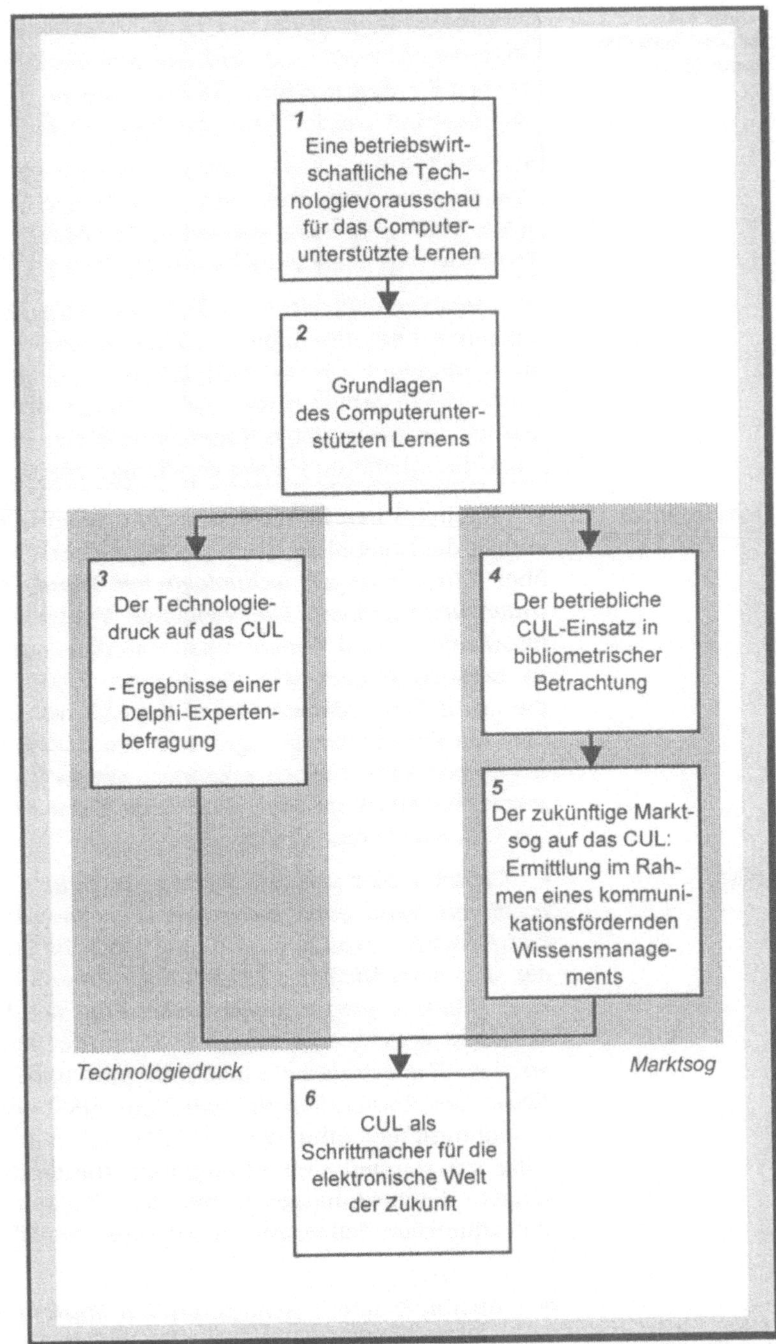

<table>
<tr><td>

Kasten 1.2:
Zur Leserführung in
diesem Buch

</td><td>

In diesem Buch findet der Leser *zwei Mittel* der Leserführung, *Faktenvorschauen* und *Strukturrückschauen*. Den Nutzen dieser Mittel belegen zahlreiche *Experimente*, die von Psychologen durchgeführt worden sind (vgl. Hasebrook 1994, 138-156):

• *Faktenvorschauen* ("Fact Organizer") stehen am Anfang jedes Kapitels und Abschnitts. Sie geben einen *kurzen, auf die wichtigsten Ergebnisse konzentrierten Überblick* über das Nachfolgende (vgl. Metzig und Schuster 1993, S.151-154).

• *Strukturrückschauen* ("Structure Organizer") beschließen mit Ausnahme des Kapitels 6 jedes Kapitel des Buchs. Sie sind in Form eines *Gedankenflußplans* angelegt (vgl. Müller-Merbach 1971). Strukturrückschauen sollen dem Leser den Blick zurück auf das gesamte Kapitel vermitteln, so daß er sich nochmals die Inhalte und Zusammenhänge vergegenwärtigen kann.

</td></tr>
</table>

Technologiedruck

• Kapitel 3 beschreibt den *Technologiedruck auf das CUL* und enthält die Ergebnisse einer umfangreichen Delphi-Untersuchung über *"Auswirkungen technologischer Trends auf das Computerunterstützte Lernen"*. Die vielfältige Verflechtung des CULs mit Informations- und Kommunikationstechnologien wird hier ebenso herausgearbeitet wie die starken Produktivitätsänderungen, die im Lauf der nächsten Jahre das CUL attraktiver machen werden. Ein Entscheidungsträger über den CUL-Einsatz in einem Unternehmen kann hieraus erkennen, mit *welchen Technologien* er *wann* rechnen kann und *in welcher Weise* sie sich *wie stark* auf das CUL auswirken werden.

Marktsog

• Kapitel 4 zielt auf den *Marktsog auf das CUL* und umfaßt die Ergebnisse einer *bibliometrischen Untersuchung des betrieblichen CUL-Einsatzes* zwischen 1971 und 1992. Es lassen sich *drei Phasen des betrieblichen CUL-Einsatzes* erkennen, beginnend mit einer Phase *untergeordneter Bedeutung* des betrieblichen CUL-Einsatzes zwischen 1971 und 1980, in der Mitte eine Phase des *raschen Wachstums* zwischen 1981 und 1984, endend mit einer Phase der *Konsolidierung* zwischen 1985 und 1992. Ein Entscheidungsträger über den CUL-Einsatz in einem Unternehmen sollte aus Kapitel 4 einen empirisch fundierten Einblick in die jüngere Entwicklungsgeschichte des CUL-Einsatzes, verbunden mit zahlreichen Fallbeispielen erfolgreicher CULs gewinnen können.

• Auch in Kapitel 5 geht es um den *Marktsog auf das CUL*, insbesondere um den zukünftigen Marktsog. Die *Lehrende-Objekte-*

Lernende-Analyse (LOLA) wird vorgeschlagen als eine Methode für das *kommunikationsfördernde Wissensmanagement*, das als Rahmen für die weitere Marktsog-Untersuchung dient. Drei Fälle zeigen, wie sich mit LOLA betriebliche Anwendungsfelder des CULs *systematisch identifizieren* lassen. Dies kann einem Entscheidungsträger über den CUL-Einsatz in einem Unternehmen als Anregung für eigene Analysen dienen. Er findet zudem Vorschläge zur *organisatorischen Gestaltung* des CUL-Einsatzes in einem Unternehmen.

Ausblick

• Das CUL wird ein *Schrittmacher für die elektronische Welt der Zukunft* sein, so das Ergebnis der Zusammenfassung des Buchs und des Ausblicks in Kapitel 6.

Bild 1.5:
Gedankenflußplan
zu Kapitel 1

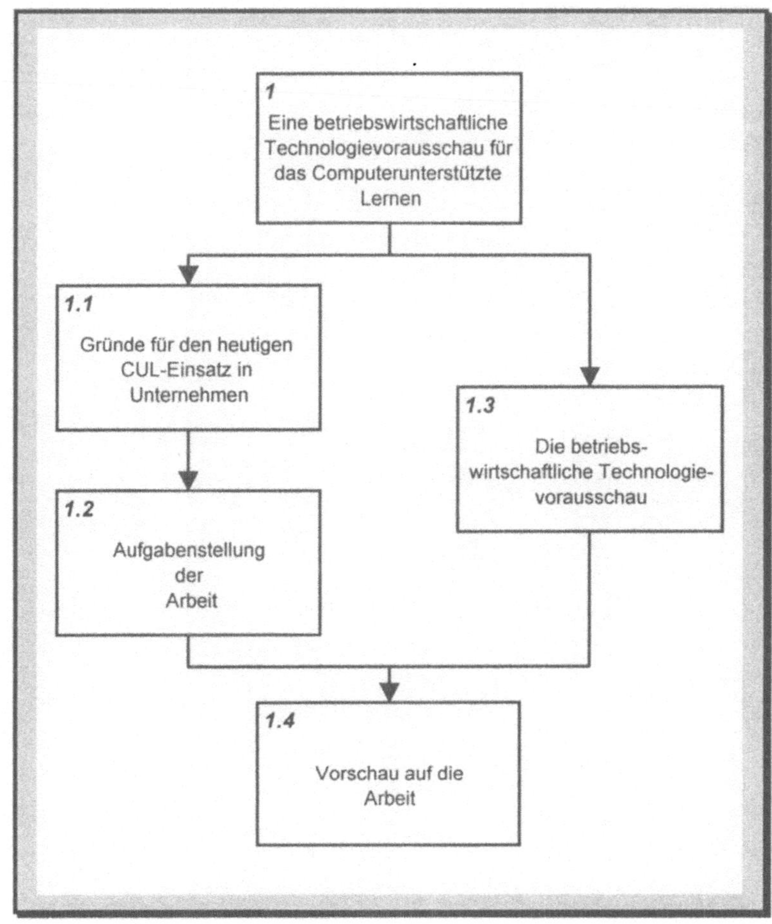

2 Grundlagen des Computerunterstützten Lernens

*Lernen heißt nicht nur,
mit dem Gedächtnis die Worte auswendig lernen -
die Gedanken anderer können nur
durch das Denken aufgefaßt werden,
und dieses Nach-denken ist auch lernen.*

(Georg Wilhelm Friedrich Hegel, 1770 bis 1831)

*Tell me and I'll forget,
show me and I may remember,
involve me and I'll understand.*

*(Amerikanisches Sprichwort,
zitiert nach Bleicher 1992, S.474).*

Tragende Rolle des CULs

Vieles deutet auf die *tragende Rolle* hin, die das Computerunterstützte Lernen (CUL) in der elektronischen Kommunikation der Zukunft spielen wird. Wer den zukünftigen betrieblichen Einsatz des CULs mitbestimmen und mitgestalten will, sollte mit dessen Grundlagen *auf breiter Basis* vertraut sein. Dem dient Kapitel 2, das *vier Abschnitte* umfaßt, und zwar ein ausführliches Beispiel einer CUL-Applikation, eine Übersicht über die Erscheinungsformen des CULs, eine Übersicht über den CUL-Prozeß sowie einen historischen Abriß über das CUL und seine Vorläufer:

- Bereits in Abschnitt 1.1, S.4 ff., wurden einige Beispiele von CUL-Applikationen vorgestellt, etwa die CUL-Applikation *"Die elektronische Motorsteuerung des V6-Motors"* der Audi AG. Dabei blieb die *umsetzungsbezogene Ausgestaltung* der realisierten CUL-Applikationen noch offen. Dies sei am Beispiel von *"A Guide to*

Queues", einer CUL-Applikation zum Erlernen der Warteschlangentheorie, nachgeholt (Abschnitt 2.1, S.26 ff.).

• Die vielfältigen Erscheinungsformen des CULs - beispielsweise Übungssysteme, Hilfesysteme, Hypermedia-Lernsysteme und Tutorielle Systeme - werden sodann mit Hilfe eines *morphologischen Kastens* geordnet (Abschnitt 2.2, S.32 ff.). Im Mittelpunkt dieses Abschnitts steht die Frage:

— "Wer (welcher Benutzer) lernt

— was (welche Lehr- und Lernobjekte)

— weshalb (mit welchem Ziel)

— womit (mit welchen direkten Merkmalsausprägungen einer CUL-Applikation)

— auf welcher Basis (mit welcher Hard- und Software-Infrastruktur)

— wie (in welcher Sozialform)?"

• Der CUL-Prozeß besteht aus *fünf Komponenten.* Dabei ergänzen Basisüberlegungen zu einem angemessenen Lehr- und Lernkonzept den Entwurf einer CUL-Applikation sowie ihre Distribution, Benutzung und Evaluation (Abschnitt 2.3, S.52 ff.).

• Bereits im letzten Jahrhundert hat die Vorstellung, durch Maschinen lehren und lernen zu können, zu *mechanischen Lehr- und Lernautomaten* geführt. Das auf dem *Computer* aufbauende CUL wurde vor allem durch die Fortschritte der psychologischen Lerntheorie in den 1950er Jahren, insbesondere durch das von dem Psychologen Skinner geprägten Konzept der *"Programmierten Unterweisung"* vorangetrieben (Abschnitt 2.4., S.74 ff.).

Was ist Lernen?

Vor dem Einstieg in eine realisierte CUL-Applikation sei der *Begriff des Lernens* vertieft diskutiert, auf dem das CUL zentral aufbaut. Lernen zielt grundsätzlich auf das *"Bereitstellen von Erfahrungen für das zukünftige Tun des Menschen"* (Guyer 1967, S.15). Beim Lernen handelt es sich um einen äußerst *vielschichtigen Begriff,* und in der Lernpsychologie findet eine rege Diskussion über die *diversen Unterkategorien* des Lernens noch immer statt (vgl. Edelmann 1994, S.15, und die dort angeführten unterschiedlichen Gliederungsvorschläge). Von diesen Unterkategorien seien *drei* ausgewählt:

Vier Grundformen

- Zunächst sei auf die Gliederung des bereits angeführten Lernpsychologen Edelmann (1994, S.15) zurückgegriffen. Er unterscheidet zwischen vier *Grundformen des individuellen Lernens*, die sich auch auf *organisatorisches Lernen* übertragen lassen. Allerdings sind die vier Grundformen *nicht* überschneidungsfrei:

  – Beim *"Reiz-Reaktions-Lernen"* löst ein von außen verursachter Reiz ein gelerntes Antwortverhalten aus.

  – Beim *"instrumentellen Lernen"* sollen die Lernenden eine Verbindung zwischen ihrem Verhalten und nachfolgenden Konsequenzen herstellen.

  – Bei der *"Begriffsbildung und dem Wissenserwerb"* geht es um den Aufbau von kognitiven Strukturen in den Gehirnen der Lernenden.

  – Beim *"Problemlösen"* sollen die Lernenden Handlungskonzepte erwerben.

Einteilung nach dem Lernstand

- Glowalla et al. (1992, S.333) unterteilen das Lernen in einer *anderen Dimension*, die in jeder der vier Grundformen zu finden ist. Sie knüpfen an den *Lernstand* der Lernenden an, der *vor* der Durchführung einer Lehr- und Lernmaßnahme herrscht, und unterscheiden zwischen den drei Arten

  – des *erstmaligen Lernens*,

  – des *Auffrischens von Gelerntem* und

  – des *Modifizierens von Gelerntem*, was man noch um die Art

  – des *Verlernens* (nicht identisch mit dem *Vergessen*) ergänzen mag.

Weitere Einteilungen

Neben diesen beiden Unterscheidungen des Lernens gibt es noch *viele andere*, beispielsweise die Einteilung des Lernens anhand der *Reife der Lernenden* (vgl. Correll 1983, S.96-101). Er macht das Lernen u.a. an *drei Phasen menschlichen Lebens* fest, nämlich dem Kinder-, dem Jugendlichen- und dem Erwachsenenalter, wovon für betriebswirtschaftliche Fragestellungen die Phase des *Erwachsenenalters* besonders wichtig ist.

Festzuhalten bleibt zweierlei: Lernen existiert in *vielfältigen Formen*, und Computer können *grundsätzlich alle diese Formen* - wenn auch in unterschiedlichem Maße - unterstützen.

2.1 Ein einführendes Beispiel: Die CUL-Applikation "A Guide to Queues"

Bevor auf die verschiedenen Erscheinungsformen von CUL-Applikationen eingegangen wird, sei mit *"A Guide to Queues"* (vgl. Möhrle und Bernauer 1993) ein Beispiel vorgestellt, das einen ersten Eindruck vom *Aufbau* und von den *typischen Möglichkeiten* einer CUL-Applikation vermitteln kann. Mit "A Guide to Queues" arbeiten sich Lernende, die im folgenden als *Benutzer* der CUL-Applikation bezeichnet werden, in die *Grundlagen der Warteschlangentheorie* ein. Die Benutzer sollten dazu Vorkenntnisse in höherer Mathematik und Statistik besitzen, also beispielsweise mit Wahrscheinlichkeiten und den sich darauf beziehenden Rechenoperationen grundsätzlich vertraut sein. "A Guide to Queues" ist didaktisch *dreigeteilt*, es besteht aus

Dreiteiliger Aufbau von "A Guide to Queues"

- einer *Einführung*,
- einem *simulativen Element* und
- einem *Test* (Bild 2.1).

Einführung

In der *Einführung* arbeiten sich die Benutzer selbständig in die Warteschlangentheorie ein:

- *Probleme* und *Fragestellungen* der Warteschlangentheorie stehen am Beginn (Bilder 2.2 und 2.3).

Bild 2.1:
Eröffnungsbildschirmseite von "A Guide to Queues" mit einem kurzen Überblick über den Aufbau der CUL-Applikation und urheberrechtlichen Angaben. Die Benutzer können entweder unmittelbar einen der drei Teile "Einführung", "Simulation" und "Test" anwählen oder durch Anklicken der Schaltfläche "Weiter" zur nächsten Bildschirmseite gelangen.

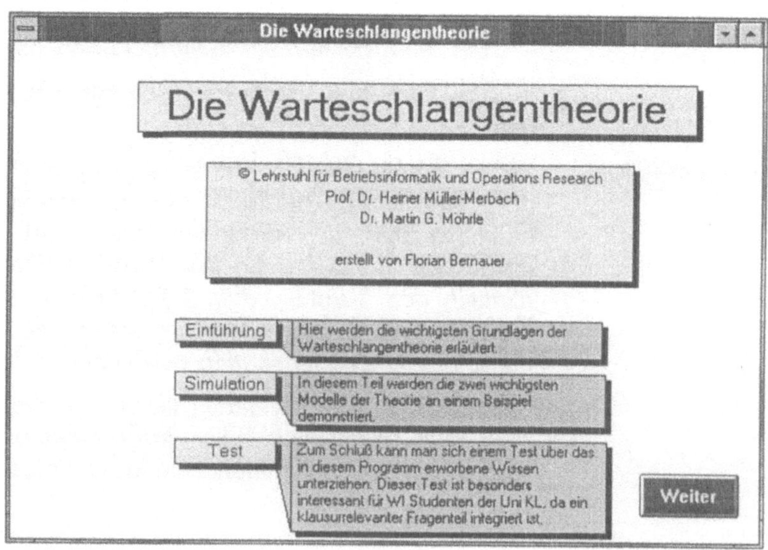

Bild 2.2:
Bildschirmseite
"Grundsätzliches" mit
einer Definition von
Warteschlangen und
sechs praktischen
Beispielen. Durch
Anklicken eines der
sechs Bilder erhalten
die Benutzer einen
das Bild erläuternden
Text.

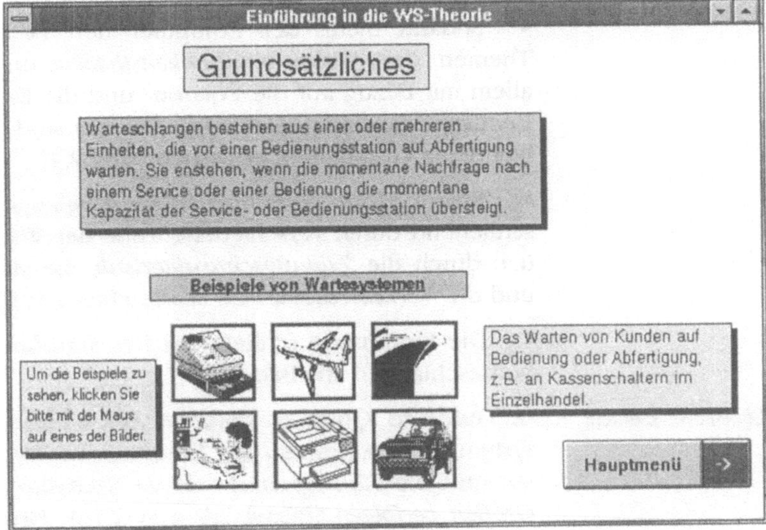

Bild 2.3:
Bildschirmseite "Auf-
bau eines Warte-
schlangensystems".
Durch das Führen
der Maus auf eines
der beiden grau un-
terlegten Führungs-
wörter "Warte-
schlange" und "Be-
dienungs- oder Abfer-
tigungskanal" blinkt
das entsprechende
Element in der Illu-
stration auf.

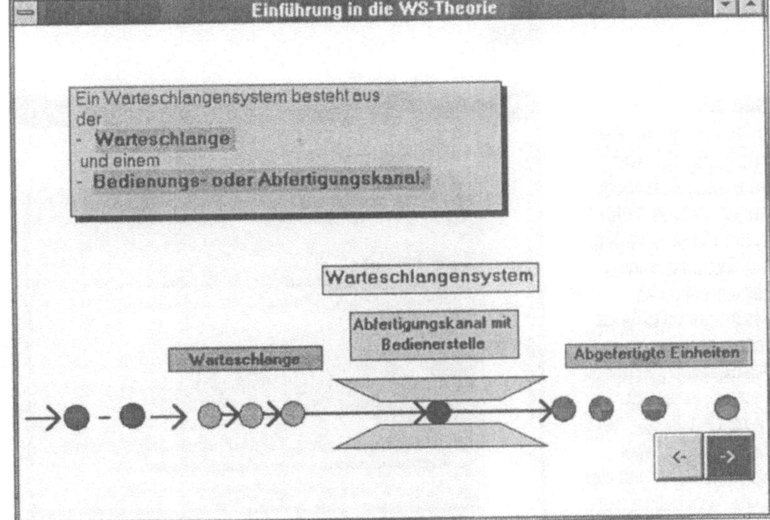

• Sodann bietet der Computer den Benutzern ausgewählte Themen der *Wahrscheinlichkeitstheorie* und *Statistik* an, vor allem mit Bezug auf die Poisson- und die Exponentialverteilung. Benutzer, die damit noch nicht vertraut sind, können so die notwendigen Grundlagen erwerben (Bild 2.4).

• Einem *"Tour"-Vorschlag* folgend gelangen die Benutzer anschließend durch verschiedene Teile der Warteschlangentheorie, u.a. durch die *Zugangscharakteristik*, die *Abgangscharakteristik* und die *Verkehrsdichte* von Warteschlangen (Bilder 2.5 bis 2.7).

• Die Einführung schließt mit der *Standard-Klassifikation* von Warteschlangen ab (Bild 2.8).

Simulatives Element

"A Guide to Queues" *simuliert* ein einfaches Warteschlangensystem. Hieran können die Benutzer *wichtige Parameter einstellen* und die *Konsequenzen dieser Einstellung bei verschiedenen Größen verfolgen* (Bilder 2.9 und 2.10). Beispielsweise können die Benutzer erproben, wie sich eine Verkürzung der durchschnittlichen Bedienungszeiten an einem Schalter auf die durchschnittliche Wartezeit eines Ankommenden auswirkt oder wie sich die durchschnittliche Warteschlangenlänge verändert, wenn sich die durchschnittliche Anzahl der eintreffenden Kunden erhöht.

Bild 2.4:
Bildschirmseite "Abzweigung zur Wahrscheinlichkeitsrechnung". Auf der Bildschirmseite erhalten die Benutzer einen Hinweis auf die Wahrscheinlichkeitsrechnung, die der Warteschlangentheorie zugrundeliegt. Durch Anklicken der Schaltfläche "WS" wird ein Seitenast der CUL-Applikation aufgerufen, der Wissenswertes über stetige und stochastische Verteilungen enthält.

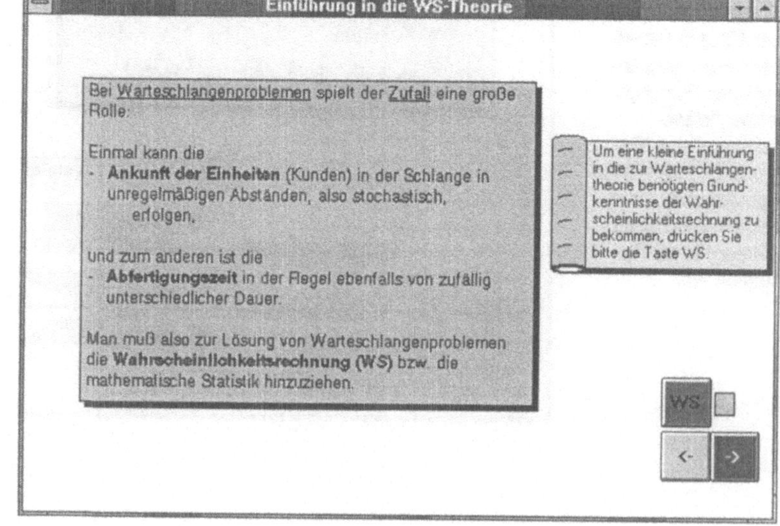

Bild 2.5:
Bildschirmseite "Tour durch die Warteschlangentheorie". Die Bildschirmseite gibt einen Überblick über die verschiedenen zu bearbeitenden Themen der Warteschlangentheorie. Bearbeitete Themen (in diesem Fall die "Zugangs-Charakteristik") erhalten ein "Erledigt"-Häkchen. Die Benutzer können unmittelbar auf ein Thema springen, können sich aber auch vom Computer durch die Tour führen lassen.

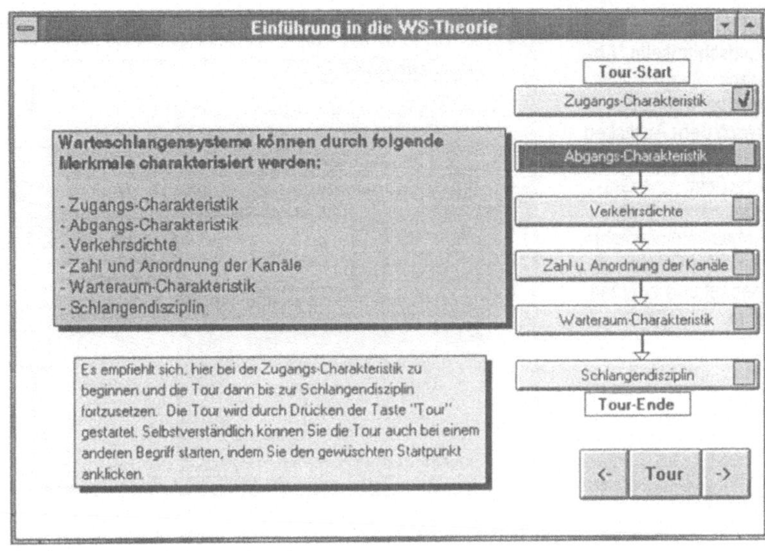

Bild 2.6:
Bildschirmseite "Abgangscharakteristik - Bedienungszeiten 1". Die Benutzer können sich die mathematische Formulierung der Bedienungszeiten illustrieren lassen. Sie klicken dazu mit der Maus das Graphiksymbol an.

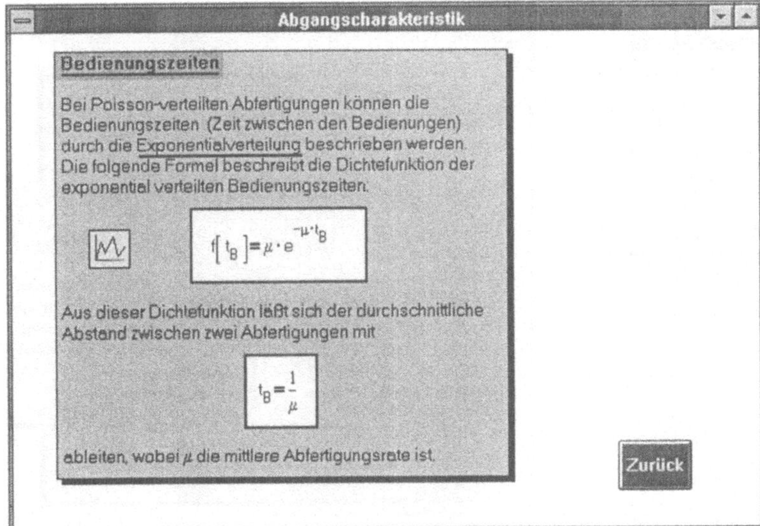

Bild 2.7:
Bildschirmseite "Abgangscharakteristik - Bedienungszeiten 2". Nach dem Anklicken des Graphiksymbols erscheint eine Graphik mit der Wahrscheinlichkeitsdichte, die schrittweise aufgebaut und erläutert wird.

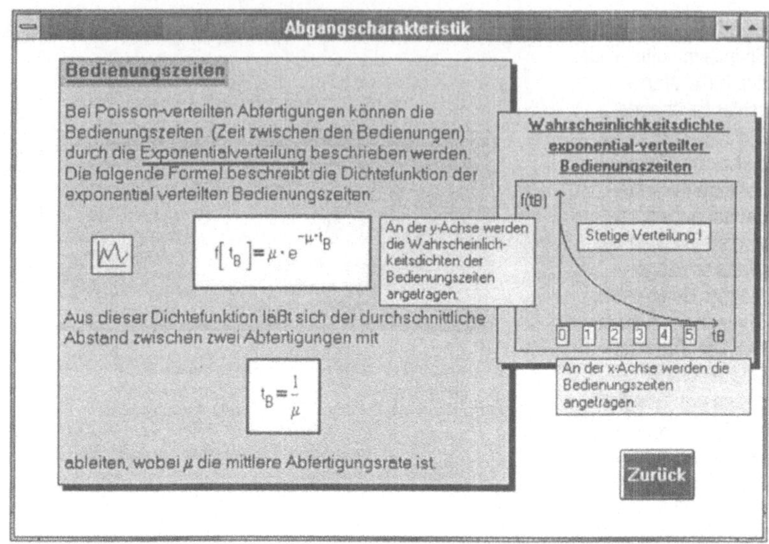

Bild 2.8:
Bildschirmseite "Klassifizierung der Warteschlangensysteme". Nach Anklicken der Schaltfläche mit dem Fragezeichen werden zeitversetzt die einzelnen Bestandteile der Klassifikation ausgeführt.

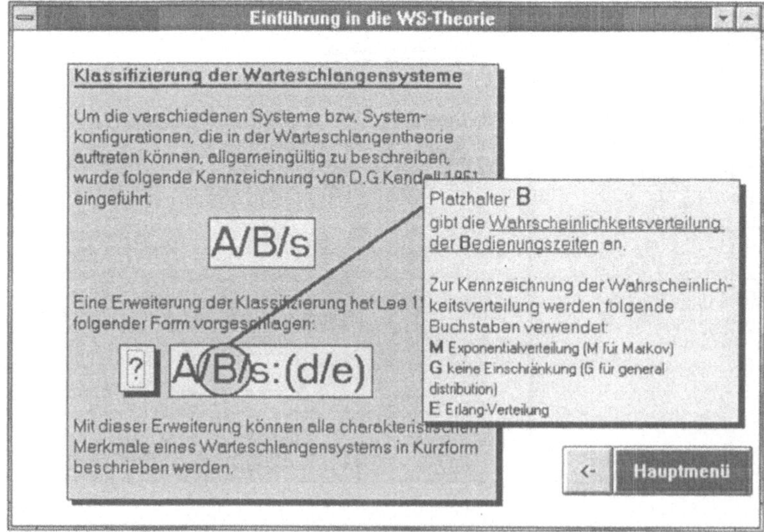

Bild 2.9:
Bildschirmseite "Formelübersicht für ein Warteschlangensystem vom Typ M/M/1:(∞/FIFO)". Die Formelübersicht gehört bereits zur Simulation und dient ihr als theoretischer Hintergrund. Nach dem Führen der Maus auf eine Zeile erscheint ein Feld mit der zu der Zeile gehörenden Formel und einer Legende ihrer Glieder.

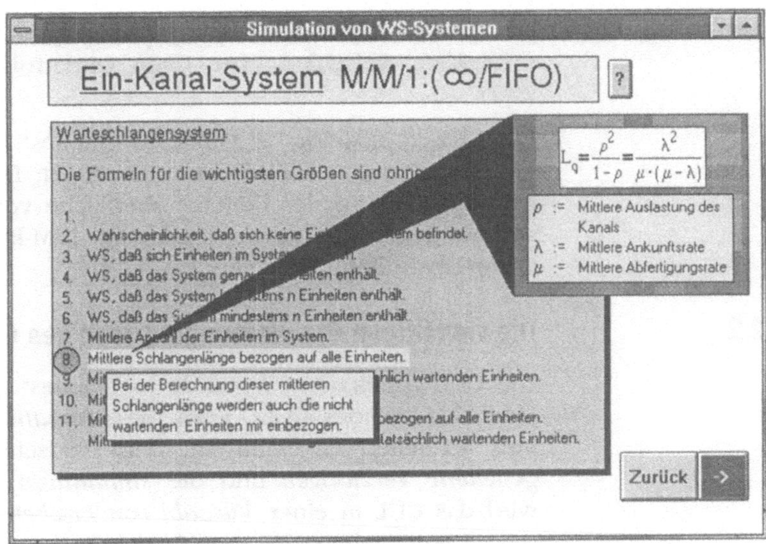

Bild 2.10:
Bildschirmseite "Simulation". Die Benutzer können das Verhalten eines Warteschlangensystems vom Typ M/M/1:(∞/FIFO) erproben. Sie können sowohl die durchschnittliche Anzahl der eintreffenden Kunden als auch die durchschnittliche Bedienungszeit pro Kunden vorgeben. "A Guide to Queues" berechnet sodann wichtige Kennzahlen wie die Auslastung und die mittlere Schlangenlänge und stellt sie graphisch dar.

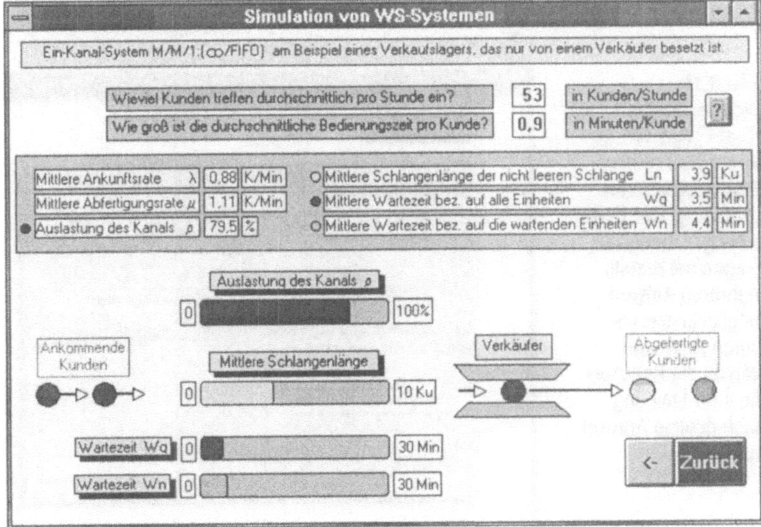

Test

Ein *Abschlußtest* mit Multiple-choice-Fragen gibt den Benutzern schließlich Aufschluß über ihren Lernerfolg (Bilder 2.11 und 2.12).

Die CUL-Applikation "A Guide to Queues" ist in der *Programmierumgebung von ToolBook 1.52* erstellt. Die Programmierumgebung baut auf der Benutzeroberfläche von *MS-Windows 3.1* auf, die gegenwärtig den Standard für IBM-kompatible Personal-Computer bildet.

2.2   Die vielfältigen Erscheinungsformen des CULs

Die CUL-Applikation "A Guide to Queues" zeigt bereits einige Möglichkeiten des CULs, etwa die *Animation* von graphischen und textuellen Objekten auf dem Bildschirm, das *benutzergesteuerte Verzweigen* und die *simulativen Elemente*. Generell wird das CUL in einer *Vielzahl von Erscheinungsformen* eingesetzt. Die einzelnen CUL-Applikationen unterscheiden sich dabei in *einigen wichtigen Merkmalen*, und es haben sich in der Praxis *verschiedene CUL-Applikationstypen* herausgebildet, denen jeweils eine Kombination bestimmter Merkmalsausprägungen zugrundeliegt.

Bild 2.11:
Bildschirmseite "Test-Frage 19". In einem Test prüfen die Benutzer ihren Lernerfolg. Der Computer gibt ihnen 30 Fragen mit jeweils mehreren Antwortmöglichkeiten vor. Durch Anklicken wählen die Benutzer die ihrer Meinung nach richtige Antwort aus.

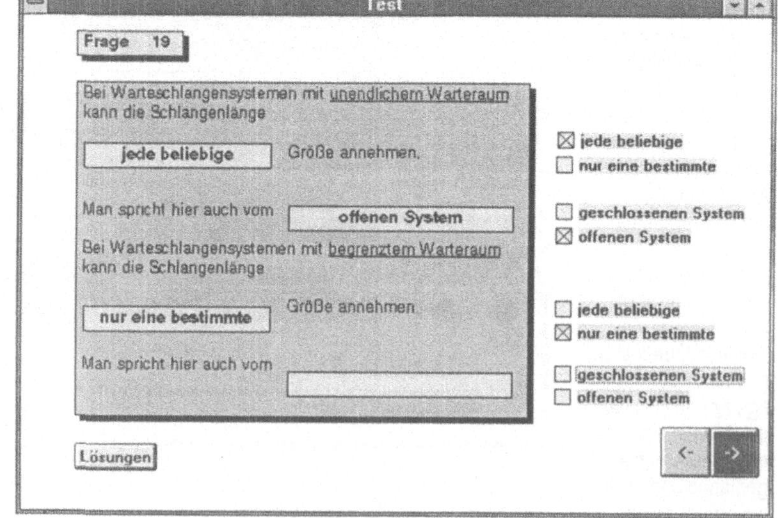

Bild 2.12:
Bildschirmseite
"Test-Auswertung".
Zum Abschluß des
Tests erhalten die
Benutzer eine Aus-
wertung ihrer Antwor-
ten. Die Berechnung
einer Fehlerquote
und eine verbale Be-
wertung schließen
sich an.

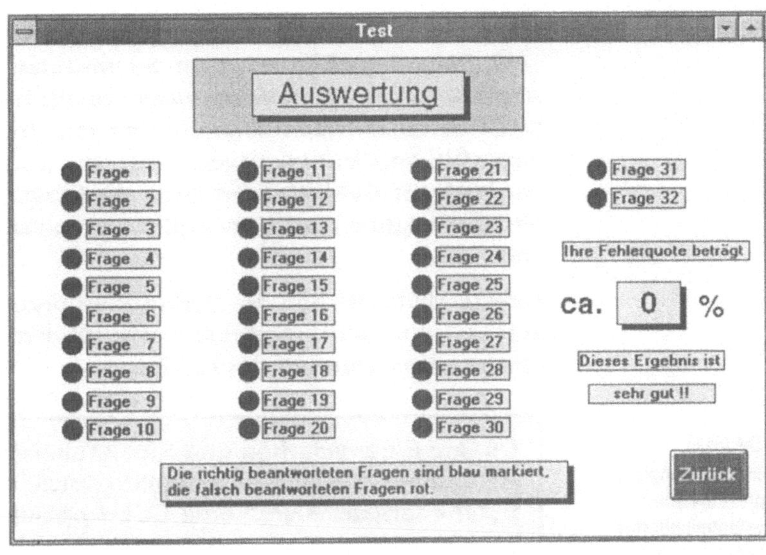

- Zunächst seien die Merkmale in einem *morphologischen Kasten* systematisiert, der als Grundlage für die folgenden Unterabschnitte 2.2.2 bis 2.2.6 dient (Abschnitt 2.2.1).

Sodann seien verschiedene *CUL-Applikationstypen* in den morphologischen Kasten eingebettet und vorgestellt, im einzelnen:

- *Hilfesysteme* und *Assistenten* (Abschnitt 2.2.2),

- *Tutorielle Systeme* inklusive *Intelligente Tutorielle Systeme* (Abschnitt 2.2.3),

- *Hypermedia-Lernsysteme* (Abschnitt 2.2.4),

- *Simulationen, Mikrowelten* und *Planspiele* (Abschnitt 2.2.5),

- *Übungssysteme, Systeme zur schrittweisen Entwurfslehre* und *Problemlösungssysteme* (Abschnitt 2.2.6).

2.2.1 Entwurf eines morphologischen Kastens für CUL-Applikationen

Was unterscheidet
CUL-Applikationen
voneinander?

Wodurch unterscheiden sich CUL-Applikationen? Sicherlich wird man als erste Antwort auf diese Frage den *unterschiedlichen inneren Aufbau der CUL-Applikationen* anführen. Die hieran anknüpfenden Merkmale seien als *direkte Merkmale* bezeichnet, und zu ihnen zählen u.a. der Vernetzungsgrad zwischen den Bildschirmseiten einer CUL-Applikation und ihr Anteil an simulativen Elementen. Daneben stehen *weitere Merkmale*, die sich durch einen *besonderen Bezug zwischen der CUL-Applikation und ihrem Umfeld* auszeichnen. So wird das Erleben einer CUL-Applikation aus *Sicht der Benutzer* vor allem durch deren Adaptivität bestimmt. Auch können bestimmte *Lehr- und Lernobjekte* eine CUL-Applikation prägen, was sich u.a. in den Lernzielen ausdrückt. Schließlich liefert auch *der Bezug zum Computer* Unterscheidungsmerkmale, etwa die verwendbare Benutzeroberfläche.

Direkte Merkmale und die Merkmale in bezug auf die Benutzer, auf die Lehr- und Lernobjekte sowie auf den Computer spannen einen *weiten Raum* auf (Bild 2.13).

Bild 2.13:
Eine CUL-Applikation in erweitert systemorientierter Betrachtung. Die Modellierung lehnt sich an den Objekttypenansatz nach Müller-Merbach (1986, S.504) an (siehe Abschnitt 5.2, S.242).

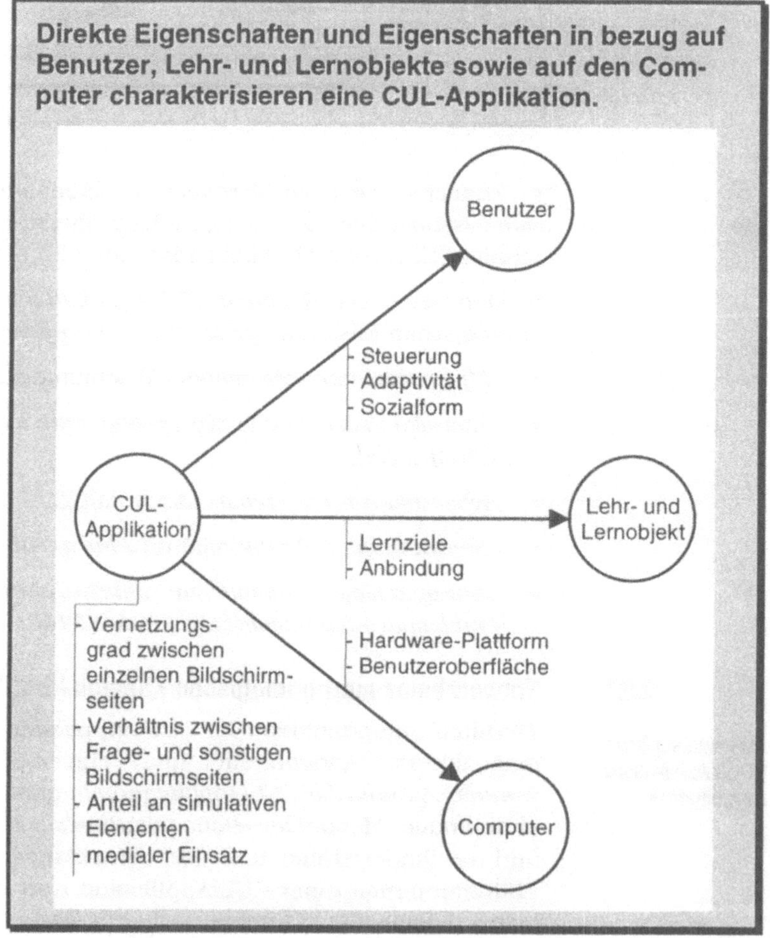

Mit diesen *Merkmalen* und mit ihren *wesentlichen Ausprägungen* sei ein *morphologischer Kasten* entworfen (zur Konstruktion siehe Kasten 2.1; Bild 2.14). Er wird später zur Einordnung der verschiedenen CUL-Applikationstypen dienen. Zuvor sei auf die bereits angesprochenen Merkmale im einzelnen eingegangen.

Direkte Merkmale

Vier Merkmale seien einer CUL-Applikation *direkt* zugeordnet (Teil 1 des morphologischen Kastens in Bild 2.14).

A1 - Vernetzungsgrad: Die Benutzer bewegen sich innerhalb einer CUL-Applikation üblicherweise von einer Bildschirmseite zur anderen. Je nachdem, wieviele Möglichkeiten ihnen dabei insgesamt offenstehen, sei von einem hohen, mittleren oder niedrigen *Vernetzungsgrad zwischen den Bildschirmseiten* gesprochen (vgl. Sacher 1989, S.67-69, der für diese Art der Einteilung den Begriff der Struktur einer CUL-Applikation verwendet).

A2 - Fragegrad: Eine besondere Art der Bildschirmseiten bilden die *Fragebildschirmseiten.* Sie ermuntern die Benutzer in besonderer Weise zur *aktiven Auseinandersetzung* mit den Lehr- und Lernobjekten. Das *Verhältnis* zwischen Frage- und sonstigen Bildschirmseiten ist daher ein *zweites wichtiges Merkmal* einer

Kasten 2.1:
Die Konstruktion des morphologischen Kastens für CUL-Applikationen

Ein morphologischer Kasten enthält *alle relevanten Merkmale* einer Fragestellung *mit ihren wichtigen Ausprägungen* (vgl. u.a. Bauer und Bauer 1993, S.30-41, mit einem morphologischen Kasten für Informatik-Projekte). Dabei stellt sich stets die Frage, *auf welche Weise* die Ersteller eines morphologischen Kastens zu den relevanten Merkmalen gelangen. Bei der Konstruktion des morphologischen Kastens für CUL-Applikationen wurden hierzu *zwei Wege* überlappend beschritten:

• Zuerst wurden *Systematiken von CUL-Applikationstypen* aus der Literatur aufgegriffen und *paarweise Vergleiche zwischen allen dort vorgefundenen CUL-Applikationstypen* angestellt. Beispiele: Was unterscheidet ein Hilfesystem von einem Hypermedia-Lernsystem, was ein Übungssystem von einer Simulation, was ein Tutorielles System von einem Assistenten?

• Die durch die paarweisen Vergleiche gefundenen Merkmale wurden durch *weitere Merkmale* ergänzt, die zwar nicht primäre Unterscheidungen zwischen CUL-Applikationstypen erlauben, dafür aber der *anschaulichen Beschreibung von CUL-Applikationstypen* dienlich sind.

Bild 2.14:
Morphologischer
Kasten für CUL-
Applikationen

Direkte Merkmale der CUL-Applikation und Merkmalsausprägungen			
A1: Vernetzungsgrad zwischen den Bildschirmseiten	hoch	mittel	niedrig
A2: Anteil an Frage-bildschirmseiten	hoch	mittel	niedrig
A3: Anteil an simulativen Elementen	hoch	mittel	niedrig	ohne
A4: Medialer Einsatz	hoch	mittel	niedrig

Merkmale der CUL-Applikation in bezug auf die Lehr- und Lernobjekte und Merkmalsausprägungen

B1: Lernziele	kognitiv	psycho-motorisch	affektiv	kombiniert
B2: Anbindung	an eine Software	an eine sonstige Dienstleistung oder ein Produkt	ohne

Merkmale der CUL-Applikation in bezug auf die Benutzer und Merkmalsausprägungen

C1: Steuerung	frei durch Benutzer steuerbar	Steuerung durch Computer vorgegeben	kombiniert
C2: Adaptivität	hoch	mittel	niedrig	nicht vorhanden
C3: Sozialform	Einzelarbeit	Partnerarbeit	Gruppenarbeit

Merkmale der CUL-Applikation in bezug auf den Computer und Merkmalsausprägungen

D1: Hardware-Plattform	PC-Welt	Apple-Welt	Unix-Welt	Großrechnerwelt
D2: Benutzeroberfläche	graphisch	textzeilenorientiert

CUL-Applikation. Fragen können in zahlreichen Varianten formuliert werden. Die wichtigsten sind der *Lückentext*, die *Multiple-choice-Frage* und die *graphische Frage*. Beim *Lückentext* sollen die Benutzer in einem vorgegebenen Textabschnitt fehlende Wörter ergänzen, bei der *Multiple-choice-Frage* sollen sie eine oder mehrere richtige Antworten aus einer größeren Anzahl von Antwortvorschlägen auswählen, und bei der für CUL-Applikationen besonders geeigneten *graphischen Frage* sollen sie vorgegebene Graphiken manipulieren oder um neue graphische Objekte wie Pfeile und Häkchen ergänzen (vgl. Steppi 1989, S.81-91).

A3 - Anteil an simulativen Elementen. Auch der Anteil an *simulativen Elementen* in einer CUL-Applikation bildet ein Unterscheidungsmerkmal. Er ist von hoher Bedeutung für die *anwendbare Lehrstrategie.* Das Spektrum reicht hier vom *rezeptivem Lernen* über die *gelenkte Entdeckung* bis zur *freien Entdeckung,* wobei vor allem letztere einen hohen Anteil an simulativen Elementen in einer CUL-Applikation voraussetzt (vgl. Freibichler 1974, S.36-38).

A4 - Medialer Einsatz: Schließlich unterscheiden sich die einzelnen CUL-Applikationen in ihrem *medialen Einsatz.* So beschränken sich manche auf die herkömmlichen visuellen Medien des Textes und der Graphiken, andere schließen animierte Graphiken und Bilder, Videosequenzen sowie auditive Medien wie Sprache und Musik mit ein (vgl. Kellerhals 1994, S.160, mit einer Klassifikation der Medien).

Merkmale in bezug auf die Lehr- und Lernobjekte

Neben die direkten Merkmale einer CUL-Applikation seien zwei weitere Merkmale gestellt, die *in bezug auf die Lehr- und Lernobjekte* stehen (Teil 2 des morphologischen Kastens in Bild 2.14):

B1 - Lernziele: Da sind zum einen die *Lernziele,* die von lernpsychologisch orientierten Autoren in kognitive, psychomotorische und affektive unterteilt werden (vgl. Schanda 1993, S.108-111, sowie Keller und Müller 1992, S.55-56, zu den Unterstützungsmöglichkeiten der einzelnen Lernziele durch CUL). Während sich *kognitive* Lernziele auf den Erwerb geistiger Fähigkeiten richten, visieren *psychomotorische* Lernziele den Erwerb von körperlichen Bewegungsabläufen und *affektive* Lernziele den Erwerb bestimmter Verhaltensweisen an.

B2 - Anbindung: Zum anderen unterscheiden sich CUL-Applikationen hinsichtlich der *Anbindung ihres Lehr- und Lernobjekts.*

Manche sind unmittelbar an eine *andere Software* angebunden und ohne diese Software unnütz. Andere ergänzen ein *Produkt* wie z.B. einen Videorekorder oder eine *sonstige Dienstleistung* wie z.B. einen Versicherungsvertrag. Eine dritte Gruppe erschließt ein Lehr- und Lernobjekt *ohne Anbindung* an ein Produkt oder eine Dienstleistung.

Merkmale in bezug auf die Benutzer

Drei Merkmale einer CUL-Applikation beziehen sich *auf die Benutzer* (Teil 3 des morphologischen Kastens in Bild 2.14):

C1 - Ablaufsteuerung: Das erste Merkmal umfaßt die *Steuerung des Ablaufs* durch die CUL-Applikation. Bei manchen CUL-Applikationen können die Benutzer *frei* navigieren, also den Ablauf komplett selbst steuern. In anderen CUL-Applikationen ist die Steuerung *fest* durch den Computer vorgegeben. Wieder andere enthalten eine *kombinierte* Steuerung, etwa derart, daß der Computer bestimmte Abläufe empfiehlt, den Benutzern aber die endgültige Entscheidung über ihren Weg durch die CUL-Applikation obliegt.

C2 - Adaptivitätsgrad: Das zweite Merkmal geht auf *den Grad an Adaptivität* ein, den eine CUL-Applikation den Benutzern eröffnet. Es geht also um die Frage, wie gut sich eine CUL-Applikation an einen speziellen Benutzer anpassen kann, beispielsweise indem sie ihm die Wahl der Bildschirmfarben anheimstellt oder je nach Lernsituation und Lerntyp unterschiedliche Hilfen anbietet.

C3 - Sozialform: Das dritte Merkmal betrifft die *Sozialform,* in der die Benutzer die CUL-Applikation einsetzen. Kirsch, Blume und Gabele (1980, S.188) führen *Einzel-, Partner-* und *Gruppenarbeit* als mögliche Ausprägungen der Sozialform auf.

Merkmale in bezug zum Computer

Die beiden letzten Merkmale einer CUL-Applikation betreffen schließlich den *Computer* (Teil 4 des morphologischen Kastens in Bild 2.14):

D1 - Hardware-Plattform: CUL-Applikationen setzen auf unterschiedlichen *Hardware-Plattformen* auf: Der *IBM-kompatible Personal-Computer* konkurriert hier vor allem mit den *Apple-* und den *Unix-Computern.* Die früher vorherrschenden *Großrechner* haben demgegenüber weitgehend an Bedeutung verloren, was sich schon Anfang der 1980er Jahre abgezeichnet hat (vgl. Bork 1981, S.20-24).

D2 - Benutzeroberfläche: Mit dem Vordringen leistungsfähiger Hardware-Plattformen setzen sich auch immer stärker *graphische Benutzeroberflächen* gegenüber den *textzeilenorientierten* durch.

Neben dem in diesem Buch entworfenen morphologischen Kasten zur Unterscheidung zwischen CUL-Applikationstypen gibt es weitere Ordnungsansätze, wobei vor allem die *Reduktion auf zwei Merkmale* überwiegt, so

- bei Schumann und Witte (1993, S.5-6) auf die Merkmale *"Adaptivität"* und *"Lehrstrategie"*,

- bei Bodendorf (1993, S.64) auf die Merkmale *"Lernerinitiative"* und *"Systemflexibilität"* sowie

- bei Schoop und Glowalla (1992, S.13) auf die Merkmale *"Systemeigenschaften"* und *"Anwendungsfeld"* im Sinne einer Lehrstrategie.

Kombinationen im morphologischen Kasten

Die Merkmale im morphologischen Kasten (Bild 2.14) und ihre Ausprägungen spannen das Feld für die zahlreichen und vielfältigen Erscheinungsformen von CUL-Applikationen auf. Grundsätzlich kann man sich *fast jede beliebige Kombination* der jeweiligen Ausprägungen als CUL-Applikation vorstellen. In der Praxis haben sich jedoch *bestimmte Kombinationen* von Ausprägungen herauskristallisiert, die besonders häufig auftreten (vgl. Bodendorf 1993, S.64). Es handelt sich um *spezifische Typen von CUL-Applikationen* (mit ihren dominanten Merkmalsausprägungen charakterisiert in Tabelle 2.1).

Jeder dieser CUL-Applikationstypen hat seinen Platz im eingangs entwickelten *morphologischen Kasten* (Bild 2.14), wobei im folgenden nur diejenigen Merkmalsausprägungen hervorgehoben werden, die nach übereinstimmender Meinung der Fachliteratur *charakteristisch* für einen bestimmten CUL-Applikationstyp sind.

2.2.2   Hilfesysteme und Assistenten

Software-Add-On

Als erste CUL-Applikationstypen seien *Hilfesysteme* und *Assistenten* betrachtet. Beide stehen in *enger Anbindung an eine Software*, deren Selbsterklärungsfähigkeit sie unterstützen sollen. Dies ist ihre gemeinsame, charakterisierende Merkmalsausprägung (siehe Bild 2.15 zu weiteren Merkmalsausprägungen).

CUL-Applikationstypen	Dominante Merkmalsausprägung
Hilfesysteme und Assistenten ...	... stehen in Verbindung mit einer Software, deren Benutzung sie erleichtern sollte.
Tutorielle Systeme inklusive Intelligente Tutorielle Systeme ...	... übernehmen aktiv die Rolle eines Lehrenden.
Hypermedia-Lernsysteme ...	... beruhen auf einem Medienverbund und überlassen weitgehend den Lernenden die Navigation durch die Bildschirmseiten.
Simulationen, Mikrowelten, Planspiele ...	... enthalten die Lehr- und Lernobjekte in impliziter Form und ermöglichen freies Entdecken.
Übungssysteme, Systeme zur schrittweisen Entwurfslehre, Problemlösungssysteme ...	... helfen bei der Vertiefung von Lehr- und Lernobjekten durch umfangreiche Fragesequenzen.

Beide CUL-Applikationstypen geben den Benutzern

- *ohne Medienbruch*, d.h. ohne Blickwechsel vom Bildschirm auf Papier und zurück,

- *Information* und *Hilfestellung*

- zum *Funktionsumfang* und zur *Bedienung* der Software

- sowie zur *Lösung ihrer fachlichen Probleme* mit Hilfe der Software (vgl. analog dazu John und Klein-Magar 1992, S.159-162, zu den Zwecken einer Online-Dokumentation).

In der heutigen Zeit findet man Hilfesysteme bei *fast allen Arten von Software*; das PC-Datenbankprogramm Microsoft Access besitzt diesen CUL-Applikationstyp ebenso wie das Gesamtunternehmensinformationssystem SAP R/3. Hilfesysteme liegen üblicherweise in Form eines *Hypertextes* vor, den die Benutzer von

Bild 2.15:
Einordnung von Hilfesystemen und Assistenten in den morphologischen Kasten für CUL-Applikationen

Hilfesysteme und Assistenten stehen stets in Verbindung mit einer Software.

Direkte Merkmale der CUL-Applikation und Merkmalsausprägungen

A1: Vernetzungsgrad zwischen den Bildschirmseiten	hoch	mittel	niedrig	
A2: Anteil an Frage-bildschirmseiten	hoch	mittel	niedrig	
A3: Anteil an simulativen Elementen	hoch	mittel	niedrig	ohne
A4: Medialer Einsatz	hoch	mittel	niedrig	

Merkmale der CUL-Applikation in bezug auf die Lehr- und Lernobjekte und Merkmalsausprägungen

| B1: Lernziele | kognitiv | psycho-motorisch | affektiv | kombiniert |
| B2: Anbindung | an eine Software | an eine sonstige Dienstleistung oder ein Produkt | ohne | |

Merkmale der CUL-Applikation in bezug auf die Benutzer und Merkmalsausprägungen

C1: Steuerung	frei durch Benutzer steuerbar	Steuerung durch Computer vorgegeben	kombiniert	
C2: Adaptivität	hoch	mittel	niedrig	nicht vorhanden
C3: Sozialform	Einzelarbeit	Partnerarbeit	Gruppenarbeit	

Merkmale der CUL-Applikation in bezug auf den Computer und Merkmalsausprägungen

| D1: Hardware-Plattform | PC-Welt | Apple-Welt | Unix-Welt | Großrechnerwelt |
| D2: Benutzeroberfläche | graphisch | | textzeilenorientiert | |

Profil der Hilfesysteme   Profil der Assistenten

der zugrundeliegenden Software aus an verschiedenen Stellen aufrufen können. Der *Vernetzungsgrad* zwischen den einzelnen Bildschirmseiten ist in der Regel hoch; die Benutzer können so auf einfache Weise durch die einzelnen Bildschirmseiten blättern oder zu bestimmten Bildschirmseiten springen. Die Texte in einem Hilfesystem sind *überwiegend uniform*, d.h. sprachlich und layoutmäßig gleich gehalten (vgl. Bodendorf 1990, S.47); sie beziehen sich nicht auf die aktuellen Benutzereingaben. Je nach dem Einstieg in ein Hilfesystem spricht man von der *allgemeinen* oder *kontextsensitiven* Hilfe:

- Bei der *allgemeinen* Hilfe treten die Benutzer über eine vorgegebene *Menüstruktur* in das Hilfesystem ein, durch die sie sich dann bis zu der sie interessierenden Bildschirmseite bewegen.

- Bei der *kontextsensitiven* Hilfe zeigt der Computer unmittelbar die Bildschirmseite des Hilfesystems an, die zu einer Bildschirmseite oder einer Dialogbox der zugrundeliegenden Software gehört.

Assistenten: Anleihe bei der Künstlichen Intelligenz

Hilfesysteme wurden und werden in verschiedener Hinsicht *weiterentwickelt* (vgl. Bauer und Schwab 1987, S.24-26, zu unterschiedlichen Zielrichtungen dabei). Es kristallisiert sich in Folge dieser Bemühungen ein neuer CUL-Applikationstyp heraus, der *Assistent*. Assistenten gehen in vier Punkten über die Hilfesysteme hinaus (vgl. Hoschka und Wißkirchen 1990, S.21-22):

- Sie interpretieren *ungenaue Anweisungen*, die die Benutzer dem Computer erteilen.

- Sie verhalten sich in gewissen Grenzen *adaptiv*, passen sich also an die Benutzer an. So sind Assistenten vorstellbar, die speichern, welche Mausoperationen die Benutzer ausführen und in welchem zeitlichen Abstand dies geschieht. Erkennen sie eine Fehlbedienung, die sie früher schon einmal ähnlich registriert haben, machen sie die Benutzer an geeigneter Stelle darauf aufmerksam.

- Assistenten *erklären* ihr Verhalten und ihre Leistung auf Wunsch den Benutzern.

Sie analysieren fortlaufend die *eigene Kompetenz*, können also diagnostizieren, welche Probleme sie lösen können und welche nicht.

2.2.3 Tutorielle Systeme inklusive Intelligente Tutorielle Systeme

Im Gegensatz zu den Hilfesystemen und Assistenten sind *Tutorielle Systeme* und ihre Erweiterung zu *Intelligenten Tutoriellen Systemen* nicht unbedingt an eine Software geknüpft, obwohl immer mehr Hersteller ihre Softwareprodukte mit Tutoriellen Systemen ausliefern. Zwei Punkte sind für Tutorielle Systeme charakteristisch (Bild 2.16; vgl. Bodendorf 1990, S.59-60):

Der Computer in der Rolle des aktiv Lehrenden

• Sie *führen* die Benutzer durch die Lehr- und Lernobjekte, und sie spielen aktiv die *Rolle eines Lehrenden*.

• Auch enthalten sie üblicherweise mehrere *Fragesequenzen*, mit denen der Lernerfolg der Benutzer erfaßt, bewertet und für die Zwecke der Ablaufsteuerung genutzt wird.

Beide Punkte leiten sich aus der lernpsychologischen Methode der *Programmierten Unterweisung* ab, auf der Tutorielle Systeme normalerweise aufbauen (siehe auch Abschnitt 2.4.2, S.76 ff.; vgl. Bodendorf 1993, S.68): Die Benutzer erhalten die Lehr- und Lernobjekte in kleinen Einheiten präsentiert, die logisch aneinander anschließen. Am Ende jeder Einheit können die Benutzer ihren Lernerfolg überprüfen, und darauf aufbauend leitet sie der Computer zu einer weiteren Einheit.

In den letzten Jahren wurden Tutorielle Systeme in Richtung auf *Intelligente Tutorielle Systeme* weiterentwickelt (vgl. Puppe 1992, S.195). Intelligente Tutorielle Systeme nutzen verstärkt die *Adaptivität* des Computers (Bild 2.16), beispielsweise durch lernsituations- und benutzerabhängiges Angebot von Hilfen. Auch überlassen sie einen Teil der *Steuerung* den Benutzern, die sie eher durch *Empfehlungen* zu leiten versuchen.

Idee: Aufteilung einer CUL-Applikation in unabhängige Module

Intelligente Tutorielle Systeme entstammen der Forschung zur *"Künstlichen Intelligenz"*, an die sie sich auch sprachlich anlehnen. Sie zeichnen sich durch eine Besonderheit aus: durch die Aufteilung einer CUL-Applikation in *vier voneinander unabhängige Module*:

• ein *Expertenmodul*,

• ein *Benutzermodul*,

• ein *Unterrichtsmodul* und

• ein *Kommunikationsmodul* (Bild 2.17; vgl. Lusti 1992, S.18-26).

Bild 2.16:
Einordnung von Tutoriellen Systemen und Intelligenten Tutoriellen Systemen in den morphologischen Kasten für CUL-Applikationen

Tutorielle Systeme und Intelligente Tutorielle Systeme übernehmen aktiv die Rolle eines Lehrenden.

Direkte Merkmale der CUL-Applikation und Merkmalsausprägungen

A1: Vernetzungsgrad zwischen den Bildschirmseiten	hoch	mittel	niedrig
A2: Anteil an Frage-bildschirmseiten	hoch	mittel	niedrig
A3: Anteil an simulativen Elementen	hoch	mittel	niedrig	ohne
A4: Medialer Einsatz	hoch	mittel	niedrig

Merkmale der CUL-Applikation in bezug auf die Lehr- und Lernobjekte und Merkmalsausprägungen

B1: Lernziele	kognitiv	psycho-motorisch	affektiv	kombiniert
B2: Anbindung	an eine Software	an eine sonstige Dienstleistung oder ein Produkt	ohne

Merkmale der CUL-Applikation in bezug auf die Benutzer und Merkmalsausprägungen

C1: Steuerung	frei durch Benutzer steuerbar	Steuerung durch Computer vorgegeben	kombiniert
C2: Adaptivität	hoch	mittel	niedrig	nicht vorhanden
C3: Sozialform	Einzelarbeit	Partnerarbeit	Gruppenarbeit

Merkmale der CUL-Applikation in bezug auf den Computer und Merkmalsausprägungen

D1: Hardware-Plattform	PC-Welt	Apple-Welt	Unix-Welt	Großrechnerwelt
D2: Benutzeroberfläche	graphisch	textzeilenorientiert

Profil der tutoriellen Systeme	Profil der intelligenten tut. Systeme

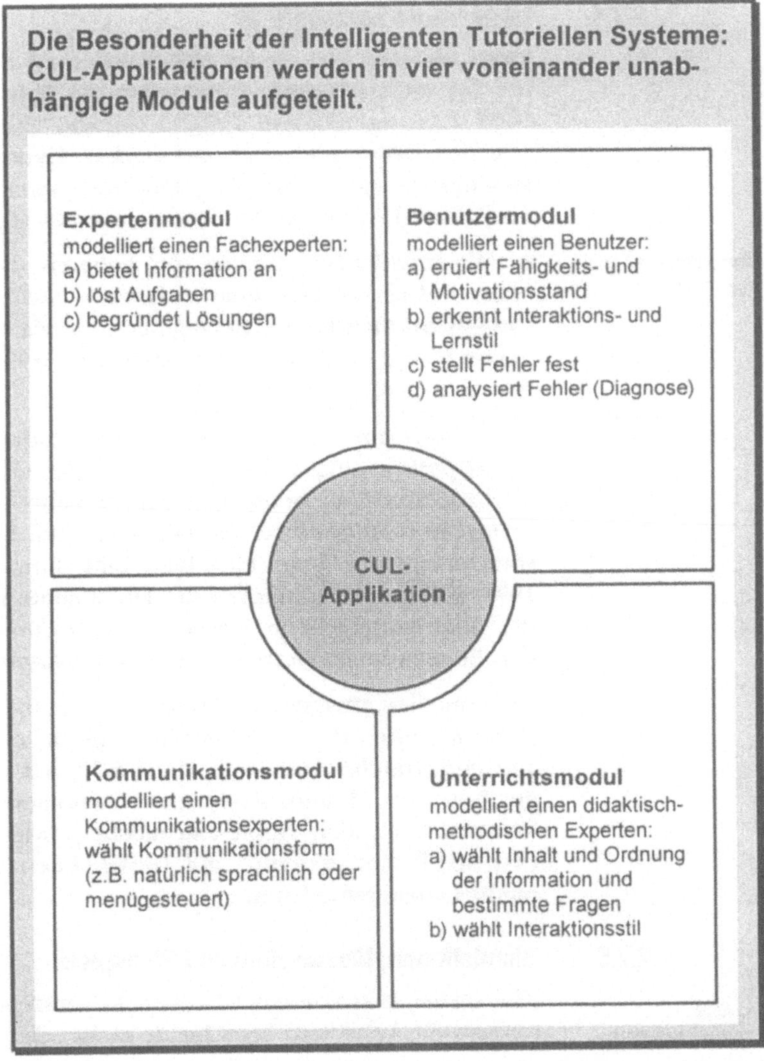

Bild 2.17:
Vier Module von Intelligenten Tutoriellen Systemen und ihre Aufgaben. Quelle: In Anlehnung an Lusti (1992, S.19).

Die Module sollen *einzeln* gegen andere der *gleichen* Art ausgetauscht werden können, ohne daß die restlichen Module verändert werden müßten - dies ist das *zentrale*, hinter Intelligenten Tutoriellen Systemen stehende *Ziel*. Bisher ist dieses Ziel jedoch noch *nicht erreicht*, lediglich in Teilen wie dem Expertenmodul konstatiert Puppe (1992, S.195-196) erkennbare Fortschritte.

2.2.4 Hypermedia-Lernsysteme

Einen anderen Weg in der Ablaufsteuerung als die eben skizzierten Tutoriellen Systeme beschreiten die *Hypermedia-Lernsysteme* (Bild 2.18; vgl. Thomé 1991, S.20), die üblicherweise *komplett von den Benutzern* gesteuert werden. Hypermedia-Lernsysteme vereinen in sich - wie Hypermedia-Systeme allgemein - eine *Vielfalt an Medien* mit der *Strukturidee des Hypertexts*:

Medienverbund plus Hypertext

- Hypermedia-Lernsysteme präsentieren den Benutzern die Lehr- und Lernobjekte über *zahlreiche Medien*, zu denen Texte, Graphiken, Stand- und Bewegtbilder sowie Sprache und Musik gehören (vgl. Steinmetz und Herrtwich 1991, S.249-250, siehe ferner Abschnitt 3.8.1, S.169 ff.).

- In Hypermedia-Lernsystemen wird zudem die *Strukturidee des Hypertexts* angewendet: Die Gestalter eines solchen Hypermedia-Lernsystems bereiten dabei die Lehr- und Lernobjekte als *vernetztes Gebilde einzelner Dokumente* auf. Die Dokumente entsprechen in der Regel einzelnen Bildschirmseiten (vgl. Schoop 1991, S.22). Sie verknüpfen die Dokumente miteinander entweder über vorgegebene Verweise (*static links*) oder durch von den Benutzern aktivierbare Verweise (*dynamic links*).

Hypermedia-Lernsysteme erfordern eine im Dialogbetrieb *äußerst leistungsfähige Hardware-Plattform* mit *graphischer Benutzeroberfläche* (vgl. Popp 1993, S.27, mit einer Minimalkonfiguration von Multimedia-Personal-Computern). IBM-kompatible Personal-Computer, Apple-Macintoshs sowie Unix-Systeme eignen sich besonders dafür, auf Großrechnern findet man Hypermedia-Lernsysteme kaum.

2.2.5 Simulationen, Mikrowelten und Planspiele

Implizite Repräsentation der Lehr- und Lernobjekte

Alle bisher betrachteten CUL-Applikationstypen bieten den Benutzern die Lehr- und Lernobjekte mehr oder weniger *in expliziter Form* an, so daß die Benutzer entweder auf rezeptive oder auf gelenkt entdeckende Weise lernen. *Simulationen, Mikrowelten* und *Planspiele* enthalten die Lehr- und Lernobjekte dagegen eher in *impliziter Form* (Bild 2.19), oftmals in Form eines umfangreichen mathematischen Modells. Sie ermöglichen den Benutzern *freies Entdecken*, was allerdings auch eine vergleichsweise hohe Lernzeit erfordert.

Bei *Simulationen* arbeiten die Benutzer mit dem Modell eines Vorgangs oder Systems (vgl. O'Shea und Self 1986, S.78), an dem

Bild 2.18:
Einordnung von
Hypermedia-Lern-
systemen in den
morphologischen
Kasten für CUL-
Applikationen

Hypermedia-Lernsysteme beruhen auf einem Medienverbund.

Direkte Merkmale der CUL-Applikation und Merkmalsausprägungen

A1: Vernetzungsgrad zwischen den Bildschirmseiten	hoch	mittel	niedrig
A2: Anteil an Frage-bildschirmseiten	hoch	mittel	niedrig

A3: Anteil an simulativen Elementen	hoch	mittel	niedrig	ohne

A4: Medialer Einsatz	hoch	mittel	niedrig

Merkmale der CUL-Applikation in bezug auf die Lehr- und Lernobjekte und Merkmalsausprägungen

B1: Lernziele	kognitiv	psycho-motorisch	affektiv	kombiniert
B2: Anbindung	an eine Software	an eine sonstige Dienstleistung oder ein Produkt	ohne	

Merkmale der CUL-Applikation in bezug auf die Benutzer und Merkmalsausprägungen

C1: Steuerung	frei durch Benutzer steuerbar	Steuerung durch Computer vorgegeben	kombiniert
C2: Adaptivität	hoch	mittel	niedrig	nicht vorhanden
C3: Sozialform	Einzelarbeit	Partnerarbeit	Gruppenarbeit	

Merkmale der CUL-Applikation in bezug auf den Computer und Merkmalsausprägungen

D1: Hardware-Plattform	PC-Welt	Apple-Welt	Unix-Welt	Großrechnerwelt
D2: Benutzeroberfläche	graphisch		textzeilenorientiert	

Profil der Hypermedia-Lernsysteme

Bild 2.19:
Einordnung von Simulationen, Mikrowelten und Planspielen in den morphologischen Kasten für CUL-Applikationen

Simulationen, Mikrowelten und Planspiele enthalten die Lehr- und Lernobjekte in eher impliziter Form.

Direkte Merkmale der CUL-Applikation und Merkmalsausprägungen

A1: Vernetzungsgrad zwischen den Bildschirmseiten	hoch	mittel	niedrig
A2: Anteil an Frage-bildschirmseiten	hoch	mittel	niedrig

A3: Anteil an simulativen Elementen	hoch	mittel	niedrig	ohne

A4: Medialer Einsatz	hoch	mittel	niedrig

Merkmale der CUL-Applikation in bezug auf die Lehr- und Lernobjekte und Merkmalsausprägungen

B1: Lernziele	kognitiv	psycho-motorisch	affektiv	kombi-niert
B2: Anbindung	an eine Software	an eine sonstige Dienstleistung oder ein Produkt	ohne	

Merkmale der CUL-Applikation in bezug auf die Benutzer und Merkmalsausprägungen

C1: Steuerung	frei durch Benutzer steuerbar	Steuerung durch Computer vorgegeben	kombiniert	
C2: Adaptivität	hoch	mittel	niedrig	nicht vorhanden
C3: Sozialform	Einzelarbeit	Partnerarbeit	Gruppenarbeit	

Merkmale der CUL-Applikation in bezug auf den Computer und Merkmalsausprägungen

D1: Hardware-Plattform	PC-Welt	Apple-Welt	Unix-Welt	Großrechnerwelt
D2: Benutzeroberfläche	graphisch		textzeilenorientiert	

Profil der Simulationen	Profil der Planspiele

sie selbständig experimentieren. Ein bekanntes und beeindrukkendes Beispiel für Simulationen sind die *Flugsimulatoren*, die das Verhalten eines Propeller-, Düsenflugzeugs oder Hubschraubers nachbilden (vgl. Phillips 1988, S.130). Die Benutzer können normalerweise in Simulationen bestimmte Parameter einstellen und die Auswirkungen auf andere Parameter betrachten, sodann dieselben oder andere Parameter verändern, wiederum die Auswirkungen betrachten, und dies wiederholen, bis sie mit dem Gelernten zufrieden sind. Simulationen eignen sich besonders in solchen Fällen, wo das Experimentieren in und mit einem realen Prozeß *zeitaufwendig, teuer* oder *gefährlich* ist.

Eine besondere Art der Simulationen bilden die *Mikrowelten*, die wie die Intelligenten Tutoriellen Systeme aus dem Bereich der *"Künstlichen Intelligenz"* stammen. Bodendorf (1990, S.116-117) ordnet ihnen im Vergleich zu üblichen Simulationen ein *passiveres*, das entdeckende Lernen stärker erzwingendes Verhalten sowie umfangreiche Erklärungs-, Diagnose- und Testfähigkeiten zu.

Lernen durch Spielen

Genau wie den Simulationen liegen *Planspielen* üblicherweise mathematische Modelle zugrunde. Während sich Simulationen jedoch überwiegend an einen einzelnen Benutzer richten, werden *Planspiele* häufig von *einer oder mehreren Benutzergruppen* gespielt. Dabei wirken die Parameter, die einer der Benutzer oder eine der Gruppen einstellt, auf die anderen Benutzer und Gruppen zurück. Planspiele gewinnen zudem oftmals zusätzliche Attraktivität, wenn zwischen den Beteiligten eine *Wettbewerbssituation* besteht.

Ein Beispiel für Planspiele sind *Unternehmensplanspiele*, bei denen verschiedene Benutzergruppen mehrere Unternehmen bilden (vgl. Baehr und Schröder 1989, S. 60-74, mit Erfahrungen zum Unternehmensplanspiel SIGAM). Die Unternehmen konkurrieren auf einem *fiktiven Markt* miteinander, wobei sich beispielsweise die Preisfestlegung oder die Werbeausgaben eines Unternehmens über einen im Planspiel festgelegten Mechanismus auf die anderen Unternehmen auswirken. Nach einer bestimmten Frist ermittelt der Computer die Sieger nach Kriterien wie fiktiver Gewinn, Marktanteil und Liquidität.

Eng verwandt mit den skizzierten Simulationen, Mikrowelten und Planspielen sind die *Computerspiele* (vgl. Seeßlen und Rost 1984, S.78-172, mit einem ausführlichen Überblick). Sie können in Form eines *Abenteuerspiels* ("Adventures") die Benutzer in eine fiktive Welt führen, in der sie bestimmte Aufgaben zu lösen haben. Ein Beispiel: *"In 'Adventure' ... sucht man einen magischen Kelch, man muß einen Drachen bekämpfen, die richtigen Schlüssel für die Schlösser der gewaltigen Burg finden oder eine Brücke ausmachen"* (Seeßlen und Rost 1984, S.169). Computerspiele können die Benutzer aber auch unter *Zeitdruck* eine mathematische, logische oder motorische Aufgabe lösen lassen. Seeßlen und Rost (1984, S.168) zählen hier *"Schieß-, Labyrinth-, Sprung-, Leiter-, Freß-, Jagd-, Bau- und Suchspiele"* auf. Obwohl Computerspiele nicht im engeren Sinn zu den CUL-Applikationen gehören, geben sie doch eine eindrucksvolle Vorstellung von deren Weiterentwickelbarkeit.

2.2.6 Übungssysteme, Systeme zur schrittweisen Entwurfslehre und Problemlösungssysteme

Alle bisher behandelten CUL-Applikationstypen haben ihren Ausgangspunkt in der *Erläuterung* von Lehr- und Lernobjekten oder im *Experimentieren* an einem Modell. Der Anteil an Fragebildschirmseiten in diesen Systemen ist tendenziell niedrig. Demgegenüber stehen bei *Übungssystemen, Systemen zur schrittweisen Entwurfslehre* und *Problemlösungssystemen* die Fragebildschirmseiten im Vordergrund (Bild 2.20).

Durch Fragen führen

Mit einem *Übungssystem* - für das auch der Ausdruck *"Drill and Practice"* geläufig ist - vertiefen Benutzer die Kenntnisse, die sie bereits *vorab* erworben haben (vgl. Bodendorf 1990, S.55). Das Übungssystem stellt den Benutzern Frage auf Frage und erwartet jeweils eine richtige Antwort. Bei einer falschen Antwort zeigt das Übungssystem den Benutzern eine Musterlösung, und häufig stellt es die nicht korrekt beantwortete Frage erneut nach Abschluß eines ersten Fragendurchgangs.

Wesentlich komplexere Lehr- und Lernobjekte als mit Übungssystemen lassen sich mit einem *System zur schrittweisen Entwurfslehre* vermitteln (vgl. Müller-Merbach 1976 mit der Erläuterung solcher Systeme am Beispiel linearer Zuordnungsprobleme). Ein solches System stellt den Lernenden zunächst eine *Aufgabe,* also in globalerem Sinn eine Frage, die die Lernenden mit *gesundem Allgemeinverständnis* lösen können. Es diagnostiziert die Lösung und stellt bei korrekter Lösung eine *schwierigere Aufgabe.* Diesen Zyklus wiederholt es, bis die Lernenden ein *Entwurfsproblem vollständig durchdrungen* haben. Die skizzierte

Bild 2.20:
Einordnung von Übungssystemen, Systemen zur schrittweisen Entwurfslehre und Problemlösungssysteme in den morphologischen Kasten für CUL-Applikationen

Eine weitere Erscheinungsform des CULs zeichnet sich durch Dominanz der Fragen aus.

Direkte Merkmale der CUL-Applikation und Merkmalsausprägungen

A1: Vernetzungsgrad	hoch	mittel	niedrig
A2: Anteil an Fragebildschirmseiten	hoch	mittel	niedrig
A3: Anteil an simulativen Elementen	hoch	mittel	niedrig	ohne
A4: Medialer Einsatz	hoch	mittel	niedrig

Merkmale der CUL-Applikation in bezug auf die Lehr- und Lernobjekte und Merkmalsausprägungen

B1: Lernziele	kognitiv	psychomotorisch	affektiv	kombiniert
B2: Anbindung	an eine Software	an eine sonstige Dienstleistung oder ein Produkt	ohne

Merkmale der CUL-Applikation in bezug auf die Benutzer und Merkmalsausprägungen

C1: Steuerung	frei durch Benutzer steuerbar	Steuerung durch Computer vorgegeben	kombiniert
C2: Adaptivität	hoch	mittel	niedrig	nicht vorhanden
C3: Sozialform	Einzelarbeit	Partnerarbeit	Gruppenarbeit

Merkmale der CUL-Applikation in bezug auf den Computer und Merkmalsausprägungen

D1: Hardware-Plattform	PC-Welt	Apple-Welt	Unix-Welt	Großrechnerwelt
D2: Benutzeroberfläche	graphisch		textzeilenorientiert

Profil der   Übungss.   Problemlösungss.   S. zur schrittw. Entwurfslehre

Vorgehensweise erinnert an die *Programmierte Unterweisung,* die den Tutoriellen Systemen zugrundeliegt (siehe Abschnitt 2.2.3, S.43). Im Gegensatz zu Tutoriellen Systemen bieten Systeme zur schrittweisen Entwurfslehre den Lernenden jedoch *nicht zuerst Information,* sondern *Aufgaben* an, was der Aufmerksamkeit der Lernenden förderlicher ist.

Ein *Problemlösungssystem* ähnelt von der Komplexität der vermittelbaren Lehr- und Lernobjekte den *Systemen zur schrittweisen Entwurfslehre.* Es stellt den Benutzern ein vergleichsweise komplexes Problem, also ebenfalls in globalerem Sinn eine Frage. Es begleitet die Benutzer sodann schrittweise durch die Problemlösung, zeigt ihnen Fehler und gibt Hilfestellung (vgl. O'Shea und Self 1986, S.84). Problemlösungssysteme finden vor allem beim Erlernen des *Programmierens* ihren Einsatz.

2.3 Fünf Komponenten des CUL-Prozesses

CUL-Applikationen ähneln in gewisser Weise *technischen Produkten,* wie beispielsweise Straßenfahrzeugen, Videogeräten und Werkzeugmaschinen:

- Einerseits liegen sie in einer *Vielfalt von Erscheinungsformen* vor, was für die genannten technischen Produktgruppen unmittelbar einleuchtet und für die CUL-Applikationen in Abschnitt 2.2 gezeigt wurde.

- Andererseits liegt ihnen ein vergleichsweise *einheitlicher Prozeß* zugrunde, den sie während ihres Lebenszyklus durchlaufen (vgl. Schweizer 1989, S.30). Beispielsweise umfaßt dieser Prozeß bei Straßenfahrzeugen - unabhängig vom Fahrzeugtyp - den Entwurf, die Prototypentwicklung, die Produktionseinführung, den Verkauf, die Auslieferung, die Benutzung, die Verschrottung und gegebenenfalls das Recycling.

Was ist zu tun?

Für CUL-Applikationen gleich welchen Typs sei hier eine *Gliederung des Prozesses in fünf Komponenten* vorgeschlagen:

- erstens die Basisüberlegungen bezüglich der *Auswahl eines angemessenen Lehr- und Lernkonzepts,*

- zweitens der *Entwurf,*

- drittens die *Distribution,*

- viertens die *Benutzung* und

- fünftens die *Evaluation* einer CUL-Applikation.

Wer handelt?

In diesem CUL-Prozeß nehmen *drei Personengruppen* unterschiedliche Funktionen wahr: die *Auftraggeber*, die *Autoren* und die *Benutzer* (vgl. Gabele und Zürn 1993, S.5, mit analogem Inhalt, aber unterschiedlichen sprachlichen Ausdrücken).

• Die *Auftraggeber* initiieren den CUL-Prozeß. Sie sind in der Regel für die Vermittlung bestimmten Wissens oder bestimmter Fähigkeiten zuständig und wollen hierzu eine geeignete CUL-Applikation einsetzen. Die Auftraggeber können beispielsweise einer Unternehmensabteilung angehören, die Weiterbildungsangebote für Führungskräfte zusammenstellt (vgl. Schwuchow 1992, S.36-38, zur Bedeutung der Führungskräfteweiterbildung). Sie können jedoch auch in der *Dokumentation* und *Anwenderschulung* technischer Produkte oder Dienstleistungen oder im *Marketing* angesiedelt sein.

• Die *Autoren* arbeiten die CUL-Applikation aus, und zwar in fachlicher, didaktischer und programmiertechnischer Hinsicht. Sie können eine Arbeitsgruppe in demselben Unternehmen sein, in dem auch die Auftraggeber angesiedelt sind. Die Autoren können aber auch einer fremden, auf CUL-Entwurf spezialisierten Institution angehören.

• Für die *Benutzer* ist die CUL-Applikation bestimmt. Sie sollen damit die gewünschten Kenntnisse und Fähigkeiten erwerben.

Jede dieser Personengruppen ist für eine oder mehrere der *fünf Komponenten* hauptverantwortlich, die den CUL-Prozeß beschreiben. Zwischen den einzelnen Personengruppen können dabei durchaus *Überschneidungen* bestehen, sie sind nicht zwangsläufig disjunkt. So kann ein Auftraggeber zugleich beim Entwurf mitarbeiten oder in einem späteren Stadium auch Benutzer einer CUL-Applikation sein. Gleichwohl nützt die Trennung in die drei Gruppen dem weiteren Verständnis des CUL-Prozesses.

Die bereits genannten *fünf Komponenten* des CUL-Prozesses stehen in engem Zusammenhang zueinander und seien im Anschluß vertieft diskutiert (Bild 2.21):

• *Komponente 1:* Für ein zu vermittelndes Lehr- und Lernobjekt bedarf es der *Basisüberlegungen* bezüglich der *Auswahl des angemessenen Lehr- und Lernkonzepts* (Abschnitt 2.3.1). Dabei geht es einerseits um die grundsätzliche Frage, ob die Lehr- und Lernform des CULs eingesetzt werden soll, andererseits um die Präzisierung der gewünschten CUL-Applikation. Diese Komponente

Bild 2.21:
Überblick über den
CUL-Prozeß und
seine Komponenten.
Wegen des erforder-
lichen hohen Arbeits-
aufwands wurden die
Aufgaben innerhalb
der Komponente des
Entwurfs gesondert
herausgearbeitet. Die
Größe der Kreise
entspricht dem in
einer bestimmten
Zeiteinheit aufzu-
bringenden Arbeits-
aufwand.
Quelle zum Kompo-
nentenschema:
Müller-Merbach
(1983, S.112-116).

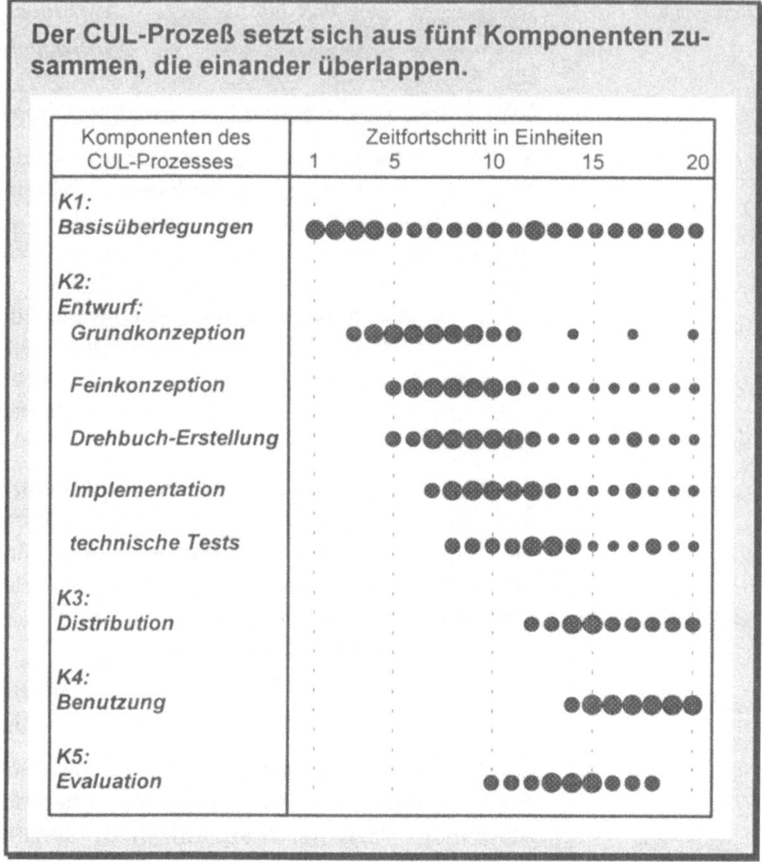

leitet den CUL-Prozeß ein und obliegt in erster Linie den *Auftraggebern*.

- *Komponente 2:* In engem Zusammenhang mit Komponente 1 steht der *Entwurf* der CUL-Applikation (Abschnitt 2.3.2), der von den *Autoren* übernommen wird. Sie bringen das fachliche, didaktische und programmiertechnische Konzept zur Übereinstimmung. Auch die Komponenten 4 und 5 überlappen mit dem Entwurf, da verschiedene Daten aus der Benutzung und Evaluation zu Anpassungen des Entwurfs führen können.

- *Komponente 3:* Schon deutlich vor dem Ende des Entwurfs beginnen üblicherweise die *Auftraggeber* mit Überlegungen zur *Distribution* der CUL-Applikation an die Benutzer (Abschnitt

2.3.3). Wichtig bei der Distribution ist neben der *technischen* auch die *wirtschaftliche* und *rechtliche* Dimension.

• *Komponente 4:* Die *Benutzung* der CUL-Applikation durch die *Benutzer* überlappt einerseits mit der Distribution, andererseits mit der Evaluation und dem Entwurf (Abschnitt 2.3.4). Je nach den betrieblichen Gegebenheiten reicht bei der Benutzung die Palette der Möglichkeiten vom Lernen am Arbeitsplatz bis zum Lernen in Lernzentren.

• *Komponente 5:* Bei der Benutzung fallen Daten zum Lernstand, Lerntempo, Lernerfolg sowie zu Problemen mit der CUL-Applikation an. Die *Autoren* können anhand dieser Daten die CUL-Applikation *evaluieren*, also Rückschlüsse auf die Qualität der CUL-Applikation ziehen und Verbesserungsvorschläge gewinnen (Abschnitt 2.3.5).

Komponenten versus Phasen

Bei den vorgestellten fünf Komponenten handelt es sich um eine *logische*, nicht um eine zeitlich abgrenzende Gliederung des CUL-Prozesses. Die Idee einer solchen Gliederung stammt von Müller-Merbach (1983, S.109-117), der in analoger Weise eine Gliederung des *Software-Entwicklungsprozesses* vorgeschlagen hat. Bei der Komponentengliederung wurden die Konsequenzen aus der *empirischen Widerlegung* eines Vorgehens in zeitlich abgegrenzten Phasen bei komplexen Entscheidungsläufen gezogen (vgl. den Befund bei Witte 1968a).

In einer Komponentengliederung ist eine *enge Verzahnung* zwischen den einzelnen Komponenten *ausdrücklich vorgesehen*, ebenso die Idee des *Voranschreitens vom Groben zum Feinen* innerhalb der einzelnen Komponenten. Beispielsweise endet die "Auswahl eines angemessenen Lehr- und Lernkonzepts" nicht mit der Entscheidung für (oder gegen) eine CUL-Applikation, sondern läuft parallel zu den anderen Komponenten des CUL-Prozesses weiter.

Dieses Weiterlaufen kann sich in Form von *verfeinernden* Entscheidungen oder auch von *grundsätzlichen* Entscheidungen bis hin zum Abbruch des CUL-Entwurfs ausdrücken. Auch beginnt die "Benutzung einer CUL-Applikation" häufig nicht erst nach vollständigem Abschluß des Entwurfs, sondern ausgewählte Benutzer helfen den Autoren in einem zeitlich frühen Stadium durch Erprobung der CUL-Applikation (vgl. Möhrle 1994, S.47-50, mit der bewußten Einbeziehung von Benutzern in ein Lead-Learner-Konzept).

Das vorgestellte Komponentenschema des CUL-Prozesses knüpft an *bestehende Vorgehensmodelle* an (vgl. Hoppe et al. 1993, S.15-39, mit einer Synopse über solche Modelle im deutschen Sprachraum, Karrer 1989, S.70-74, über solche im englischen Sprachraum), allerdings mit *anderer Gewichtung*. So betont es die *Distribution*, die *Benutzung* und die *späteren Entwurfsaktivitäten* im Vergleich zu anderen wesentlich stärker.

2.3.1 Komponente 1: Basisüberlegungen zu einem angemessenen Lehr- und Lernkonzept

Was sollten die Auftraggeber bedenken?

Bevor eine CUL-Applikation entworfen wird, sollten die Auftraggeber verschiedene *Basisüberlegungen* anstellen (Bild 2.22; vgl. auch Knabe 1990 mit einer speziell für den Fremdbezug von CUL-Applikationen zusammengestellten Checkliste). Hierzu gehören:

Bild 2.22:
Spezifikation der Komponente 1 "Basisüberlegungen zu einem angemessenen Lehr- und Lernkonzept"

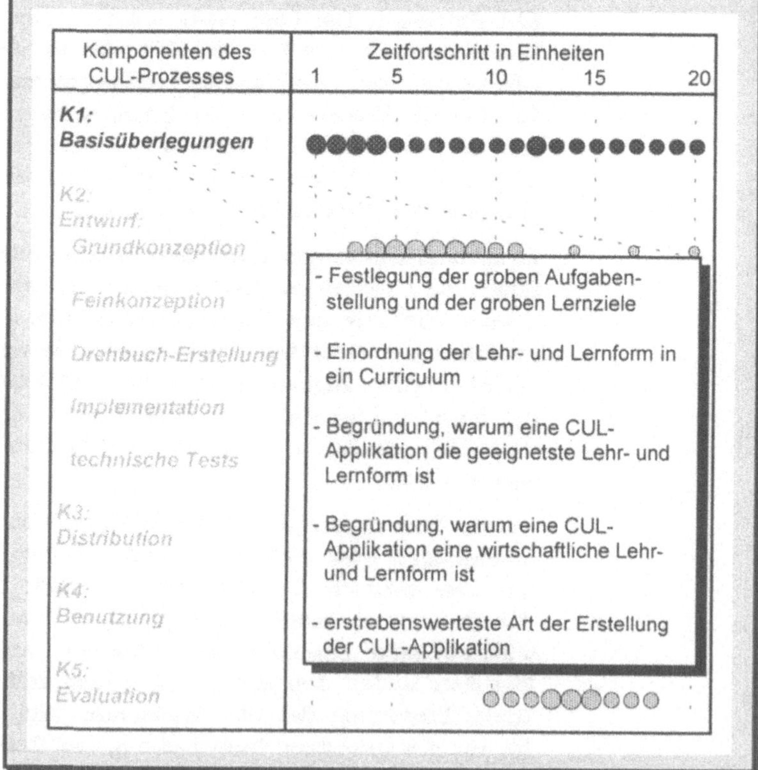

1) die *grobe Aufgabenstellung,*

2) die ebenfalls *groben Lernziele,*

3) die *Einbindung* in ein umfassenderes *Curriculum,*

4) die *Begründung,* warum eine CUL-Applikation die *geeignetste Lehr- und Lernform* für die Aufgabenstellung bildet, inklusive
der Begründung, warum eine CUL-Applikation in diesem Fall
eine *wirtschaftliche Lehr- und Lernform* ist, sowie

5) die *erstrebenswerteste Art der Erstellung* der CUL-Applikation.

Obgleich die fünf Basisüberlegungen getrennt zu bearbeiten
sind, stehen sie doch in *enger Wechselwirkung* zueinander. Beispielsweise bauen die Lernziele unmittelbar auf der Aufgabenstellung auf, und die Entscheidung über die geeignetste Lehr-
und Lernform hängt nicht zuletzt von deren Erstellungsweise ab.

Aufgabenstellung

1) Eine *grob umrissene Aufgabenstellung* für die zu entwerfende Lehr- und Lernform bildet die Grundlage für das weitere
Vorgehen. Hierauf zielt die erste Basisüberlegung. Da die Erstellung von CUL-Applikationen einer umfangreichen Filmproduktion ähnelt, können von dort bewährte Hilfsmittel übertragen
werden. So spricht Field (1993, S.53-58) im Zusammenhang mit
einer Filmproduktion von einem *Exposé* für eine äußerst knappe
Darstellung, die zu einem etwas umfangreicheren *Treatment*
ausgebaut wird. Letzteres habe den Umfang von drei bis vier
Manuskriptseiten und skizziere in durchaus *lockerer Form* Inhalt
und Handlung des Films (bei Lehr- und Lernformen: Inhalt und
didaktische Aufbereitung). In diesem Treatment sollte auch die
Zielgruppe der CUL-Applikation aufgeführt sein, und zwar möglichst *eng abgegrenzt* (vgl. Knabe 1990, S.74).

Lernziele

2) Die grob umrissene Aufgabenstellung findet ihre Ergänzung
und Präzisierung in den ebenfalls *grob umrissenen Lernzielen,*
die am günstigsten Auftraggeber und Benutzer *gemeinsam* definieren. Was sollen die Benutzer nach Durchlaufen der Lehr- und
Lernform können? Genügt das repetitiv angelegte Wissen über
bestimmte Dinge? Inwieweit soll die CUL-Applikation die Benutzer zum Transfer des Gelernten auf andere Themen anregen? Ein
pädagogisches Gerüst, das für *kognitive Lernziele* geeignet und
gut kommunizierbar ist, liefert die Einteilung der Lernziele nach
Meutsch (1993, S.151-152). Er schlägt *sechs Stufen kognitiver
Lernziele* vor:

- die Stufe des *Wiedergebenkönnens* (Originalbegriff: des Wissens),

- die Stufe des *Verstehens*,

- die Stufe des *Anwendens*,

- die Stufe des *Analysierens*,

- die Stufe des *Synthetisierens* und

- die Stufe des *Beurteilens* (Tabelle 2.2).

Einbindung in
bestehendes
Angebot

3) Eine neu zu entwerfende Lehr- und Lernform wird häufig in ein *Curriculum*, also in eine abgestimmte Vielzahl anderer Lehr- und Lernformen, eingebunden sein (vgl. Bombelka-Urner und Koch-Priewe 1991). Die Auftraggeber bedürfen der Klarheit darüber, wie sich die zu entwerfende Lehr- und Lernform in ein solches Curriculum einordnet: *Ergänzt* sie eine bereits bestehende Lehr- und Lernform? *Paßt sie inhaltlich* zu verwandten Lehr-

Tabelle 2.2:
Sechs Stufen kognitiver Lernziele. Die einzelnen Stufen bauen teilweise aufeinander auf; beispielsweise setzt die Stufe des Analysierens die drei vorhergehenden Stufen voraus.
Quelle: Meutsch (1993, S.151-152).

Stufe	Ziele	Lernresultat
Wiedergeben-können	Lernen von Fakten, die später erinnert werden sollen	Freies Erinnern
Verstehen	Einordnung des Wissens in die kognitive Struktur des Lernenden	Zusammenfassen
Anwenden	Ableitung allgemeiner Schlüsse aus dem Gelernten	Logisches Schließen
Analysieren	Zerlegung des Gelernten und Erkennen von Strukturen	Strukturieren
Synthetisieren	Zusammenfassung von Teilen des Gelernten zu neuen Strukturen	Neu ordnen
Beurteilen	Beurteilung des Gelernten hinsichtlich seines Wertes und seiner Bedeutung	Urteilen

und Lernformen? *Ersetzt* sie die eine oder andere der bestehenden Lehr- und Lernformen? Welche *Konsequenzen* sind aus den Antworten auf die vorgenannten Fragen zu ziehen?

Eignung von CUL

4) In einer weiteren Basisüberlegung sollten die Auftraggeber die Erstellung einer CUL-Applikation als der *geeignetsten Lehr- und Lernform begründen*. In Analogie zu Abschnitt 1.1 (S.4 ff.) bietet sich zum einen die Untersuchung des Bedarfs an originären Eigenschaften des CULs, zum anderen ein Vergleich zwischen dem CUL und anderen Lehr- und Lernformen hinsichtlich komparativer Kriterien an, wobei zu letzterem auch eine *Wirtschaftlichkeitsbeurteilung* gehört.

Zum einen werden die Auftraggeber prüfen, ob und inwieweit sie die *originären Eigenschaften* des CULs benötigen und sich zunutze machen können. Zu den originären Eigenschaften gehören u.a. simulative Elemente, Animation, Interaktivität, Individualität sowie die gezielte Unterstützung mit vertiefender Information (vgl. Abschnitt 1.1, S.7 ff.). Bedarf es in hohem Maße der originären Eigenschaften des CULs, so werden die Auftraggeber zumindest Teile der Aufgabenstellung in Form einer CUL-Applikation umsetzen (siehe auch Abschnitt 5.3.3.4, S.258 ff.).

Zum anderen werden die Auftraggeber anhand *komparativer Kriterien* die verschiedenen Lehr- und Lernformen einander gegenüberstellen. Komparative Kriterien sind beispielsweise die mögliche zeitliche und räumliche Flexibilität der Benutzer sowie die Wirtschaftlichkeit (vgl. ebenfalls Abschnitt 1.1, S.9 f.). Aus diesem Vergleich kann ebenfalls die Entscheidung für eine CUL-Applikation hervorgehen.

Vor allem im betrieblichen Umfeld wird dem komparativen Kriterium der *Wirtschaftlichkeit* besondere Bedeutung zukommen. Als Maß für die Wirtschaftlichkeit eignen sich u.a. die *Kosten verschiedener Maßnahmen*, die in einer Kostenvergleichsrechnung gegenübergestellt werden können (vgl. Perridon und Steiner 1993, S.37-46). Es stehen sich bei einer solchen Kostenvergleichsrechnung

- die *Kosten bei Durchführung* einer Maßnahme (Alternative 1), in diesem Fall beim Erstellen einer CUL-Applikation, und

- die *Kosten bei Unterlassung* dieser Maßnahme (Alternative 2) gegenüber.

Eine Maßnahme ist dann *wirtschaftlich empfehlenswert,* wenn die Kosten für die Durchführung (Alternative 1) die Kosten für die Unterlassung (Alternative 2) unterschreiten.

Die Kosten für ein Lehr- und Lernangebot, das auf einer CUL-Applikation aufbaut, setzen sich aus *drei Kostenblöcken* zusammen (vgl. u.a. Götz und Häfner 1992, S.131-136), den *Erstellungs-,* den *Infrastruktur-* und den *Ausfallzeitkosten:*

• Zur Ermittlung der *Erstellungskosten* rechnen verschiedene Autoren mit einem zu bewertenden Zeitaufwand von zwischen 200 und 600 Stunden Entwurfszeit für jede einzelne Stunde Lernzeit (siehe auch das Kalkulationsschema in Tabelle 2.3; vgl. Götz und Häfner 1992, S.125; Steppi 1989, S.134; etwas abweichend die Meinung von Glowalla und Schoop 1992, S.24, die von 30 bis 200 Stunden sprechen). Dieser Schätzung liegt der komplette Neuentwurf einer CUL-Applikation zugrunde (siehe unten).

Tabelle 2.3:
Kalkulationsschema zur Ermittlung der Erstellungszeiten für eine CUL-Applikation

Erstellungszeit je Stunde Lernzeit	
Tätigkeit	*Erstellungszeit in Stunden*
Umschreiben vorhandene Einheit	100
Neukonzeption	150
Multiplikationsfaktoren für	*Faktor*
komplexe Inhalte / Graphik	1.5
simulative Elemente	1.5
kleinere Videosequenzen	1.5
aufwendiges Video	2.0
Team unerfahren	1.5
Team sehr erfahren	0.8

*Beispielsweise sei eine zweistündige CUL-Applikation mit einigen simulativen Elementen von einem sehr erfahrenen Team neu zu entwerfen. Die geschätzte Erstellungszeit beträgt nach dem Kalkulationsschema dann 360 Stunden, nämlich 2 Lernstunden * 150 Erstellungsstunden pro Lernstunde * 1,5 (Faktor für simulative Elemente) * 0,8 (Faktor für ein sehr erfahrenes Team). Quelle: In Anlehnung an Götz und Häfner (1992, S.125).*

• Zu den *Infrastrukturkosten* zählen alle Kosten für Computer-Infrastruktur, Räume, Heizung etc., die bei der Distribution und Benutzung der CUL-Applikation anfallen.

• Während die Benutzer mit einer CUL-Applikation arbeiten, fallen sie für andere Tätigkeiten aus; es entstehen *Ausfallzeitkosten*.

Den Kosten für die Durchführung stehen die *Kosten für die Unterlassung* gegenüber: Beispielsweise könnten Kosten für Fehlbedienung, zusätzlichen Ausschuß und Stillstandszeiten einer Produktionsanlage anfallen, wenn die Mitarbeiter nicht ausreichend geschult sind.

Erstellungsweise

5) Einen wesentlichen Einfluß auf die Wirtschaftlichkeit und zugleich auf die spätere Ausgestaltung einer CUL-Applikation übt die *Erstellungsweise* aus. Hierauf zielt die fünfte und letzte Basisüberlegung. Den Auftraggebern stehen drei unterschiedliche Erstellungsweisen offen (Tabelle 2.4): Die Auftraggeber können eine CUL-Applikation als *Individual-Software*, d.h. komplett neu, erstellen lassen. Sofern entsprechende Produkte angeboten werden, können die Auftraggeber alternativ eine *Standard-Software* erwerben oder mieten. Ferner können die Auftraggeber sich für die *individuelle Anpassung einer Standard-Software* entscheiden.

In den Fällen der Erstellung einer CUL-Applikation als Individual-Software und als individualisierte Standard-Software stehen den Auftraggebern nochmals drei Möglichkeiten offen. Die *vollständige Eigenerstellung* erfordert Know-how und Fachleute im eigenen Haus, auch in Bereichen hochspezialisierter Hardware- und Software-Technologie. Bei der *vollständigen Fremderstel-*

Tabelle 2.4:
Erstellungsweisen für eine CUL-Applikation

Erstellung als Individual-Software	Erstellung als individualisierte Standard-Software	Kauf einer Standard-Software
vollständige Eigenerstellung	Erstellung im gemischten Team	vollständige Fremderstellung	(alternativ: Miete, Nutzungslizenzierung)

lung müssen hingegen die Lerninhalte nach außen transferiert werden. Häufig werden sich die Auftraggeber daher für eine *Erstellung in gemischten Teams* entscheiden.

2.3.2   Komponente 2: Entwurf der CUL-Applikation

In enger Wechselwirkung mit den Basisüberlegungen (Komponente 1) steht der *Entwurf einer CUL-Applikation* (Komponente 2). Beim Entwurf wird die Aufgabenstellung in eine adäquate CUL-Applikation umgesetzt und im Lauf der Zeit an aktuelle Entwicklungen angepaßt. Die Wechselwirkung zwischen Entwurf und Basisüberlegungen zeigt sich u.a. an Erfahrungen während des Entwurfs, die zu Änderungen der Aufgabenstellung führen können.

In Anlehnung an Steppi (1989, S.150) sei der *Entwurf einer CUL-Applikation* in fünf einzelne Aufgaben aufgeteilt:

1) die *Grundkonzeption,*

2) die *Feinkonzeption,*

3) die *Drehbuch-Erstellung,*

4) die *Implementation* sowie

5) die *technischen Tests* (Bild 2.23).

Bei den ersten vier Aufgaben handelt es sich um eine *schrittweise Verfeinerung und Ergänzung,* beginnend beim *Groben,* fortschreitend zum *Feinen.* Die fünfte Aufgabe steht auf der gleichen Ebene wie die vierte und durchdringt sie an vielen Stellen.

Von den Basisüberlegungen zum Entwurf wechselt die *Hauptverantwortung:* Für die Basisüberlegungen tragen die *Auftraggeber* die Hauptverantwortung, für den Entwurf die *Autoren.*

Grundkonzeption

1) Die *Grundkonzeption* lehnt sich eng an die *Basisüberlegungen* (Komponente 1) an. In ihr wird die Zusammensetzung des Teams der Autoren festgelegt, die Autoren reflektieren und verfeinern die Lernziele, leiten daraus die grobe Struktur der CUL-Applikation ab und legen bestimmte Standards fest (vgl. Steppi 1989, S.151-154, zu den ersten drei Punkten).

• Zum Entwurf einer CUL-Applikation bedarf es *unterschiedlich qualifizierter Experten.* Gabele und Zürn (1993, S.36) empfehlen je nach Ausgestaltung der CUL-Applikation *Fachexperten* zur inhaltlichen Spezifikation, *Redakteure* zur sprachlichen Bear-

Bild 2.23:
Spezifikation der Komponente 2 "Entwurf der CUL-Applikation"

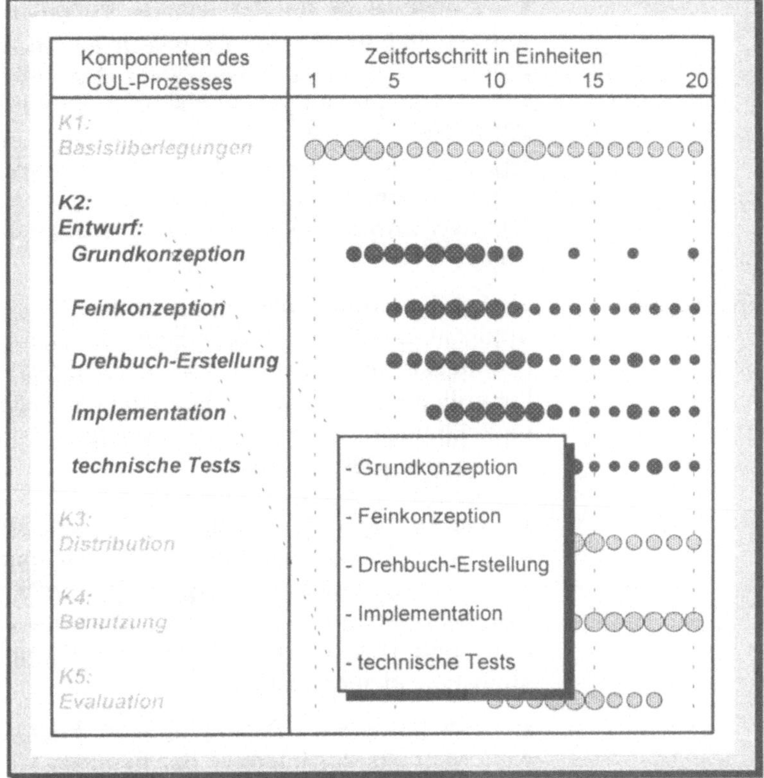

beitung, *Mediendidaktiker* zur medialen Gestaltung, *Graphikdesigner* zur Anfertigung anspruchsvoller Graphiken, *Programmierer* zur programmiertechnischen Umsetzung des Entwurfs, *Computersystemspezialisten* zur Hilfeleistung für die anderen Teammitglieder sowie - vor allem bei größeren Projekten - einen *Projektleiter.*

• Im Rahmen der Grundkonzeption reflektieren die Autoren die groben Lernziele aus Komponente 1 und verfeinern sie (vgl. Steppi 1989, S.151).

• Aus den verfeinerten Lernzielen erstellen sie die *Grundstruktur* der CUL-Applikation, bestehend aus den Strukturelementen *Kapitel, Abschnitt* und *Lernschritt* (vgl. Steppi 1989, S.151). In dieser Grundstruktur können bereits Lernwege geplant werden.

- Ferner ist es für das weitere Vorgehen günstig, wenn die Autoren bereits bei der Grundkonzeption *bestimmte Standards* festlegen (vgl. etwa Börsenverein des Deutschen Buchhandels 1994 mit Empfehlungen zu elektronischen Büchern). Gabele und Zürn (1993, S.79-102) raten u.a. zu einem *standardisierten Aufbau einer Bildschirmseite*, beispielsweise mit einheitlicher Statuszeile und einheitlicher Funktionsleiste, zu einer standardisierten *Benutzerführung* sowie zu einer standardisierten *Farbverwendung*.

Feinkonzeption

2) Auf der Grundkonzeption baut die *Feinkonzeption* einer CUL-Applikation auf: Die Autoren legen die Darbietung der Lehr- und Lernobjekte im einzelnen fest, fügen Interaktionen und Erfolgskontrollen an günstigen Stellen ein, spezifizieren Hilfen, lexikalische Einträge sowie sonstige Funktionen der CUL-Applikation (vgl. Steppi 1989, S.150).

- Die Darbietung der Lehr- und Lernobjekte umfaßt die *inhaltliche Ausarbeitung* der Bildschirmseiten einerseits sowie *Regieanweisungen* andererseits (vgl. Steppi 1989, S.156). Eine Regieanweisung kann beispielsweise ein schrittweises Aufblättern der Lehr- und Lernobjekte auf dem Bildschirm oder eine andere Animationsidee enthalten.

- Von besonderer Bedeutung sind *Interaktionen* und *Erfolgskontrollen*, die das Interesse der Benutzer wachhalten und ihnen ihren Lernfortschritt zurückkoppeln. Erfolgskontrollen ergänzen die Lernziele, und analog zu diesen können sie auf unterschiedlichen Ebenen angesiedelt sein (vgl. Steppi 1989, S.158).

- In manchen Fällen werden die Benutzer einer CUL-Applikation vertiefende Information zum Inhalt oder zur Bedienung wünschen. Hierzu legen die Autoren *Hilfen* (vgl. Abschnitt 2.2.2, S.39 ff.) und auch *lexikalische Einträge* fest. Zudem können auch Anmerkungen zu *sonstigen Funktionen* in die Feinkonzeption einfließen. Beispielsweise können die Autoren mögliche Benutzerantworten vorwegnehmen und die Reaktionen der CUL-Applikation darauf abstimmen.

Drehbuch

3) Die Ergebnisse der Feinkonzeption fließen in die *Drehbuch-Erstellung* ein. Steppi (1989, S.162) bezeichnet ein Drehbuch als *"die umfassendste, bis in das kleinste Detail gehende Arbeitsanweisung"* zur Implementation einer CUL-Applikation. Er unterscheidet zwischen einem *Video*-Drehbuch und einem *CUL*-Drehbuch:

• Im Video-Drehbuch spezifizieren die Autoren die üblicherweise teueren *Videosequenzen,* für die sie eventuell später ein Filmteam einbeziehen müssen.

• Im CUL-Drehbuch gehen die Autoren detailliert auf *Inhalt und Ablauf* der CUL-Applikation ein. Eine einzelne Seite des CUL-Drehbuchs knüpft normalerweise an den standardisierten Aufbau einer Bildschirmseite an.

Implementation 4) Die Arbeit am Computer, womit die *Implementation* der CUL-Applikation verbunden ist, knüpft an die Drehbuch-Erstellung an. Die Autoren setzen die Drehbücher auf dem Computer um, und dabei gemachte Erfahrungen führen zu Korrekturen der Drehbücher. Zur Umsetzung bedarf es eines geeigneten Werkzeugs, entweder einer *Programmiersprache,* eines *Autorensystems* oder einer *Expertensystem-Shell.* Die Werkzeuge unterscheiden sich hinsichtlich ihrer Flexibilität und Produktivität:

• Wenn die Autoren die CUL-Applikation mit einer *Programmiersprache* implementieren, so bietet dies den Vorteil hoher Flexibilität, da Ablaufsteuerung, Bildschirmlayout und andere Bestandteile einer CUL-Applikation nur durch die Möglichkeiten der Programmiersprache begrenzt sind. Diesem Vorteil steht allerdings eine relativ geringe Produktivität bei der Implementation gegenüber (vgl. Bodendorf 1990, S.79). Programmiersprachen eignen sich daher besonders bei CUL-Applikationen mit hohem, schwer standardisierbarem Anteil an simulativen Elementen.

• Implementieren die Autoren die CUL-Applikation hingegen mit einem *Autorensystem,* so schränkt dies die Flexibilität zwar leicht ein, erhöht aber wegen der speziellen Zusatzeigenschaften eines Autorensystems die Produktivität in spürbarem Maße (vgl. Bodendorf 1990, S.79). Autorensysteme eignen sich daher besonders für Tutorielle Systeme. Sie setzen sich aus verschiedenen Teilen zusammen. Küffner (1989, S.47-48) nennt hier

– Editoren für die Präsentation von Text, Graphiken, Tonfrequenzen, Animationen und Videosequenzen (vgl. auch Kerres 1990, S.74, zu Umsetzungsmöglichkeiten und -problemen von Videosequenzen),

– vorgefertigte Eingabemasken für verschiedene Frage- und Antwortformen,

– Verfahren zur Bewertung und Registrierung der Benutzerantworten,

– Ablaufmanager zur Steuerung der einzelnen Präsentationen,

– Generatoren zur Erzeugung lauffähiger CUL-Applikationen sowie

– Verfahren zur Reorganisation einer CUL-Applikation (siehe Fankhänel 1989 zur Ausgestaltung dieser Teile in Autorensystemen für Personal-Computer).

• Nur in besonderen Fällen, etwa bei der Implementierung einer Mikrowelt oder eines Intelligenten Tutoriellen Systems, werden die Autoren eine *Expertensystem-Shell* zur Implementation verwenden. Sie eröffnet einerseits wissensbasiertes Arbeiten, ist aber hinsichtlich der Flexibilität, z.B. was Animations- und Videoeinbindung betrifft, und der Produktivität bei Neuentwürfen sehr eingeschränkt (vgl. die Fallstudie von Lehner 1990, insbesondere den Ausblick auf S.155-156).

Technische Tests

5) Während der Implementation der CUL-Applikation werden die Autoren sie immer wieder *technischen Tests* unterziehen. Steppi (1989, S.179) versteht unter einem technischen Test die Prüfung, ob die CUL-Applikation *inhaltlich und didaktisch mit der Feinkonzeption und dem Drehbuch* übereinstimmt und ob sie *ohne Programmierfehler* abläuft. Ein technischer Test ist damit viel enger gefaßt als die umfassende Überprüfung einer CUL-Applikation in der *Evaluation* (Komponente 5), bei der die Auftraggeber auch Teile der Aufgabenstellung in Frage stellen können. Bei den technischen Tests liegt die Hauptverantwortung bei den Autoren, doch auch die Auftraggeber wirken durch Zwischenabnahmen und eine *formelle Abnahme* der Erstversion der CUL-Applikation mit.

Überarbeitung

Die Autoren werden von Zeit zu Zeit den *Entwurf einer CUL-Applikation überarbeiten* und an aktuelle Entwicklungen anpassen. Dies geschieht insbesondere, wenn sich Beschwerden von Benutzern häufen oder eine CUL-Applikation sich über längere Zeit im Einsatz befunden hat, aber auch als Konsequenz aus einer Evaluation (Komponente 5). Dabei stehen alternativ oder einander ergänzend *inhaltliche*, *didaktische* und *technologische* Aspekte im Mittelpunkt:

• Im Zeitablauf können sich die *Inhalte* einer CUL-Applikation ändern. Manches scheint entbehrlich, Neues tritt hinzu, und manches Bestehende bedarf der Revision.

• Analoges gilt für die *Didaktik*: Die Autoren verzichten u.U. auf bestehende didaktische Elemente wie bereits implementierte Lernwege, sie fügen andere didaktische Elemente hinzu, oder sie verändern die bestehenden didaktischen Elemente. Beispielsweise könnten die Autoren als neues didaktisches Element einen graphischen Browser einfügen. Ein solcher Browser repräsentiert die Struktur des Inhalts einer CUL-Applikation in einer Graphik, beispielsweise in einer hierarchisch angelegten Organisationsgraphik ("Organization Chart"), und er ermöglicht den Benutzern eine schnelle visuelle Orientierung über die CUL-Applikation (vgl. Aßfalg und Hammwöhner 1992).

• Besondere Dynamik kann durch *technologische Aspekte* entstehen: Häufig verdrängen neue Technologien bekannte, beispielsweise ersetzt die Speicherung einer CUL-Applikation auf einer CD-ROM zunehmend die Speicherung auf Disketten. Auch erfordern in vielen Fällen neue Standards (z.B. der Standard der Motion Pictures Experts Group [MPEG] für Bewegtbildverarbeitung) die Anpassung bestehender Technologien.

Problem wegen technologischer Dynamik

Aus der technologischen Dynamik entspringt zudem ein *besonderes Problem* bei der Entwurfsänderung: Eine CUL-Applikation hängt stets von ihrem Entwurfswerkzeug ab, gleich ob es sich dabei um eine Programmiersprache, ein Autorensystem oder eine Expertensystem-Shell handelt. Wenn dieses Entwurfswerkzeug veraltet ist und neu hinzugekommene Technologien nicht mehr unterstützt, sollten die Autoren prüfen, ob nicht die CUL-Applikation insgesamt neu entworfen oder zumindest neu implementiert werden sollte. Der *Entwurf* steht daher an dieser Stelle in besonders enger Verflechtung mit den *Basisüberlegungen* der Auftraggeber (Komponente 1).

2.3.3   Komponente 3: Distribution der CUL-Applikation

Wie soll man eine CUL-Applikation distribuieren?

Sobald eine CUL-Applikation einen gewissen Reifegrad erlangt hat, beginnt ihre *Distribution* an die Benutzer. Die Distribution knüpft an die Basisüberlegungen und den Entwurf an, steht aber auch in engem Zusammenhang mit einer weiteren Komponente des CUL-Prozesses, der *Benutzung*. Bei der Distribution geht es um vier Aufgaben, und zwar um

1) die *technische Verteilung* der CUL-Applikation,
2) die *Verbreitungsgruppen*,
3) die *Entgeltvereinbarungen* und
4) die *Zugangsfreiheit* (Bild 2.24).

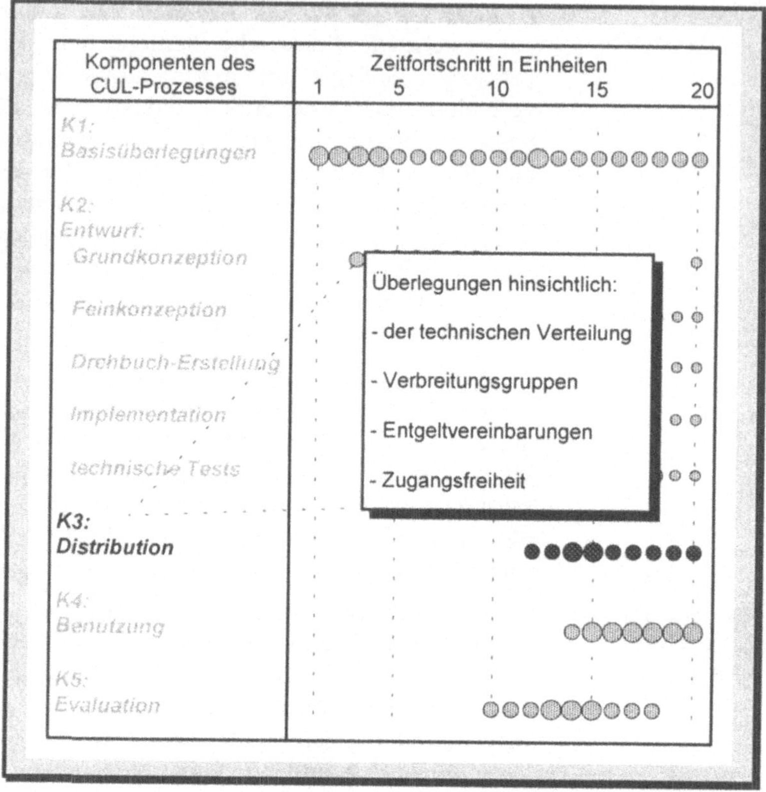

Die Distribution liegt in der Hauptverantwortung der *Auftrag-geber*, und zwar nicht nur bei Individual-Software, sondern auch im Rahmen der Lizenzbedingungen bei Standard-Software und individualisierter Standard-Software.

Technische Fragen

1) *Technische Verteilung:* Die CUL-Applikation kann zum einen auf einem *physikalischen Medium* gespeichert und dann auf dem Postwege an die Benutzer verteilt werden. Als physikalisches Medium eignen sich alternativ eine *Diskette*, eine *CD-ROM*, ein *Streamer-Band*, jeweils eventuell ergänzt um eine *Bildplatte*. Zum anderen kann eine CUL-Applikation in einer Datenbank ge-speichert und über ein *informationstechnisches Netzwerk* den Benutzern zugänglich gemacht werden (siehe ausführlich zu den verschiedenen Möglichkeiten Abschnitt 3.6.1, S.150 ff.).

Verbreitung

2) *Verbreitungsgruppen:* Manche CUL-Applikationen sind nur für Personengruppen innerhalb eines Unternehmens interessant,

andere könnten möglicherweise auch außerhalb Verbreitung finden. Pümpin (1992, S.103-105) weist explizit auf die Chance eines Unternehmens hin, durch *Multiplikation von Dienstleistungen* erfolgreich zu expandieren. Die Auftraggeber werden daher - in Abstimmung mit ihrer Zielgruppendefinition aus Komponente 1 - die *Verbreitungsgruppe* festlegen.

Entgelt

3) *Entgeltvereinbarungen:* Eine Frage mit zwei gegensätzlichen Antworten betrifft das mögliche *Entgelt* für eine CUL-Applikation. Einerseits könnten die Auftraggeber durch einen Entgeltverzicht unter Umständen die breite Nutzung der CUL-Applikation fördern. Andererseits könnte jedoch gerade ein Entgelt dazu beitragen, daß die Benutzer die CUL-Applikation höher schätzen und intensiver bearbeiten. Die zweite Argumentation würde dann greifen, wenn man bei den Benutzern einen aus der Mikroökonomik bekannten *"Snob-Effekt"* vermuten würde (vgl. Merk 1976, S.62; sowie Kroeber-Riel 1980, S.354-355, zu ähnlichen Erkenntnissen aus der Konsumentenforschung).

Zugang

4) *Zugangsfreiheit:* Schließlich ist zu klären, inwieweit die Benutzer *in vollem Umfang Zugang* zur CUL-Applikation erhalten sollen. Dies wird in vielen Fällen unproblematisch sein. Einige Fälle erfordern jedoch eine Zugangsbeschränkung, etwa wenn in der CUL-Applikation *sicherheitsrelevante Aspekte* angesprochen werden oder wenn die Benutzer eine CUL-Applikation *nur im Zusammenhang mit einem Seminar* bearbeiten sollen und die CUL-Applikation - isoliert betrachtet - möglicherweise Anlaß zu Fehlinterpretationen gibt.

2.3.4   Komponente 4: Benutzung der CUL-Applikation

Wie und wo soll man eine CUL-Applikation benutzen?

Fast zeitgleich mit der Distribution beginnt die *Benutzung* einer CUL-Applikation. Hier spielen vor allem zwei Aspekte eine Rolle, bei der die Benutzer aktiv Einfluß nehmen sollten, die *pädagogische Ausrichtung* und die *räumliche Anordnung der CUL-Arbeitsplätze* (Bild 2.25):

• Die *pädagogische Ausrichtung* wirkt in starkem Maße auf den Lernerfolg der Benutzer ein. Dabei kann es für den Erfolg und die Akzeptanz einer CUL-Applikation entscheidend sein, ob sie in *Einzel-* oder in *Gruppenarbeit* bearbeitet wird, ob sie also auf *individuelles* oder *kooperatives Lernen* ausgerichtet ist, und ob ihre Bearbeitung *mit* oder *ohne Moderator* bzw. *Trainer* vorgesehen ist.

Bild 2.25: Spezifikation der Komponente 4 "Benutzung der CUL-Applikation"

- Die CUL-Arbeitsplätze können *räumlich* zum einen in Form von Lernzentren, zum anderen als Einzelarbeitsplätze *angeordnet* sein (vgl. Bodendorf 1990, S.95-97). Für *Lernzentren* sprechen zwei Argumente: Erstens lassen sich in ihnen die CUL-Arbeitsplätze weitaus besser *standardisieren* und *warten,* als dies dezentral in verschiedenen Bereichen eines Unternehmens möglich wäre. Zweitens fördert das Lernen in einem dafür vorgesehenen Zentrum fern vom Arbeitsplatz mit den üblichen Störungen die *Konzentration der Benutzer.* Dem stehen zwei Argumente für *Einzelarbeitsplätze* gegenüber: Erstens führt das Lernen am Arbeitsplatz zu einem *unmittelbareren Transfer* der Lehr- und Lernobjekte. Zweitens ist das Arbeiten am Arbeitsplatz *zeitsparend,* denn die Benutzer können *Leerlaufzeiten* verwenden, um an der CUL-Applikation zu arbeiten, und es entstehen *keine Ausfallzeiten* für den Hin- und Rückweg zum Lernzentrum.

Pädagogische Ausrichtung und räumliche Anordnung kann man verschieden *kombinieren*. Hier sei ein Ansatz mit *vier Formen*, jeweils bezogen auf eine CUL-Applikation, vorgeschlagen (Tabelle 2.5):

• *Individuelles Lernen am Arbeitsplatz*: Die Benutzer arbeiten an einer CUL-Applikation alleine in der gewohnten Umgebung ihres Arbeitsplatzes, eventuell auch außerhalb des Unternehmens in der Freizeit. Diese Form wird heute bereits vielfach praktiziert (vgl. Kramer und Schwarz 1990, S.26-27).

• *Individuelles Lernen in Lernzentren*: Anstatt am Arbeitsplatz an einer CUL-Applikation zu arbeiten, begeben sich die Benutzer dazu in ein Lernzentrum. Diese Form wenden vor allem größere Unternehmen an (vgl. Oesterle 1989, S.13).

• *Kooperatives Lernen am Arbeitsplatz*: Durch Groupware-Technologien, die erst in den 1980er Jahren realisiert worden sind (vgl. Nastansky, Otten und Drira 1993, S.84), können die Benutzer einer CUL-Applikation einerseits an ihrem Arbeitsplatz bleiben, andererseits während des Lernens mit einer Gruppe anderer Lernender Kontakt aufnehmen. Diese Form befindet sich noch im Experimentierstadium.

Tabelle 2.5:
Benutzung von CUL-Applikationen in Abhängigkeit von der pädagogischen Ausrichtung und der räumlichen Anordnung der CUL-Arbeitsplätze

Pädagogische Ausrichtung	*Räumliche Anordnung*	
	Einzelplätze	*Lernzentren*
Einzelarbeit	Individuelles Lernen am Arbeitsplatz, an Speziallernplätzen oder außerhalb des Unternehmens	Individuelles Lernen in Lernzentren
Gruppenarbeit	kooperatives Lernen am Arbeitsplatz, beruhend auf computergestützten Kommunikationsmöglichkeiten	kooperatives Lernen in Lernzentren, und zwar computergestützt oder unter Anleitung eines Trainers

- *Kooperatives Lernen in Lernzentren:* Auch in Lernzentren können die Benutzer gruppenorientiert arbeiten. Soweit die Gruppenarbeit computerunterstützt verläuft, steht diese Form noch am Anfang der Entwicklung (vgl. Lewe und Krcmar 1992 zu entsprechenden Group Systems). Hingegen findet man recht häufig kooperatives Lernen in Lernzentren unter der Anleitung eines Trainers (vgl. Kramer und Schwarz 1990, S.27).

2.3.5 Komponente 5: Evaluation der CUL-Applikation

Wie prüft man die Wirksamkeit einer CUL-Applikation?

Die Benutzung einer CUL-Applikation (Komponente 4) ist eng mit deren *Evaluation* (Komponente 5) verzahnt, denn häufig werden die Autoren *Rückschlüsse* aus der Benutzung einer CUL-Applikation ziehen wollen. Die Ergebnisse einer Evaluation können einerseits *unmittelbar in den Entwurf bzw. in eine Entwurfsänderung* der aktuellen CUL-Applikation einfließen, nutzen andererseits zudem dem *Erfahrungsschatz* der Autoren zur Gestaltung zukünftiger CUL-Applikationen. Die Evaluation umfaßt vier Aufgaben (Bild 2.26):

1) die *Erfassung* von Daten der Benutzung,

2) die *Auswertung* dieser Daten,

3) die *Beseitigung von Fehlern* und

4) die *Verbesserung* der CUL-Applikation (vgl. Jöns 1992; ferner Freibichler, Mönch und Schenkel 1992, S.226-281, zu zwei beispielhaften Evaluationen).

Erfassung der Daten

1) Zur *Erfassung von Daten der Benutzung* eignen sich drei Methoden:

– Beim *lauten Erleben* sprechen ausgewählte Benutzer ihre Gedanken, die sie beim Durchlaufen der CUL-Applikation haben, auf ein Tonband. Sie tun dies unmittelbar bei der Benutzung, so daß den Autoren ein individueller, auch emotional geprägter Bericht zur Verfügung steht (vgl. Weidle und Wagner 1992 zur Methode des "Lauten Denkens").

– Die Autoren können die Benutzer auch mit einem mehr oder weniger *strukturierten Fragebogen* befragen. In diesem Fall bleibt den Benutzern Zeit, ihre Gedanken und Eindrücke zusammenzufassen und in konzentrierter Form weiterzugeben (vgl. Steppi 1989, S.184-186, mit einem Beispielfragebogen).

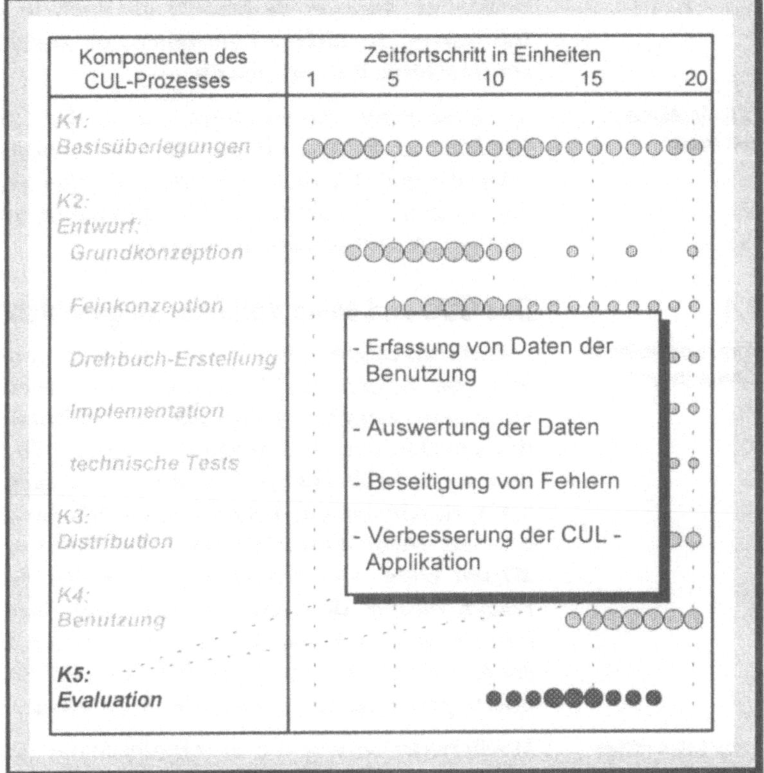

— Schließlich speichert bei der *Logfile-Aufzeichnung* der Computer alle Eingaben und Interaktionen der Benutzer automatisch, teilweise auch ergänzt um die dazugehörigen Zeiten (vgl. Knabe 1991, Abschnitt 11.5). Dies gibt den Autoren quantitative Beurteilungskriterien, beispielsweise die Zugriffshäufigkeit auf eine Bildschirmseite; in einem Unternehmen bedarf es jedoch zuvor der *Zustimmung des Betriebsrats* zur Logfile-Aufzeichnung.

Auswertung

2) Die erfaßten Daten der Benutzung bedürfen der *Auswertung*, etwa der statistischen Aufbereitung und der Zusammenfassung zu Fehlerlisten (vgl. Keller und Müller 1992, S.171-199, mit einem Beispiel zu einer Fragebogen- und Logfile-Auswertung).

Fehlerbeseitigung

3) Eine erste Konsequenz aus der Auswertung liegt in der *Beseitigung von Fehlern*, die während der Benutzung aufgetreten sind. Die Fehler können sowohl in der *Technologie* ("Eine Schaltfläche reagiert trotz Anklickens nicht"), im *Inhalt* ("Eine

bestimmte Aussage ist falsch") als auch in der *Didaktik* ("Eine Information ist nicht zu verstehen, da zuvor nicht das Basiswissen vermittelt wurde") liegen.

CUL-Applikation verbessern

4) Eine zweite Konsequenz liegt in der *Verbesserung der CUL-Applikation*, indem die Autoren neue Bestandteile aufnehmen oder sie grundsätzlich überarbeiten. Hier grenzt die Evaluation eng an den *Entwurf* einer CUL-Applikation an, und es sei auf die dortigen Ausführungen verwiesen.

2.4 Das CUL und seine Vorläufer im geschichtlichen Abriß

Vom *"wohlwollenden Zwiegespräch"* ...

Schon früh fanden Menschen einen Reiz in der *Lehre*, im Vermitteln von Wissen und Fähigkeiten. Als einer der ersten Ansätze einer systematischen Lehre gilt die *"Hebammenkunst"* (Maieutik) des griechischen Philosophen *Sokrates* (470 bis 399 v.Chr.). Sokrates empfiehlt ein *"wohlwollendes Zwiegespräch"* (Fuchs 1973, S.35), durch das ein Lehrer seinen Schüler zuerst zum Bewußtsein des *Nicht-Wissens* führen solle, bevor er ihm den Weg zum *Wissen* ebne. Der Lehrer soll dazu den Schüler durch solche Fragen führen, die isoliert stehend mit Allgemeinverständnis zu lösen sind, durch ihre Reihung aber einen Lernprozeß ermöglichen. Der Lehrer leitet den Schüler also beim Selbstlernen; im übertragenen Sinne spielt er die Rolle einer *Hebamme*.

... zur Lehre mittels Automaten

Möglicherweise war die in starkem Maße *systematisch* angelegte Lehre des Sokrates die Ursache für Ideen zur *Lehre mittels Automaten*: Wenn es möglich sein sollte, Lehre durch eine Sequenz von einfachen Fragen zu operationalisieren, warum sollten diese Fragen dann nicht von einem Automaten gestellt werden können? Solche Überlegungen mögen ausschlaggebend für die *Vorläufer des CULs* gewesen sein, von denen es eine ganze Reihe gibt. Zum besseren Verständnis seien *drei Zeitabschnitte* unterschieden:

- Der erste Zeitabschnitt reicht etwa von der Mitte des 19. Jahrhunderts bis etwa zur Mitte dieses Jahrhunderts. Schon bald nach der Entwicklung des ersten Lehr- und Lernautomaten im Jahre 1866 bestimmten psychologische Forscher wie *Aikin* und *Pressey* die weiteren Fortschritte (Abschnitt 2.4.1).

- Einen ersten Höhepunkt erreichten Lehr- und Lernautomaten mit den Arbeiten von *Bernard Skinner*, der in den 50er Jahren dieses Jahrhunderts das lernpsychologische Konzept der *Programmierten Unterweisung* entwickelte, es erfolgreich in Büchern umsetzte und auf Computern implementierte. Von 1958 an sei daher ein *zweiter Zeitabschnitt* in der Geschichte des CULs eingeführt, der bis etwa 1972 reicht. Die Arbeiten Skinners erweckten in weiten Kreisen *Aufmerksamkeit* für das CUL, die sich in den 1960er und frühen 1970er Jahren niederschlug in *zahlreichen Erprobungen* von CUL-Applikationen, welche auf der Programmierten Unterweisung aufbauen. In diese Zeit fiel auch eine weitere wichtige Idee: *Simulationen* wurden ebenfalls im Sinne von CUL-Applikationen betrachtet (Abschnitt 2.4.2).

• Aus verschiedenen Gründen folgte der Aufmerksamkeitswelle *Enttäuschung*, verbunden mit *Rückzug* aus der CUL-Forschung. Ein daran anknüpfender, dritter Zeitabschnitt in der Geschichte des CULs beginnt etwa 1973. Erst in den 1980er Jahren konnte sich das CUL aus dem Umfeld der Programmierten Unterweisung lösen und *neue Geltung* gewinnen (Abschnitt 2.4.3).

2.4.1   Erste Versuche mit Lehr- und Lernautomaten (1860 bis 1957)

Erste Lehr- und Lernautomaten von ...

Die erste Generation von Lehr- und Lernautomaten knüpfte an die damals gängigen Lerntheorien an und beruhte auf mechanischen Prinzipien. Dies zeigen die Beispiele der Lehr- und Lernautomaten von H. Skinner, Aikin und Pressey.

... Skinner,

Der erste Lehr- und Lernautomat wurde von *Halcyon Skinner* (nicht zu verwechseln mit dem Lernpsychologen Bernard Skinner) entwickelt und am 20.2.1866 patentiert (vgl. zum Streit um den ersten Lehr- und Lernautomaten Benjamin 1988). Es handelt sich um eine *Buchstabiermaschine*: *"An der Seite des kastenförmigen Geräts befand sich eine Handkurbel. Wenn man diese drehte, erschien ein Bild an der Vorderseite des Kastens. Darunter war eine Art Schreibmaschinentastatur angebracht. Der Schüler hatte nun die Aufgabe, die Bezeichnung des Bildes einzutippen, etwa 'MY HORSE' zum Bild eines Pferdes"* (Hasebrook 1994, S.105).

... Aikin,

Um eine Buchstabiermaschine handelt es sich auch bei dem Lehr- und Lernautomaten von *Aikin* aus dem Jahre 1911 (vgl. hierzu und im folgenden Hasebrook 1994, S.105-106). Aikins Lehr- und Lernautomat besteht aus einem Holzrahmen, in den ein Bild gesteckt wird. Die Lernenden sollen verschiedene Buchstabentafeln hinter dieses Bild stecken, die zusammen die Bezeichnung des Bildes ergeben. Durch unterschiedliche Zacken an den Buchstabentafeln und den dazugehörigen Zacken am

Bild können nur die jeweils richtigen Buchstaben eingesteckt werden. Aikins Lehr- und Lernautomat knüpft an die psychologische Forschung von *Thorndike* an, der das *"Gesetz der Auswirkung"* formuliert hatte: Können in einer Situation mehrere Reaktionen ausgeführt werden (im Beispiel: mehrere Buchstaben eingesteckt werden), so wird diejenige Reaktion stärker mit der Situation verbunden, die den befriedigendsten Zustand bewirkt.

... Pressey

Ebenfalls an die psychologischen Forschungen von Thorndike knüpft *Pressey* mit seinen Lehr- und Lernautomaten aus den 1920er Jahren an (vgl. Seidel und Lipsmeier 1989, S.63-64). Er präsentiert Fragen und Mehrfachantworten in einem Sichtfenster. Eine Frage bleibt solange im Sichtfenster sichtbar, bis die Lernenden die richtige Antwort über eine Tastatur gewählt haben. In einer späteren Version des Lehr- und Lernautomaten erhalten die Lernenden nach einer bestimmten Anzahl richtig beantworteter Fragen eine *Süßigkeit* aus einem Bonbon-Spender, wodurch Thorndikes Erkenntnisse hinsichtlich von *Belohnungen* zur Steuerung des Lernens in den Lehr- und Lernautomaten eingingen (vgl. Hasebrook 1994, S.107).

2.4.2   Dominanz der Programmierten Unterweisung (1958 bis 1972)

Boom durch
Programmierte
Unterweisung

Die skizzierten ersten Lehr- und Lernautomaten erregten damals nur *wenig Interesse*, sie konnten keinen erkennbaren pädagogischen Fortschritt erzeugen; daher setzten sie sich in der Anwendung nicht durch (vgl. Fuchs 1973, S.111). Es dauerte bis Ende der 1950er Jahre, als *Bernard Skinner* (1958) das wichtige Konzept der *Programmierten Unterweisung* entwarf und veröffentlichte. Dieses Konzept bildet die Grundlage für viele Lehr- und Lernautomaten.

Operantes
Konditionieren

Die Programmierte Unterweisung ist eine pädagogische Umsetzung von Ergebnissen der Verhaltensforschung, insbesondere des *operanten Konditionierens*. Das operante Konditionieren beruht auf zwei Ideen (vgl. Seidel und Lipsmeier 1989, S.24):

• Das Verhalten eines Individuums wird in vielen Fällen um seiner *Wirkung* willen hervorgebracht, es besteht aus *Wirkreaktionen* (engl.: operant behavior). Beispielsweise könnte ein Unternehmen eine Beteiligung an einem anderen Unternehmen erwerben, um in dem Markt des anderen Unternehmens ebenfalls präsent zu sein.

● Man kann nun lehren, indem man solches Verhalten und die vom Verhalten ausgelösten Folgen in eine *geschickte Reihung* bringt. In einem Planspiel zum Lernen betriebswirtschaftlicher Zusammenhänge könnten z.B. die Autoren jede Werbekampagne, die ein Spieler auslöst, mit bestimmten Umsatzzuwächsen belohnen. Wiederholtes Auslösen von Werbekampagnen würde zu wiederholten Umsatzzuwächsen führen, also positiv sanktioniert werden. Die Spieler würden nach kurzer Zeit ihr Verhalten an diesen Zusammenhang anpassen und damit *lernen*.

Umsetzung

Die Programmierte Unterweisung setzt das operante Konditionieren um. Sie umfaßt drei Prinzipien: die genaue *Spezifikation des Lernziels*, die *Zerlegung der Lehr- und Lernobjekte* in einzelne Lernschritte und die *Anordnung der Lernschritte in Form kleiner Regelkreise*.

● Bei der Programmierten Unterweisung wird *"der Lernprozeß eines Lernenden durch ein geeignetes Lernprogramm zum angestrebten Ziel gebracht. Dabei ist es wichtig, ... zu beschreiben, welches Verhalten der Lernende am Ende eines Lernprogramms gelernt haben soll"* (Seidel und Lipsmeier 1989, S.40).

● Steht das Lernziel fest, so wird der Lernweg in *kleine Lernschritte* aufgeteilt (Bild 2.27, links): *"Ebenso wichtig ist die Planung des Lernwegs. Die einzelnen Lernschritte sollen gerade so groß sein, daß der Lernende sie auf einmal verarbeiten kann. Sie müssen so geordnet sein, daß sie für den Lernenden in logischer Folge sicher zum Lernziel führen"* (Seidel und Lipsmeier 1989, S.40).

● Um den Lernerfolg insgesamt zu sichern, enthält jeder einzelne Lernschritt neben der zu vermittelnden Information auch eine *Frage* sowie eine *Antwortkontrolle* (Bild 2.27, rechts), auf die unmittelbar eine *Rückmeldung* an die Lernenden folgt. Die Fragen sollten so gestellt sein, daß die Lernenden sie problemlos beantworten können, wenn sie die vorher vermittelte Information verstanden haben (vgl. Hasebrook 1994, S.108).

Von der Idee zur Erprobung

Die Programmierte Unterweisung legt - noch viel stärker als die Hebammenkunst des Sokrates - eine *Algorithmisierung des Lehrens und Lernens* nahe. Aufbauend auf der Programmierten Unterweisung hat Skinner daher selbst neben vielen Büchern auch zahlreiche *Lehr- und Lernautomaten* entwickelt. Das Konzept der Programmierten Unterweisung fand dann in den 1960er Jahren seinen Niederschlag auch in *computerunterstützten* Lehr- und Lern-

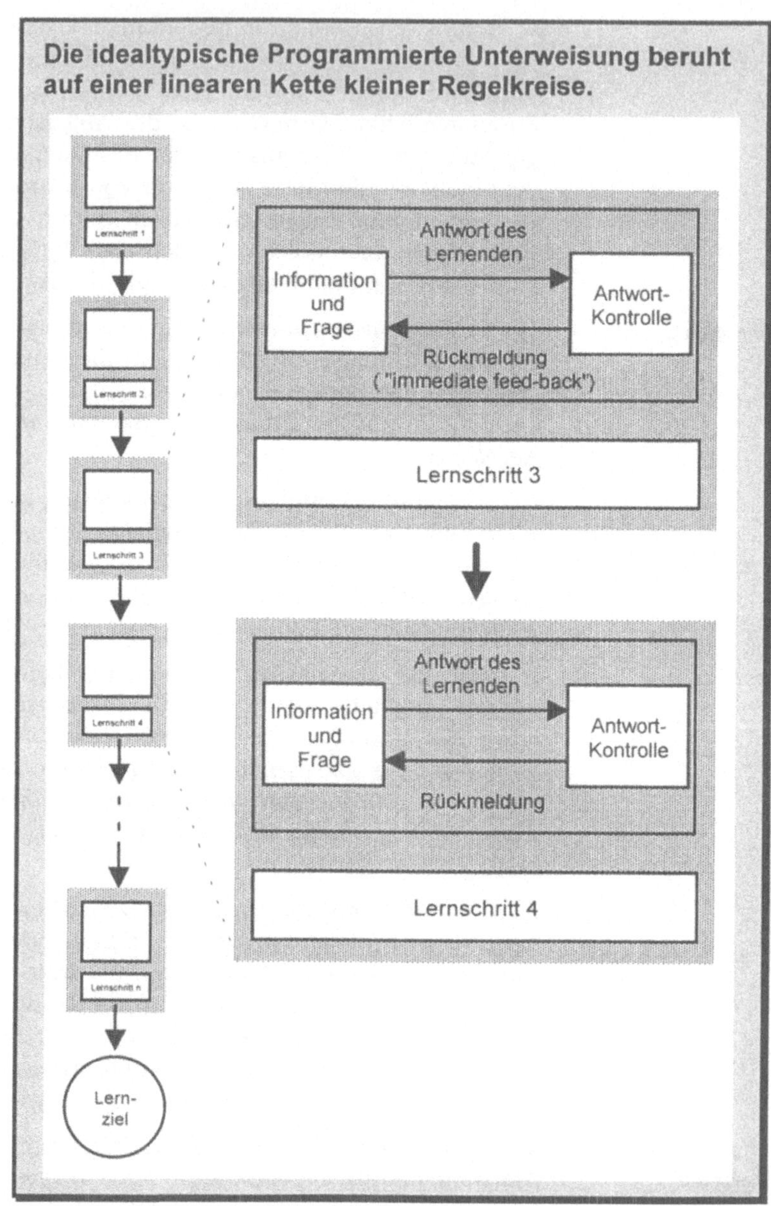

automaten, also ersten CUL-Applikationen. Sie durchliefen eine
Phase hohen Interesses in der Öffentlichkeit, das von Erprobungen an Universitäten wie der Stanford University von 1966 bis

1968 (vgl. Suppes und Morningstar 1972) und in Oberschulen wie der Fachberufsschule für Elektrotechnik in Berlin ab 1968 (vgl. Rauner und Trotier 1972) begleitet wurde.

Parallelentwicklung: Simulationen und Planspiele

Zeitlich parallel und an der psychologischen Fundierung des entdeckenden Lernens orientiert, wurden in den 1960er und 1970er Jahren *Simulationen* und *Planspiele* auf Computern implementiert und zum Lernen eingesetzt:

- Simulationen entstanden im Bereich der *Elementarteilchenphysik*, als gegen Ende des Zweiten Weltkriegs bei der Entwicklung von Kernwaffen reale Versuche nicht möglich waren. Sie fanden bald darauf Eingang in die sich neu entwickelnde Disziplin des *Operations Research* (vgl. Witte 1973, S.18, und die dort zitierte Literatur). Zunächst wurden Simulationen für die *wissenschaftliche Forschung* konzipiert, doch auch ihr *Nutzen für das Lehren und Lernen* wurde erkannt (vgl. Simon 1980, S.12-13, mit einer Beurteilung der Situation in den naturwissenschaftlichen Fächern).

- Computerunterstützte Planspiele halfen zuerst bei *militärischen Fragestellungen*, wo die RAND-Corporation sie in den frühen 1960er Jahren einführte, fast gleichzeitig aber auch bei *betriebswirtschaftlichen Fragestellungen* (vgl. Karczewski 1991, S.5).

2.4.3   Neue Impulse nach Rückgang (seit 1973)

Enttäuschung nach Begeisterung

Nach der Phase hohen öffentlichen Interesses und der Erprobungen geriet das CUL gegen Mitte der 1970er Jahre bis hinein in die 1980er Jahre in eine *Phase des Rückgangs* (siehe detailliert hierzu die Ergebnisse der bibliometrischen Untersuchung in Abschnitt 4.3.1, S.216 ff.). So kommentieren u.a. Kirsch, Blume und Gabele (1980, S.186): *'"Zehn Jahre CUU (das letzte U steht für Unterricht, Anm. des Verfassers) in Deutschland' - so etwa könnte man das Leitthema zu einem Jubiläum überschreiben, das gegenwärtig allerdings niemand zu begehen bereit sein dürfte. Zu deutlich sind noch jene Schlagzeilen in Erinnerung, die vor noch nicht einmal zwei Jahren verkündeten: 'CUU ist tot!'"* Der Rückgang des CULs hatte verschiedene Gründe:

- Gravierend war das Problem der *Produktivität in der Benutzung*. Computer waren im Vergleich zu heute wesentlich teurer, und das CUL schnitt im Vergleich mit herkömmlichen Lehr- und Lernformen entsprechend schlechter ab. Seidel und Lipsmeier (1989, S.16) ergänzen dieses grundsätzliche Problem um den

Hinweis auf die weltweite Ölkrise von 1973, die insgesamt die Investitionsbereitschaft von Unternehmen und staatlichen Institutionen gedämpft habe.

- Insbesondere CUL-Applikationen, die auf der *Programmierten Unterweisung* aufbauten, gerieten in die *Kritik aus pädagogischer Sicht* (vgl. Sacher 1990, S.71-74, mit einer Zusammenstellung der zahlreichen Vor- und Nachteile, die in der erbittert geführten Diskussion verwendet wurden). So führten die Gegner des CULs u.a. als zentrales Argument an: *"Computerlehre hat sozusagen einen heimlichen Lehrplan, zu dem es gehört, daß der Schüler sich vollkommen den Eigenschaften der Hardware und der Software anzugleichen hat - hinsichtlich der zu drückenden Tasten, der zu drehenden Knöpfe, der zu verwendenden Wörter, der Computerlogik -, von ihr jedoch keinerlei Anpassungsleistungen erwarten darf. Statt selbständig zu denken und zu arbeiten, lernen die Schüler am Computer letztendlich nur sich zu fügen"* (Sacher 1990, S.73).

- Ferner entstanden bei der Einführung von CUL *Ängste beim Lehrpersonal*, nachdem die Protagonisten des CULs in starkem Maße mit dem *Rationalisierungs- und Ersatzpotential* dieser Lehr- und Lernform argumentiert hatten (vgl. Armbruster 1988, S.44-45). Diese Ängste bezogen sich möglicherweise auch auf die Gefahr, menschliche Lehrende könnten an *pädagogischer Kompetenz* einbüßen, wenn ein Großteil der Lehre von Computern übernommen würde (vgl. Müller-Merbach 1988b, S.60, mit einer ähnlichen Argumentation für Expertensysteme).

- Auch eine *zu starke Ausweitung* der Programmierten Unterweisung auf Probleme, die sich nur in geringem Maße für die Anwendung dieses Lehr- und Lernkonzepts eigneten, mag für den Rückgang verantwortlich gewesen sein (vgl. Ackoff 1979 mit einer analogen Kritik am Operations Research).

Neue Impulse: CUL als Coach

Neuen Antrieb erhielt das CUL erst wieder Anfang der 1980er Jahre vor allem aus den in Abschnitt 1.2 skizzierten *technologischen* und *anwendungsorientierten Aspekten*. Diese Ursachen wurden begleitet von einem neuen Trend in der Lernpsychologie: Hier ergänzt der *Konstruktivismus* ältere Lerntheorien (vgl. Shulman und Ringstaff 1986, S.6-10, mit einer kurzen Einführung anhand von Beispielen). *"Lernen wird im konstruktivistischen Ansatz ... als ein aktiver Prozeß gesehen, bei dem Menschen ihr Wissen in Beziehung zu ihren früheren Erfahrungen in komple-*

xen realen Lebenssituationen konstruieren" (Baumgartner und Payr 1994, S.139). Diese Sicht des Lernens baut auf einer grundlegenden Weltsicht auf. So lehnen die Vertreter des Konstruktivismus *"die Gültigkeit einer objektiven Beschreibung ... der Realität ab. ... Die Konzeption einer außerhalb unseres Geistes existierenden Realität ... wird nicht verneint, sondern nur, daß diese Realität ... objektiv wahrgenommen werden kann"* (Baumgartner und Payr 1994, S.139). Der Konstruktivismus betont also vor allem die *aktive Rolle der Lernenden*, und er weist den Lehrenden - darunter auch den CUL-Applikationen - die Rolle eines *"Coachs"* zu.

Im Verbund führten diese Ursachen zu zwei Wirkungen: Erstens kann das CUL heute wieder als eine *attraktive Lehr- und Lernform* gelten; zweitens lohnt es sich, in diesem Buch über die *Zukunft* dieser Lehr- und Lernform nachzudenken.

Bild 2.28:
Gedankenflußplan
zu Kapitel 2

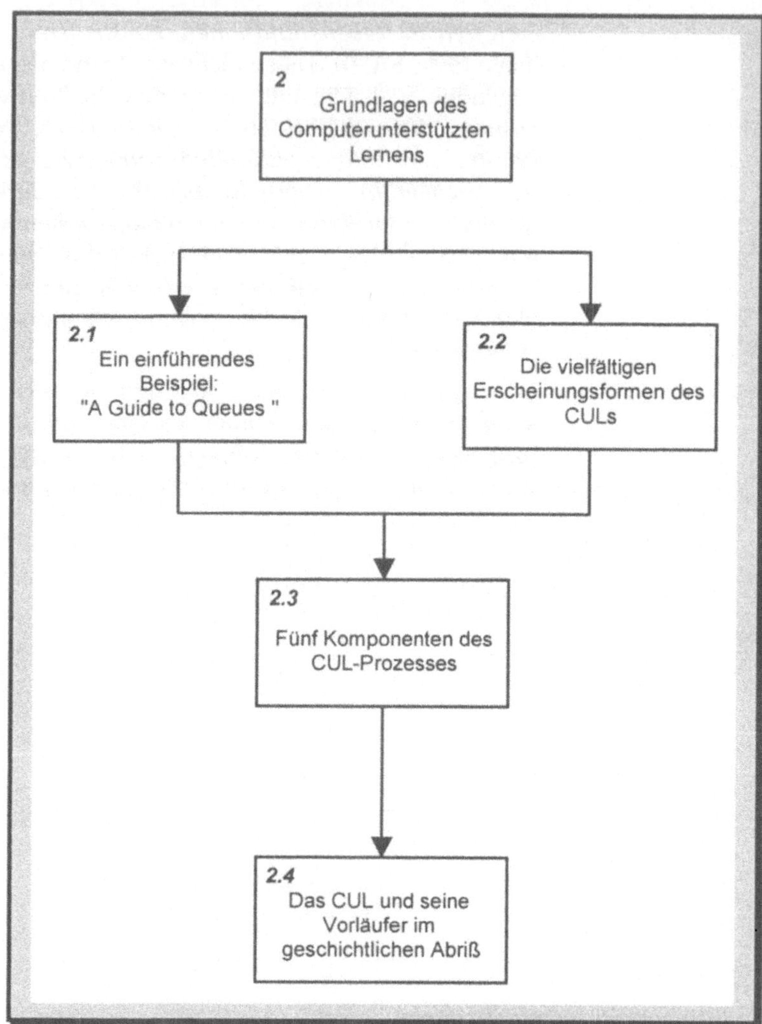

3 Der Technologiedruck auf das CUL: Ergebnisse einer Delphi-Expertenbefragung

*Alles Alte, soweit es Anspruch darauf hat,
sollen wir lieben,
aber für das Neue sollen wir recht eigentlich leben.*

(Theodor Fontane, 1819 bis 1898)

*Der technische Fortschritt geht, wohin er will,
in unsere Welt und in fremde Welten,
ins Bekannte und Unbekannte,
über jede erkennbare Grenze hinaus.*

*(Jürgen Mittelstraß, *1936:
Das ethische Maß der Wissenschaft, in:
Rechtshistorisches Journal, 7.Jg., 1988, S.193-210).*

Eine Herausforde-rung ans Bildungs-system

Schneller und tiefgreifender technologischer Fortschritt wirkt auf das CUL ein. So kommentiert George (1990, S.221): *"Die Neuen Technologien stellen eine Herausforderung an unser Bildungssystem dar, wie dies geschichtlich nur selten der Fall war. Insbesondere die Schnelligkeit, mit der reagiert werden muß, scheint ohne Beispiel zu sein."* Und Voltz (1993, S.144) illustriert den Fortschritt in der Informationsverarbeitung anhand der Entwicklung von Prozessoren: *"Prozessoren wurden seit ca. 1960:*

- *100.000.000mal kleiner,*

- *1.000.000mal sparsamer,*

- *100.000mal billiger und*

- *1.000mal schneller."*

Der technologische Fortschritt hat sich bereits auf das CUL bzw. seine Vorläufer ausgewirkt und wird es weiter umgestalten: Die Lehr- und Lernautomaten, die Skinner in den 1960er Jahren entwickelt hat, beruhten zuerst noch auf *mechanischen* Prinzipien (siehe Abschnitt 2.4.2, S.76 f.). In den 1970er Jahren fanden *Großrechner* Einsatz für das CUL, in den 1980er Jahren trat der *Personal-Computer* hinzu, und in den 1990er Jahren drängt ein *ganzes Bündel neuer Technologien* in die Anwendung. Die neuen Technologien stammen dabei aus ganz unterschiedlichen Bereichen, was drei Beispiele zeigen mögen:

Beispiele für technologischen Fortschritt

- Über *Wide Area Networks* werden die Autoren von CUL-Applikationen weltweit nach Videoeinspielungen, nach Dokumenten im HTML-Format (HTML = Hypertext Markup Language) und nach anderen Quellen recherchieren und sie auf ihre lokalen Computer kopieren können. Die Benutzer werden fertiggestellte CUL-Applikationen in Sekundenschnelle ebenfalls weltweit abrufen können, zum Teil in Form von Client-Server-Anwendungen, bei denen ein entfernt stehender Computer den lokalen Computer mit Rechenleistung "bedient". Auch werden Wide Area Networks eine Kommunikation zwischen den Benutzern und den Lehrenden ermöglichen, die während der Bearbeitung einer CUL-Applikation stattfinden wird.

- *Optische Speicher*, beispielsweise CD-ROMs, erlauben das Speichern umfangreicher Datenmengen. So nimmt eine handelsübliche CD-ROM 600 MByte auf, das entspricht etwa 300.000 Schreibmaschinenseiten. Die Autoren können umfangreiche CUL-Applikationen erstellen, ohne bei der Programmierung durch mangelnden Speicherplatz eingeschränkt zu sein. Für die Benutzer ergibt sich ein höherer Komfort, z.B. durch ein zusätzliches Lexikon, speicheraufwendige wissensbasierte Anteile in der CUL-Applikation sowie Audio- und Videoeinspielungen.

- *Wissensbasierte Programmierung* wird sich einerseits in Entwurfshilfsmitteln niederschlagen, z.B. in Hilfsmitteln zur Erzeugung von Multiple-choice-Tests und zur automatischen Indizierung eines Lexikons. Andererseits werden Anwendungen der wissensbasierten Programmierung die Benutzer bei der Navigation in einer CUL-Applikation beraten.

Fragen für Entscheidungsträger

Die drei Beispiele belegen den *Technologiedruck* auf das CUL: *Neue Technologien verbessern die Produktivität in verschiedenen Komponenten des CUL-Prozesses.* Entscheidungsträger über den *zukünftigen* Einsatz des CULs in Unternehmen sollten sich mit den *neuen Technologien* auskennen und Anhaltspunkte für *deren Wirkung* auf den CUL-Prozeß besitzen. Für sie stellen sich somit *drei zentrale Fragen*:

• Welches sind die *relevanten Technologien* für das CUL der Zukunft?

• Wann werden die Technologien *ausgereift* sein, so daß man ihren Breiteneinsatz erwarten kann?

• Auf welche *Weise* und mit welcher *Stärke* beeinflussen die Technologien den CUL-Prozeß der Zukunft?

Diese Fragen erhalten Antworten in *Kapitel 3*. Es baut auf den Grundlagen aus Kapitel 2 auf, insbesondere auf der Unterteilung der Gesamtheit der CUL-Applikationen in verschiedene CUL-Aplikationstypen sowie auf den CUL-Prozeß und seine Komponenten. Es bildet im Rahmen der *betriebswirtschaftlichen Technologievorausschau* den ersten Pfeiler, der gleichgewichtig neben dem *Marktsog* (Kapitel 4 und 5) als dem zweiten Pfeiler steht.

Delphi-Expertenbefragung: ...

Um eine *empirische Basis* zur Beantwortung der drei oben genannten Fragen zu gewinnen, wurde die Delphi-Expertenbefragung *"Auswirkungen technologischer Trends auf das Computerunterstützte Lernen"* durchgeführt:

Leitideen und ...

• Hauptsächlich für den *methodisch Interessierten* ist Abschnitt 3.1 (S.86 ff.) gedacht. Er umfaßt die *Leitideen* und die *Durchführung* der Delphi-Expertenbefragung, die in den Jahren 1993 und 1994 stattfand und an der etwa 80 auf dem Gebiet des CULs ausgewiesene Experten teilgenommen haben.

Ergebnisse ...

• Das CUL wird weiter *wachsen*; ein durchschnittliches Wachstum von 15% p.a. halten die Experten für realistisch. Diese und Ergebnisse zu weiteren, das CUL charakterisierende Fragen stehen im Mittelpunkt der *"Rahmendaten zum CUL"* (Abschnitt 3.2, S.109 ff.).

im Überblick und ...

• Hinsichtlich der Produktivitätswirkungen hat die Delphi-Expertenbefragung eine Wirkungsmatrix geliefert, die sich zum einen in Richtung auf die *treibenden Technologien* und zum anderen in Richtung auf die beeinflußten *Komponenten des CUL-Prozesses* verdichten läßt (Abschnitt 3.3, S.118 ff.). Generell prognostizieren die Experten eher Leistungssteigerungen als Kostensenkungen.

im Detail

• In der Delphi-Expertenbefragung wurden *sechs Technologiefelder* detailliert untersucht. Sie werden *charakterisiert*, für die wichtigsten Technologien wird eine *Rangfolge* gebildet, ihr *Reifezeitpunkt* wird ermittelt, und die von den Experten prognostizierten *Wirkungen auf die Produktivität* des CUL-Prozesses werden herausgearbeitet. Im einzelnen geht es um die sechs Technologiefelder der *Informationsspeicherung* (Abschnitt 3.4, S.126 ff.), der *Informationsübertragung* (Abschnitt 3.5, S.141 ff.), der damit verwandten *Informationsvernetzung* (Abschnitt 3.6, S.149 ff.), der *Informationseingabe* (Abschnitt 3.7, S.158 ff.), der *Informationsausgabe* (Abschnitt 3.8, S.168 ff.) und der Entwicklung und Implementierung von CUL-Applikationen, im folgenden kurz als *Informationsentwicklung* bezeichnet (Abschnitt 3.9, S.175 ff.).

• Die verschiedenen Technologien werden *zeitlich* unterschiedlich wirken, was sich vor allem bei den *Komponenten des CUL-Prozesses* bemerkbar macht (Abschnitt 3.10, S.193 ff.).

3.1 Der methodische Rahmen: Exploration mit Delphi-Expertenbefragung

Um *systematisch* an die Beantwortung der auf S.85 gestellten *Fragen* zum Technologiedruck und seinen Wirkungen auf den CUL-Prozeß heranzugehen, bedarf es eines *methodischen Rahmens*, anhand dessen vor allem die methodisch Interessierten die Gewinnung der Ergebnisse dieses Kapitels nachvollziehen können sollen.

• *Zwei Leitideen* prägen den hier verfolgten Forschungsansatz (Abschnitt 3.1.1).

• Die Leitideen werden in einem *konzeptionellen Bezugsrahmen* feiner ausgearbeitet. Er bildet die Grundlage zur *Exploration* des Befragungsgebiets (Abschnitt 3.1.2).

• Die Schlüsselbegriffe der Leitideen können nicht ohne weitergehende *Operationalisierung* für Expertengespräche verwendet werden. Dies zeigte eine Pilotbefragung auf der Messe "CeBIT 91" (Abschnitt 3.1.3). Beispielsweise steigt durch eine Variation des Komponentenschemas aus Abschnitt 2.3, S.52 ff., die Verständlichkeit des Fragebogens.

• Als Erhebungsmethodik innerhalb des Forschungsansatzes eignet sich am besten die *Delphi-Expertenbefragung*, bei der Ergebnisse vorhergehender Befragungsrunden an die Experten zurückgekoppelt werden (Abschnitt 3.1.4).

• Die Ergebnisse einer empirischen Untersuchung können nur so gut sein wie die *Experten,* auf die sie sich bezieht. An der vorliegenden Delphi-Expertenbefragung beteiligten sich 80 Experten. Sie wurden anhand nachvollziehbarer Kriterien ausgewählt und schätzten sich ergänzend selbst hinsichtlich verschiedener Kompetenzen ein (Abschnitt 3.1.5).

3.1.1 Zwei Leitideen zur Beurteilung des Technologiedrucks auf das CUL

Der Beurteilung des *Technologiedrucks* auf das CUL liegen *zwei Leitideen* zugrunde: erstens die Einbindung des CUL-Prozesses in ein *Netzwerk* von Technologien und zweitens die Offenbarung des Technologiedrucks als *langfristige Produktivitätsänderung des CUL-Prozesses.*

CUL im Technologienetzwerk

> Leitidee 1: Der CUL-Prozeß (siehe Abschnitt 2.3, S.52 ff.) ist in ein Netzwerk von Technologien eingebunden, die in unterschiedlicher Weise und Stärke auf seine Komponenten einwirken.

Das CUL gewinnt technologische Impulse aus Fortschritten bei *Technologien,* die ihm *zugrundeliegen.* Man denke hier beispielsweise an

• Fortschritte bei Autorenumgebungen durch *Objektorientierung,*

• Fortschritte bei informationstechnischen Netzwerken, etwa durch Einführung eines *internationalen ISDNs,*

• Fortschritte bei der Informationsausgabe, etwa durch *großflächige Flachbildschirme,*

• Fortschritte bei der Informationsentwicklung, etwa durch *wissensbasierte Systeme.*

Die Technologien, die für den Technologiedruck auf das CUL sorgen, sind durch *vier Eigenschaften* gekennzeichnet:

• Es handelt sich um ein *Netzwerk vieler verschiedener Technologien,* die teils unabhängig, teils abhängig voneinander sind (Bild 3.1).

• Es gibt *keine dominante Technologie,* deren Bedeutung die aller anderen Technologien weit übertreffen würde.

Bild 3.1:
Der CUL-Prozeß im
Technologienetzwerk

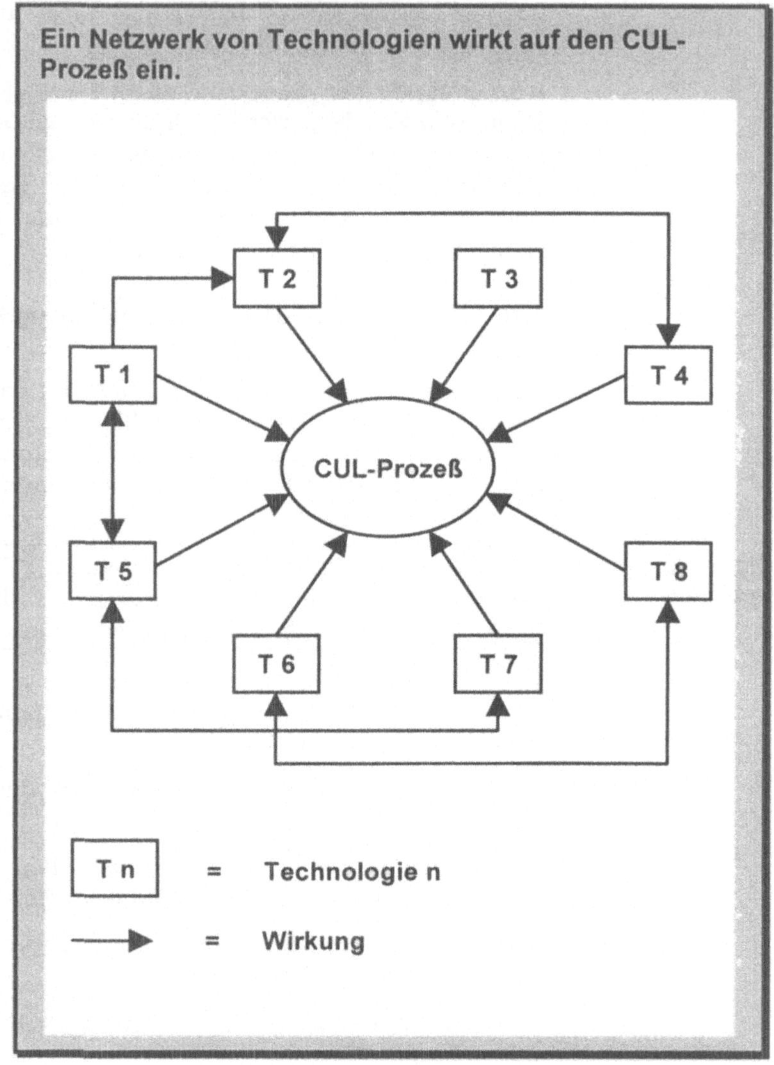

• Sowohl *Komponententechnologien* als auch *Systemtechnologien* tragen zum Fortschreiten des CULs bei (vgl. Becker 1993, S.50, zu den beiden Technologiearten).

• Es ist *keine technologische Diskontinuität* absehbar, die eine völlige Neudefinition des CULs erfordern würde. Unter technologischer Diskontinuität sei dabei der Sprung von einer bestehenden Technologie auf eine neue, leistungsfähigere verstanden (vgl. Lehmann 1994, S.38-56, zu verschiedenen Theorien zur Erkennung technologischer Diskontinuitäten).

Alle vier Eigenschaften werden durch Analysen aus der Fachliteratur belegt (vgl. Issing 1990 und Möhrle 1993a).

Produktivität

> Leitidee 2: Der Technologiedruck offenbart sich in der langfristigen Änderung der Produktivität des CUL-Prozesses.

Die Leitidee 2 präzisiert die Leitidee 1 im Hinblick auf die *Art der Wirkung*, die von einer Technologie auf das CUL ausgeübt wird. Hierzu eignet sich der im betriebswirtschaftlichen Sprachgebrauch weitverbreitete Begriff der *Produktivität*. Produktivität steht üblicherweise für eine Beziehung zwischen einem *Output* eines Prozesses und einem *Input* (vgl. Zimmermann 1979, Sp.521). In der vorliegenden Untersuchung seien dem Output die nicht monetären *Leistungen* und dem Input die *Kosten* aller Komponenten des gesamten CUL-Prozesses gleichgesetzt (zur Komponentengliederung des CUL-Prozesses siehe Abschnitt 2.3, S.52 ff.).

Die Technologien, die auf das CUL einwirken, verändern also langfristig entweder *Leistungen* verschiedener Komponenten des CUL-Prozesses oder ihre *Kosten* oder *beides* (Bild 3.2).

3.1.2 Entwurf eines konzeptionellen Bezugsrahmens mit einer Technologiegliederung und einer Befragungsgrundstruktur

Empirischer
Forschungsansatz

Die beiden Leitideen bilden zunächst nur *tendenzielle Aussagen*, und sie bedürfen der weiteren Ausgestaltung bzw. der genaueren Bestimmung. Hierfür eignet sich ein empirischer Forschungsansatz, mit dem sich das Feld des CULs weiter *explorieren* läßt. Einen wesentlichen Bestandteil dieses Forschungsansatzes bildet ein *konzeptioneller Bezugsrahmen*. Er enthält eine Gliederung der das CUL treibenden Technologien sowie die Befragungsgrundstruktur.

Zwei Hauptlinien

In der empirischen Forschung hat sich die *Expertenbefragung* als probates Mittel erwiesen, um theoretische Aussagen abzusichern oder neu zu gewinnen. Im einzelnen haben sich zwei Hauptlinien herausgebildet (vgl. ausführlich Selig 1986, S.4-6): zum einen der *Test von Hypothesen*, zum anderen die *Exploration anhand eines konzeptionellen Bezugsrahmens*:

- In der ersten Hauptlinie formulieren die Forscher zunächst ein *Hypothesengerüst*, das sie sodann einer empirischen *Überprü-*

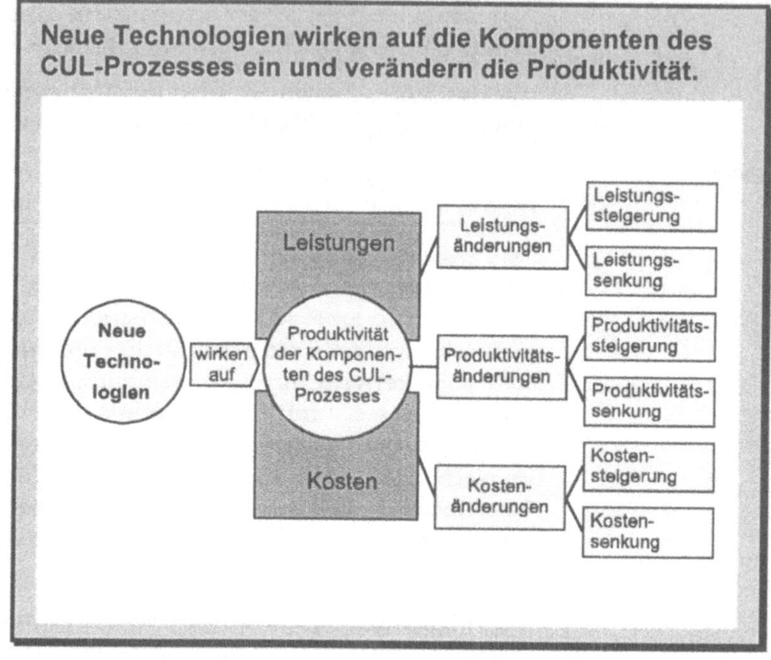

fung unterziehen. Aus der Annahme oder Ablehnung ihrer Hypothesen gelangen sie zur *Theoriebildung*. Diese Hauptlinie empirischer Forschung wurde von *Witte* mit seinen umfangreichen Erhebungen über die Entscheidungsprozesse bei der Einführung von EDV-Anlagen in die Betriebswirtschaftslehre eingeführt (vgl. Witte 1968a und 1968b als Originalquellen sowie Witte, Hauschildt und Grün 1988 mit einer Ergebnissynopse).

• In zahlreichen Fällen ist das Formulieren eines Hypothesengerüsts allerdings wenig zweckmäßig, etwa wenn nur *sehr pauschale* Hypothesen formuliert werden können, wenn *hohe Dynamik* im Untersuchungsfeld herrscht und heutige Feststellungen nicht ohne weiteres in die Zukunft fortgeschrieben werden können. Hierfür eignet sich die zweite Hauptlinie, bei der die Forscher zuerst einen *konzeptionellen Bezugsrahmen* entwerfen, anhand dessen sie anschließend das Untersuchungsfeld *explorieren*. Der konzeptionelle Bezugsrahmen ist eine möglichst zweckmäßige Gliederung des Untersuchungsfeldes ohne vorformulierte Hypothesen, also einerseits *weniger vorbereitungsintensiv* als ein Hypothesengerüst, andererseits aber auch *flexibler* und an die tatsächlichen Gegebenheiten *anpassungsfähiger*. Die Exploration mit konzeptionellem Fragebogen wurde von *Kirsch* (1971) in die Betriebswirtschaftslehre eingeführt.

Exploration für vorliegende Untersuchung geeignet

Beide Hauptlinien sind in der Betriebswirtschaftslehre und der Wirtschaftsinformatik gebräuchlich (vgl. Müller-Merbach und Möhrle 1993 mit einer vergleichenden Buchbesprechung von neun empirischen Arbeiten). Für die vorliegende Untersuchung schien die zweite Hauptlinie, die *Exploration anhand eines konzeptionellen Bezugsrahmens*, die geeignete zu sein.

Ein *konzeptioneller Bezugsrahmen* zum Untersuchungsthema "Auswirkungen technologischer Trends auf das CUL" sollte eine einfache, gleichwohl umfassende *Gliederung aller Technologien* enthalten. Zudem sollte er hinsichtlich einer *Befragungsgrundstruktur* für die wichtigsten Technologien spezifiziert sein.

Technologiegliederung

Zahlreiche Technologien wirken auf das CUL ein, und sie lassen sich auf viele verschiedene Weisen zusammenfassen. Für den konzeptionellen Bezugsrahmen wurde eine *funktionale Gliederung der Informationsverarbeitung* zugrundegelegt, wie sie auch in Standardwerken der Wirtschaftsinformatik zu finden ist (vgl. u.a. Stahlknecht 1993, S.IX-XII, und Hansen 1992, S.XVI-XVIII). Der konzeptionelle Bezugsrahmen wurde zudem ergänzt um einen Teil mit "Rahmendaten zum CUL" und um eine Selbsteinschätzung des Expertengrades (Bild 3.3). Im einzelnen enthält er *sieben Technologiefelder*, denen sowohl Hardware- als auch Software-Technologien untergeordnet wurden (siehe Tabelle 3.1 zur Hierarchie der Technologiebegriffe). Von den sieben Technologiefeldern wurde eines, die *Informationsumwandlung*, aus der folgenden Untersuchung ausgeschlossen (siehe die Begründung in Abschnitt 3.1.3, S.96 f.), so daß *sechs Technologiefelder* übrig bleiben.

• Das Technologiefeld *"Informationsspeicherung"* umfaßt alle Technologien zur Speicherung von Information, beispielsweise CD-ROMs, Festplatten, aber auch Datenbanksysteme.

• Das Technologiefeld *"Informationsumwandlung"* enthält die Technologien zur inhaltlichen Veränderung von Information, etwa Mikroprozessoren und neuronale Netze.

• Im Technologiefeld *"Informationsübertragung"* sind die Technologien zur Übertragung von Information zusammengefaßt, u.a. die Glasfaserkabel- und die Infrarotwellenübertragung.

Müller-Merbach (1989, S.1025) bezeichnet die ersten drei Technologiefelder als die drei *Dimensionen der Informationsverarbei-*

Bild 3.3:
Konzeptioneller Bezugsrahmen für die Delphi-Expertenbefragung „Auswirkungen technologischer Trends auf das CUL". Im Vorgriff auf die Operationalisierung der Begriffe wurde die Informationsumwandlung bereits „deaktiviert" dargestellt (siehe die Begründung in Abschnitt 3.1.3, S.96 f.).

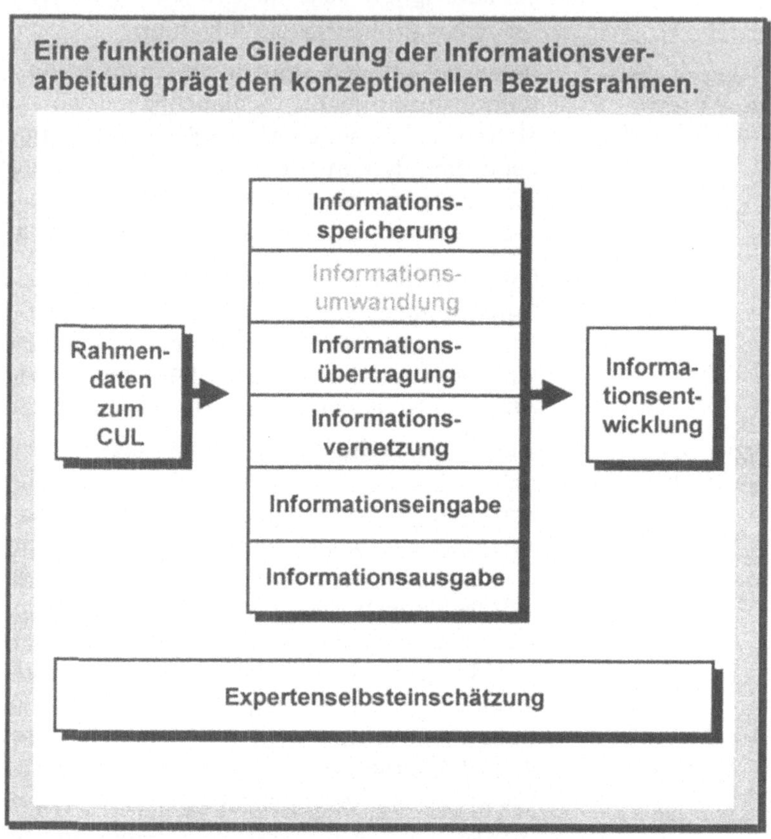

Tabelle 3.1:
Hierarchie für Technologiebegriffe

Begriff	*Erläuterung*	*Beispiel*
Technologiefeld...	... entspringt aus einer funktionalen Gliederung der Informationsverarbeitung	Informationseingabe
Technologiegebiet...	... entsteht durch Untergliederung eines Technologiefeldes	Nichtmanuelle Eingaben
Technologie	... bildet eine spezielle Ausprägung innerhalb eines Technologiegebietes	Erkennung natürlicher Sprache

tung, da die Informationsspeicherung für die *zeitliche*, die Informationsumwandlung für die *inhaltliche* und die Informationsübertragung für die *räumliche Informationstransformation* stehen.

● Das Technologiefeld *"Informationsvernetzung"* umfaßt alle Technologien zur Vernetzung, allerdings ohne die bereits genannten reinen Übertragungstechnologien. Zu den Vernetzungstechnologien gehören z.B. das ISDN (Integrated Services Digital Network) der Telekom, daneben auch die in vielen Unternehmen verbreiteten LANs (Local Area Networks).

● Das Technologiefeld *"Informationseingabe"* enthält die Technologien, mit denen ein Benutzer Information in den Computer eingeben kann, beispielsweise Maus, Tastatur und berührungsempfindlicher Bildschirm (Touch Screen).

● Das Technologiefeld *"Informationsausgabe"* bildet das Gegenstück zum vorgenannten Technologiefeld und enthält die Technologien, mit denen der Computer Information an einen Benutzer ausgibt, u.a. Bildschirme, Sprachsynthesizer und multimediale Darstellungen.

● Eine Besonderheit bildet das Technologiefeld *"Informationsentwicklung"*, da es weniger eine Funktion der Informationsverarbeitung als eine Funktion der für die Informationsverarbeitung Verantwortlichen ist und alle anderen Technologiefelder tangiert. Gleichwohl gibt es auch hier eine Reihe von Technologien, etwa CASE-Ansätze oder Hypertext, die relevant für das CUL der Zukunft sein werden.

Nicht alle Experten werden sich in gleicher Weise für alle Technologiefelder kompetent fühlen. Um den unterschiedlichen Grad an Expertenwissen später in der Auswertung berücksichtigen zu können, eignet sich als weiterer Bestandteil des konzeptionellen Bezugsrahmens eine *Selbsteinschätzung des Expertengrades*, jeweils bezogen auf ein Technologiefeld (vgl. Wechsler 1978, S.93, zu verschiedenen Gestaltungsmöglichkeiten bei solchen Selbsteinschätzungen).

Weitere Spezifikation | Der vorgestellte konzeptionelle Bezugsrahmen bedarf der weiteren Spezifikation hinsichtlich der *Befragungsgrundstruktur* für die wichtigsten Technologiegebiete und Technologien. Sie besteht im wesentlichen aus *fünf Schritten* (Bild 3.4):

● *Schritt 1:* Die Experten erhalten eine *Technologieliste* mit allen potentiell wichtigen Technologiegebieten und Technologien

Bild 3.4:
Befragungsgrund-
struktur für die Del-
phi-Expertenbefra-
gung "Auswirkungen
technologischer
Trends auf das CUL",
dargestellt in einem
Programmablaufplan.
Der besseren Lesbar-
keit halber wird im
Programmablaufplan
nur von "Technolo-
gien" gesprochen.
Dabei sind stets auch
Technologiegebiete
mitgemeint.

eines Technologiefelds. Die Technologiegebiete und Technologien wurden vorab identifiziert: Zunächst wurden alle in den Jahrgängen 1988 bis 1992 in verschiedenen deutsch- und englischsprachigen Fachzeitschriften der Wirtschaftsinformatik diskutierten Technologiegebiete und Technologien zusammengestellt. Es folgte eine grobe Prüfung der CUL-Relevanz einer Technologie bzw. eines Technologiegebiets und - bei gegebener Relevanz - ihre bzw. seine Aufnahme in die Technologieliste.

- *Schritt 2:* Die Experten wählen die *wichtigsten Technologiegebiete bzw. Technologien* aus, abhängig vom Technologiefeld sind zwischen einer und fünf Positionen zu benennen.

- *Schritt 3:* Die Experten bekommen Fragen zum *Reifezeitpunkt* des wichtigsten Technologiegebiets bzw. der wichtigsten Technologie gestellt.

- *Schritt 4:* Es folgen Fragen zu den *Kosten- und Leistungsänderungen,* die das Technologiegebiet bzw. die Technologie auf den CUL-Prozeß ausüben werden.

Die Schritte 3 und 4 können sich sodann für weitere wichtige Technologiegebiete bzw. Technologien wiederholen.

- *Schritt 5:* Abschließend wird nach Technologien gefragt, die die Experten als zu dem Technologiefeld gehörig empfinden und die *nicht in der Technologieliste* vertreten waren.

3.1.3 Operationalisierung der Technologiegliederung, des Produktivitätsbegriffes und der Komponentengliederung des CUL-Prozesses

Begriffen Präzision geben

In jeder empirisch angelegten Arbeit bedarf es der Festlegung von Meßverfahren und Meßvorschriften der Schlüsselbegriffe; die Fachvertreter sprechen hier von *Operationalisierung.* Friedrichs (1990, S.78) definiert als Ziel einer Operationalisierung, *"den Begriffen einer Wissenschaft größere Präzision zu geben, sie somit empirisch gehaltvoller zu machen."*

Einer solchen Operationalisierung bedürfen auch die Schlüsselbegriffe der *beiden Leitideen* aus Abschnitt 3.1.1. Im einzelnen seien zu Leitidee 1 eine Frage und zu Leitidee 2 zwei Fragen diskutiert:

Zu Leitidee 1: Inwieweit kann der Gedanke eines *Netzwerks* von Technologien in die Befragung aufgenommen werden, und welche Konsequenzen ergeben sich daraus für die *Technologie-gliederung* im konzeptionellen Bezugsrahmen?

- Zu Leitidee 2: In welcher Weise läßt sich der Begriff der *Produktivität* meßbar machen? Wie kann man die in Abschnitt 2.3, S.52 ff.; vorgeschlagene *Gliederung des CUL-Prozesses* in fünf Komponenten für die Untersuchung verwenden?

In Leitidee 1 ging es um ein *Netzwerk von Technologien*, die in unterschiedlicher Weise für Technologiedruck auf das CUL sorgen. Die Wirkung jeder einzelnen Technologie auf das CUL wird später bei der Operationalisierung von Leitidee 2 präzisiert; es bleibt die Frage, ob und inwieweit *Verflechtungen* zwischen den verschiedenen Technologien in die Befragung aufgenommen werden können. Zwei Meinungen seien gegenübergestellt:

- *Befürwortende Meinung:* Die Verflechtungen zwischen den Technologien sind bedeutsam zur Erklärung der Produktivitätswirkungen (vgl. Grupp 1993, S.28-29, mit einer kartographischen Veranschaulichung technologischer Verflechtungen am Beginn des 21. Jahrhunderts). Bei stark verflochtenen Technologien mißt man möglicherweise wegen Mehrfacherfassung Produktivitätswirkungen *in verstärktem Maß*. Eine *Cross-Impact-Matrix*, in der die Experten Verflechtungsstärken zwischen allen Paaren von Technologien schätzen, könnte zur Operationalisierung dienen.

- *Ablehnende Meinung:* Für die vorgeschlagene Cross-Impact-Matrix bedarf es eines hohen Zeitaufwands in der Befragung, der sich durch die zusätzlich gewonnenen Erkenntnisse kaum rechtfertigen läßt. Dem mehrfachen Auftreten von Produktivitätswirkungen kann durch zwei Maßnahmen wirksam begegnet werden: Erstens kann man den Experten eine Technologieliste anbieten, aus der sie *nur wenige* Technologien auswählen dürfen, so daß sie sich bei eng verflochtenen Technologien für die *wichtigste* entscheiden müssen. Zweitens kann die Technologieliste Technologien *verschiedener Ebenen* enthalten, und die Experten haben die Wahl, ob sie sich für eine einzelne Technologie oder ein Technologiegebiet entscheiden.

In dem vorliegenden Buch fiel die Entscheidung grundsätzlich für die *ablehnende Meinung*, nachdem eine Pilotstudie (siehe Abschnitt 3.1.4, S.102) den hohen Zeitaufwand und das - die Rücklaufquote gefährdende - geringe Interesse der Experten an der skizzierten Fragestellung ergeben hatte. Lediglich das Technologiefeld der *Informationsumwandlung* beurteilten die Pilotexperten als so stark in andere Technologiefelder eingehend, daß auf seine Vertiefung in der Delphi-Expertenbefragung *verzichtet* wird.

Operationalisierung der Produktivität

Leitidee 2 ergänzte Leitidee 1 und wies dem Technologiedruck das Maß der *langfristigen Änderung der Produktivität* des CUL-Prozesses zu. Hier stellt sich zunächst die Frage nach der *Operationalisierung* des Begriffs der Produktivität.

Wahl des offenen ratingskalierten Ansatzes

Aus verschiedenen Möglichkeiten wurde der *offene, ratingskalierte Ansatz* gewählt. Bei ihm bleiben die Begriffe der Kosten und Leistungen bewußt *offen und unbestimmt*, und die Experten schätzen auf einer Ratingskala die Veränderung nach oben und unten ein. Hierdurch entstehen im besten Fall *intervallskalierte Daten*, was den Nachteil dieses Ansatzes ausmacht (vgl. Berekoven, Eckert und Ellenrieder 1987, S.66, zum Skalenniveau von Ratingskalen). Seine Vorteile: Man *vermeidet* die *Quantifizierungsprobleme*, die bei anderen Ansätzen auftreten, und erhöht die *Vergleichbarkeit* der Einschätzungen für unterschiedliche Technologien.

Der offene, ratingskalierte Ansatz führt zu einem *Problem bei der Produktivitätsmessung*: Im allgemeinen versteht man unter Produktivität einen *Quotienten*, und die Quotientenbildung verlangt *verhältnisskalierte* Ausgangsvariablen (vgl. Atteslander 1984, S.230). Die Experten schätzen die Kosten und Leistungen jedoch auf einer Ratingskala ein, und diese liefert bestenfalls *intervallskalierte* Variablen. Die notwendige Voraussetzung für die Quotientenbildung ist damit nicht gegeben.

Als Ausweg sei die *Differenz* zwischen Leistung und Kosten auf den Ratingskalen als Maß für die Produktivität herangezogen, wobei von gleichen Dimensionen auf den Ratingskalen ausgegangen wird. Grundsätzlich werden Ratingskalen verwendet, die den Bereich von -3 bis +3 überspannen, wobei 0 keine Änderung, -3 eine starke Senkung und +3 eine starke Steigerung bedeuten. Sodann seien die Differenzen zwischen Leistungen und Kosten auf *qualitative Produktivitätsbewertungen* zurückgeführt. Im einzelnen sei

- beim Betrag einer Differenz, der größer als oder gleich 1 ist, von einer *starken* Produktivitätsänderung,

- beim Betrag einer Differenz, der größer als oder gleich 0,5, aber kleiner als 1 ist, von einer *leichten* Produktivitätsänderung und

- beim Betrag einer Differenz, der kleiner als 0,5 ist, von einer *unwesentlichen* Produktivitätsänderung gesprochen.

Die Produktivitätsänderungen können *zwölf* verschiedene Ausprägungen annehmen, wenn man sie nach *drei Kriterien* mit einmal drei und zweimal zwei Ausprägungen differenziert (3 * 2 * 2 = 12):

- nach *starker, leichter und unwesentlicher Produktivitätsänderung,*

- nach *Produktivitätssteigerung* und *Produktivitätssenkung* sowie

- danach, ob das *Leistungsniveau steigt* oder *sinkt* (Bild 3.5).

Ein Beispiel: Auf zwei Ratingskalen mögen Experten Kosten- und Leistungsänderungen einschätzen. Die Experten wählen +1,2 für die Leistungsänderung und +0,5 für die Kostenänderung (jeweils arithmetische Mittelwerte). Aus dem *Betrag* der Differenz zwischen Leistungs- und Kostenänderung kann man auf eine *leichte Produktivitätsänderung* schließen, aus der *Richtung* der Differenz auf eine *Produktivitätssteigerung*. Gleichzeitig *steigt* das *Leistungsniveau.*

Operationalisierung der Komponenten des CUL-Prozesses

Neben dem Begriff der Produktivität spielt der des *CUL-Prozesses* und seiner *Komponenten* eine Schlüsselrolle für Leitidee 2. Im Grundlagenkapitel wurde der CUL-Prozeß als Gesamtheit von fünf Komponenten herausgearbeitet: Basisüberlegungen zu einem angemessenen Lehr- und Lernkonzept, Entwurf, Distribution, Benutzung und Evaluation der CUL-Applikation (siehe Abschnitt 2.3, S.52 ff.). Auch diese Gliederung bedarf der *Operationalisierung.* So legten die Experten in der Pilotbefragung *drei Vereinfachungen* dringend nahe, um eine zu große Eintönigkeit bei der Fragenbeantwortung zu vermeiden:

- Die *Basisüberlegungen* sollten im endgültigen Fragebogen *entfallen,* da sie nur in geringem Maße von der technologischen Entwicklung abhängig seien.

- Die *Distribution* sollte auf den stärker technologischen Aspekt der *Verteilung* von CUL-Applikationen reduziert werden.

- Ebenso sollte von der *Evaluation* nur der technologische Aspekt der Erfassung von Benutzerdaten (verkürzt: die *Datenerfassung*) vertieft werden.

Bild 3.5:
Diagramm mit Leistungs- und Kostenänderungen. Zugrundegelegt werden jeweils Ratingskalen, die von -3 (starke Senkung) über 0 (keine Änderung) bis +3 (starke Steigerung) laufen. Aus Gründen der Anschaulichkeit wurde für Leistungs- und Kostenänderungen der Bereich zwischen -2 und +2 dargestellt. Beispielhaft wurde das Feld der leichten Produktivitätssteigerungen bei steigendem Leistungsniveau hervorgehoben.

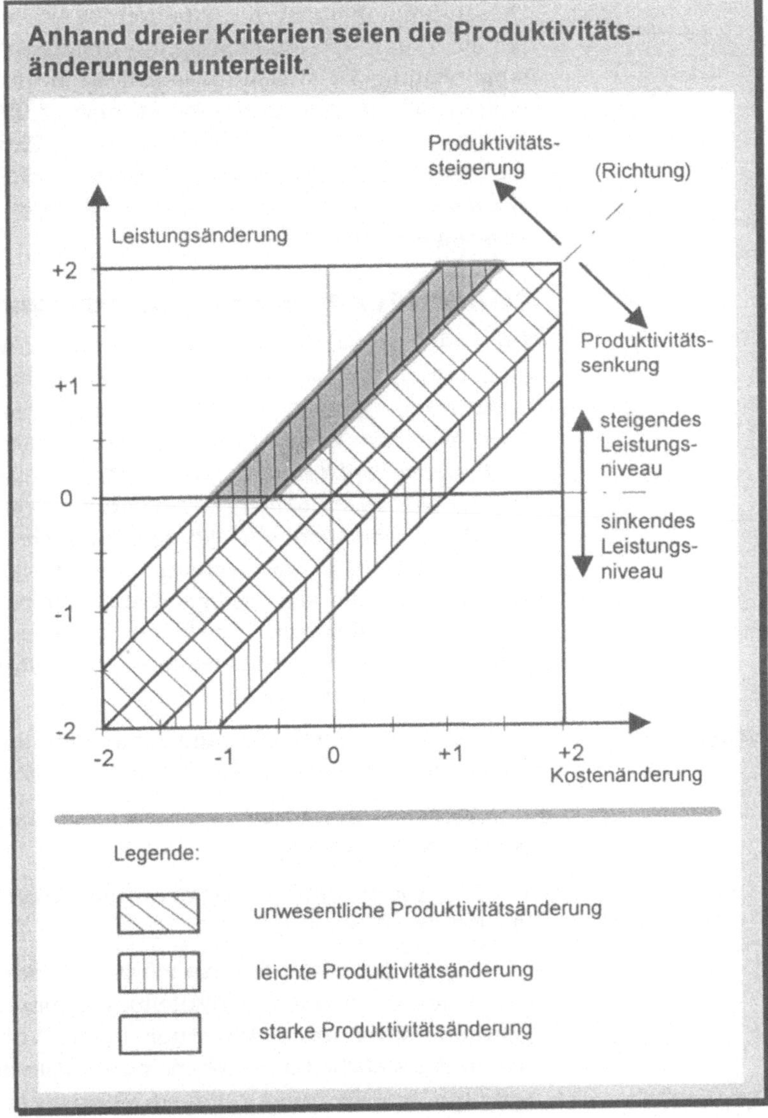

Im Gegensatz zu diesen Vereinfachungen empfahlen die Experten eine größere Differenzierung bei der Komponente des Entwurfs, bei der vor allem der *didaktische* und *programmiertechnische Entwurf* von neuen Technologien verändert werde.

Diesen Empfehlungen der Experten wurde entsprochen, und die für die Delphi-Expertenbefragung operationalisierte Komponentengliederung des CUL-Prozesses besteht aus den fünf Komponenten *didaktischer* und *programmiertechnischer Entwurf, Verteilung, Benutzung* und *Datenerfassung* (Bild 3.6). In den weiteren Abschnitten von Kapitel 3 ist stets diese *operationalisierte Gliederung* gemeint, wenn von den Komponenten des CUL-Prozesses gesprochen wird.

3.1.4 Die Delphi-Expertenbefragung als Erhebungsmethodik

Die beiden Leitideen, ihre Verfeinerung im konzeptionellen Bezugsrahmen und die Operationalisierung ihrer Schlüsselbegriffe bilden eine Grundlage, zu der es noch einer *geeigneten Erhebungsmethodik* bedarf. Eine solche Erhebungsmethodik ist die *Delphi-Expertenbefragung,* die Corsten und Junginger-Dittel (1983, S.26) ausdrücklich für Technologievorausschauen empfehlen. Für sie sind *mehrere Befragungsrunden* charakteristisch, bei der die Ergebnisse der Vorrunde jeweils *zurückgekoppelt* werden. Im Rahmen der vorliegenden Untersuchung fanden *zwei Befragungsrunden* statt, von denen die erste eher auf ein *quantitatives Grundgerüst,* die zweite eher auf *qualitative Zusatzinformation* ausgerichtet war.

Vier Eigenschaften

Die Delphi-Expertenbefragung ist generell durch *vier Eigenschaften* gekennzeichnet (vgl. Hansmann 1979, S.232):

- *Experten,* also ausgewiesene Fachleute auf dem Befragungsgebiet, werden befragt.

- Die *Anonymität* der Experten untereinander bleibt im Laufe der Erhebung gewahrt.

- Die Experten werden in *mehreren Runden* befragt. Bei jeder neuen Runde erhalten sie Mitteilungen über die Ergebnisse der Vorrunde. Sofern ihre Antworten in der Vorrunde deutlich von denen der Mehrheit abweichen, werden sie um eine Revidierung oder um eine Begründung ihrer Meinung gebeten (vgl. Hüttner 1986, S.221). Experten, die ihrer eigenen Prognose nur geringes Vertrauen entgegenbrächten, würden am ehesten von ihr abrükken, so vermuten Saliger und Kunz (1981, S.471) in diesem Zusammenhang.

- Es findet eine *statistische Auswertung* der Einzelprognosen statt. Insbesondere haben sich für die Auswertung der in Delphi-

Bild 3.6:
Übergang von den Komponenten aus Abschnitt 2.3, S.52 ff., zu den für die Delphi-Expertenbefragung operationalisierten Komponenten

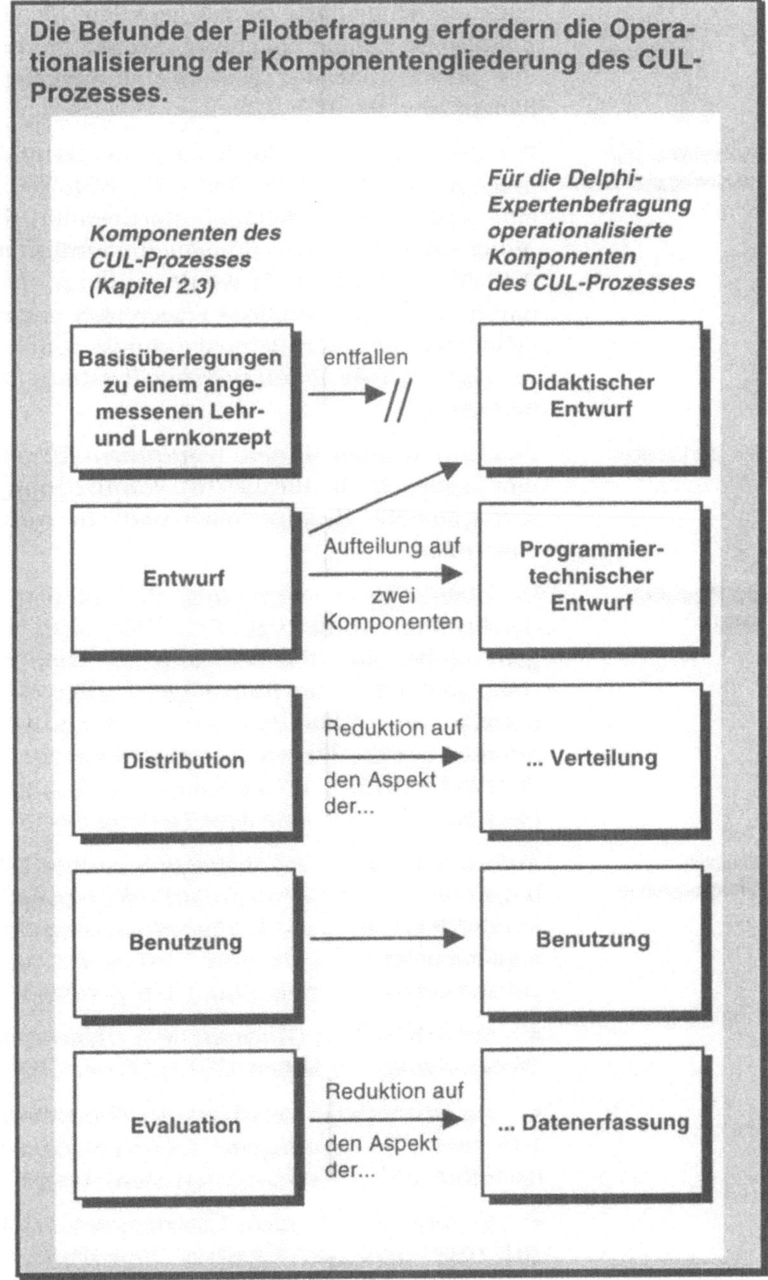

Expertenbefragungen oftmals gestellten Fragen, *zu welchen Zeitpunkten* bestimmte Ereignisse erwartet werden, die Verwendung des *Medians* und der *Quartilsspanne* durchgesetzt (vgl. speziell hierzu Geschka 1977, S.30-31).

Ausgestaltung für das vorliegende Buch

Für das vorliegende Buch fand die Delphi-Expertenbefragung folgende *Ausgestaltung* (Bild 3.7): Nach den *Vorarbeiten* wurde eine ausführliche *Pilotstudie* durchgeführt. In der *ersten Befragungsrunde* kam ein Computerunterstützter Dialogfragebogen (CUDiF) zum Einsatz. Er wurde in der *zweiten Befragungsrunde* um individuelle schriftliche Fragebögen ergänzt, die auf den Ergebnissen der ersten Befragungsrunde aufbauten. Eine statistisch fundierte verbale *Endauswertung* beschloß die Delphi-Expertenbefragung.

Von den Vorarbeiten, ...

Zunächst wurden in den *Vorarbeiten* Technologien identifiziert und gegliedert, die für das CUL von Bedeutung sein können; der konzeptionelle Bezugsrahmen und ein vorläufiger Fragebogen entstanden.

eine Pilotbefragung, ...

Es folgte eine *Pilotbefragung*, die auf der Messe *CeBIT 1991* durchgeführt wurde (vgl. Wolf 1988, S.58, zu den Fragestellungen, die bei einer Pilotbefragung zu klären sind). In fünf mehrstündigen, auf einem Tonbandgerät aufgezeichneten Gesprächen testeten ausgewählte Experten den Ausgangsfragebogen und erörterten weitere Fragen, beispielsweise zur Operationalisierung der Produktivität, zur Gliederung der Technologien und zur vorgeschlagenen Komponenteneinteilung des CUL-Prozesses.

die erste Befragungsrunde, ...

Aufbauend auf der Pilotbefragung wurde der endgültige Fragebogen für die *erste Befragungsrunde* festgelegt und mit dem Autorensystem IICL als Computerunterstützter Dialogfragebogen implementiert. Für die erste Befragungsrunde wurden sodann anhand dreier Kriterien *etwa 250 Experten* identifiziert:

- Sie nahmen am GI-Symposium *"Hypermedia in der Aus- und Weiterbildung"* in Gießen 1991 teil (etwa 100 Personen),

- sie arbeiteten in verschiedenen Workshops der Fachgruppen 1.15 und 7.0.1 *"Intelligente Lehr-/Lernsysteme"* der Gesellschaft für Informatik mit (etwa 50 Personen), oder

- sie gehörten zu einem Unternehmen, das auf der Messe *CeBIT 1993* unter den Rubriken *"Interaktive Lernmedien"*, *"Multimedia-Autorensysteme"* und *"Anwendungssoftware für Unterrichtssysteme"* positioniert war (60 Unternehmen mit etwa 100 Perso-

Bild 3.7:
Ablaufdiagramm zur Delphi-Expertenbefragung "Auswirkungen technologischer Trends auf das CUL". Die Abkürzung CUDiF steht für Computerunterstützter Dialogfragebogen.

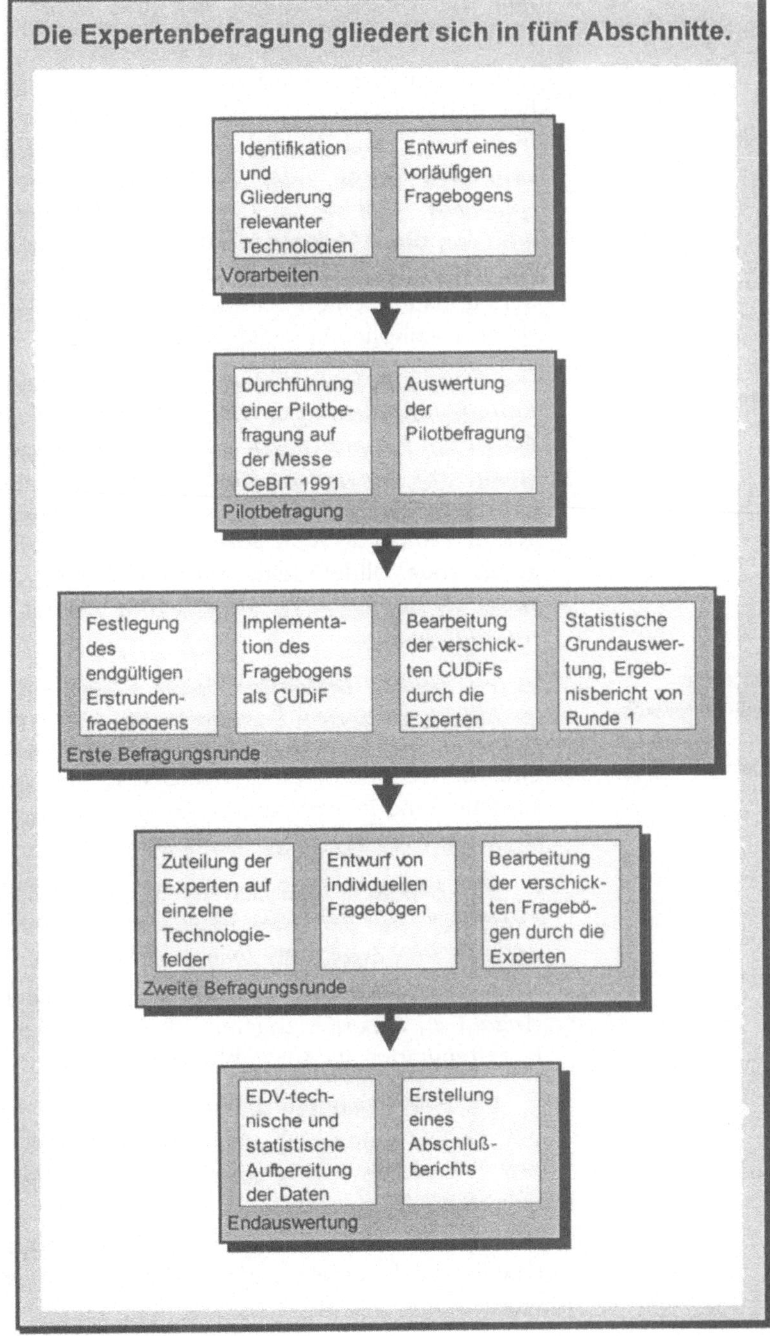

nen, vgl. Deutsche Messe AG 1993, S.583, S.1021 und S.1260-1261).

Aus diesem Kreis wurden *155 Personen* telefonisch kontaktiert; bei den restlichen 95 stimmten entweder die Adreßangaben nicht mehr, was häufig von Firmen- und Hochschulwechseln verursacht wurde, oder die Experten waren zur Zeit nicht ansprechbar, weil sie im Urlaub oder anderweitig verhindert waren. Von den 155 kontaktierten Experten erhielt jeder zumindest einen einzelnen *Computerunterstützten Dialogfragebogen.* 39 Experten hatten einen zusätzlichen Fragebogen angefordert, den sie an Fachkollegen weitergeben wollten.

Die Rücklaufquoten belegen die Wirksamkeit der *persönlichen Kontaktaufnahme* (Bild 3.8): Sie beträgt bei den Fragebögen, bei denen ein Experte zuvor persönlich angesprochen worden war, knapp 50%, bei den zusätzlich beigefügten Fragebögen hingegen nur etwas über 10%. Aus beiden Teilrücklaufquoten resultiert die gesamte *Rücklaufquote von 41%.* Den Abschluß der ersten Befragungsrunde bildete eine statistische Grundauswertung, die in einen an die Experten verschickten *Bericht mit Zwischenergebnissen* mündete.

die zweite
Befragungsrunde, ...

In der *zweiten Befragungsrunde* sollten die Experten die eher quantitativ geprägten Ergebnisse der ersten Befragungsrunde reflektieren und kommentieren. Dabei sollte jeder Experte nur ein einziges Technologiefeld bearbeiten, um seine zeitliche Inanspruchnahme in vertretbaren Grenzen zu halten. Die zweite Befragungsrunde wurde in *zwei Varianten* gestaltet:

• Für Experten, von denen ein *namentlich gekennzeichneter Fragebogen aus der ersten Befragungsrunde* vorlag, kam die erste Variante zum Zuge, und zwar in drei Schritten:

– Zunächst wurde auf jedes Technologiefeld etwa die *gleiche Anzahl an Experten* zugeteilt, wobei die Selbsteinschätzung des Expertengrades als Auswahlkriterium diente.

– Für jeden Experten wurden sodann auf dem ihm zugewiesenen Technologiegebiet *Vergleiche* angestellt zwischen der von ihm vertretenen Meinung und der durchschnittlichen Meinung aller Experten.

– Größere Abweichungen zwischen beiden führten zu neuen Fragen, die in einem *individuellen Fragebogen* zusammengestellt wurden.

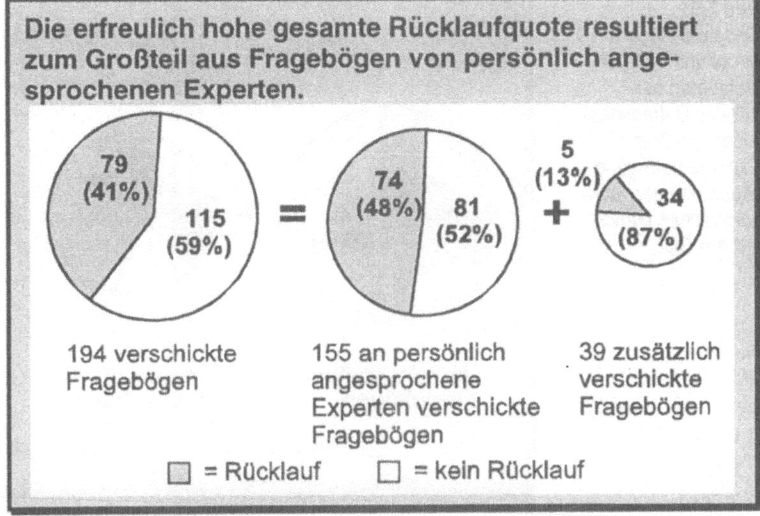

- Bei manchen Experten lag ein namentlich gekennzeichneter Fragebogen aus der ersten Befragungsrunde *nicht* vor. So konnten einige Experten an der ersten Befragungsrunde aus technischen oder zeitlichen Gründen nicht teilnehmen, und einige weitere Experten hatten ihren Computerunterstützten Dialogfragebogen ohne Absenderangaben (*anonym*) zurückgeschickt. Für diese Experten wurde die zweite Variante entwickelt. Die Experten erhielten mit dem Zwischenergebnisbericht einen *standardisierten schriftlichen Fragebogen*, in dem sie zu einem von ihnen selbst ausgewählten Technologiefeld Stellung nehmen sollten.

Die *Rücklaufquoten* der zweiten Befragungsrunde übertreffen die der ersten (Bild 3.9): 54% der individuellen Fragebögen und 40% der standardisierten Fragebögen kamen zurück; die *gesamte Rücklaufquote* der zweiten Befragungsrunde liegt somit bei *48%*.

zur Endauswertung

Die *Endauswertung* umfaßte eine vertiefende *statistische Auswertung* der erhobenen Daten sowie eine *verbale Aufbereitung*, deren Ergebnisse in dem vorliegenden Buch dokumentiert sind. In die verbale Aufbereitung werden in den anschließenden Abschnitten *Zitate der Experten* eingearbeitet. Diese Experten werden dabei *namentlich* angeführt, sofern sie nicht die *anonyme* Auswertung ihrer Einschätzungen gewünscht haben.

Bild 3.9:
Gesamte Rücklauf-
quote und Teilrück-
laufquoten der
zweiten Befragungs-
runde der Delphi-
Expertenbefragung
"Auswirkungen tech-
nologischer Trends
auf das CUL"

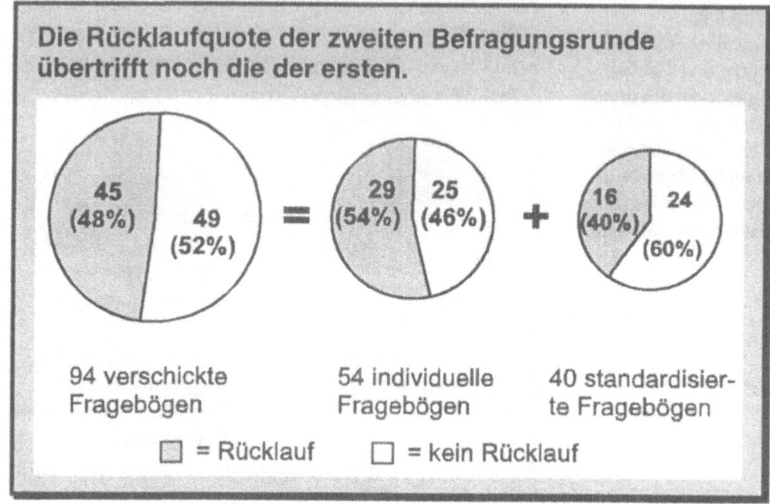

3.1.5   Die Befragten: Ausgewiesene CUL-Experten

Von der Grundidee her ist eine Delphi-Untersuchung stets eine
Befragung von *Experten*, d.h. von ausgewiesenen Fachleuten auf
dem Untersuchungsgebiet. Auf die Antworten in den 79 ausge-
füllten Fragebögen der ersten Befragungsrunde bezieht sich die
folgende Charakterisierung der Experten hinsichtlich

- der *Rahmendaten* wie Tätigkeitsfeld, Alter und Geschlecht,

- der *Selbsteinschätzung* zu einzelnen Teilen des Fragebogens
und

- der darauf aufbauenden Verdichtung zu *zwei Selbstein-
schätzungsfaktoren.*

Rahmendaten

Die *Rahmendaten* geben einen allgemeinen Überblick über das
Expertenpanel:

- *Tätigkeitsfeld:* Der mit 80% überwiegende Teil der Experten
stammt aus der Wissenschaft, nur 20% aus der Industrie und Beratung. Dieses Ergebnis wurde wesentlich durch die Vorauswahl,
vor allem durch die Orientierung an wissenschaftlichen Veran-
staltungen, beeinflußt.

- *Alter:* Die meisten Experten (40%) sind zwischen 31 und 40
Jahren alt. Etwa gleich viele Experten gehören zu den Alters-
klassen "bis 30 Jahre" (22%) und "zwischen 41 und 50 Jahren"

(28%). Ein kleinerer Teil der Experten (10%) hat die 50 Jahre überschritten.

- *Geschlecht:* 21% der Experten sind weiblich, 79% männlich.

Selbsteinschätzung

Der verschickte Fragebogen umfaßt verschiedene, im konzeptionellen Bezugsrahmen (Abschnitt 3.1.2, S.89 ff.) festgelegte Teile, die inhaltlich verhältnismäßig weit auseinanderliegen. Zur genaueren Bestimmung der Fachkompetenz eines jeden Experten wurde daher ein Mittel verwandt, das schon Rauch (1978, S.124) eingesetzt hat: Jeder Experte wurde für jeden Teil des Fragebogens um eine *Selbsteinschätzung seiner Fachkompetenz* gebeten. Die Selbsteinschätzungen überspannen insgesamt und für jeden Teil einen weiten Bereich (Bild 3.10):

- Am kompetentesten fühlen sich die Experten auf dem Gebiet "Rahmendaten zum CUL", dicht gefolgt von der "Informationsentwicklung" und der "Informationseingabe und -ausgabe". Mit deutlichem Abstand folgen die "Informationsspeicherung" sowie die "Informationsübertragung und -vernetzung".

- Die Selbsteinschätzungen der Experten streuen weit in allen fünf Teilen des Fragebogens. Dies belegt die Höhe der entsprechenden Standardabweichungen.

Faktorenanalyse

Um den Interpretationsaufwand in den folgenden Auswertungen zu reduzieren, wurde mit einer *Faktorenanalyse* (siehe Anhang A1) nach Gemeinsamkeiten zwischen den fünf Selbsteinschätzungswerten gesucht. Sie lassen sich auf zwei, voneinander unabhängige Faktoren zurückführen, auf die *primär CUL-orientierte Kompetenz* und auf die am *technologischen Umfeld orientierte Kompetenz*:

- In die primär CUL-orientierte Kompetenz (im folgenden als *CUL-Kompetenz* abgekürzt) gehen die Selbsteinschätzungen zu den "Rahmendaten zum CUL" und zur "Informationsentwicklung" ein.

- In die am technologischen Umfeld orientierte Kompetenz (im folgenden als *Umfeldkompetenz* abgekürzt) gehen die Selbsteinschätzungen zu "Informationsspeicherung", "Informationsübertragung und -vernetzung" sowie zu "Informationseingabe und -ausgabe" ein.

Für jeden Experten sind CUL-Kompetenz und Umfeldkompetenz *unterschiedlich* ausgeprägt (Bild 3.11). In den folgenden Ab-

Bild 3.10:
Selbsteinschätzung des Expertengrades für jeden Teil des Erstrundenfragebogens auf einer Ratingskala von 0 (keine Kompetenz) bis 7 (höchste Kompetenz)

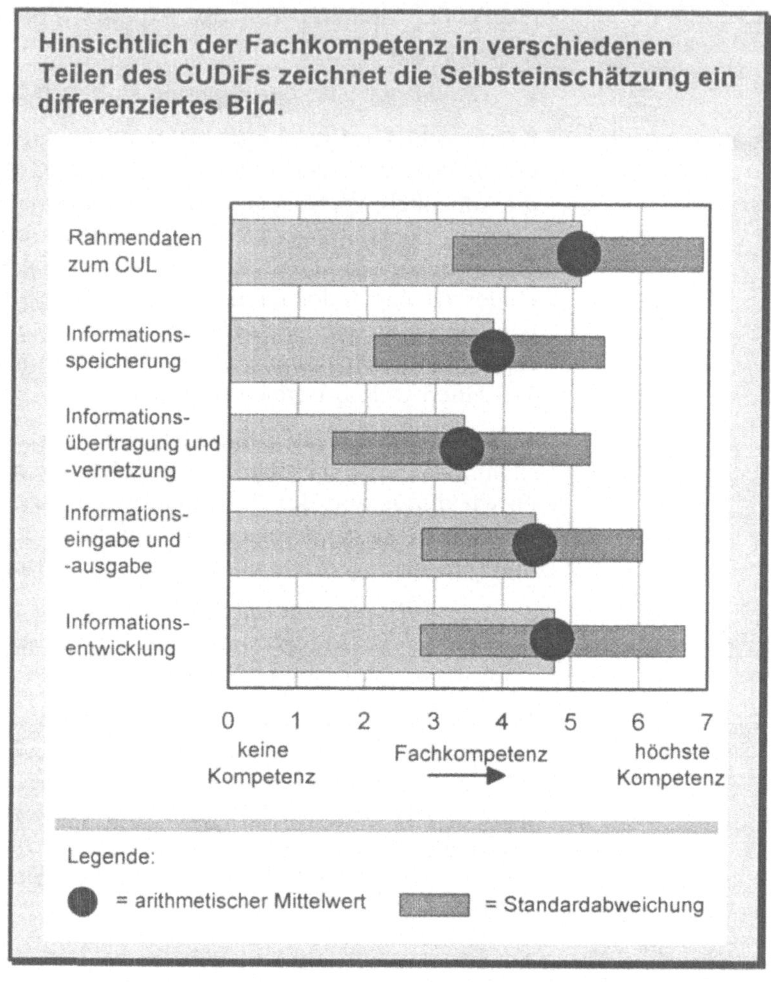

schnitten wird auf diese Kompetenzen Bezug genommen: Sofern sinnvoll, wird bei jeder Einschätzung die *Abhängigkeit von jeder der Kompetenzen* getrennt untersucht. Der Einfachheit halber seien hierzu die Experten in zweifacher Hinsicht gruppiert, zum einen nach der CUL-Kompetenz in *CUL-Kompetente* und *CUL-Laien*, zum anderen nach der Umfeldkompetenz in *Umfeldkompetente* und *Umfeldlaien*. Auf der Unterteilung aufbauend kommen Stichprobentestverfahren zum Einsatz, die einen Signifikanzwert für die statistische Abhängigkeit liefern.

Bild 3.11:
CUL-Kompetenz und Umfeldkompetenz der Experten in der Übersicht. Der Wertebereich für die beiden Variablen ergibt sich aus der bei der Faktorenanalyse durchgeführten Z-Transformation.

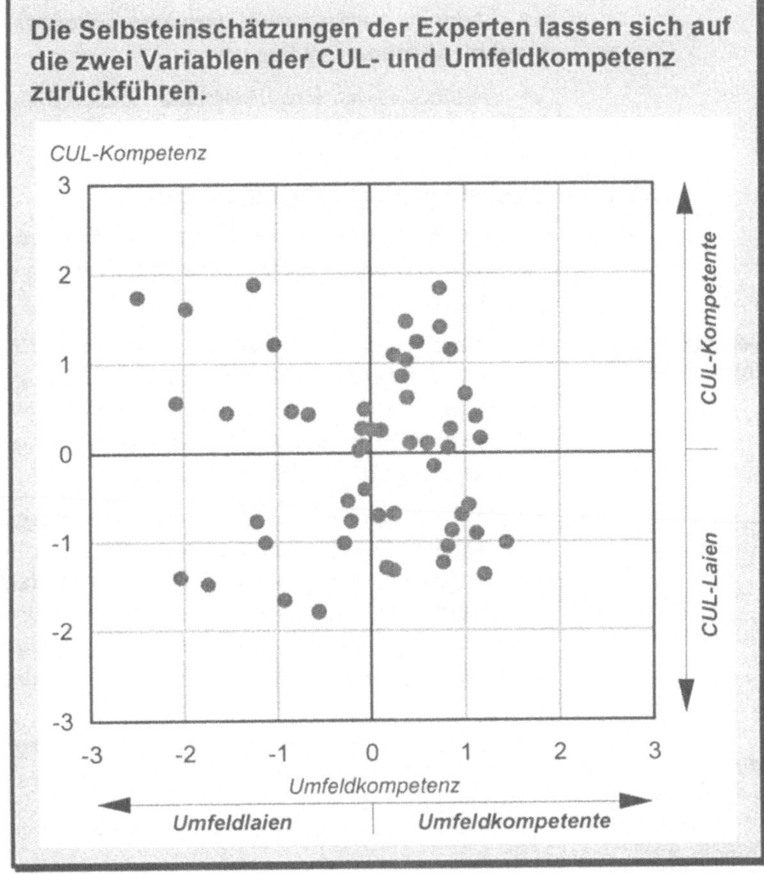

3.2   Rahmendaten zum CUL

Das Befragungsgebiet *"Rahmendaten zum CUL"* greift Fragen von allgemeinem, über die einzelnen Technologiefelder (vgl. Abschnitte 3.5 bis 3.10) reichenden Interesse auf und stand daher am Anfang der Delphi-Expertenbefragung. Die Antworten dienen als Orientierungsgrößen für die anschließenden Befragungsgebiete. Im einzelnen interessierten,

- wie sich das *CUL generell in Zukunft* entwickeln wird (Abschnitt 3.2.1),

- wie sich verschiedene *CUL-Applikationstypen* hinsichtlich ihrer *Wachstumserwartungen* unterscheiden (Abschnitt 3.2.1),

- welche *curricularen Einsatzmöglichkeiten* dem CUL offenstehen (Abschnitt 3.2.3) und

- welche *Forschungsintensität* beim CUL herrscht (Abschnitt 3.2.4).

3.2.1   Wachstumsprognosen für das CUL

Als erstes standen zwei Fragen nach dem *durchschnittlichen jährlichen Wachstum* des CULs in den nächsten Jahren im Mittelpunkt:

Deutliches
Wachstum, aber ...

- Aus den drei vorgegebenen Sätzen *"CUL wird stark wachsen"*, *"CUL wird leicht wachsen"* und *"CUL wird stagnieren"* wählt die *Mehrheit* der Experten (55%) das *leichte Wachstum*, 40% entscheiden sich für das *starke Wachstum*, und nur 5% prognostizieren eine *Stagnation* (Bild 3.12).

- Um eine grobe Quantifizierung der vorgenannten Aussagen zum Wachstum gebeten, liefern die Experten Prognosen über eine *breite Spanne* von 0% bis 200% p.a. mit dem *Median bei 15% p.a.* (Bild 3.13). Ein jährliches Wachstum von 15% würde eine *Verdoppelung* des CUL-Einsatzes in ca. *fünf Jahren* und eine *Verdreifachung* in ca. *acht Jahren* bedeuten. Allerdings sind die ge-

Bild 3.12:
Qualitative Einschätzung des zukünftigen jährlichen Wachstums des CULs (Prozentzahlen bezogen auf 75 Antworten)

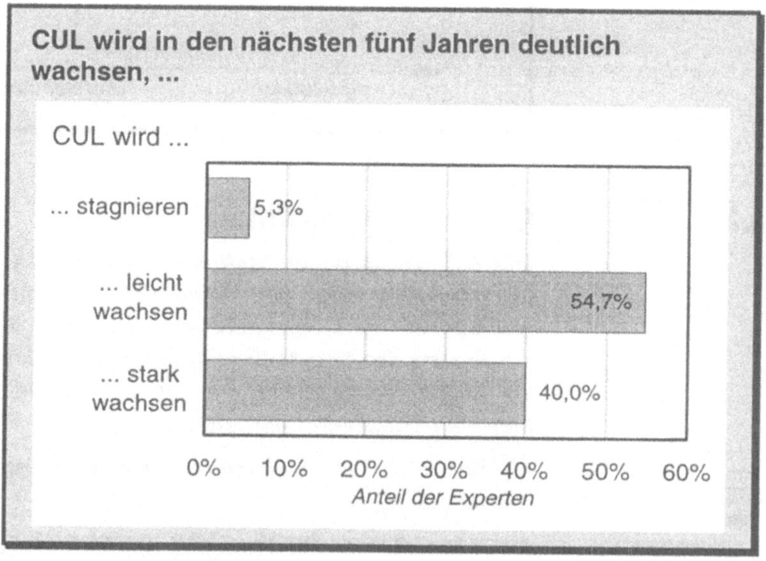

nannten Wachstumsprognosen *äußerst vorsichtig zu interpretie-ren*, da den Experten *keine Bezugsgröße* für das Wachstum vor-gegeben wurde. Eine solche Bezugsgröße hätte etwa die *Anzahl an neu entwickelten CUL-Applikationen* oder die *Anzahl an in-stallierten CUL-Applikationen* einer bestimmten Mindestgröße sein können. Die Prognosen eignen sich also weniger als präzise Wachstumsschätzung, nützen aber als *Indikator der Wachstums-einstellung* im Zusammenspiel mit anderen Fragen. Bemerkens-wert und statistisch auf dem 5%-Niveau signifikant sind auch die *Unterschiede in der Einschätzung* zwischen Umfeldkompetenten und Umfeldlaien: So sagen *Umfeldkompetente* dem CUL ein *deut-lich höheres Wachstum* voraus. Dies mag als ein Indiz unter vie-len anderen für den starken Technologiedruck dienen, der auf das CUL einwirkt.

Die eher *pessimistisch argumentierenden* Experten begründen ih-re Meinung mit Akzeptanzproblemen des CULs und noch nicht vorhandenen inhaltlich innovativen Konzepten:

- *"Erstens wird es noch dauern, bis die Berührungsängste sei-tens der Benutzer sich abbauen. Andererseits sind die Entwick-lungskosten einfach noch recht hoch"* (Götz).

- *"Derzeit entwickeltes CUL lehnt sich stark an klassische tuto-rielle Systeme und Multimedia-Hardwaretechnik an. Gutes CUL ist*

Unterschiede zwischen Expertengruppen

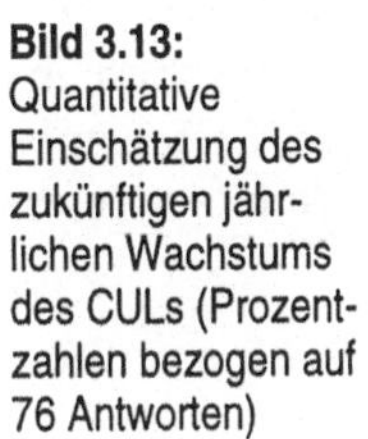

Bild 3.13:
Quantitative Einschätzung des zukünftigen jähr-lichen Wachstums des CULs (Prozent-zahlen bezogen auf 76 Antworten)

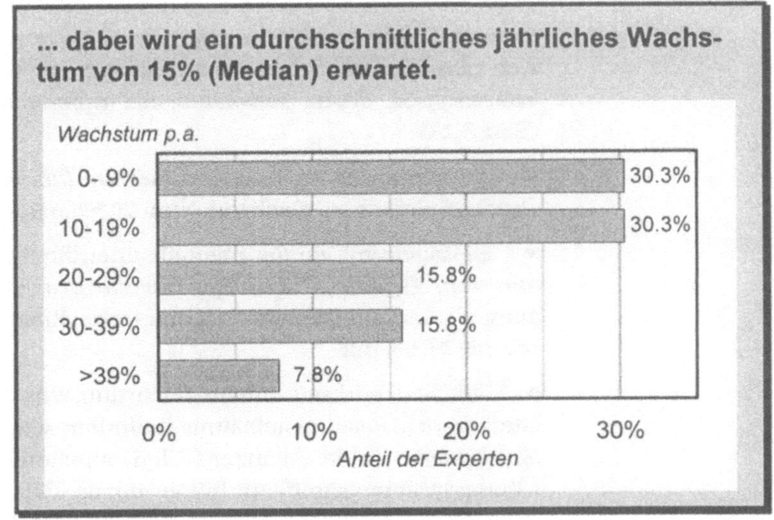

jedoch vorrangig eine inhaltliche Frage, keine technische. CUL wird wegen des Kostendrucks zunächst wenig steigen, bis inhaltlich innovative Konzepte zur Verfügung stehen" (Hasebrook).

Hingegen weisen die *Optimisten* unter den Experten auf die wachsende Nachfrage nach Weiterbildung und auf eine durchdachte Einbettung des CULs in umfassenden Curricula hin:

- *"Die absolute Zahl ist mir nicht so wichtig. Ich revidiere mich gerne auf 20%. Aber: Ich sehe ein steileres Wachstum als in den letzten 10 Jahren. Grund: Große Nachfrage, vor allem nach betrieblicher Weiterbildung bei gleichzeitiger direkter Versorgung mit PCs"* (Reimann).

- *"1) Die Entwicklung startete von einem besonders niedrigen Niveau, insofern ergibt ein Wachstum von 200% noch keine absolut gesehen hohen Zahlen. 2) CUL ist zunehmend adäquat im Rahmen von umfassenden Lernsystemen eingesetzt. Der daraus resultierende Erfolg führt zu steigendem Wachstum statt zu Rückgang, wie das im Fall von inadäquatem Einsatz oft geschieht"* (Mayer).

3.2.2 Das Wachstum verschiedener CUL-Applikationstypen

Differenziertes
Wachstum

Das von den Experten erwartete künftige jährliche Wachstum von CUL liegt in beträchtlicher Größenordnung, wie die in Abschnitt 3.2.1 genannten globalen Zahlen zeigen. Es stellt sich die Frage, ob diese Wachstumsraten *über alle CUL-Applikationstypen hinweg gleichverteilt* sind oder ob es Unterschiede zwischen ihnen gibt. Hierauf zielten weitere Fragen zu wichtigen CUL-Applikationstypen, deren Antworten ein *differenziertes Bild* zeichnen (Bild 3.14):

- An führender Stelle liegen die *Simulationen* mit einem überdurchschnittlichen Wachstum von 21,5% p.a.

- Es folgen mit einem ebenfalls überdurchschnittlichen Wachstum von 19,5% p.a. die *Hypermedia-Lernsysteme* (in der Befragung als lernergesteuerte Systeme bezeichnet) und die *Hilfesysteme* mit 18,1% p.a.

- Gleichauf und mit einem Wachstum von 14,6% p.a. nahe am Median des Gesamtwachstums befinden sich *Übungssysteme* und *Spielsysteme*. Dabei schätzen CUL-Kompetente das Wachstum der Übungssysteme signifikant höher ein als CUL-Laien.

- Den Abschluß bilden die *tutoriellen Systeme* mit einem immer noch hohen, gleichzeitig jedoch unterdurchschnittlichen Wachstum von 11,2% p.a. Experten aus der Industrie sehen für diesen CUL-Applikationstyp die Entwicklung positiver als Experten aus der Wissenschaft (signifikant auf dem 5%-Niveau).

Auf *Simulationen* und *Spielsysteme* angesprochen, weisen die Experten, die für beide CUL-Applikationstypen hohes Wachstum vorhergesagt haben, vor allem auf deren *vielfältige Einsatzmöglichkeiten* hin:

- *"Bei den Spielsystemen habe ich in erster Linie an Unternehmensplanspiele gedacht. Dort werden die angehenden Betriebswirte, Kaufleute und Industriekaufleute heute schon auf die betriebliche 'Wirklichkeit' vorbereitet. Im technischen Bereich der Simulationssysteme liegt der Schwerpunkteinsatz m.E. deutlich in der Ausbildung angehender Industriefacharbeiter, die immer komplexere Abläufe bewältigen müssen"* (Köster).

Bild 3.14:
Einschätzungen des durchschnittlichen jährlichen Wachstums für einzelne CUL-Applikationstypen (Prozentzahlen bezogen auf 74 Antworten)

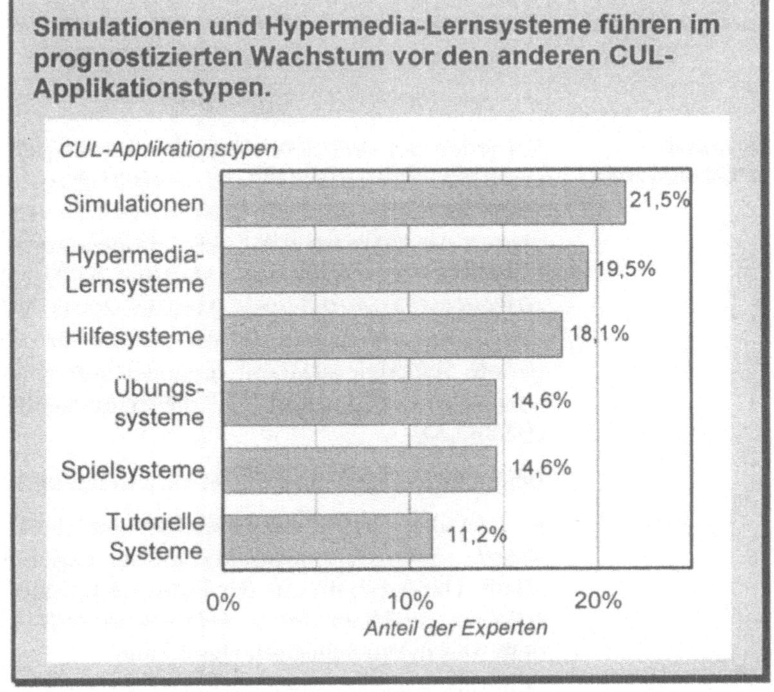

- *"Bei der Zahl bin ich mir nicht so sicher. Ich revidiere mich gerne auf den Mittelwert. Aber: Dies wird der stärkste wachsende Bereich sein. Grund: Relativ rasche Verfügbarkeit; steigende Nachfrage vor allem aus dem consumer market in 'home systems' nach 'edukativen' Spielen"* (Reimann).

Ein Experte begründet, warum er den *tutoriellen Systemen* eine *Schrumpfung* voraussagt: *"Wenn tutorielle Systeme sogenannte intelligente tutorielle Systeme meint, die 'automatische' Annahmen über Lernerverhalten machen sollen, dann setzt sich langsam die Erfahrung durch, daß diese Systeme, wie fast alle KI-Anwendungen, nicht den angenommenen Erfolg bringen, statt dessen zu einer Gängelung der Lerner führen"* (Mayer).

3.2.3   Curricularer Einsatz des CULs

Neben dem gesamten und aufgespaltenen Wachstum von CUL scheint vor allem der *curriculare Einsatz* des CULs als allgemeine Orientierungsgröße für die weiteren Abschnitte hilfreich. Hierfür wurden drei Bereiche ausgewählt:

- die Schule, insbesondere die *"gymnasiale Oberstufe"*,
- die *"betriebliche Erstausbildung"* und
- die *"betriebliche Fortbildung"*.

Betriebliche
Fortbildung führend

Für jeden der drei Bereiche sollten die Experten beantworten, in welchem Jahr erstmalig ein *Sockeleinsatzanteil von 20% oder mehr* des Lehr- und Lernstoffes per CUL vermittelt wird. Hier erwarten die Experten den Sockeleinsatzanteil am *frühesten* in der *"betrieblichen Fortbildung"* (Median: 2000), gefolgt von der *"betrieblichen Erstausbildung"* (Median: 2004). Weit *abgeschlagen* ist die *"gymnasiale Oberstufe"*, für die erst für das Jahr 2012 der genannte Sockeleinsatzanteil prognostiziert wird und bei der über ein Viertel der Experten "nie" diesen Sockeleinsatzanteil erwarten (Bild 3.15).

Beim curricularen Einsatz von CUL treten zwei Effekte zutage:

- Bei allen drei Einsatzbereichen sind die Experten aus der *Industrie weitaus optimistischer* als die Experten aus der Wissenschaft. Die Experten aus der Industrie prognostizieren jeweils ein *früheres Erreichen des Sockeleinsatzanteils.* Dies ist jeweils auf dem 5%-Niveau statistisch signifikant.

Bei den zwei Einsatzbereichen der "gymnasialen Oberstufe" und der "beruflichen Erstausbildung" verlaufen *Prognose und nor-*

mative Bewertung parallel zueinander (siehe Bild 3.16 zur normativen Bewertung). Bei beiden Einsatzbereichen geben Experten, die den CUL-Einsatz in Höhe des Sockeleinsatzanteils befürworten, frühere Eintrittsdaten an. Auch dies ist auf dem 5%-Niveau statistisch signifikant.

Die *Reihenfolge* - "betriebliche Fortbildung" vor "betrieblicher Erstausbildung" und weit vor "gymnasialer Oberstufe" - begründen die Experten vorrangig mit *unternehmerischer Anpassungsfähigkeit* gegenüber einer *unflexiblen Kultusbürokratie* und *Vorbehalten bei beamteten Lehrkräften*:

- *"Wirtschaftsbetriebe erkennen frühzeitig den ökonomischen Vorteil von Selbstlernen, und sie verfügen über flexible Organisationen. Erstausbildung verläuft in allen Fällen stärker institutionalisiert. Die betreffenden Institutionen sind an herkömmlichen Lernformen orientiert und darin relativ starr"* (Mayer).

Bild 3.15:
Prognostiziertes Jahr, bis zu dem in ausgewählten Einsatzbereichen ein Sockeleinsatzanteil von 20% des Lehr- und Lernstoffes per CUL vermittelt wird

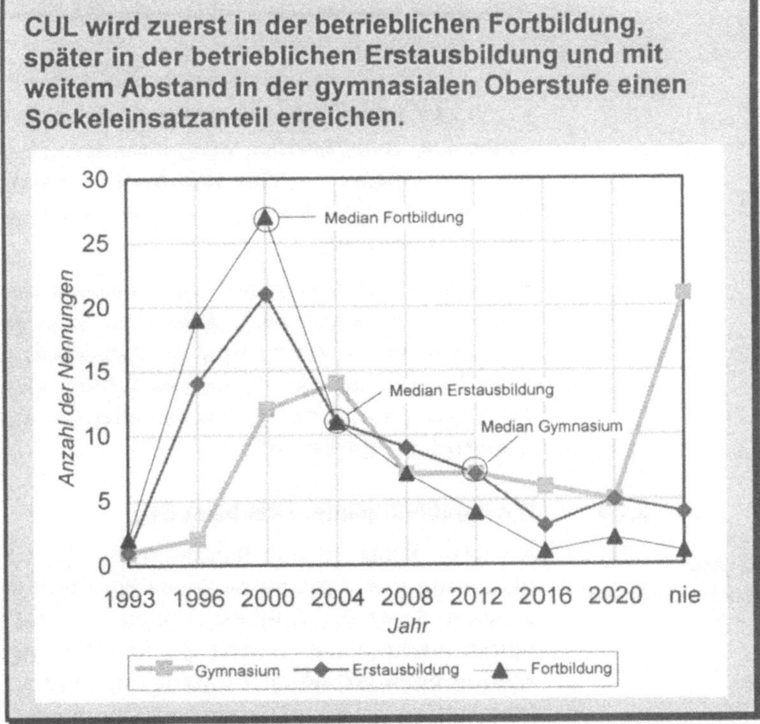

Bild 3.16:
Normative Bewertung eines Sockeleinsatzanteils von 20% des Lehr- und Lernstoffes, der durch CUL vermittelt wird, in ausgewählten Einsatzbereichen (Prozentzahlen bezogen auf 75 Antworten)

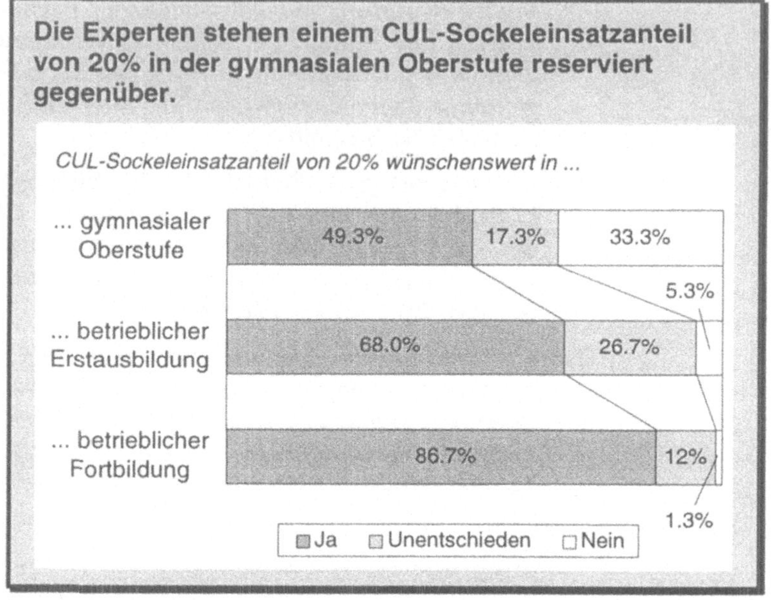

- *"In der betrieblichen Fortbildung herrscht z.Zt. der höchste Kostendruck; zeiteffizientes, breitgestreutes CUL hilft am ehesten, Kosten zu senken. ... Die Schulen/Universitäten etc. bilden das Schlußlicht wegen der Einsparungen seitens der öffentlichen Geldgeber"* (Hasebrook).

- *"Neue Lerntechnologien, insbesondere die Computertechnologie, stoßen im schulischen Bereich auf eine 'Front' von Vorbehalten seitens Eltern, Lehrer und Kultusbehörde, weil damit der erzieherische Auftrag der Institution Schule nicht abgedeckt werde. Demgegenüber definiert die betriebliche Ausbildung ihre Rolle und Aufgabe anders"* (Götz).

3.2.4 Die Forschungsintensität beim CUL

Niedrige Forschungsintensität

Als letzte Frage zu den Rahmendaten des CULs wurden die Experten um ihre *Einschätzung der Forschungsintensität* beim CUL gebeten. Trotz der Aufmerksamkeit, die das CUL in den letzten Jahren erfahren hat, schätzt die Mehrheit der Experten die *Forschungsintensität als eher niedrig* ein (Bild 3.17). Hierbei herrscht Einigkeit zwischen Experten aus der Wissenschaft und aus der Industrie und Beratung.

Bild 3.17:
Einschätzung der
Forschungsintensität
beim CUL (Prozent-
zahlen bezogen auf
72 Antworten)

Besonders nachhakenswert erschienen weniger die Gründe für eine besonders hohe oder niedrige Einschätzung der Forschungsintensität als vielmehr die *Bereiche*, auf denen *Forschungsdefizite bestehen* oder auf denen *erfolgsträchtige Forschung möglich* scheint. Drei Antworten:

- *"Ich denke, die Forschung zur Mensch-Maschine-Kommunikation wird erfolgreichere CUL hervorbringen. Des weiteren werden die immer stärker vordringenden Kenntnisse zur Neurolinguistik entscheidende Impulse in Richtung Kommunikation bringen"* (Köster).

- *"Erfolgsträchtig sind Authoring shells, re-use von instruktionellen Softwaremodulen, Verbindung von CSCW und CUL, multimediales CUL. Lücken bestehen bei Methoden der Sachanalyse und der Lernanalyse und bei Methoden der Integration von CUL in Organisationen"* (Reimann).

- *"Erfolgsträchtig sind Hypertext/-medien und kooperative Systeme. Lücken findet man bei der Media- und Interaktionsdidaktik"* (Hasebrook).

Die drei Experten heben neben *technologischen* vor allem *didaktische* Aspekte hervor. Offensichtlich besteht Forschungsbedarf also nicht nur im Hinblick auf die neuen Technologien, sondern auch hinsichtlich der *pädagogischen Umsetzung.*

3.3 Die Produktivitätswirkungen im Überblick

Produktivitäts-
wirkungen ...

Das Wachstum des CULs, wie es von den Experten in beträchtlichem Maße prognostiziert wurde (siehe die Abschnitte 3.2.1, S.110 ff., und 3.2.2, S.112 ff.), und das Eindringen dieser Lehr- und Lernform in curriculare Einsatzbereiche (siehe Abschnitt 3.2.3, S.114 ff.) haben eine zentrale Ursache in den *Produktivitätswirkungen neuer Technologien.* Bevor in den nachfolgenden

neuer Techno-
logien ...

Abschnitten die Technologiefelder *im einzelnen* im Mittelpunkt stehen (Abschnitte 3.4 bis 3.9), scheint ein *Überblick* über die Produktivitätswirkungen nützlich. Dieser Überblick zielt zum einen auf die *Technologiefelder* und die *Technologien* (siehe Abschnitt 3.1.2, S.89 ff., zur Technologiegliederung, dort insbesondere Tabelle 3.1, S.92), zum anderen auf die *Komponenten des CUL-Prozesses* (siehe Abschnitt 3.1.3, S.98 ff., zur operationalisierten Komponentengliederung), in deren Richtung hin die *leistungs- und kostenbezogenen Wirkungsmatrizen* jeweils aggregiert werden (Bild 3.18).

• Alle Technologiefelder leisten einen Beitrag zur *Produktivitätssteigerung.* Am meisten steigert nach Meinung der Experten das Technologiefeld der *Informationsspeicherung* die Produktivität, dicht gefolgt von der *Informationsentwicklung* (Abschnitt 3.3.1). Alle betrachteten Technologiefelder steigern dabei *überwiegend die Leistungen,* nur in geringem Maße senken sie die Kosten.

• Diese Tendenzen spiegeln sich auf der Seite der *Komponenten des CUL-Prozesses* wider: Für alle Komponenten ergeben sich *Produktivitätssteigerungen,* und auch hier überragen die Leistungssteigerungen die Kostensenkungen deutlich (Abschnitt 3.3.2). Die Komponente, deren Produktivität nach Meinung der Experten am stärksten steigen wird, ist die *Benutzung.*

3.3.1 Produktivitätswirkungen neuer Technologien

Als erstes seien die leistungs- und kostenbezogenen Wirkungsmatrizen (Bild 3.18) in Richtung auf die *Technologiefelder* und die *Technologien* hin verdichtet. Die Technologiefelder der *Informationsspeicherung, -übertragung, -vernetzung, -eingabe, -aus-*

Bild 3.18:
Leistungs- und kostenbezogene Wirkungsmatrizen als Bindeglieder zwischen neuen Technologien bzw. Technologiefeldern auf der einen Seite und operationalisierten Komponenten des CUL-Prozesses auf der anderen Seite

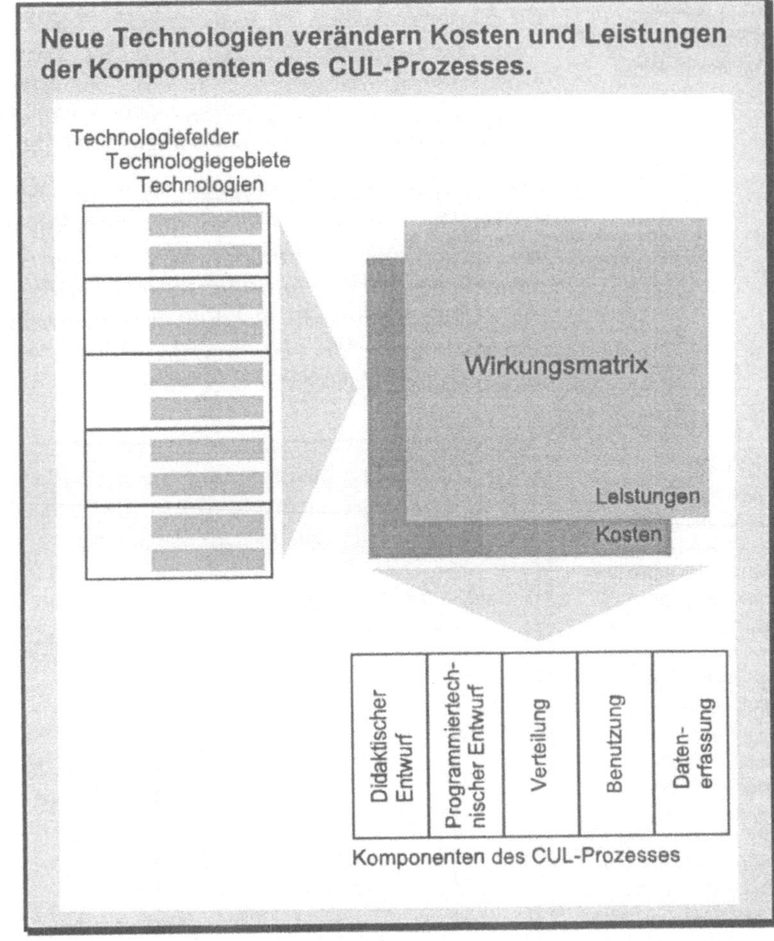

gabe und *-entwicklung* entstammen einer funktionalen Gliederung der Informationsverarbeitung (siehe Abschnitt 3.1.2, S.91 ff.). Sie umfassen jeweils *mehrere einzelne Technologiegebiete und Technologien*, und anknüpfend an die Produktivität stellen sich *zwei Fragen*:

Zwei Fragen

- *In welcher Weise* verändern die Technologiefelder nach Meinung der Experten die Produktivität?

- Welches sind dabei die am *meisten produktivitätssteigernden* einzelnen Technologiegebiete bzw. Technologien?

Produktivitätsän-
derungen durch die
Technologiefelder

Die Experten haben für jede einzelne Kombination aus Technologie, Komponente des CUL-Prozesses sowie Wirkungsart eine
Einschätzung abgegeben. Eine einfache Aggregation dieser Einschätzungen mittels des arithmetischen Mittelwerts führt zu den
Produktivitätswerten der Technologiefelder (Bild 3.19):

• *Produktivität:* Durchgängig steigern nach Meinung der Experten alle Technologiefelder die Produktivität des CUL-Prozesses - allerdings in *unterschiedlichem Ausmaß* und auf *unterschiedliche Weise. Informationsspeicherung* und *-entwicklung*
führen hinsichtlich der Produktivitätssteigerung vor der Informationsvernetzung, der -übertragung und der -ausgabe. Das Schlußlicht bildet die Informationseingabe.

Bild 3.19:
Technologiefelder im
Leistungs- und Ko-
stenänderungsdia-
gramm. Die einzelnen
Einschätzungen, die
die Experten jeweils
für eine Kombination
aus Technologie,
Komponente des
CUL-Prozesses und
Wirkungsart ab-
gegeben haben,
wurden mittels des
arithmetischen Mittel-
werts aggregiert. Die
Stützlinien repräsen-
tieren konstante Pro-
duktivitätsänderun-
gen, gemessen als
konstante Differenzen
zwischen Leistungs-
und Kostenände-
rungen.

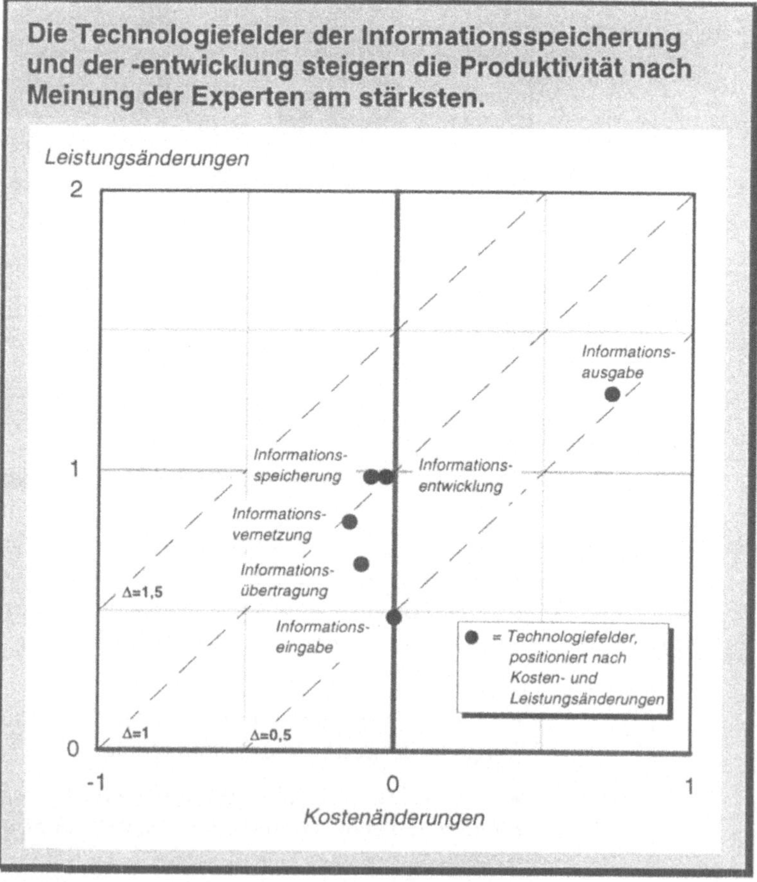

• *Leistung:* Die Experten sehen die *Informationsausgabe* bei der *Leistungssteigerung* des CUL-Prozesses vorne; Informationsentwicklung und -speicherung weisen hier hohe, Informationsübertragung und -eingabe immer noch nennenswerte Werte auf.

• *Kosten:* Hingegen zeichnet sich bei den *Kosten* ein *differenziertes Bild* ab: Mit einem geringen Vorsprung vor *Informationsübertragung* und *-speicherung* liegt die *Informationsvernetzung* bei der Kostensenkung vorne; bei allen dreien sind jedoch nur geringe Effekte zu erwarten. Atypisch ist die *Informationsausgabe* positioniert, der die befragten Experten als einzigem Technologiefeld *deutliche Kostensteigerungen* zuschreiben.

Produktivitätsänderungen durch einzelne Technologiegebiete und Technologien

Die Technologiefelder setzen sich jeweils aus *verschiedenen Technologiegebieten und Technologien* zusammen, deren Produktivitätswerte sich in vielen Fällen deutlich von denen des Technologiefelds abheben. Dies zeigt sich bei den *sieben am stärksten produktivitätssteigernden Technologiegebieten bzw. Technologien* (Bild 3.20):

• Eine überragende Produktivitätssteigerung versprechen sich die Experten von den *Wide Area Networks* aus dem Technologiefeld der Informationsvernetzung. In einem recht engen Feld folgen dann die *Halbleiterspeicher*, das *Computer Aided Software Engineering*, die *Autorensysteme*, die *CD-ROM*, das *Schmalband-ISDN* und die *optischen Speicher* (Erläuterungen der Technologien folgen später).

• Die Produktivitätssteigerungen der sieben Technologiegebiete bzw. Technologien liegen über denen der Technologiefelder. Dies resultiert vor allem aus *höheren Kostensenkungen*, die die Experten von den sieben Technologiegebieten bzw. Technologien vermuten.

3.3.2 Produktivitätswirkungen auf die Komponenten des CUL-Prozesses

Bisher wurde die eine Seite der Wirkungsmatrizen (Bild 3.18, S.119) betrachtet, die *neuen Technologien als Emittenten von Produktivitätswirkungen*. Die Wirkungen schlagen sich auf der anderen Seite nieder, und zwar in Form von Kosten- oder Leistungsänderungen der fünf operationalisierten *Komponenten des CUL-Prozesses*, nämlich auf den *didaktischen* und *programmiertechnischen*

Bild 3.20:
Die sieben am meisten produktivitätssteigernden Technologien im Leistungs- und Kostenänderungsdiagramm. Die einzelnen Einschätzungen, die die Experten jeweils für eine Kombination aus Technologie, Komponente des CUL-Prozesses und Wirkungsart abgegeben haben, wurden mittels des arithmetischen Mittelwerts aggregiert. Die Stützlinien repräsentieren konstante Produktivitätsänderungen, gemessen als konstante Differenzen zwischen Leistungs- und Kostenänderungen.

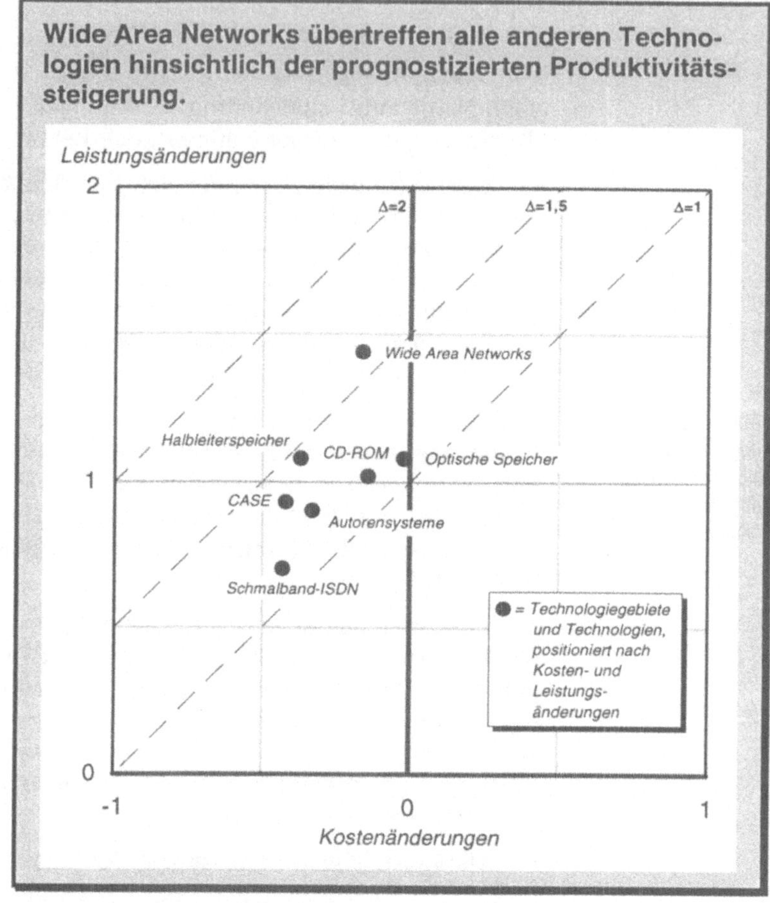

Zwei Fragen

Entwurf, die *Verteilung,* die *Benutzung* und die *Datenerfassung.* Auch hier stellen sich *zwei Fragen:*

• Welcher Art sind die Wirkungen auf die einzelnen Komponenten?

• Lassen sich die zehn Einzelwirkungen (fünf Komponenten des CUL-Prozesses, jeweils Kosten- und Leistungswirkungen) auf heuristische Weise zu einer *geringen Anzahl an Faktoren* zusammenfassen?

Produktivitätswirkungen auf die Komponenten des CUL-Prozesses

Bei den Komponenten des CUL-Prozesses findet sich die Tendenz zur *durchgängigen Steigerung der Produktivität* (Bild 3.21), ähnlich wie dies bei den Technologiefeldern der Fall war (Ab-

Bild 3.21:
Die operationalisierten Komponenten des CUL-Prozesses im Leistungs- und Kostenänderungsdiagramm. Die einzelnen Einschätzungen, die die Experten jeweils für eine Kombination aus Technologie, Komponente des CUL-Prozesses und Wirkungsart abgegeben haben, wurden mittels des arithmetischen Mittelwerts aggregiert. Die Stützlinien repräsentieren konstante Produktivitätsänderungen, gemessen als konstante Differenzen zwischen Leistungs- und Kostenänderungen.

schnitt 3.3.1, S.118 ff.). Dies überrascht nicht, da dieselben Wirkungsmatrizen zugrundeliegen und nur in anderer Form zusammengefaßt wurden; gleichwohl ist dies nicht selbstverständlich.

- *Produktivität:* Am stärksten wird nach Meinung der Experten die *Produktivität* bei der Komponente der *Benutzung* steigen, die mit weitem Abstand vor allen anderen führt. Die Komponenten der Verteilung, der Datenerfassung, des didaktischen und programmiertechnischen Entwurfs weisen untereinander ähnlich hohe, immer noch *deutliche Produktivitätssteigerungen* auf.

- *Leistung:* Auch hinsichtlich der *Leistungssteigerungen* liegt die *Benutzung* vorne, allerdings sind der didaktische und der programmiertechnische Entwurf nicht weit dahinter positioniert.

• *Kosten:* Wie schon bei den Technologiefeldern entwickeln sich auch bei den Komponenten des CUL-Prozesses die *Kosten in differenzierter Weise.* Die Experten stellen leichten Senkungen bei Verteilung und Benutzung leichte Steigerungen beim didaktischen und programmiertechnischen Entwurf gegenüber.

Faktorenanalyse

Bisher wurden die zehn Einzelwirkungen stets zu zwei *arithmetischen Mittelwerten* zusammengefaßt, je einer für die Kosten- und einer für die Leistungsänderungen. Dieser inhaltlich motivierten Zusammenfassung kann man eine *heuristische* gegenüberstellen; in diesem Fall eignet sich besonders die *Faktorenanalyse* (siehe Anhang A2 zur verwendeten Methodik).

Ergebnis: jeweils zwei Faktoren für Leistungen und Kosten

Durch die Anwendung der Faktorenanalyse entstehen *vier Faktoren*, die jeweils einen Teil der Gesamtwirkung umfassen (Bild 3.22). Bemerkenswert ist zunächst vor allem die *strenge Trennung* zwischen Faktoren, die die *Leistung* ändern, und Faktoren, die die *Kosten* ändern. Offensichtlich haben die Experten die zugrundeliegenden Leistungsänderungen in hohem Maße *unabhängig* von den Kostenänderungen eingeschätzt. Dies bestätigt die bei der Konzeption der Delphi-Expertenbefragung getroffene Entscheidung, die Experten um *zwei getrennte Einschätzungen* für die die Produktivität bestimmenden Variablen zu bitten.

Leistungs- und Kostenänderungen lassen sich sodann jeweils in einem *Haupt-* und einem *Nebenfaktor* zusammenfassen:

• *Hauptleistungsänderung:* Faktor 1 faßt die Leistungsänderungen in *vier Komponenten* zusammen, und zwar im didaktischen und programmiertechnischen Entwurf, der Datenerfassung und der Benutzung.

• *Hauptkostenänderung:* Faktor 2 zielt fast auf dieselben Komponenten wie Faktor 1, nämlich auf den didaktischen und programmiertechnischen Entwurf und die Datenerfassung, und spiegelt deren Kostenänderungen wider.

• *Nebenkostenänderung:* Faktor 3 umfaßt die Kostenänderungen der Verteilung und der Benutzung. Dies sind Kostenänderungen der von Faktor 2 *nicht* erfaßten Komponenten.

• *Nebenleistungsänderung:* Faktor 4 enthält schließlich Leistungsänderungen in der Verteilung sowie - überschneidend mit Faktor 1 - in der Datenerfassung. Leistungsänderungen in der Datenerfassung gehen also gleich in zwei Faktoren ein.

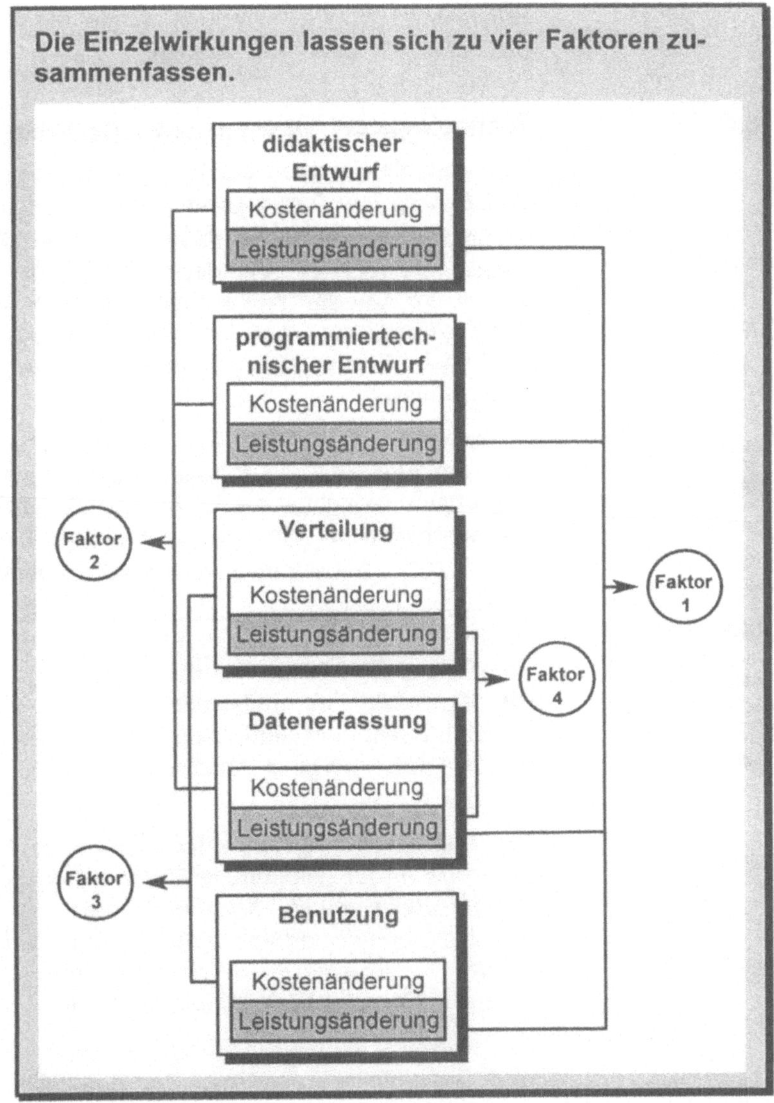

Die vier Faktoren zusammen beschreiben die Gesamtheit der
Einzelwirkungen *nur begrenzt*, sie erklären gerade 75% der Gesamtvarianz. Um 95% der Gesamtvarianz zu erklären, was Backhaus et al. (1994, S.240) als *gängigen Schwellenwert* bezeichnen,
hätte es *zehn* Faktoren bedurft. Dies entspricht aber bereits der
Anzahl der Einzelwirkungen und untermauert das Vorgehen in

den folgenden Abschnitten, in denen die Produktivitätswirkungen *detailliert* untersucht werden.

3.4   Technologiefeld "Informationsspeicherung"

Eine zentrale Funktion der Informationsverarbeitung liegt in der *Speicherung von Information*. Mit dem Technologiefeld der Informationsspeicherung sei daher die Sequenz der Einzelbetrachtungen von Technologiefeldern eröffnet, die in den Abschnitten 3.5 bis 3.9 um die Technologiefelder der Informationsübertragung, -vernetzung, -eingabe, -ausgabe und -entwicklung ergänzt wird (siehe Kasten 3.1 mit Vorschlägen zum Zugriff auf die Einzelergebnisse).

- Die Informationsspeicherung beruht auf verschiedenen *physikalischen Effekten* und auf diesen Effekten aufbauenden *Informationsträgern* (Abschnitt 3.4.1). Zu den physikalischen Effekten gehört beispielsweise die optische Repräsentation von Information, zu den darauf aufbauenden Informationsträgern z.B. die Bildplatte.

Kasten 3.1:
Vorschläge zum Zugriff auf die Einzelergebnisse der Delphi-Expertenbefragung

In den Abschnitten 3.4 bis 3.9 werden die Einzelergebnisse der Delphi-Expertenbefragung *"Auswirkungen technologischer Trends auf das CUL"* präsentiert. Für diese Einzelergebnisse seien nach einer Vorstellung der Präsentationsstruktur einige *Vorschläge zum Zugriff* in Abhängigkeit vom *Leserinteresse* unterbreitet.

Die Präsentation der Einzelergebnisse geschieht technologiefeldweise in der Reihenfolge *"Informationsspeicherung"*, *"Informationsübertragung"*, *"Informationsvernetzung"*, *"Informationseingabe"*, *"Informationsausgabe"* und *"Informationsentwicklung"*. Die Ergebnisse zu den einzelnen Technologiefeldern sind *weitgehend strukturgleich* aufgebaut:

- Zunächst wird ein Technologiefeld in Technologiegebiete und Technologien unterteilt. Zur Entwicklung eines einheitlichen Begriffsverständnisses werden diese Technologien kurz vorgestellt, wobei die Vorstellung *glossarischen* Charakter hat.

- Sodann wird die *Wichtigkeit* von Technologiegebieten und Technologien für das CUL der Zukunft herausgearbeitet, wie sie von den Experten eingeschätzt worden ist.

- Es folgen Ausführungen zu den *Reifezeitpunkten* wichtiger Technologiegebiete und Technologien.

• Schließlich werden die *erwarteten Produktivitätswirkungen* auf die fünf einzelnen Komponenten des CUL-Prozesses herausgestellt, und zwar zum einem als Gesamtprofil für jedes Technologiefeld, zum anderen ergänzend im Anhang als Einzelprofile für wichtige Technologiegebiete und Technologien.

Es ist zu vermuten, daß *nicht alle Leser alle Einzelergebnisse* in der zur einheitlichen Dokumentation verwendeten Sequenz durcharbeiten wollen. Im folgenden seien drei Gruppen von Lesern mit jeweils spezifischem *Leserinteresse* herausgegriffen:

• Manche Leser werden einen *Überblick über CUL-relevante Technologien* wünschen,

• andere werden sich nur für die *eine oder andere bestimmte Technologie und ihre Bedeutung für das CUL* interessieren,

• wieder andere werden wissen wollen, welche Technologien sie *abhängig von einem bestimmten Zeitraum* berücksichtigen sollten, beispielsweise wenn sie eine CUL-Applikation konzipieren, die bis mindestens zum Jahr 2002 verwendbar sein soll.

Jeder dieser drei Interessengruppen sei eine *Zugriffsstrategie* empfohlen (in der Sprache des CULs würde man von einem *"individuellen Leseweg"* sprechen):

• Den an einem Überblick über CUL-relevante Technologien Interessierten sei der *Einstieg über die Wichtigkeit* empfohlen. In sechs Einzelrangfolgen (Bilder 3.26, 3.31, 3.36, 3.41, 3.45 und 3.53) lassen sich Technologien erkennen, die für das CUL der Zukunft von besonderer Wichtigkeit sind.

• Für die an einer bestimmten Technologie Interessierten sei der *Einstieg über die Technologieübersichten* angeraten (Bilder 3.23, 3.29, 3.34, 3.39, 3.44 und 3.50). Aus ihnen läßt sich ableiten, zu welchem Technologiefeld die interessierende Technologie in diesem Buch gezählt wird. Weitere Informationen findet man sodann in den Ausführungen zu diesem Technologiefeld.

• Für Leser, die die in einem bestimmten Zeitraum relevant werdenden Technologien ermitteln wollen, scheint der *Einstieg über die Reifezeitpunkte* ratsam (Bilder 3.27, 3.32, 3.37, 3.42, 3.46, 3.48 und 3.54). Hier können alle Technologien erkannt werden, deren Reifezeitpunkt vor dem Ende oder in der Nähe des Endes des bestimmten Zeitraums liegt.

- *Optische Speicher* liegen in der Einzelrangfolge der Technologien und Technologiegebiete vorne (Abschnitt 3.4.2): Es führt die Technologie der *CD-ROM* vor dem Technologiegebiet der *optischen Speicher*.

- Die Technologien und Technologiegebiete der Informationsspeicherung werden spätestens *mittelfristig* ausgereift sein (Abschnitt 3.4.3).

- Die Informationsspeicherung wirkt nach Ansicht der Experten *differenziert* hinsichtlich der *Produktivität* auf die Komponenten des CUL-Prozesses ein. Eine gleichmäßige Leistungssteigerung über alle Komponenten hinweg wird von einer stark unterschiedlichen Kostenänderung begleitet (Abschnitt 3.4.4).

3.4.1 Magnetische, optische und Halbleiterspeicher: Die Technologiegebiete und Technologien der Informationsspeicherung im Überblick

Zur Informationsspeicherung werden verschiedene *Informationsträger* verwendet, die auf einem oder mehreren *physikalischen Effekten* aufbauen. So unterscheidet Ameling (1990, S. 202-203) zwischen drei Arten von Speichern:

Technologiegebiete umfassen ...

- den *magnetischen,*

- den *optischen* und

- den *Halbleiterspeichern* (Bild 3.23).

magnetische Speicher, ...

Bei den *magnetischen Speichern* zeichnet ein steuerbarer Magnet Information auf einem magnetisierbaren Träger auf und liest sie auch von diesem Träger. Zu den magnetisierbaren Trägern, die das Hauptcharakteristikum magnetischer Speicher ausmachen, zählen *Magnetbänder, Magnetplatten* und *Magnetkarten* (vgl. Hack 1990, S.89-158, mit einer ausführlichen technischen Darstellung von Magnetbändern und -platten):

- Magnetbänder sind vor allem in der *Unterhaltungselektronik* stark verbreitet, z.B. als *Normal-* und *Digital-Audio-Tape-Cassetten* (DAT-Cassetten) sowie als *Langbänder* zur Aufzeichnung von Audiosequenzen, ferner als *Videocassetten* zur Aufzeichnung von Audio- und Videosequenzen. Auf ihnen zeichnet man sequentiell auf, was einerseits eine vergleichsweise hohe Aufzeichnungsrate erlaubt, andererseits aber den gezielten Zugriff auf viele Sequenzen zeitaufwendig macht.

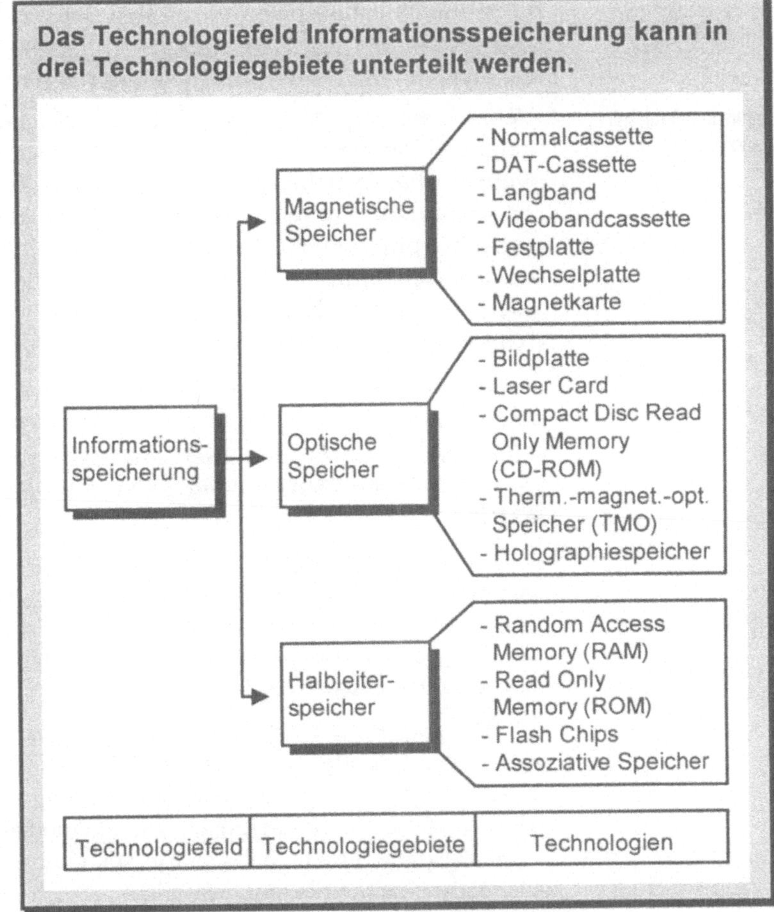

- Neben Bändern eignen sich auch *magnetische Platten* zur Informationsspeicherung, zum einen die fest in einem Computerarbeitsplatz installierten *Festplatten* mit Kapazitäten von über einem GByte, zum anderen die transportablen *Wechselplatten*, insbesondere die verbreiteten Floppy disks mit Kapazitäten von 1,4 MByte. Sie zeichnen nicht sequentiell auf, sondern aufgeteilt auf einzelne direkt adressierbare Spuren auf der Magnetplatte. Hierdurch ergibt sich ein schneller Zugriff auf die gespeicherte Information.

- Als *Magnetkarten* bezeichnet man Kunststoffkarten, auf denen sich ein magnetisierbarer Streifen befindet. Sie werden häufig zu Identifikationszwecken und zu bargeldlosem Zahlungsverkehr verwendet (vgl. Fietta 1989, S.12). Magnetkarten ähneln den Magnetbändern von der Aufzeichnungsart her.

optische Speicher
und ...

Neben dem physikalischen Effekt des Magnetismus werden zunehmend *optische Effekte* für die Informationsspeicherung verwendet. Ihre Speicherungswirkung beruht auf der Reflektion eines Lichtstrahls von einer definierten Stelle eines Informationsträgers. Hülsbusch (1992, S.99) und schon früher auch Schulte-Hillen und Schwerhoff (1986, S.7-10) unterteilen optische Speicher nach der *Wiederbeschreibbarkeit* in vom Benutzer nicht beschreibbare und mehrmals beschreibbare Speicher:

- Vom Benutzer nicht beschreibbare optische Speicher (*"Read only"*) haben inzwischen große Verbreitung erlangt. Zu ihnen zählen die *Bildplatte*, die *LaserCard* sowie die in verschiedenen Varianten vorkommende *Compact Disc Read Only Memory* (*CD-ROM*):

  - Die relativ großflächige *Bildplatte* wurde ursprünglich als Alternative zur Videocassette entwickelt. Sie eignet sich zur Aufzeichnung von analoger Audio- und Videoinformation (sowohl Bewegt- als auch Einzelbilder), teilweise auch digitaler Information (vgl. Hülsbusch 1992, S.110-115).

  - Die *LaserCard* bildet das Analogon zu den Magnetkarten: Auch hier befindet sich auf einer Kunststoffkarte ein flächiger Bereich, der der Informationsspeicherung dient (vgl. Hansen 1992, S.199-200). Im Vergleich zur Magnetkarte kann die LaserCard wesentlich mehr Information speichern; zwischen zwei und vier MByte gelten als handelsüblich.

  - Die *CD-ROM* ist in der Ausprägung als Audio-Informationsträger weit verbreitet und gewinnt als Informationsträger allgemeiner digitaler Information an Bedeutung (vgl. Spitz 1991, S.73, und Hahn 1994, S.7). So lassen sich auf einer CD-ROM mit einem Scheibendurchmesser von 12 cm etwa 600 MByte speichern. Auf der CD-ROM baut die Technologie DVI (Digital Video Interactive) auf, die die Speicherung von Videoinformation auch auf der CD-ROM ermöglicht (vgl. Gerlach 1989, S.40).

- Zur Archivierung großer Mengen an Information dienen einmal beschreibbare optische Speicher (*"Write once, read many"*).

- Mehrmals beschreibbare optische Speicher (*"Erasable"*) werden optisch (per Laserabtastung) gelesen. Das Speichern von Information auf ihnen beruht auf einer Kombination aus thermischen, magnetischen und optischen Effekten (vgl. Hülsbusch 1992, S.154-155), im folgenden sei daher von *TMO-Speichern* gesprochen, wenn es um diesen Speichertyp geht.

Eine besondere Art der optischen Speicher sind die *Holographiespeicher* (vgl. Hülsbusch 1992, S.99-100, sowie Proebster 1987, S.228). Bei der Aufzeichnung von Information wandelt man digitale Bildvorlagen in Hologramme um. Die darin gespeicherte Information wird als Ganzes beispielsweise über eine Fotozellenmatrix ausgelesen. Holographiespeicher sind wegen der in Hologrammen angelegten Redundanz weitgehend unempfindlich gegenüber Fehlstellen, was ihren besonderen Vorteil ausmacht.

Halbleiterspeicher

Magnetische und optische Speicher bauen in der Regel auf einem dominanten physikalischen Effekt auf. Sie unterscheiden sich damit von den *Halbleiterspeichern*, bei denen man verschiedene Effekte (elektrische Ladungen, Isolation u.a.) zur Informationsspeicherung nutzt. Einzelne Arten der Halbleiterspeicher lassen sich durch die *Zugriffsart* voneinander abgrenzen, wobei bereits Kirchner (1978, S.127) zwischen *wahlfreiem* und *inhaltsadressiertem* Zugriff unterscheidet:

- Übliche Halbleiterspeicher, also *RAMs* (Random Access Memories), *ROMs* (Read Only Memories) und *Flash Chips* zeichnen sich durch *wahlfreien* Zugriff aus (vgl. hierzu und im folgenden Hansen 1992, S.40-43). Dabei kann jedes Speicherelement direkt über eine ihm zugeordnete Adresse angesprochen werden. Während ein Benutzer RAMs beliebig oft wiederbeschreiben kann, sind ROMs nur ein einziges Mal beschreibbar. Dafür behalten ROMs ihre Information auch ohne externe Spannungsversorgung bei, während RAMs sie über kurz oder lang verlieren. Flash Chips, die als externer Informationsspeicher für portable Computer gedacht sind, kombinieren beide Eigenschaften: Sie besitzen einerseits die aus der ROM-Entwicklung stammende Eigenschaft der Nichtflüchtigkeit von Information, andererseits sind sie wiederbeschreibbar.

- Hingegen besitzen *assoziative Speicher* einen *inhaltsadressierten* Zugriff. Information wird aus dem Speicher durch Vorgabe einer daran anknüpfenden, assoziativen Information abgerufen und nicht durch die explizite Angabe einer Speicheradresse (vgl. Charwat 1992, S.30).

3.4.2   Optische Speicher im Aufwind:
Ergebnisse des Gesamtvergleichs und der Einzelrangfolge

Der empirische Befund für das Technologiefeld der Informationsspeicherung ist eindeutig: Die befragten Experten sehen die *optischen Speicher* mit Abstand als die wichtigsten für das CUL der Zukunft an, und sie messen der *CD-ROM* die stärkste Rolle innerhalb der optischen Speicher zu. Dies sind die wichtigsten Ergebnisse eines *Gesamtvergleichs* und einer *Einzelrangfolge*, wie sie für das Technologiefeld der Informationsspeicherung angestellt wurden (siehe Kasten 3.2 zur Erstellungsmethodik).

Gesamtvergleich

In einem *Gesamtvergleich* der drei Technologiegebiete hinsichtlich ihrer Wichtigkeit für das CUL der Zukunft liegen die *optischen Speicher* klar an der Spitze; erst mit deutlichem Abstand

Kasten 3.2:
Erstellungsmethodik des Gesamtvergleichs und der Einzelrangfolge hinsichtlich der Wichtigkeit für das CUL

Zur Beurteilung der Wichtigkeit von Technologiegebieten und Technologien für das CUL wird zum einen ein *Gesamtvergleich* der Technologiegebiete, zum anderen eine *Einzelrangfolge* der Technologiegebiete und der Technologien verwendet. Für beide bilden die bereits eingeführte *Hierarchie für Technologiebegriffe* ebenso wie *befragungsdidaktische Aspekte* wesentliche Grundlagen.

In der Delphi-Expertenbefragung wird für Technologiebegriffe eine Hierarchie zugrundegelegt (siehe Abschnitt 3.1.2, S.89 ff., insbesondere Tabelle 3.1; S.92): Auf der obersten Ebene stehen die *Technologiefelder*, die aus einer funktionalen Gliederung der Informationsverarbeitung abgeleitet wurden. Eine Ebene tiefer sind die *Technologiegebiete* angesiedelt, eine weitere Ebene tiefer die einzelnen *Technologien*.

Aus befragungsdidaktischen Gründen wurden die Experten um die Einschätzung der Wichtigkeit für das CUL *nur für Technologiegebiete und Technologien* gebeten, und beide wurden in einer *einzigen* Bildschirmseite zusammengefaßt (Bild 3.24). Dies geschah, um die Experten möglichst *schnell an Reizbegriffe* wie CD-ROM, Cyberspace und Wissensbasierung heranzuführen, ohne sie vorher durch eine Begriffshierarchie navigieren zu lassen.

Die Nennungen der Experten werden im folgenden in zwei Schritten ausgewertet:

• Zunächst wird für jedes Technologiegebiet und jede Technologie eine Wichtigkeitskennzahl berechnet, indem die direkt auf das Technologiegebiet und die Technologie angefallenen *Nennungen nach Rängen gewichtet und addiert* werden. Ein Beispiel: Die Experten benennen das Technologiegebiet der optischen Speicher 22mal als wichtigstes (Rang 1), neunmal als zweitwichtigstes (Rang 2), zweimal als drittwichtigstes (Rang 3), ebenfalls zweimal als viertwichtigstes (Rang 4) und keinmal als fünftwichtigstes (Rang 5) für das CUL der Zukunft (Tabelle 3.2). Eine Nennung auf Rang 1 wird mit fünf Punkten gewichtet, eine Nennung auf Rang 2 mit vier Punkten etc. Für das Technologiegebiet der optischen Speicher ergibt sich somit die Wichtigkeitskennzahl von 156 (= 22 * 5 + 9 * 4 + 2 * 3 + 2 * 2 + 0 * 1) als Summe der gewichteten direkten Nennungen.

• Auf der Basis dieser gewichteten Nennungen wird für das Technologiefeld der Informationsspeicherung und für die meisten anderen Technologiefelder sowohl ein *Gesamtvergleich* der Technologiegebiete als auch eine *Einzelrangfolge* der Technologiegebiete und Technologien präsentiert:

– Ein *Gesamtvergleich* ist ausschließlich auf der *Ebene der Technologiegebiete* angesiedelt und beruht auf den *gewichteten aggregierten Nennungen* für die Technologiegebiete: Zu den gewichteten aggregierten Nennungen für die Technologiegebiete gehören zunächst die *direkten gewichteten Nennungen.* Von ihnen sei gesprochen, wenn Experten das Technologiegebiet *als Ganzes* als wichtig eingeschätzt haben. Beispielsweise wurde weiter oben für das Technologiegebiet der optischen Speicher der Wert von 156 ermittelt. Hinzu kommen die *gewichteten Nennungen für Technologien,* die dem Technologiegebiet zugeordnet sind. Beispielsweise gehen die Nennungen für die CD-ROM mit 217, für die Bildplatte mit 49, für die TMO-Speicher mit 41, für die Holographiespeicher mit 16 und für die LaserCard mit 18 in die aggregierten gewichteten Nennungen für das Technologiegebiet der optischen Speicher ein, so daß sich eine Gesamtsumme von 497 ergibt.

– Eine *Einzelrangfolge* enthält hingegen sowohl für Technologiegebiete als auch für Technologien *ausschließlich die direkten Nennungen,* ebenfalls in *gewichteter* Form.

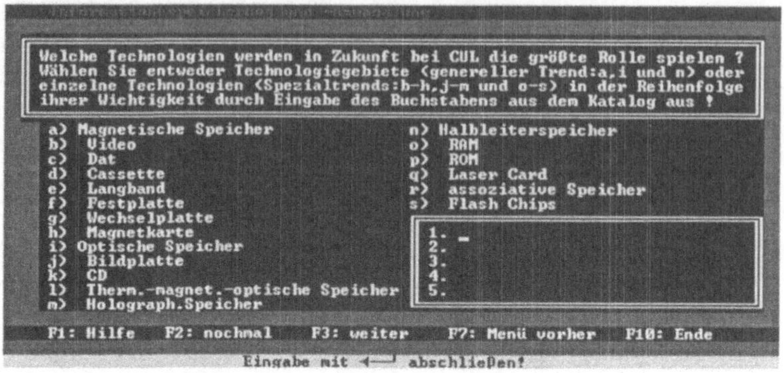

Bild 3.24:
Beispielhafte Bildschirmseite aus dem CUDiF der Delphi-Expertenbefragung. Die Experten sollten aus der angebotenen Liste von Technologiegebieten und Technologien die fünf wichtigsten aussuchen und in eine Rangfolge bringen.

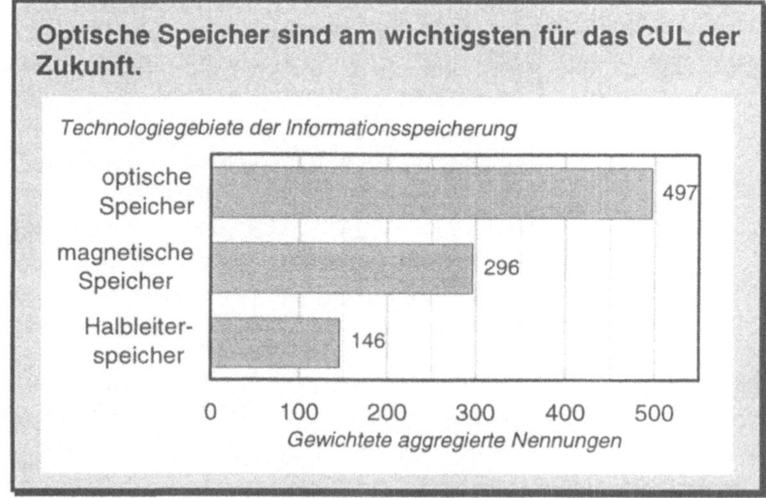

folgen die *magnetischen Speicher* (Bild 3.25, Daten nach Tabelle 3.2). Die *Halbleiterspeicher* nehmen nur eine untergeordnete Stellung ein. *Experten verschiedener Gruppen* vertreten dabei *gleichermaßen* die bei diesem Gesamtvergleich erkennbaren Einschätzungen: Weder die CUL-Kompetenz noch die Umfeldkompetenz oder das Arbeitsgebiet spielen eine statistisch signifikante Rolle (getestet durch Kreuztabellierung und darauf aufbauenden Chi-Quadrat-Test).

Noch deutlicher als in dem über alle fünf Ränge reichenden Gesamtvergleich ist der Vorsprung des Technologiegebiets der op-

Bild 3.25:
Gesamtvergleich zwischen den drei Technologiegebieten der Informationsspeicherung hinsichtlich ihrer Wichtigkeit für das CUL der Zukunft, aufbauend auf gewichteten und aggregierten Nennungen (siehe Kasten 3.2, S.132 f., zur Erstellungsmethodik)

Tabelle 3.2:
Wichtigkeit von Technologiegebieten und Technologien der Informationsspeicherung für das CUL der Zukunft. Die dunkelgrau unterlegten Zeilen enthalten die gewichteten aggregierten Nennungen für ein Technologiegebiet, die hellgrau unterlegten Zeilen die direkten Nennungen für ein Technologiegebiet (siehe Kasten 3.2, S.132 f., zur Erstellungsmethodik).

	Rang 1	Rang 2	Rang 3	Rang 4	Rang 5	Einfache Summe	Gewichtete Summe
Magnetische Speicher aggregiert	17	23	26	14	13	93	296
Magnetische Speicher	2	6	7	2	1	18	60
Normalcassette	0	0	1	0	0	1	3
DAT-Cassette	0	1	0	1	1	3	7
Langband	0	0	1	0	0	1	3
Videobandcassette	10	6	7	6	2	31	109
Festplatte	4	5	7	2	6	24	71
Wechselplatte	1	3	3	3	1	11	33
Magnetkarte	0	2	0	0	2	4	10
Optische Speicher aggregiert	48	38	21	17	8	132	497
Optische Speicher	22	9	2	2	0	35	156
Bildplatte	2	4	6	1	3	16	49
LaserCard	3	0	0	1	1	5	18
Compact Disc Read Only Memory	21	20	7	5	1	54	217
Therm.-magnet.-opt. Speicher (TMO)	0	4	5	4	2	15	41
Holographiespeicher	0	1	1	4	1	7	16
Halbleiterspeicher aggregiert	8	11	12	9	8	48	146
Halbleiterspeicher	5	9	6	1	0	21	81
Random Access Memory (RAM)	0	1	2	4	1	8	19
Read Only Memory (ROM)	1	1	0	2	0	4	13
Flash Chips	1	0	3	2	1	7	19
Assoziative Speicher	1	0	1	0	6	8	14

tischen Speicher bei den *Nennungen als wichtigste Technologie* (Rang 1) ausgeprägt: 48 Experten wählen die optischen Speicher aus der angebotenen Liste aus, im Vergleich zu 17 Experten, die sich für magnetische Speicher, und acht Experten, die sich für Halbleiterspeicher entscheiden (Tabelle 3.2).

Einzelrangfolge

In einer *Einzelrangfolge* der Technologien und Technologiegebiete *bestätigt sich die starke Stellung der optischen Speicher* (Bild 3.26):

• Offensichtlich erwarten die Experten von der *CD-ROM* und anderen *optischen Speichern* wichtige Impulse für das CUL der Zukunft, denn beide führen deutlich vor der *Videocassette* als wichtigstem magnetischem Speicher. Als *Vorteile der CD-ROM* führen sie insbesondere die hohe Speicherkapazität bei günstigem Preis, die Kompatibilität sowie die Verfügbarkeit der Abspielgeräte in vielen neuverkauften Personal-Computern an (Brinker, Gunzenhäuser, Meyerhoff, Schmit und Reichert). Trotz der hohen Bedeutung der *Videocassette* weisen mehrere Experten auf *deren Nachteile* hin: Langsamkeit bei nichtsequentiellem Zugriff, schlechte Positionierbarkeit des Lesekopfes, hohe Abnutzung des Bandmaterials; und sie prognostizieren die Verdrängung durch optische Speicher (vor allem Meyerhoff und Pohl).

• Danach positionieren sich die *Halbleiterspeicher* in der Nähe der *Festplatte* und der *magnetischen Speicher*. Die Festplatte charakterisiert ein Experte dabei als den Standard-Massenspeicher, der wegen seiner *Schnelligkeit* auch in Zukunft bedeutsam sein wird (Pohl). Ähnlich argumentiert ein Experte gemeinsam für Festplatte und Halbleiterspeicher, deren hohe Datentransferraten zur Präsentation multimedialer Information erforderlich seien (Lödel).

• Immer noch von Bedeutung, wenn auch eher von nachrangiger, sind die *Bildplatte*, die *wiederbeschreibbaren optischen Speicher* nach dem TMO-Verfahren und die *Wechselplatte*.

Weitere Technologien

Neben den in der Technologieliste enthaltenen Technologien weisen die Experten auf *weitere*, zur Informationsspeicherung gehörende *Technologien* hin, von denen sie Wirkungen auf den CUL-Prozeß erwarten:

• Drei Experten führen *Kompressionsverfahren für Audio- und Videoinformation* an und nennen hier den Standard der *MPEG* (Motion Picture Experts Group), der normierte Algorithmen zur

Bild 3.26:
Einzelrangfolge der wichtigsten Technologiegebiete und Technologien der Informationsspeicherung hinsichtlich ihrer Wichtigkeit für das CUL der Zukunft, aufbauend auf den direkten gewichteten Nennungen (siehe Kasten 3.2, S.132 f., zur Erstellungsmethodik). Die Anzahl der dargestellten Technologiegebiete und Technologien wurde aus Gründen der Übersichtlichkeit auf neun begrenzt. In der Graphik sind rechts neben den einzelnen Balken die gewichteten direkten Nennungen für ein Technologiegebiet oder eine Technologie angegeben, im Inneren der Balken in kursiver Schrift die ungewichteten direkten Nennungen.

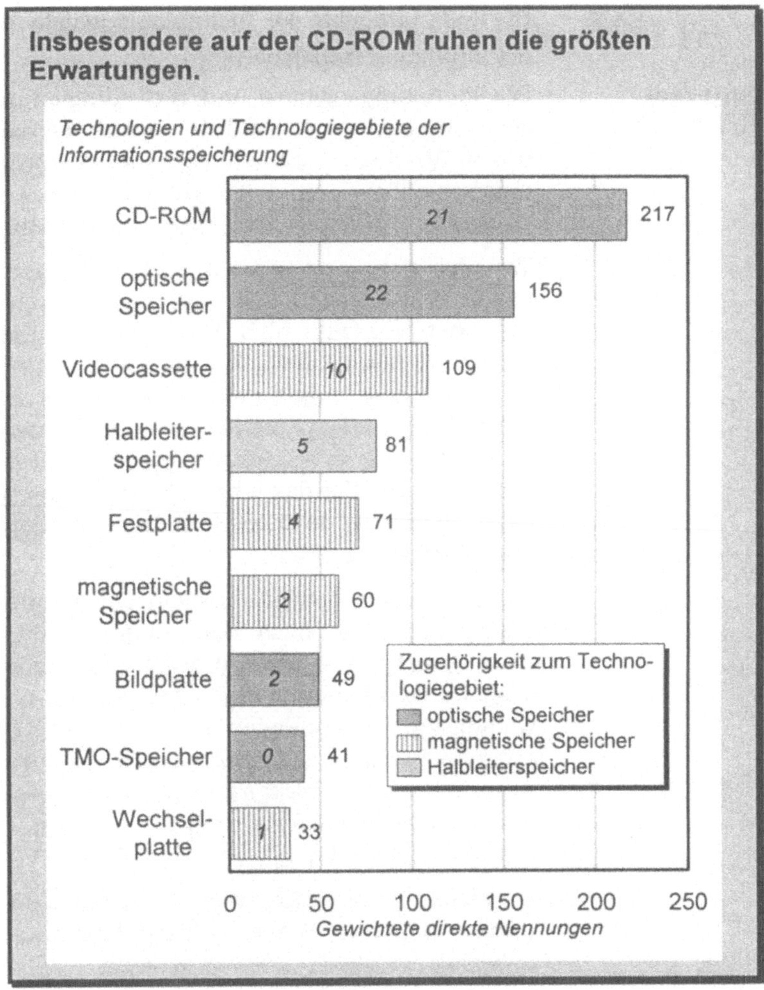

Kompression und Dekompression enthält (vgl. Kellerhals 1994, S.22, sowie Bormann und Bormann 1991, S.272-273, zu weiteren Normen für multimediale Dokumente).

• Ein Experte nennt *multimediale Datenbanken* als weitere Schlüsseltechnologie. Multimediale Datenbanken können Information speichern, die auf *verschiedenen Medien* beruht, u.a. Audio- und Videoinformation, und die üblicherweise über *Deskriptoren* der medienübergreifenden Abfrage zugänglich gemacht wird (vgl. Meyer-Wegener 1991, S.130-131).

3.4.3 Die Reifezeitpunkte der Technologiegebiete und Technologien der Informationsspeicherung

Differenzierte
Reifezeitpunkte

Die Technologiegebiete und Technologien der Informationsspeicherung sind unterschiedlich *wichtig* für das CUL der Zukunft, was in Abschnitt 3.4.2 herausgearbeitet wurde. Sie reichen ferner unterschiedlich *weit* in die Zukunft, unterscheiden sich also im *Zeitpunkt*, zu dem sie *ausgereift* sein werden.

Von den sieben wichtigsten Technologiegebieten bzw. Technologien liegen jeweils fünf oder mehr Einschätzungen des Reifezeitpunkts vor (Bild 3.27). Hier sehen die Experten die *Festplatte* als am weitesten entwickelt an, im Jahr 1995 soll sie ausgereift sein. In einem engen Feld von 1998 bis 2001 folgen die *CD-ROM*, die *optischen Speicher* und die *Videocassette* auf der einen Seite sowie die *magnetischen Speicher* und die *Bildplatte* auf der anderen Seite. Für das Jahr 2004, damit am weitesten in der Zukunft, vermuten die Experten den Abschluß der *Halbleiterspeicherentwicklung*.

In der zweiten Befragungsrunde der Delphi-Expertenbefragung wurde die Frage nach dem Reifezeitpunkt in *abgewandelter* Form vertieft. Es wurde von den für die Informationsspeicherung ausgewählten Experten (vgl. Abschnitt 3.1.4, S.104 f.) für die drei wichtigsten Technologien bzw. Technologiegebiete CD-ROM, optische Speicher und Videocassette eine Einschätzung erbeten, wann *20% der in einem Jahr neu produzierten CUL-Applikationen die jeweilige Technologie umfassen* würden. Das Ergebnis ist bemerkenswert eindeutig:

- Jeweils 7 von 8 Experten sagen das *Jahr 1996* als dasjenige voraus, in dem 20% aller CUL-Applikationen auf *CD-ROMs* und *optischen Speichern* aufbauen werden.

- Die *Videocassette* wird hingegen nach der Meinung von sechs der acht Experten niemals einen solchen Einsatzgrad erreichen, da sie - wie bereits im vorhergehenden Abschnitt angeführt - nach einem bestimmtem Zeitraum von optischen Speichern verdrängt sein werde.

3.4.4 Produktivitätswirkungen der Technologiegebiete und Technologien der Informationsspeicherung

Die Informationsspeicherung bewirkt nach Meinung der Experten *deutliche Steigerungen der Produktivität des CUL-Prozesses*,

Bild 3.27:
Reifezeitpunkte von wichtigen Technologiegebieten und Technologien der Informationsspeicherung. Es sind alle Technologiegebiete und Technologien in der Graphik enthalten, zu deren Reifezeitpunkt fünf oder mehr Einschätzungen vorliegen. In zwei ergänzenden Spalten findet man zum einen die Anzahl an Experten, die den Reifezeitpunkt eines Technologiegebiets oder einer Technologie nicht in absehbarer Zukunft sehen (Spalte "nie"), zum anderen die Anzahl der für den Reifezeitpunkt vorliegenden Einschätzungen (Spalte "Einschätzungen").

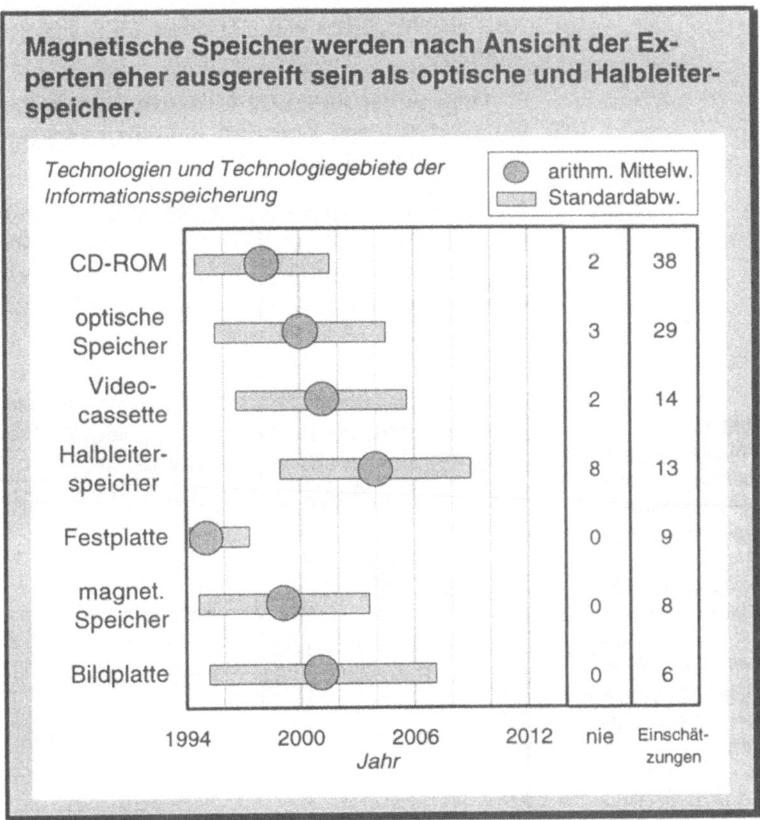

was bereits in Abschnitt 3.3.1, S.118 ff., deutlich wurde. Zunächst sei ihre Wirkung auf die fünf Komponenten des CUL-Prozesses in einem *Gesamtprofil* betrachtet. In Anhang A3 wird auf die Produktivitätsprofile wichtiger *Technologien und Technologiegebiete* eingegangen, die vom Gesamtprofil bemerkenswert abweichen, und zwar auf die Profile der *CD-ROM*, der *optischen Speicher*, der *Videocassette* sowie der *magnetischen Speicher*.

In ihrer Gesamtheit bewirken die Technologien der Informationsspeicherung auf die fünf Komponenten des CUL-Prozesses bezogen *unterschiedlich starke Steigerungen der Produktivität* (Bild 3.28; siehe Abschnitt 3.1.3, S.98 ff., zur operationalisierten Komponentengliederung des CUL-Prozesses und zur Charakterisierung von Änderungen der Produktivität):

- Beim *didaktischen Entwurf,* bei der *Verteilung* und der *Benutzung* erwarten die Experten eine *starke* Steigerung der Produktivität.

- Dem *programmiertechnischen Entwurf* und der *Datenerfassung* messen die Experten hingegen nur eine *leichte* Steigerung der Produktivität zu.

- Dabei steigt *über alle Komponenten* hinweg das *Leistungsniveau deutlich an;* in den Komponenten des didaktischen und programmiertechnischen Entwurfs sehen die Experten gleichzeitig tig eine mit der Leistungssteigerung einhergehende *Kostensteigerung* voraus.

Bild 3.28:
Produktivitätsprofil des Technologiefelds der Informationsspeicherung. In der Graphik sind die Produktivitätswirkungen aller zu diesem Technologiefeld gehörenden Technologiegebiete und Technologien zusammengefaßt.

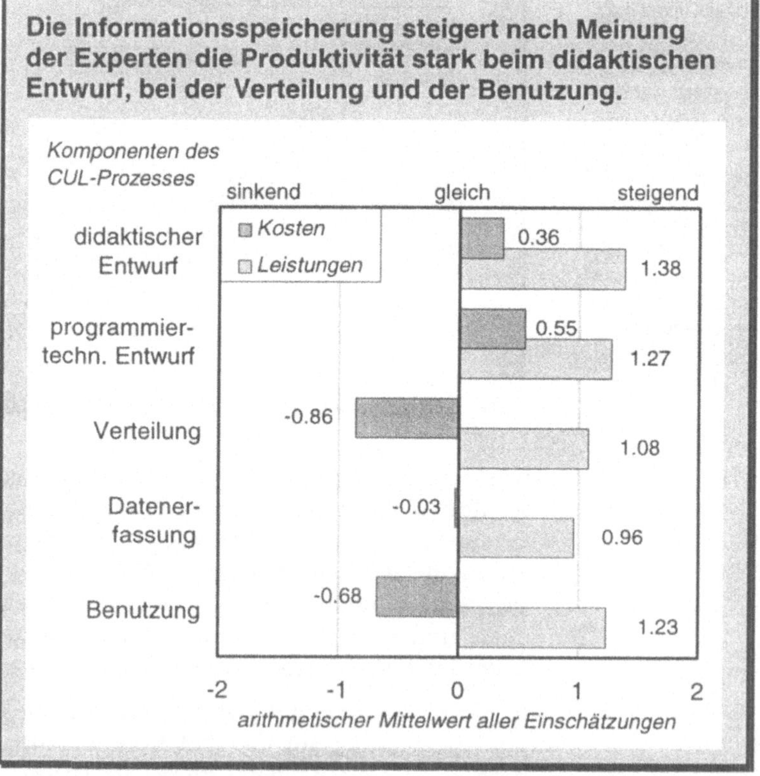

3.5   Technologiefeld "Informationsübertragung"

Als zweites der sechs Technologiefelder sei die *Informations-übertragung* betrachtet. Die Informationsübertragung bildet die Grundlage für die *Informationsvernetzung* (siehe Abschnitt 3.6, S.149 ff.), also für Netzwerkkonzepte und -dienste.

- Das Technologiefeld sei in die *kabelgebundene* und *kabellose Informationsübertragung* unterteilt (Abschnitt 3.5.1).

- Die kabelgebundene Informationsübertragung, vor allem das *Breitbandkabel*, führt in der prognostizierten Wichtigkeit für das CUL der Zukunft (Abschnitt 3.5.2).

- Alle Technologiegebiete und Technologien zur Informations-übertragung scheinen *weitgehend ausgereift* zu sein (Abschnitt 3.5.3).

- Produktivitätsverbesserungen durch die Informationsübertra-gung erwarten die befragten Experten vor allem für die CUL-Komponenten der *Verteilung* und der *Benutzung* (Abschnitt 3.5.4).

3.5.1   Kabelgebundene und kabellose Übertragung: Die Technologiegebiete und Technologien der Informations-übertragung im Überblick

Die Technologien zur Informationsübertragung unterscheiden sich grob nach der *Notwendigkeit eines Kabels* zur Übertragung (vgl. Aschenbrenner 1986, S.17-18). So gibt es jeweils verschie-dene Technologien für die Technologiegebiete der

Technologiegebiete umfassen ...

- *kabelgebundenen* und

- *kabellosen* Informationsübertragung (Bild 3.29).

die kabelgebundene Informationsübertra-gung sowie ...

Zunächst sei das Technologiegebiet der *kabelgebundenen Infor-mationsübertragung* betrachtet. Nach der Informationsmenge, die über ein Kabel übertragbar ist, unterscheidet man zwischen *Schmal-* und *Breitbandkabeln*:

- *Schmalbandkabel*, manchmal auch als Basisbandkabel be-zeichnet, können ohne zugeschalteten Verstärker bis zu ca. 10 MBit/s auf einer Übertragungslänge von einem Kilometer über-tragen (vgl. Tanenbaum 1992, S.71; etwas abweichend Hansen 1992, S.657, der von einer Übertragungslänge von drei Kilome-tern spricht). Das klassische Schmalbandkabel ist das *Koaxialka-bel*, bei dem ein Innenleiter konzentrisch von einem Außenleiter umschlossen wird. Auch *verdrillte Leiter* gehören zu den Schmalbandkabeln. Sie sind gesondert als Technologie aufgeführt, denn sie zeichnen sich durch große Einfachheit beim Verlegen und niedrige Preise aus (vgl. Radke 1993, S.115).

• *Breitbandkabel* können wesentlich höhere Informationsmengen übertragen, ein Breitband-Koaxialkabel beispielsweise reicht für 150 MBit/s ohne zugeschalteten Verstärker bei einer Übertragungslänge von über 100 km (vgl. Tanenbaum 1992, S.72), ein Glasfaserkabel kann - ebenfalls ohne zugeschalteten Verstärker - bis zu 600 MBit/s bei einer Übertragungslänge von 30 Kilometern übertragen (vgl. Hansen 1992, S.657).

die kabellose Informationsübertragung

Nicht in jedem Fall ist der Einsatz kabelgebundener Informationsübertragung möglich oder wirschaftlich: In manchen Fällen soll Information zwischen *Kontinenten* übertragen werden, in manchen Fällen werden Sender oder Empfänger der Informationsübertragung *mobil* sein, d.h. an wechselnden Orten und ohne Anschluß an ein Kabel. Für solche Fälle eignet sich die *kabellose Informationsübertragung*. Die dazugehörigen Technologien

Bild 3.29:
Übersicht über die zwei Technologiegebiete und fünf Technologien des Technologiefelds der Informationsübertragung

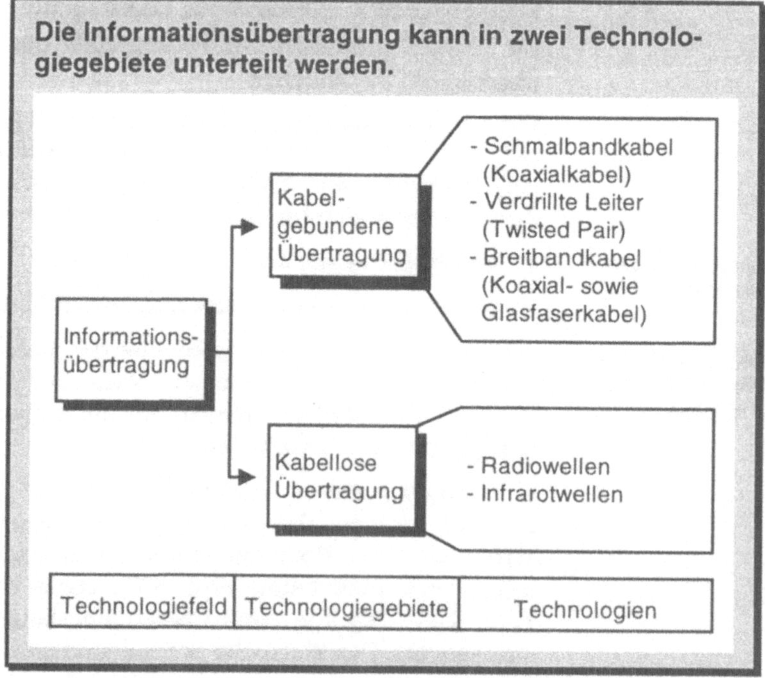

beruhen auf der *Ausbreitung von Wellen.* Nach der *Frequenz* der Wellen unterscheidet man u.a. zwischen *Radio-* und *Infrarotwellen.* Beide zählen zu den *elektromagnetischen* Wellen und benötigen kein Übertragungsmedium.

- *Radiowellen* (inklusive Mikrowellen) umfassen den Frequenzbereich zwischen 10 kHz (Längstwellen) und etwa 300 GHz (Mikrowellen). Zur Übertragung digitaler Information findet in erster Linie der *Richtfunk* im Frequenzbereich ab 1 GHz bis 275 GHz Einsatz, der bei größeren Entfernungen über *Satelliten* geleitet wird (vgl. Kümmritz 1990, S.537). Hansen (1992, S.857) nennt 2 GBit/s als Übertragungsrate und 10.000 Kilometer als Übertragungslänge des Richtfunks beim Einsatz eines Satelliten.

- *Infrarotwellen,* angesiedelt im Frequenzbereich zwischen 1 und 100 THz, eignen sich zur Überbrückung *kurzer Übertragungslängen* im Bereich von wenigen Metern bei einer Übertragungsrate von bis zu 16 MBit/s (vgl. Hansen 1992, S.669). Mel et al. (1988, S.641) nennen als Hauptanwendungsgebiet von Infrarotwellen die Kopplung eines Computers mit peripheren Einheiten wie z.B. Drucker und Faxmodem. Schon seit Anfang der 1990er Jahre wird eine infrarotgekoppelte Maus für Personal-Computer angeboten.

3.5.2 Breitbandkabel führend: Ergebnisse des Gesamtvergleichs und der Einzelrangfolge

Wie schon beim Technologiefeld der Informationsspeicherung sei auch bei der Informationsübertragung zunächst ein *Gesamtvergleich der Technologiegebiete* hinsichtlich ihrer Wichtigkeit für das CUL der Zukunft angestellt, sodann sei eine *Einzelrangfolge* der Technologiegebiete und Technologien gebildet.

Gesamtvergleich

Im Gesamtvergleich der Technologiegebiete fallen auf das Technologiegebiet der *kabelgebundenen Informationsübertragung* mehr als zweimal so viele gewichtete aggregierte Punkte wie auf das Technologiegebiet der kabellosen Informationsübertragung (Bild 3.30, Daten nach Tabelle 3.3, siehe Kasten 3.2, S.132 f., zur Erstellungsmethodik des Gesamtvergleichs).

Die starke Stellung der kabelgebundenen Informationsübertragung vertieft sich bei den *Nennungen als wichtigste Technologie bzw. als wichtigstes Technologiegebiet* (erster Rang): 41 Experten nennen hier das Technologiegebiet der kabelgebundenen und nur neun Experten das der kabellosen Informationsübertragung

Bild 3.30:
Gesamtvergleich zwischen den zwei Technologiegebieten der Informationsübertragung hinsichtlich ihrer Wichtigkeit für das CUL der Zukunft, aufbauend auf gewichteten und aggregierten Nennungen (siehe Kasten 3.2, S.132 f., zur Erstellungsmethodik)

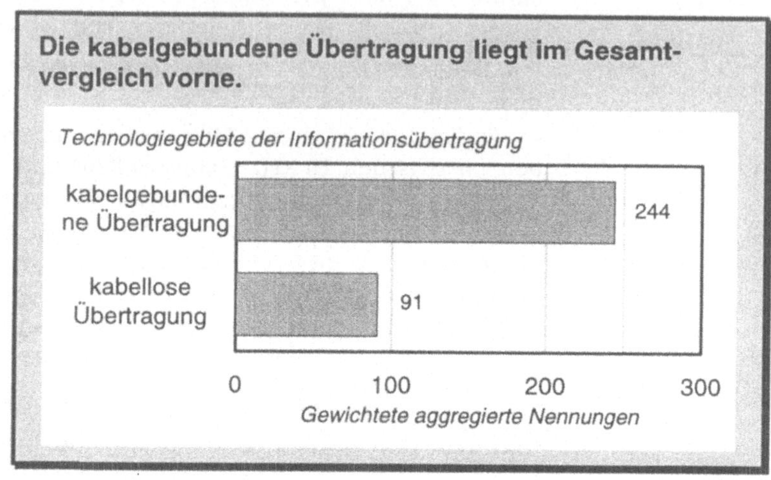

(Tabelle 3.3). Genau wie bei der Informationsspeicherung (siehe Abschnitt 3.4.2, S.134) besteht auch hier *kein* statistisch signifikanter Unterschied zwischen *Experten verschiedener Gruppen* (Umfeldkompetente versus Umfeldlaien, CUL-Kompetente versus CUL-

Tabelle 3.3:
Wichtigkeit von Technologiegebieten und Technologien der Informationsübertragung für das CUL der Zukunft. Die dunkelgrau unterlegten Zeilen enthalten die gewichteten aggregierten Nennungen für ein Technologiegebiet, die hellgrau unterlegten Zeilen die direkten Nennungen für ein Technologiegebiet (siehe Kasten 3.2, S.132 f., zur Erstellungsmethodik).

	Rang 1	Rang 2	Rang 3	Rang 4	Rang 5	Einfache Summe	Gewichtete Summe
Kabelgebundene Übertragung aggregiert	41	41	39	0	0	121	244
Kabelgebundene Übertragung	12	7	14	0	0	33	64
Schmalbandkabel	6	7	14	0	0	27	46
Verdrillte Leiter	7	4	1	0	0	12	30
Breitbandkabel	16	23	10	0	0	49	104
Kabellose Übertragung aggregiert	9	21	22	0	0	52	91
Kabellose Übertragung	3	5	4	0	0	12	23
Radiowellen	5	10	13	0	0	28	48
Infrarotwellen	1	6	5	0	0	12	20

Laien sowie Experten aus der Industrie und Beratung versus Experten aus der Wissenschaft).

Einzelrangfolge

Die Einzelrangfolge belegt darüber hinaus die *Dominanz des Breitbandkabels* (Bild 3.31):

• Das *Breitbandkabel* erhält fast doppelt so viele gewichtete Nennungen wie die an zweiter Stelle liegenden *kabelgebundenen Technologien*. Beide sind nach Ansicht eines Experten schon flächendeckend installiert (anonym), und das weltumspannende *Internet* baut auf ihnen auf (Nistor). Ein Experte schränkt die unbedingte Priorität für Breitbandkabel ein, da durch *Kompressionsverfahren* auch Schmalbandkabel zur Übertragung multimedialer Information genutzt werden können (Bodendorf).

• Auf dem dritten Rang sind die *Radiowellen* plaziert, knapp vor dem *Schmalbandkabel* und mit Abstand vor den *verdrillten Leitern*. Die Experten, die das Schmalbandkabel oder die verdrillten Leiter als wichtig eingeschätzt haben, weisen auf den Einsatz dieser Technologien in lokalen Netzwerken hin (Preiß). Er sei in vielen Fällen problemlos, da es sich zumindest bei den verdrillten Leitern um die Standardkabel der Telefon-Hausinstallation handele (Sauerbrey).

• Einen noch erwähnenswerten Anteil nehmen die *kabellosen Technologien* sowie die *Infrarotwellen* ein.

Weitere Expertenkommentare

Ergänzend zu den Kommentaren zu einzelnen Technologien geben die Experten *zwei übergreifende Kommentare*, die in bezug auf das CUL bei der Informationsübertragung eine zentrale Rolle spielen werden:

• Zum einen werden die bereits bei den Schmalbandkabeln angesprochene *Kompression* von Audio- und Videoinformation und damit zusammenhängende *Standards* die Relevanz von Technologien stark beeinflussen (Reichert, Pohl, Bodendorf): Gelingt hier eine starke Kompression, dann genügen schmalbandige Technologien, im anderen Fall bedarf es breitbandiger Technologien.

• Zum anderen geht ein Experte auf die *substitutive Beziehung* zwischen den Technologien zur *Informationsübertragung* und denen zur *Informationsspeicherung* ein (anonym). Insbesondere bei der großflächigen Verteilung einer CUL-Applikation konkurriert die physische Verteilung auf einem optischen Speicher mit der elektronischen Verteilung über kabelgebundene Technologien.

Bild 3.31:
Einzelrangfolge der
zwei Technologiege-
biete und fünf Tech-
nologien der Informa-
tionsübertragung hin-
sichtlich ihrer Wich-
tigkeit für das CUL
der Zukunft, aufbau-
end auf den direkten
gewichteten Nennun-
gen (siehe Kasten
3.2, S.132 f., zur
Erstellungsmethodik).
In der Graphik sind
rechts neben den
einzelnen Balken die
gewichteten direkten
Nennungen für ein
Technologiegebiet
oder eine Tech-
nologie angegeben,
im Inneren der
Balken in kursiver
Schrift die ungewich-
teten direkten Nen-
nungen.

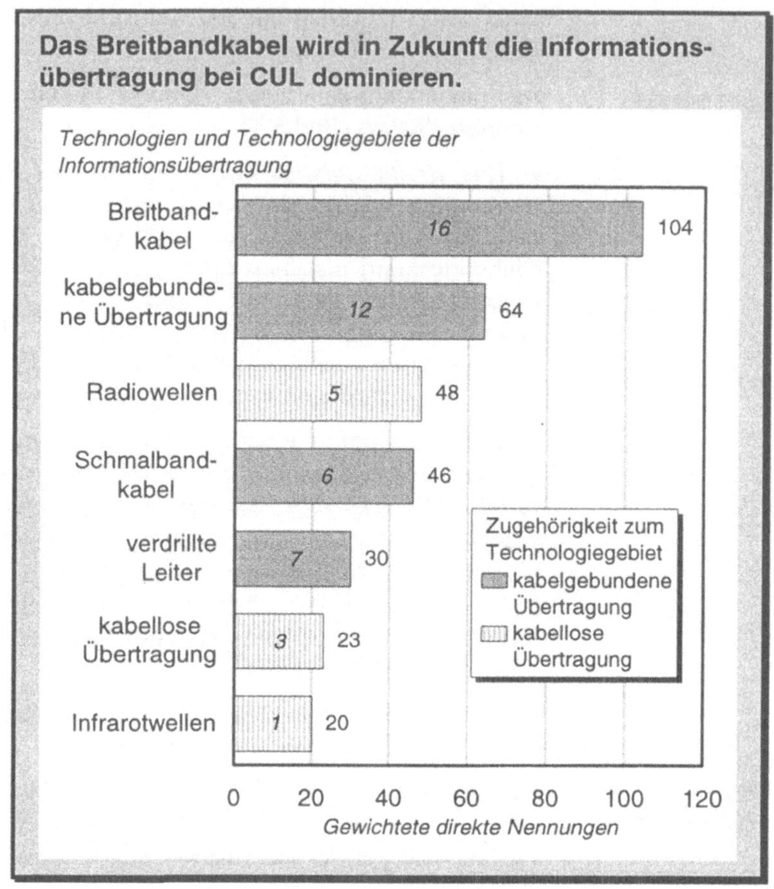

3.5.3   Die Reifezeitpunkte der Technologiegebiete und Technologien der Informationsübertragung

Baldige Reife
absehbar

Alle Technologiegebiete und Technologien der Informationsübertragung bedürfen noch der Weiterentwicklung, allerdings
rechnen die Experten mit einer *Ausreifung in nicht allzu ferner
Zukunft*. Von den fünf wichtigsten Technologiegebieten bzw.
Technologien liegen jeweils fünf oder mehr Einschätzungen des
Reifezeitpunkts vor. Hier sehen die Experten die Übertragung
mittels *Radiowellen* als am weitesten entwickelt an, der Reifezeitpunkt wird im Jahr 1996 erwartet (Bild 3.32). Es folgen die
Schmalbandkabel und die *verdrillten Leiter*, die beide im Jahr
1999 ausgereift sein sollen, sodann das *Breitbandkabel* mit dem

Reifezeitpunkt im Jahr 2000 und die *kabelgebundene Übertragung* mit dem Reifezeitpunkt im Jahr 2001.

Auf die analog zur Informationsspeicherung gestellte *Nachhakfrage*, wann in 20% der CUL-Applikationen das Breitbandkabel eingesetzt würde, nennen zwei Experten den Zeitraum zwischen 2000 und 2004, während viele dies nicht einschätzen können oder wollen.

3.5.4   Produktivitätswirkungen der Technologiegebiete und Technologien der Informationsübertragung

Die Informationsübertragung verändert nach Meinung der Experten mittel- bis langfristig vor allem die Produktivität der *Verteilung* als einer Komponente des CUL-Prozesses, und zwar sowohl in ihrer Gesamtheit als auch bei Betrachtung einzelner Technologien und Technologiegebiete. Vom Gesamtprofil weichen vor al-

Bild 3.32: Reifezeitpunkte von wichtigen Technologiegebieten und Technologien der Informationsübertragung. Es sind alle Technologiegebiete und Technologien in der Graphik enthalten, zu deren Reifezeitpunkt fünf oder mehr Einschätzungen vorliegen. In zwei ergänzenden Spalten findet man zum einen die Anzahl an Experten, die den Reifezeitpunkt eines Technologiegebiets oder einer Technologie nicht in absehbarer Zukunft sehen (Spalte "nie"), zum anderen die Anzahl der für den Reifezeitpunkt vorliegenden Einschätzungen (Spalte "Einschätzungen").

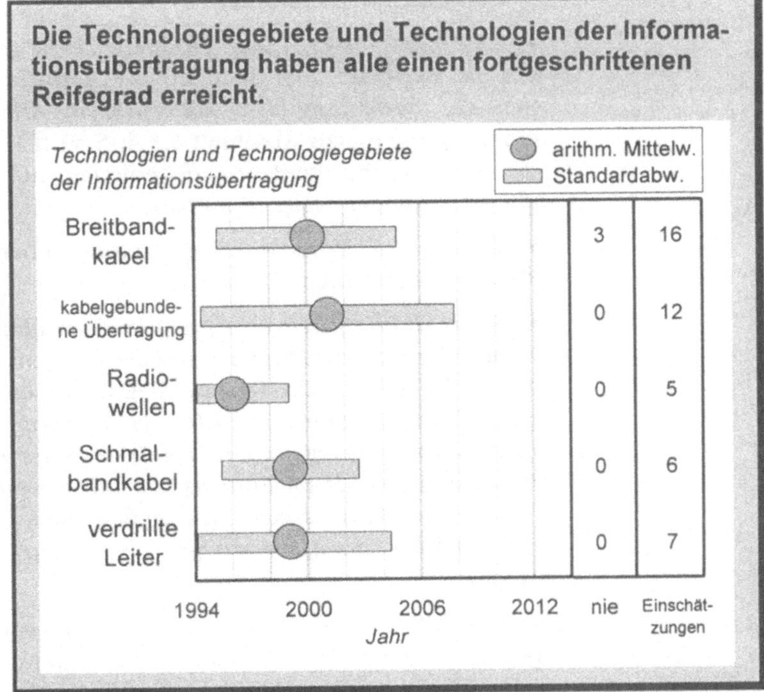

lem die Produktivitätsprofile der *Breitbandkabel*, der *kabelgebundenen Informationsübertragung* und der *Radiowellen* ab, auf die in Anhang A4 eingegangen wird.

Im Vergleich zu den Technologien der Informationsspeicherung (Abschnitt 3.4.4, S.138 ff.) *konzentrieren* sich die Produktivitätswirkungen der Gesamtheit der Technologien der Informationsübertragung auf *wenige Komponenten* (Gesamtprofil in Bild 3.33; siehe Abschnitt 3.1.3, S.95 ff., zur operationalisierten Komponentengliederung des CUL-Prozesses und zur Charakterisierung von Änderungen der Produktivität):

- Eine besonders starke Produktivitätssteigerung sagen die Experten für die *Verteilung* von CUL-Applikationen voraus. Dies ist sicher die naheliegendste Verwendungsmöglichkeit von Technologien der Informationsübertragung im CUL-Prozeß der Zukunft. Ein Experte charakterisiert hier im Vorgriff auf die Vernetzungstechnologien die Nutzung bestehender Installationen als produktivitätssteigernd (Sauerbrey).

- Eine immer noch starke Produktivitätssteigerung prognostizieren die Experten aber auch für die *Benutzung*. Hierin spiegelt sich die Bedeutung von *kooperativem Arbeiten* wider (siehe grundlegend hierzu Abschnitt 2.3.4, S.69 ff.), das mittelbar über die Informationsvernetzungstechnologien auf den Informationsübertragungstechnologien aufbaut.

- Eine leichte Produktivitätssteigerung sehen die Experten für die *Datenerfassung* voraus.

- Beim *didaktischen* und *programmiertechnischen Entwurf* erwarten die Experten hingegen keine nennenswerte Veränderung der Produktivität. Ein Experte begründet eine Minderheitsmeinung: *"Gruppenorientierte CUL-Applikationen, wie sie die Informationsübertragung fördert, bedürfen eines wesentlich höheren Personalaufwands im Entwurf, vor allem wenn die Anforderungen an die Qualität der CUL-Applikationen ansteigen. Daher ist mit starken Kostensteigerungen im Entwurf zu rechnen"* (anonym).

- Über alle Komponenten hinweg steigt nach Ansicht der Experten das *Leistungsniveau* an, in den Komponenten des didaktischen und programmiertechnischen Entwurfs allerdings begleitet von einer Steigerung des Kostenniveaus.

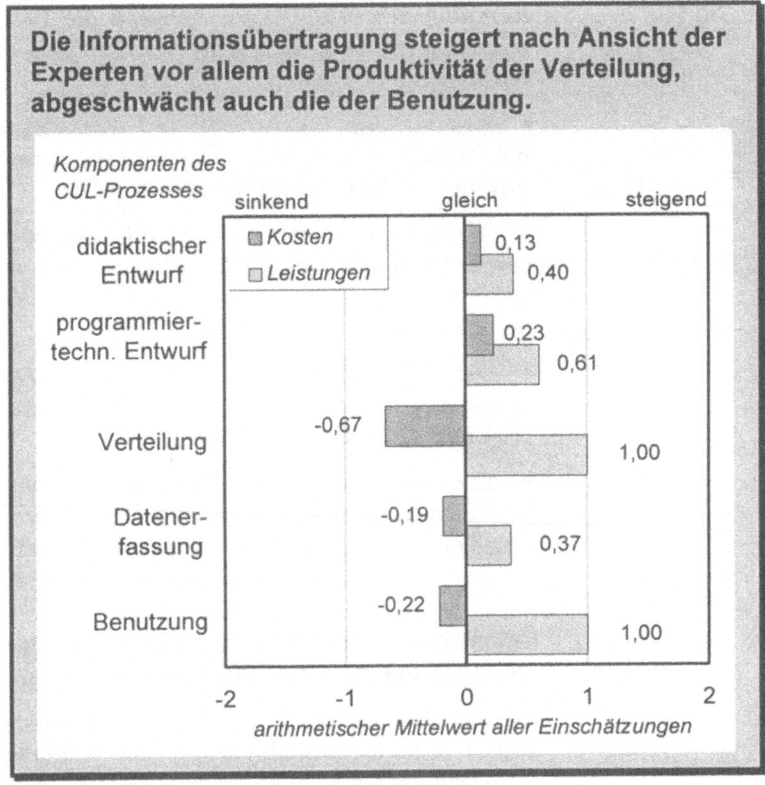

3.6   Technologiefeld "Informationsvernetzung"

Das Technologiefeld der *Informationsübertragung*, das in Abschnitt 3.5 behandelt wurde, bildet die Grundlage für das Technologiefeld der *Informationsvernetzung*. Zur Illustration des Verhältnisses zwischen den beiden Technologiefeldern eignet sich
das Referenzmodell *"Open Systems Interconnection (OSI)"* der International Organization of Standardization (ISO): Es beschreibt
ein informationstechnisches Netz als aus *sieben Teilaufgaben*
(Schichten) bestehend, u.a. einer Schicht zur *Informationssiche-
rung*, zur *Leitungsvermittlung* und zur *Verpackung von Informa-
tionspaketen* (vgl. hierzu in knapper Form Spaniol und Kauffels
1990, S.898-918, in ausführlicher Form Garbe 1991, S.12-63). Die
unterste Schicht besteht in der *Übertragung einzelner Informati-
onseinheiten*, und genau hier knüpfen die Technologien der *In-*

formationsübertragung an, während die Technologien der *Informationsvernetzung* sich schwerpunktmäßig auf die *übergeordneten Schichten* beziehen.

• Eine wichtige Eigenschaft zur Unterscheidung zwischen Technologiegebieten der Informationsvernetzung besteht in der *institutionellen Trägerschaft* (Abschnitt 3.6.1).

• Aufbauend auf der bei der Informationsübertragung führenden Technologie des Breitbandkabels liegt bei der Informationsvernetzung die Technologie des *Breitband-ISDNs* an erster Stelle der Einzelrangfolge (Abschnitt 3.6.2).

• Die Technologiegebiete und Technologien der Informationsvernetzung weisen eine *beträchtliche Streuung* hinsichtlich ihres *Reifezeitpunkts* auf (Abschnitt 3.6.3).

• Die *Produktivitätswirkungen* der Informationsvernetzung verlaufen insgesamt *analog zu denen der Informationsübertragung*, einzelne Technologien und Technologiegebiete weisen jedoch durchaus ein eigenes Profil auf (Abschnitt 3.6.4).

3.6.1 Öffentliche und private Netze: Die Technologiegebiete und Technologien der Informationsvernetzung im Überblick

Die Technologien der Informationsvernetzung unterscheiden sich in vielerlei Hinsicht, wobei sich besonders die *institutionelle Trägerschaft* als Kriterium für eine grobe Einteilung in *öffentliche* und *private Netze* eignet (vgl. analog Picot und Anders 1983, S.185).

Da die öffentlichen Netze sehr vielfältig sind, bietet sich eine weitere Unterteilung nach den den Netzen zugrundeliegenden Technologien der Informationsübertragung an, so daß neben dem Technologiegebiet der *privaten Netze* vier weitere Technologiegebiete stehen:

Technologiegebiete umfassen ...

• das *Integrierte Text- und Datennetz* (IDN),

• das *Fernsprechnetz*,

• das *Integrated Services Digital Network* (ISDN) sowie

• *Funk und Fernsehen* (Bild 3.34).

Manche Netze haben eine *öffentliche* Trägerorganisation, andere eine *private*. Die öffentliche Trägerorganisation, in der Bundesrepublik in der Regel die Telekom, wurde bisher durch das *Über-*

tragungsmonopol (§1 des Fernmeldegesetzes) gefördert, das aber in Kürze wegfallen wird (vgl. Hansen 1992, S.744). Ein erstes Technologiegebiet liegt hier im *Integrierten Text- und Datennetz* (IDN). Es überträgt Information in digitalem Format und umfaßt neben den für CUL wenig relevanten Diensten Teletex, Telex und Telebox die zwei wichtigen Datex-Dienste:

das integrierte Text- und Datennetz, ...

Bild 3.34:
Übersicht über die fünf Technologiegebiete und neun Technologien des Technologiefelds der Informationsvernetzung

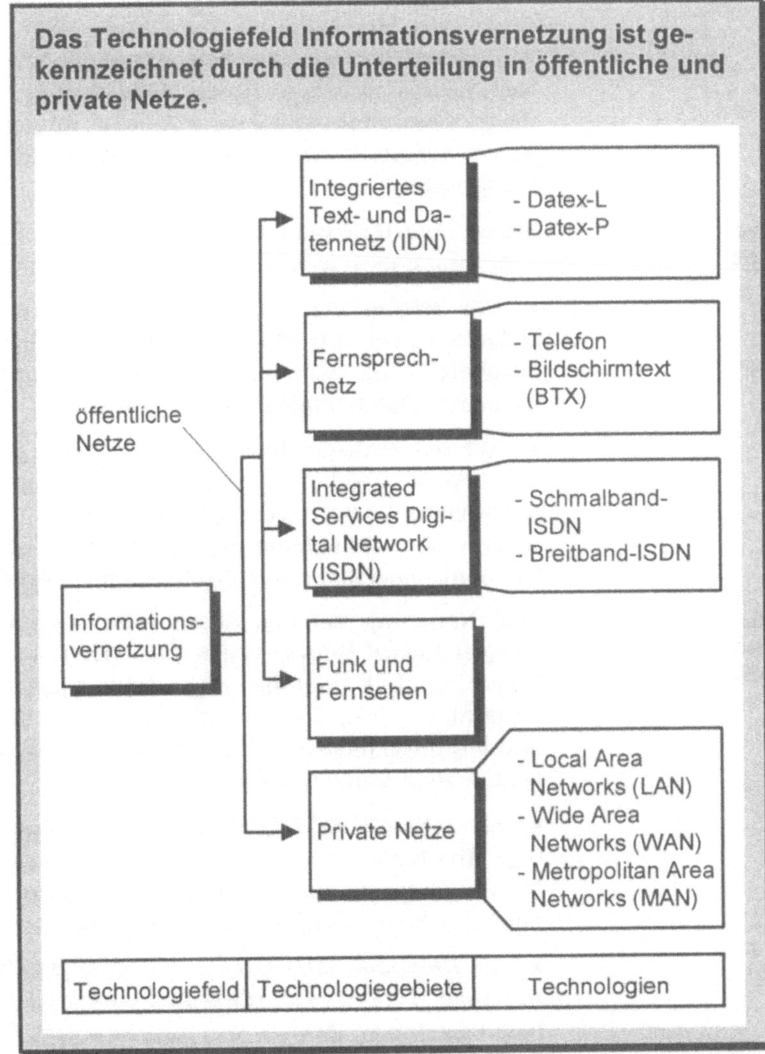

• Das *Datex-L-Netz* ist ein Wählnetz mit Leitungsverbindung. Ein Teilnehmer an diesem Netz kann einen anderen Teilnehmer durch die *Wahl einer Nummer* erreichen. Zwischen beiden wird sodann eine Leitung aufgebaut, die während des *gesamten Kontakts bestehen* bleibt (ähnlich wie beim Telefonieren). Das Datex-L-Netz erlaubt Datenübertragungsraten von 64 kBit/s, und es lassen sich mehrere Verbindungen parallel schalten.

• Hingegen ist das *Datex-P-Netz* ein Wählnetz mit Paketvermittlung. Auch hier kann ein Teilnehmer einen anderen durch die *Wahl einer Nummer* erreichen. Allerdings wird *keine permanente Verbindung* zwischen diesen Teilnehmern aufgebaut, sondern die zu übermittelnde Information wird in einzelne *Informationspakete* aufgeteilt, und jedes Informationspaket wird gesondert transportiert.

das Fernsprech-
netz, ...

Neben dem IDN steht das traditionelle *Fernsprechnetz*. Es überträgt Information in analogem Format und umfaßt zwei Dienste:

• Das *Telefon*, eigentlich zur reinen Übertragung von Sprache gedacht, eignet sich gleichwohl auch zur allgemeinen Informationsübertragung, allerdings ist die Übertragungsrate mit üblicherweise 9,6 kBit/s vergleichsweise gering.

• Auf das Fernsprechnetz baut auch der *Bildschirmtext* (BTX) auf, den die Telekom in letzter Zeit auch als *Datex-J* (Datex für Jedermann) bezeichnet. Der Dienst überträgt Information zwischen einem Teilnehmer und speziellen Knotenrechnern der Telekom mit einer ähnlich geringen Geschwindigkeit wie das Telefon.

das Integrated
Services Digital
Network, ...

Eine Neuerung bei den öffentlichen Netzen ist das *Integrated Services Digital Network* (ISDN), das die Telekom seit 1989 in der Bundesrepublik einführt (vgl. Schimansky-Geier, Dinter und Kretschmer 1990, S.32-34). Es bietet eine durchgehend digitale und leistungsfähige Verbindung zwischen zwei Teilnehmern und liegt in zwei Varianten vor:

• Als *Schmalband-ISDN* basiert es auf den Schmalbandkabeln (vgl. Abschnitt 3.5.1, S.141 f.). Pro Kanal erreicht man hier eine Übertragungsrate von 64 kBit/s, und mehrere Kanäle können parallel geschaltet werden (vgl. Tanenbaum 1992, S.128).

• Als *Breitband-ISDN* baut es auf dem Breitbandkabel auf (vgl. Abschnitt 3.5.1, S.142). Hierdurch sind wesentlich höhere Übertragungsraten im Bereich von mehreren MBit/s möglich.

Funk und Fernsehen sowie ...

Als letzte öffentliche Netze seien *Funk und Fernsehen* angeführt, die auch die Übertragung über Satelliten mit einschließen. Sie ermöglichen Übertragungsraten von 300 Bit/s bis zu knapp 2 MBit/s (vgl. Hansen 1992, S.704).

private Netze

Neben den öffentlichen Netzen gibt es eine Reihe von Netzen mit *privater Trägerschaft*. Hierzu zählt Tanenbaum (1992, S.139-140) insbesondere die *Local Area Networks* (LANs), die *Wide Area Networks* (WANs) und die *Metropolitan Area Networks* (MANs):

- *Local Area Networks* sind üblicherweise im Besitz eines einzelnen Unternehmens, haben einen Durchmesser von höchstens einigen Kilometern und eine Übertragungsrate von einigen MBit/s.

- *Wide Area Networks* können mehrere Teileigentümer haben, und sie überspannen ganze Länder bei einer Übertragungsrate von bis zu einem MBit/s.

- Zwischen Local und Wide Area Networks liegen die *Metropolitan Area Networks* mit einer Ausdehnung über die Fläche einer Stadt und einer Datenübertragungsrate, die mit der eines Local Area Networks vergleichbar ist.

3.6.2 Breitband-ISDN vor Local Area Networks: Ergebnisse des Gesamtvergleichs und der Einzelrangfolge

Im Gesamtvergleich der fünf Technologiegebiete der Informationsvernetzung erringt das *ISDN* nur einen leichten Vorsprung vor den *privaten Netzen*. In der Einzelrangfolge der Technologien und Technologiegebiete setzt sich dies fort; hier führt das *Breitband-ISDN* als Teil des Technologiegebiets ISDN ebenfalls nur leicht vor den *Local Area Networks* als Teilen des Technologiegebiets der privaten Netze.

Gesamtvergleich

Die für den Gesamtvergleich auf die Technologiegebiete hin aggregierten und gewichteten Nennungen der Experten deuten auf eine ähnlich hohe Beurteilung des *ISDNs* und der *privaten Netze*. Beide haben einen deutlichen Abstand vor den weiteren Technologiegebieten *IDN, Fernsprechnetz* sowie *Funk und Fernsehen* (Bild 3.35, Daten nach Tabelle 3.4, siehe Kasten 3.2, S.132 f., zur Anlage des Gesamtvergleichs).

Die Stellung des ISDNs wird allerdings stärker, sofern man nur die Nennungen als *wichtigste Technologie* herausgreift: 30 Experten wählen hier das ISDN aus der angebotenen Liste, 18 die pri-

Bild 3.35:
Gesamtvergleich zwischen den fünf Technologiegebieten der Informationsvernetzung hinsichtlich ihrer Wichtigkeit für das CUL der Zukunft, aufbauend auf gewichteten und aggregierten Nennungen (siehe Kasten 3.2, S.132 f., zur Erstellungsmethodik)

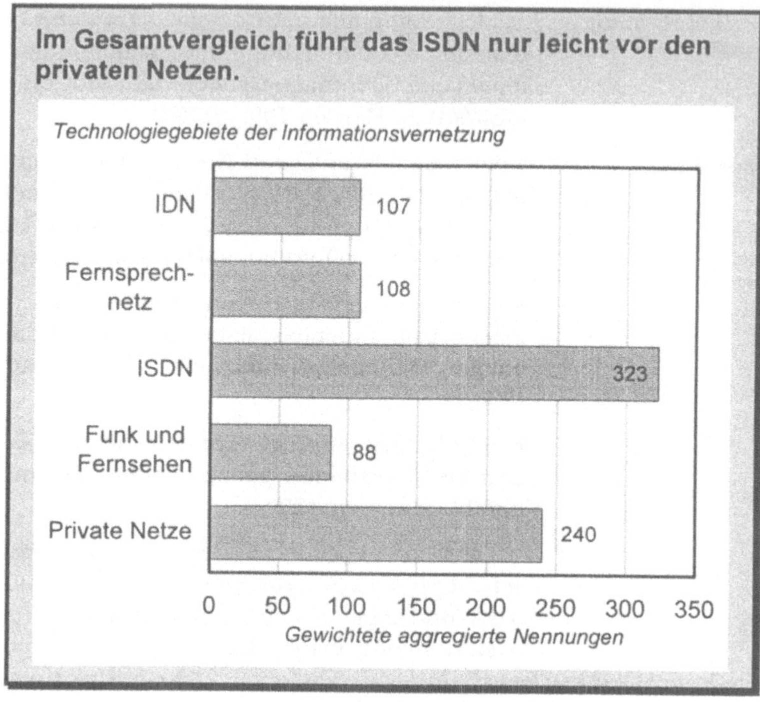

vaten Netze, und immerhin acht das IDN. Dabei gibt es zwischen den einzelnen Gruppen von Experten (Umfeldkompetente versus Umfeldlaien, CUL-Kompetente versus CUL-Laien sowie Experten aus der Industrie und Beratung versus Experten aus der Wissenschaft) keinen statistisch signifikanten oder auch nur auffälligen Unterschied.

Einzelrangfolge

Die Einzelrangfolge der direkten Nennungen für einzelne Technologien und Technologiegebiete spiegelt ein relativ *heterogenes Bild* wider (Bild 3.36):

• Es führt das *Breitband-ISDN* leicht vor den *Local Area Networks*. Analog zu den Technologien der Informationsübertragung schränkt ein Experte die Bedeutung des Breitband-ISDN ein: *"Sofern leistungsfähige Kompressionsverfahren für Audio- und Videoinformation verfügbar sind, ist eine Vernetzung auch über schmalbandigere Technologien durchführbar"* (Bodendorf). Ein anderer Experte plädiert für Local Area Networks (sowie für Wide Area Networks) mit der Begründung, sie dominierten in

Zukunft allgemein die Informationsvernetzung und daher auch im speziellen das CUL (Sauerbrey).

Tabelle 3.4:
Wichtigkeit von Technologiegebieten und Technologien der Informationsvernetzung für das CUL der Zukunft. Die dunkelgrau unterlegten Zeilen enthalten die gewichteten aggregierten Nennungen für ein Technologiegebiet, die hellgrau unterlegten Zeilen die direkten Nennungen für ein Technologiegebiet (siehe Kasten 3.2, S.132 f., zur Erstellungsmethodik).

	Rang 1	Rang 2	Rang 3	Rang 4	Rang 5	Ein-fache Summe	Gewich-tete Summe
Integriertes Text- und Datennetz (IDN) aggregiert	8	5	9	6	8	36	107
Integriertes Text- und Datennetz (IDN)	3	1	2	3	3	12	34
Datex-L	1	1	1	2	1	6	17
Datex-P	4	3	6	1	4	18	56
Fernsprechnetz aggregiert	2	7	14	7	14	44	108
Fernsprechnetz	1	2	5	2	1	11	33
Telefon	1	1	4	2	7	15	32
Bildschirmtext (BTX)	0	4	5	3	6	18	43
Integrated Services Digital Network (ISDN) aggregiert	30	21	17	15	8	91	323
Integrated Services Digital Network (ISDN)	11	6	5	4	3	29	105
Schmalband-ISDN	5	1	5	5	3	19	57
Breitband-ISDN	14	14	7	6	2	43	161
Funk und Fernsehen	4	9	3	8	7	31	88
Private Netze aggregiert	18	18	12	13	16	77	240
Private Netze	3	5	2	1	3	14	46
Local Area Networks (LAN)	14	7	5	6	6	38	131
Wide Area Networks (WAN)	1	4	3	4	6	18	44
Metropolitan Area Networks (MAN)	0	2	2	2	1	7	19

Bild 3.36:
Einzelrangfolge der fünf Technologiegebiete und neun Technologien der Informationsvernetzung hinsichtlich ihrer Wichtigkeit für das CUL der Zukunft, aufbauend auf den direkten gewichteten Nennungen (siehe Kasten 3.2, S.132 f., zur Erstellungsmethodik). Die Anzahl der dargestellten Technologiegebiete und Technologien wurde aus Gründen der Übersichtlichkeit auf neun begrenzt. In der Graphik sind rechts neben den einzelnen Balken die gewichteten direkten Nennungen für ein Technologiegebiet oder eine Technologie angegeben, im Inneren der Balken in kursiver Schrift die ungewichteten direkten Nennungen.

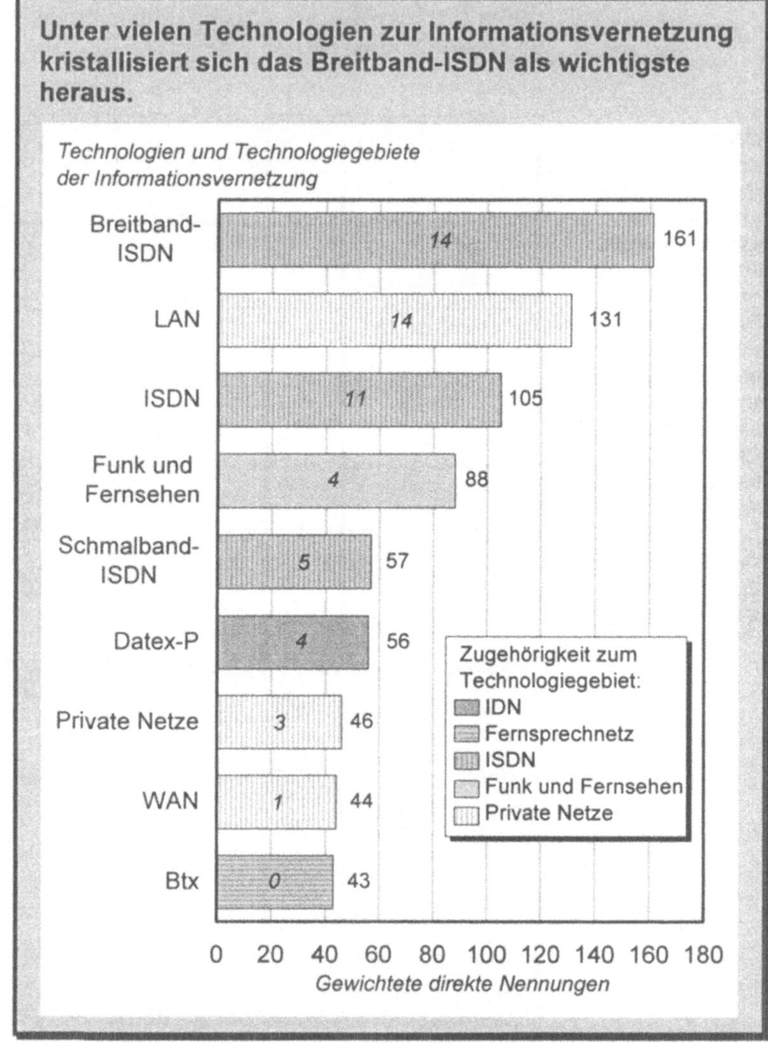

- An dritter Stelle liegt das Technologiegebiet *ISDN*, gefolgt von *Funk und Fernsehen*. Ein Experte weist darauf hin, daß Funk und Fernsehen insbesondere bei der Verteilung *öffentlicher* CUL-Applikationen von Bedeutung seien (anonym).

- Fast gleichauf positioniert sind *Schmalband-ISDN* und *Datex-P*. Ein Experte streicht die weltweiten Anschlußmöglichkeiten des Datex-P-Dienstes als besonderen Vorteil heraus (Preiß).

• Immer noch von Bedeutung ist die Dreiergruppe des Technologiegebiets der *privaten Netze* und der Technologien der *Wide Area Networks* und des *Bildschirmtexts*.

3.6.3 Die Reifezeitpunkte der Technologiegebiete und Technologien der Informationsvernetzung

Unterschiedliche
Reifezeitpunkte

Die Experten ordnen den Technologien und Technologiegebieten deutlich *unterschiedliche Reifezeitpunkte* zu (Bild 3.37): Datex-P und Schmalband-ISDN werden als *weitgehend ausgereift* angesehen. *Mittelfristig*, etwa um die Jahrhundertwende, gehen einerseits das Technologiegebiet ISDN und die Technologie des Breitband-ISDNs sowie andererseits das Technologiegebiet der privaten Netze und die Technologie der Local Area Networks nach Meinung der Experten ihrer Reife entgegen, erst *in der ferneren Zukunft* werden die Wide Area Networks sowie Funk und Fernsehen ausgereift sein.

Statistisch signifikante Unterschiede (ebenfalls in Bild 3.37) deuten auf eine *optimistischere Einstellung* der Experten aus der *Industrie und Beratung* hin. Sowohl das Breitband-ISDN als auch die Local Area Networks halten sie für früher ausgereift, als Experten aus der Wissenschaft das tun.

Bei der Nachhakfrage, wann in 20% der CUL-Applikationen eine bestimmte Technologie eingesetzt würde, unterscheiden sich das *Breitband-ISDN* und die *Local Area Networks*: Während zwei der ausgewählten Experten dem Breitband-ISDN etwa dieselben Reifezeitpunkte und 20%-Einsatzzeitpunkte zuordnen, sehen dieselben zwei Experten den 20%-Einsatzzeitpunkt der Local Area Networks mit dem Jahr 1996 deutlich vor dem Reifezeitpunkt dieser Technologie.

3.6.4 Produktivitätswirkungen der Technologiegebiete und Technologien der Informationsvernetzung

Das Produktivitätsprofil des Technologiefelds der Informationsvernetzung (Bild 3.38) deckt sich *fast vollständig* mit dem der Informationsübertragung (Abschnitt 3.5.4, S.147 ff.; vor allem Bild 3.40). Es weist eine starke Produktivitätssteigerung bei der *Verteilung* und der *Benutzung*, eine schwache Produktivitätssteigerung bei der *Datenerfassung* und nur unwesentliche Produktivitätsänderungen beim *didaktischen* und *programmiertechnischen Entwurf* auf. Offensichtlich haben viele Experten Produktivitäts-

Bild 3.37:
Reifezeitpunkte von wichtigen Technologiegebieten und Technologien der Informationsvernetzung. Es sind alle Technologiegebiete und Technologien in der Graphik enthalten, zu deren Reifezeitpunkt fünf oder mehr Einschätzungen vorliegen. In zwei ergänzenden Spalten findet man zum einen die Anzahl an Experten, die den Reifezeitpunkt eines Technologiegebiets oder einer Technologie nicht in absehbarer Zukunft sehen (Spalte "nie"), zum anderen die Anzahl der für den Reifezeitpunkt vorliegenden Einschätzungen (Spalte "Einschätzungen").

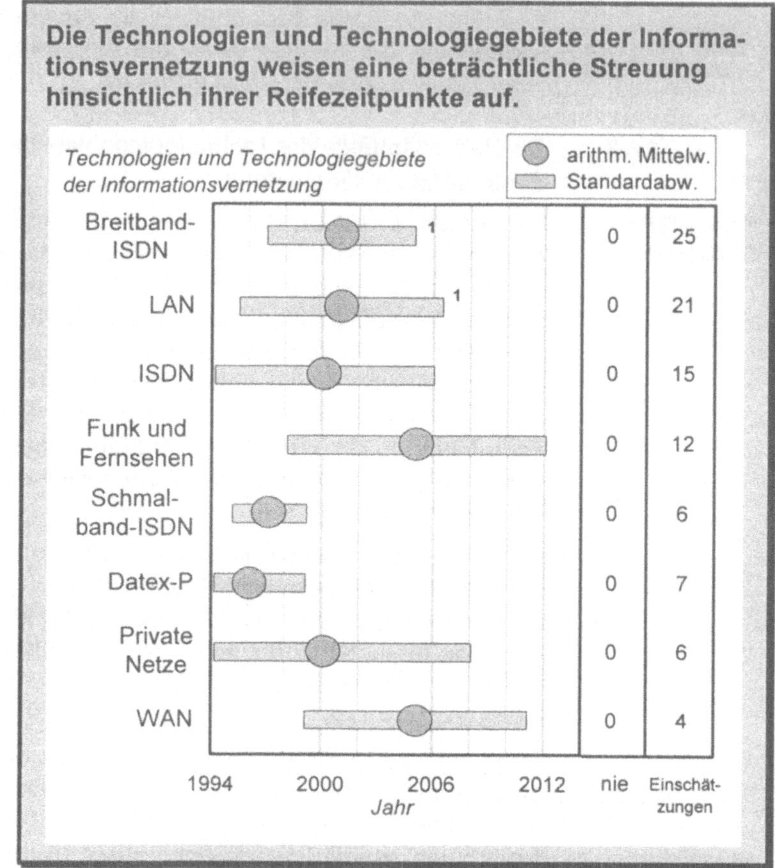

¹   *Hier sagen Experten aus Industrie und Beratung statistisch signifikant einen früheren Reifezeitpunkt voraus als Experten aus der Wissenschaft.*

wirkungen, die die Netze verursachen, bereits den den Netzen zugrundeliegenden Übertragungstechnologien zugeschrieben. Gleichwohl zeigen sich bei einigen Technologien bemerkenswerte individuelle Ausprägungen; im Anhang A5 wird auf das *Breitband-ISDN*, die *LANs* und die *WANs* eingegangen.

3.7   Technologiefeld "Informationseingabe"

Die bisher behandelten Technologiefelder der Informationsspeicherung, -übertragung und -vernetzung beziehen sich auf Geschehen, die *innerhalb* des Computers und *zwischen Computern*

Bild 3.38:
Produktivitätsprofil
des Technologiefelds
der Informationsver-
netzung. In der Gra-
phik sind die Produk-
tivitätswirkungen aller
zu diesem Techno-
logiefeld gehörenden
Technologiegebiete
und Technologien
zusammengefaßt.

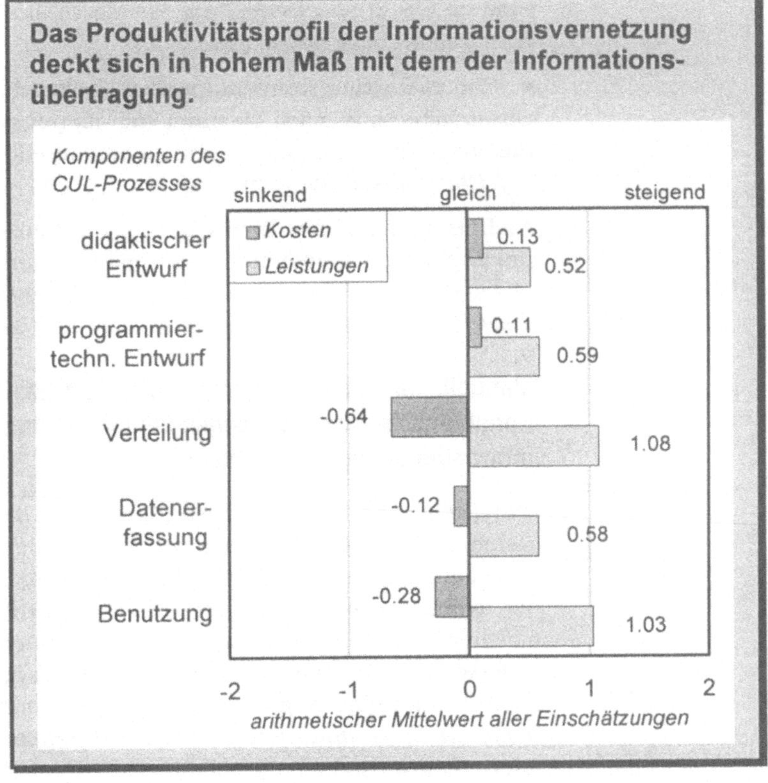

ablaufen. Die folgenden beiden Technologiefelder, die *Informationseingabe* und die *Informationsausgabe*, bilden zusammen die *Schnittstelle zwischen Mensch und Computer*, an der die Kommunikation in beidseitiger Richtung verläuft (vgl. Balzert 1990, S.589, zu den Zielen bei der Gestaltung einer solchen Schnittstelle).

Zunächst sei hier die *Informationseingabe* betrachtet. Sie umfaßt alle Technologien, die Anweisungen von menschlichen Benutzern an einen Computer übermitteln.

• Die Informationseingabe bezieht sich auf verschiedene *Aktoren* des Menschen (Abschnitt 3.7.1), von denen der *Hand* besondere Bedeutung zukommt.

• Die Experten weisen den *konventionellen*, nicht den neuartigen Technologiegebieten bzw. Technologien der Informationseingabe die größte Bedeutung für das CUL der Zukunft zu, was überraschen mag (Abschnitt 3.7.2).

• Die manuellen konventionellen Technologien der Informationseingabe sind nach Meinung der Experten bereits *ausgereift*, die manuellen neuartigen und nichtmanuellen werden erst *mittelfristig* wirksam werden (Abschnitt 3.7.3).

• Entsprechend den überwiegend von den Experten als wichtig eingeschätzten konventionellen Technologien sind die Produktivitätswirkungen der Informationseingabe auf die Komponenten des CUL-Prozesses *eher gering* (Abschnitt 3.7.4).

3.7.1 Manuelle konventionelle, manuelle neuartige und nichtmanuelle Eingaben: Die Technologiegebiete und Technologien der Informationseingabe im Überblick

Die Technologien der Informationseingabe knüpfen an verschiedenen *Aktoren* des Menschen an. Menschliche Aktoren sind u.a. die Hände, die Arme, die Augen, die Stimme, die Mimik, also alles, womit ein Mensch seine Gedanken ausdrücken und deutlich machen kann. Die Aktionen, die diese Aktoren durchführen, beispielsweise eine Handverschiebung, ein Fingerdruck, ein hörbarer Laut und eine Augenbewegung, können mittels einer *Technologie zur Informationseingabe* dem Computer Anweisungen des Menschen vermitteln. Innerhalb der Aktoren kommt der *Hand* besondere Bedeutung zu, da die *vorherrschenden* Eingabetechnologien auf sie ausgerichtet sind. Die Informationseingabe sei darauf aufbauend in *drei Technologiegebiete* unterteilt, und zwar in die

Technologiegebiete umfassen ...

• *manuelle konventionelle,*

• *manuelle neuartige* und

• *nichtmanuelle Informationseingabe* (Bild 3.39).

die manuelle konventionelle Informationseingabe, ...

Das Technologiegebiet der *manuellen konventionellen Eingaben* umfaßt Technologien, die man mit der Hand bedient und die sich seit längerem bewährt haben. Hierzu gehören *Tastatur, Lichtgriffel, berührungsempfindlicher Bildschirm, Joystick* und *Maus* (vgl. Hansen 1992, S.258-264, zu Tastatur, Maus und Lichtgriffel):

• Die *Tastatur* ist eine seit langem bekannte und bewährte Technologie zur Informationseingabe. Auf einem Tastenfeld, häu-

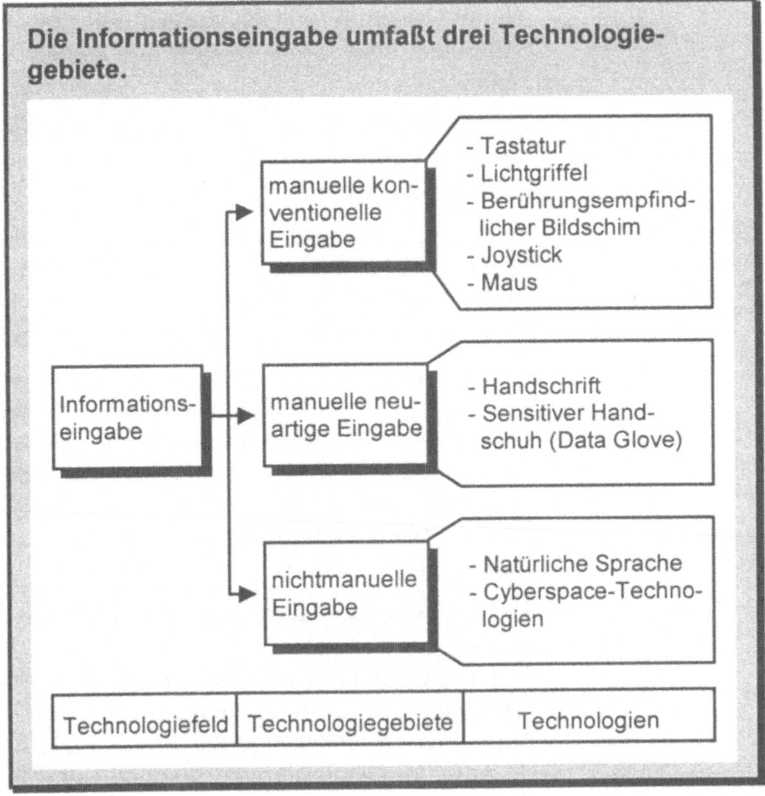

fig unterteilt in alphabetische, numerische und Funktionstasten, gibt der Mensch durch Kombinationen aus Handverschiebungen und Fingerdrücken Information ein.

• Der *Lichtgriffel* dient zur Eingabe auf einer Bildschirmoberfläche, auf der bestimmte Graphiken, Texte und Symbole dargestellt sind. Der Benutzer berührt mit dem Lichtgriffel die Bildschirmoberfläche an der gewünschten Stelle, und ein Algorithmus übermittelt die Position an den Computer.

• Ähnlich wie die Technologie des Lichtgriffels funktioniert die des *berührungsempfindlichen Bildschirms*. Anstelle des Lichtgriffels genügt ein Finger, mit dem ein Benutzer die gewünschten Positionen auf der Bildschirmoberfläche berührt.

• Der *Joystick* (Steuerknüppel) als Eingabemöglichkeit findet überwiegend im Bereich der Computerspiele Verwendung. Er nimmt Drücke in vier Richtungen auf und überträgt dies an den Computer. Eine Taste erlaubt zudem das Auslösen bestimmter Funktionen.

• Eine *Maus* überträgt Bewegungen auf einer ebenen Fläche an den Computer, und sie besitzt zumindest zwei Tasten, mit denen der Benutzer Funktionen auslösen kann.

die manuelle neuartige Informationseingabe und ...

Zu den konventionellen manuellen Technologien treten *neuartige manuelle*, insbesondere die *handschriftliche Eingabe* und die Eingabe mittels *sensitivem Handschuh* (Data Glove), die in einem eigenen Technologiegebiet zusammengefaßt seien.

• Die *handschriftliche Eingabe*, meist mit einem Griffel auf eine sensorische Schreibfläche ausgeführt, erfordert vor allem die Fähigkeit der *Schrifterkennung*. Hierzu gibt es verschiedene Verfahren, beginnend bei statistischen Verfahren der Mustererkennung bis hin zu neuronalen Netzen (vgl. Freedmann 1993, S.1723). Die Erkennungsquoten all dieser Verfahren erscheinen aber heute noch deutlich verbesserbar.

• Der *sensitive Handschuh* wird über die Hand gestreift und besitzt eine Vielzahl von Sensoren, die jede Bewegung der Hand und einzelner Finger aufnehmen (vgl. Weimer und Ganapathy 1992 mit einem ausführlichen Anwendungsbeispiel zur Modellierung einer Oberfläche, ferner Brand 1990, S.161). Dazugehörende Auswertungsprogramme erkennen und interpretieren *Gesten*, z.B. das *Zeigen* auf etwas, das *Winken*, das *Ballen* zu einer Faust, und sie übermitteln dies dem Computer als Anweisung.

die nichtmanuelle Informationseingabe

Eine Alternative zur manuellen Eingabe bilden Technologien, die an *andere Aktoren* des Menschen anknüpfen und zu einem dritten Technologiegebiet zusammengefaßt seien.

• Die *natürlichsprachliche Eingabe* nutzt die menschliche Stimme und Sprache, um Anweisungen an den Computer zu geben. Allerdings ist das Problem der Erkennung von natürlicher Sprache noch komplexer als das der Erkennung von Handschriften (siehe oben), und die heutige Forschung beschränkt den Wortschatz, den der Computer erkennen kann (vgl. Rudnicky und Hauptmann 1992, S.149-153, zu diesem und zu weiteren Problemen der Spracherkennung). Außerdem bedarf es üblicherweise des Einsprechens von Vergleichsworten jedes einzelnen Benutzers, um eine akzeptable Erkennungsquote zu erreichen.

- Die Welt des *Cyberspace* eröffnet schließlich eine Vielzahl neuartiger Eingabetechnologien, beginnend bei Ganzkörpersensoren bis hin zur Messung von Kopf- und Augenbewegungen (vgl. Fisher 1991, S.41, der diese Technologien am Beispiel des AMES-Systems beschreibt).

3.7.2   Konventionelle Technologien führend: Ergebnisse des Gesamtvergleichs und der Einzelrangfolge

Im Gesamtvergleich und in der Einzelrangfolge ergibt sich dasselbe Bild: In jedem Fall führen die *manuellen konventionellen Technologiegebiete und Technologien* zur Informationseingabe vor allen anderen.

Gesamtvergleich

Im Gesamtvergleich der Technologiegebiete hinsichtlich ihrer Wichtigkeit für das CUL der Zukunft belegen die gewichteten aggregierten Nennungen der Experten die *Dominanz der manuellen konventionellen Informationseingabe*. Sie konnte im Vergleich mit der manuellen neuartigen und nichtmanuellen Informationseingabe über das *Dreifache an Nennungen* auf sich ziehen (Bild 3.40, Daten nach Tabelle 3.5, siehe Kasten 3.2, S.132 f., zur Anlage des Gesamtvergleichs).

Bild 3.40:
Gesamtvergleich zwischen den drei Technologiegebieten der Informationseingabe hinsichtlich ihrer Wichtigkeit für das CUL der Zukunft, aufbauend auf gewichteten und aggregierten Nennungen (siehe Kasten 3.2, S.132 f., zur Erstellungsmethodik)

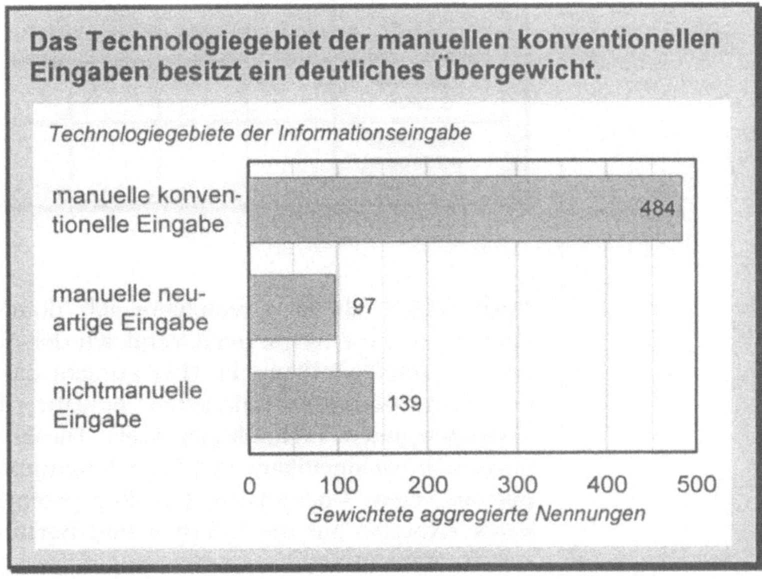

Tabelle 3.5:
Wichtigkeit von Technologiegebieten und Technologien der Informationseingabe für das CUL der Zukunft. Die dunkelgrau unterlegten Zeilen enthalten die gewichteten aggregierten Nennungen für ein Technologiegebiet (siehe Kasten 3.2, S.132 f., zur Erstellungsmethodik).

	Rang 1	Rang 2	Rang 3	Rang 4	Einfache Summe	Gewichtete Summe
Manuelle konventionelle Eingabe aggregiert	58	53	32	29	172	484
Tastatur	19	16	7	10	52	148
Lichtgriffel	1	4	8	0	13	32
Berührungsempfindlicher Bildschirm	11	13	8	10	42	109
Joystick	1	0	1	1	3	7
Maus	26	20	8	8	62	188
Manuelle neuartige Eingabe aggregiert	3	11	16	20	50	97
Handschrift	2	10	11	14	37	74
Sensitiver Handschuh (Data Glove)	1	1	5	6	13	23
Nichtmanuelle Eingabe aggregiert	11	8	24	23	66	139
Natürliche Sprache	11	6	19	18	54	118
Cyberspace-Technologien	0	2	5	5	12	21

Noch stärker als im Gesamtvergleich dominiert die manuelle konventionelle Eingabe beim Vergleich der *Nennungen als wichtigste Technologie* (Rang 1). Hier erreicht das Technologiegebiet der manuellen konventionellen Eingabe das *Fünffache* des nächstgelegenen Technologiegebiets. Dieses Ergebnis hängt im übrigen *nicht* signifikant von Expertengruppen ab (Umfeldkompetente versus Umfeldlaien, CUL-Kompetente versus CUL-Laien sowie Experten aus der Industrie und Beratung versus Experten aus der Wissenschaft).

Einzelrangfolge

Auch in der Einzelrangfolge führen Technologien aus dem Technologiegebiet der *manuellen konventionellen Informationseingabe* (Bild 3.41):

- Vorne liegen *Maus* und *Tastatur*. Sie gelten bei den Experten als etabliert, in der Breite akzeptiert, präzise und preiswert (Klar, Kellerhals, Horacek).

- Als erste nichtmanuelle Technologie folgt die *Erkennung natürlicher Sprache*, allerdings nur mit knappem Vorsprung vor dem

Bild 3.41:
Einzelrangfolge der drei Technologiegebiete und neun Technologien der Informationseingabe hinsichtlich ihrer Wichtigkeit für das CUL der Zukunft, aufbauend auf den direkten gewichteten Nennungen (siehe Kasten 3.2, S.132 f. zur Erstellungsmethodik). Die Anzahl der dargestellten Technologiegebiete und Technologien wurde aus Gründen der Übersichtlichkeit auf neun begrenzt. In der Graphik sind rechts neben den einzelnen Balken die gewichteten direkten Nennungen für ein Technologiegebiet oder eine Technologie angegeben, im Inneren der Balken in kursiver Schrift die ungewichteten direkten Nennungen.

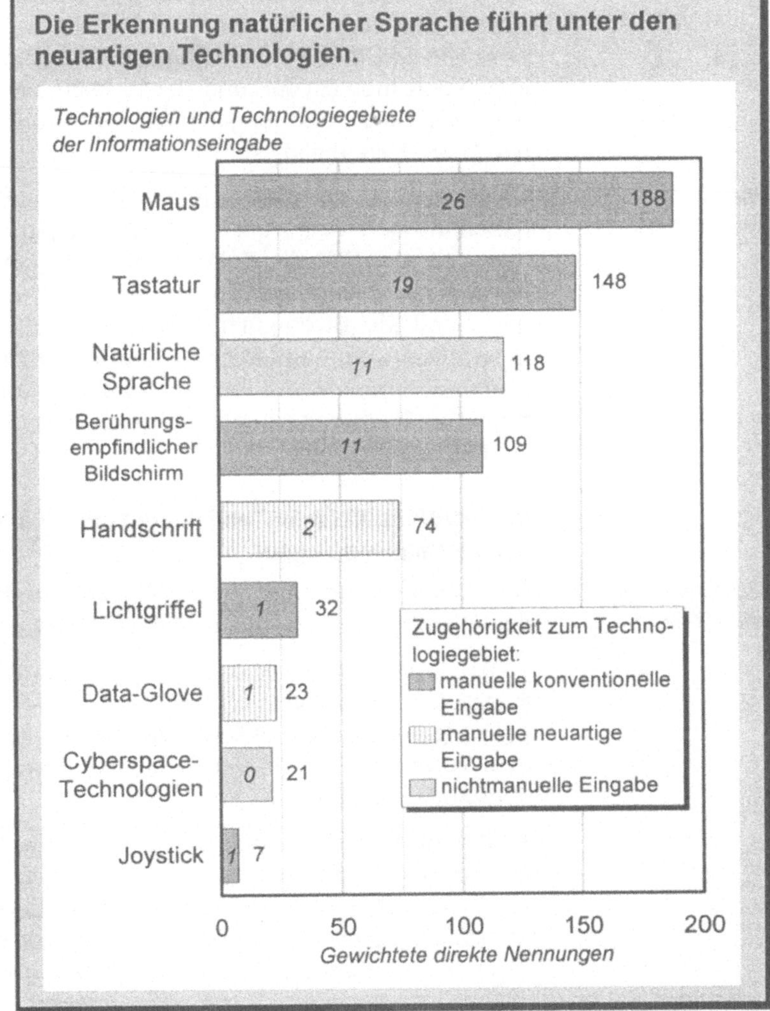

berührungsempfindlichen Bildschirm. Auf die *zukünftige* Bedeutung der Erkennung natürlicher Sprache weisen zwei Experten explizit hin (Klar und Hesselbach).

- Immer noch bemerkenswert sind die Nennungen für die *Erkennung von Handschriften*, der ersten manuellen neuartigen Technologie.

- Kaum Bedeutung besitzen *Lichtgriffel* und *Joystick*, und die Experten schätzen auch die neuartigen Technologien des *sensitiven Handschuhs* und der *Cyberspace-Eingaben* als nicht wichtig ein. Allerdings bricht ein Experte bei den Nachhakfragen für den *Joystick* eine Lanze. Er weist ihm bei CUL-Applikationen mit *motorischen Inhalten* eine wichtige Rolle zu, da mit ihm Echtzeitinteraktion möglich sei, und der Joystick auch Potential zur Weiterentwicklung, z.B. im Hinblick auf Drehbewegungen, erkennen lasse (Kellerhals).

Weitere Technologien

Neben den in der Liste enthaltenen Technologien nennen die Experten noch *zwei weitere*, die sie ebenfalls als Eingabetechnologien für das CUL der Zukunft für wichtig erachten. Ein Experte erwähnt das *"Pen Based Computing"*, die Kombination von Lichtgriffel und Kleinstcomputern, also Notebook- oder Palmtop-Computern (Veitl). Ein anderer weist auf die *"hirnstrominduzierte Informationseingabe"* hin, bei der durch Messung von Hirnströmen Wünsche des Benutzers erkannt und an den Computer vermittelt werden sollen (Pohl).

3.7.3 Die Reifezeitpunkte der Technologiegebiete und Technologien der Informationseingabe

Polarisierte Entwicklung

Die Klassifizierung der Technologien der Informationseingabe deutet bereits den jeweiligen *Reifezeitpunkt* an (Bild 3.42):

- Als *bereits ausgereift*, zumindest als am oberen Ende des Reifeprozesses befindlich, schätzen die Experten *Maus, Tastatur, berührungsempfindlichen Bildschirm* und *Lichtgriffel* ein, allesamt dem Technologiegebiet der manuellen konventionellen Informationseingabe zugehörig.

- Erst mittelfristig rechnen die Experten mit den *"Erkennungstechnologien"*. Die Erkennung von *Handschriften* wird dabei zwei Jahre eher erreicht werden als die Erkennung *natürlicher Sprache*. Bei letzterer unterscheiden sich zudem die Einschätzungen von Umfeldkompetenten und Umfeldlaien statistisch signifi-

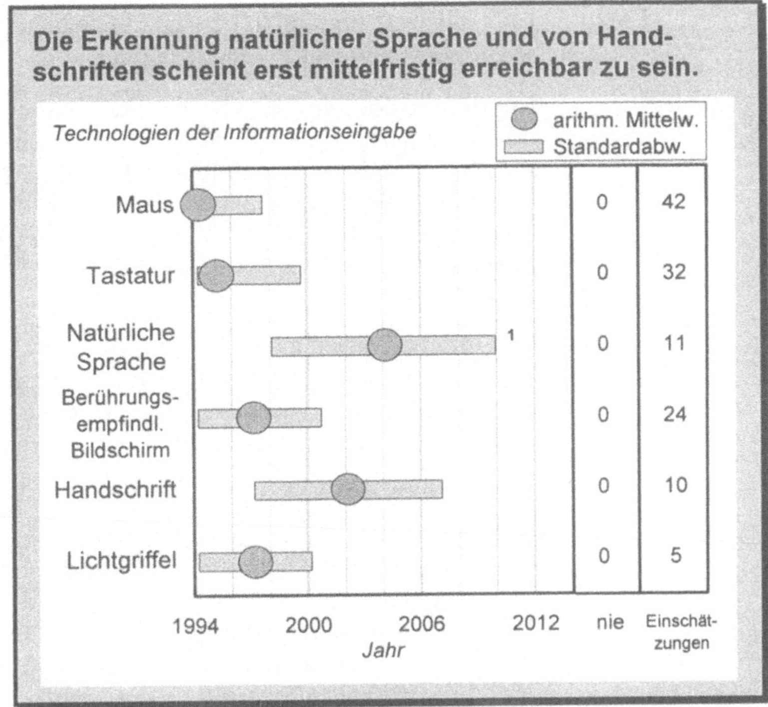

1   *Hier sagen Umfeldkompetente statistisch signifikant einen späteren Reifezeitpunkt voraus als Umfeldlaien.*

kant. Während Umfeldlaien eher frühere Zeitpunkte prognostizieren, sehen Umfeldkompetente die Spracherkennung erst in fer-
nerer Zukunft als ausgereift an.

Genau wie bei den anderen Technologiefeldern wurde auch bei
der Informationseingabe in der zweiten Befragungsrunde nach
dem Erreichen eines *Sockeleinsatzanteils ausgewählter Technologien in CUL-Applikationen* gefragt, und zwar für die Erkennung
von Handschriften und von natürlicher Sprache. Bei der Erkennung von Handschriften nennen zwei Experten übereinstimmend das Jahr 2004, also zwei Jahre nach dem Reifezeitpunkt
der Technologie. Bei der Erkennung von natürlicher Sprache liegen die Einschätzungen der Experten auseinander, die Jahre
2000 und 2008 werden genannt. Ein weiterer Experte beantwortet generell die Fragen nach dem Erreichen eines Sockeleinsatzanteils mit "nie".

3.7.4 Produktivitätswirkungen der Technologiegebiete und Technologien der Informationseingabe

Die Informationseingabe übt in ihrer Gesamtheit nur *geringe Produktivitätswirkungen* auf die Komponenten des CUL-Prozesses aus. Bei einzelnen Technologien hingegen findet man wesentlich stärker ausgeprägte Produktivitätsprofile, und in Anhang A6 wird auf die *Erkennung natürlicher Sprache*, die *Erkennung von Handschriften* sowie auf den *berührungsempfindlichen Bildschirm* eingegangen.

Die Informationseingabe bewirkt nach Meinung der Experten insgesamt lediglich in der Komponente der *Benutzung* eine starke und in der Komponente des *didaktischen Entwurfs* eine leichte Steigerung der Produktivität (Gesamtprofil in Bild 3.43, siehe Abschnitt 3.1.3, S.95 ff., zur operationalisierten Komponentengliederung des CUL-Prozesses und zur Charakterisierung von Änderungen der Produktivität). Das Leistungsniveau steigt über alle Komponenten hinweg an, allerdings teilweise nur in sehr geringem Maße. Die geringe Produktivitätswirkung resultiert aus den überwiegend *ausgereiften* Technologien, die die Experten als wichtigste auswählten und die nur noch geringes Weiterentwicklungspotential aufweisen.

3.8   Technologiefeld "Informationsausgabe"

Nach dem Technologiefeld der Informationseingabe, das den ersten Teil der Schnittstelle zwischen Mensch und Computer bildet, steht im folgenden die *Informationsausgabe* als zweiter Teil im Mittelpunkt. Die Informationsausgabe umfaßt alle diejenigen Technologien, die Information vom Computer zum menschlichen Benutzer übermitteln.

- Als Anknüpfungspunkte für die Informationsausgabe eignen sich *menschliche Sinne* und darauf ausgerichtete *Medien* (Abschnitt 3.8.1).

- Die Kombination von Medien in *Multimedia* liegt in der Einzelrangfolge deutlich vor dem Angebot einzelner Medien (Abschnitt 3.8.2).

- Die Technologiegebiete und Technologien der Informationsausgabe werden nach Ansicht der Experten *kurz- bis mittelfristig* ausgereift sein (Abschnitt 3.8.3).

Bild 3.43:
Produktivitätsprofil des Technologiefelds der Informationseingabe. In der Graphik sind die Produktivitätswirkungen aller zu diesem Technologiefeld gehörenden Technologiegebiete und Technologien zusammengefaßt.

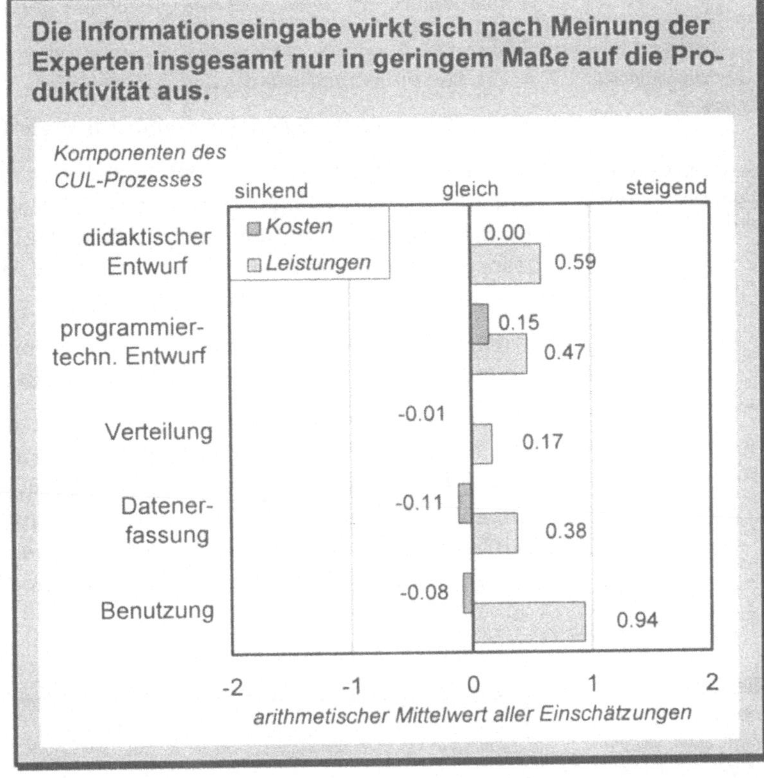

- Die Informationsausgabe bewirkt generell *deutliche Leistungssteigerungen* - allerdings ebenfalls generell um den Preis von *Kostensteigerungen* (Abschnitt 3.8.4).

3.8.1   Mono- und multimediale Ausgaben: Die Technologiegebiete und Technologien der Informationsausgabe im Überblick

Das Analogon zu den *Aktoren*, die in Abschnitt 3.7.1, S.160 ff., zur Gliederung der Technologien der Informationseingabe herangezogen wurden, bilden die *Sensoren*, im Falle des Menschen spricht man auch von seinen *Sinnen*. Zu ihnen gehören Sehen, Hören, Riechen, Schmecken, Druck-, Temperatur-, Schmerz- und Gleichgewichtsempfinden (vgl. Dudel 1977, S.2). Auf sie beziehen sich verschiedene *Medien* als *"Darstellungsformen von Information"* (Kellerhals 1994, S.160), beispielsweise beziehen sich Musiksequenzen und Sprache auf das Hören, Texte und Bilder auf das Sehen. Anhand der verschiedenen Medien kann die Informationsausgabe in *zwei Technologiegebiete* gegliedert werden, und zwar

Technologiegebiete umfassen ...

* in die *monomediale* und

* in die *multimediale Informationsausgabe* (Bild 3.44).

die monomediale Informationsausgabe und ...

Das Technologiegebiet der *monomedialen Informationsausgabe* umfaßt Technologien, bei denen ein einzelnes Medium dominiert. Gleichwohl können auch weitere Medien vorhanden sein. Zum Technologiegebiet seien *Bildschirm, maschinelle Sprachausgabe* und *Videoausgabe* gezählt.

* Der *Bildschirm* übermittelt in herkömmlicher Ausführung überwiegend *Texte*, zum Teil auch *Graphiken*.

* Die *maschinelle Sprachausgabe* beruht auf drei Möglichkeiten: dem Abspielen von analogen Audio-Dateien, dem Abspielen von digitalen Audio-Dateien und dem Zusammensetzen (Synthetisieren) von Sprache (vgl. hierzu Börner und Schnellhardt 1992, S.107-108). Bei letzterem greift der Computer gespeicherte Texte auf und setzt sie in *gesprochene Sprache* um. Manche Sprachsyn-

Bild 3.44:
Übersicht über die zwei Technologiegebiete und drei Technologien des Technologiefelds der Informationsausgabe

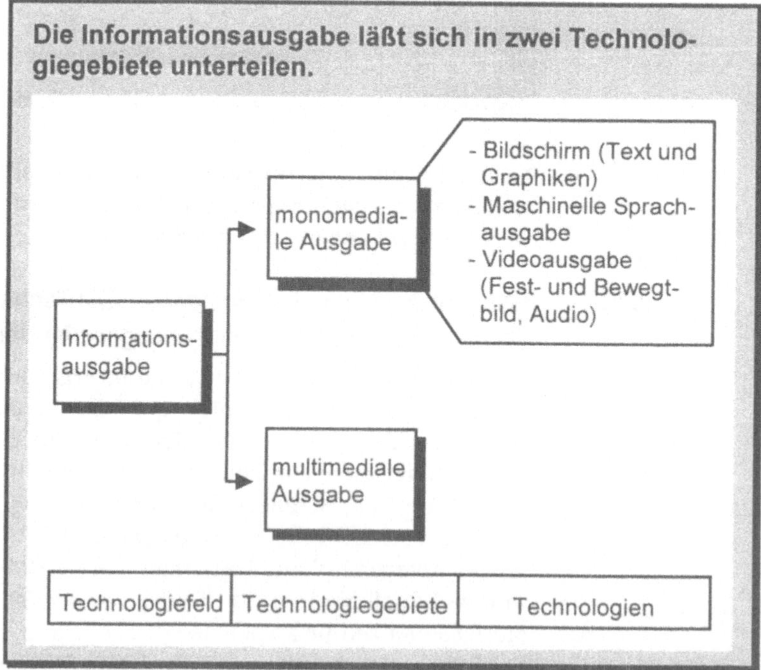

thesizer - so bezeichnet man die entsprechenden Hard- und Software-Komponenten - können einen gespeicherten Text mit unterschiedlichen Stimmen wiedergeben.

- Ähnliche Möglichkeiten wie bei der Sprachausgabe gibt es auch bei der *Videoausgabe* (vgl. Fritz und Freibichler 1990, S.34): Zum einen kann der Computer einen Videorekorder mit analog aufgezeichneten Videosequenzen ansteuern, zum anderen kann er digitale Videosequenzen abspielen und verändern. Beispielsweise kann er *morphen*, also von einem zum nächsten Bild übergangslos überblenden (vgl. hierzu auch die Ausführungen zur Kompression in Abschnitt 3.4.2, S.136 f.).

die multimediale
Informationsausgabe

Im Gegensatz zum Technologiegebiet der monomedialen Informationsausgabe, bei dem ein einzelnes Medium dominiert, wirken bei der multimedialen Informationsausgabe *mehrere Medien* zusammen (vgl. Zimmer 1991, S.2, sowie Ritchie 1992, S.6). Zweck dieses *Medienverbunds* ist die möglichst abwechslungsreiche, an die Art der einzelnen Information angepaßte Präsentation (vgl. Kellerhals 1995, S.228): Manche Informationsarten lassen sich am besten in Texten ausdrücken, z.B. abstrakte Darstellungen, andere in stehenden, hochaufgelösten Bildern, z.B. Landkarten oder Überblicksgraphiken, wieder andere in Audiosequenzen, z.B. musikalische Untermalungen und Aufmerksamkeitserreger wie Wecksignale.

3.8.2 Multimedia vorne: Ergebnisse des Gesamtvergleichs und der Einzelrangfolge

Im Technologiefeld der Informationsausgabe bot sich nur eine geringe Anzahl an Technologiegebieten und Technologien an; die Experten wurden daher nur um die Auswahl eines einzelnen Eintrags aus der angebotenen Technologieliste gebeten. Hierbei tritt ein Bild klar zutage: die *vorherrschende Stellung von Multimedia* als wichtigstes Technologiegebiet für das CUL der Zukunft (Bild 3.45). Es führt mit 54 Stimmen weit vor dem Technologiegebiet der Monomedien mit 18 Stimmen (letzteres berechnet als Summe der Nennungen für die Technologien der Bildschirm- und Videoausgabe).

Gesamtvergleich und
Einzelrangfolge

Weitere
Technologien

Obwohl weitere, an andere Sinne als an Sehen und Hören gerichtete Technologien naheliegen, vermissen sie die Experten in der Technologieliste nicht. Lediglich ein Experte weist ergänzend auf die interessante Fragestellung hin, inwieweit Multimedia die

Bild 3.45:
Einzelrangfolge des Technologiegebiets Multimedia und zweier Technologien der Informationsausgabe hinsichtlich ihrer Wichtigkeit für das CUL der Zukunft, aufbauend auf den direkten Nennungen (siehe Kasten 3.2, S.132 f., zur Erstellungsmethodik). Da die Experten in diesem Technologiefeld nur eine einzige Technologie bzw. ein einziges Technologiegebiet auswählen sollten, entfällt die Gewichtung. Auf die Technologie der Ausgabe gesprochener Sprache entfallen keine Punkte; sie ist daher in der Graphik nicht dargestellt.

Medienverbund

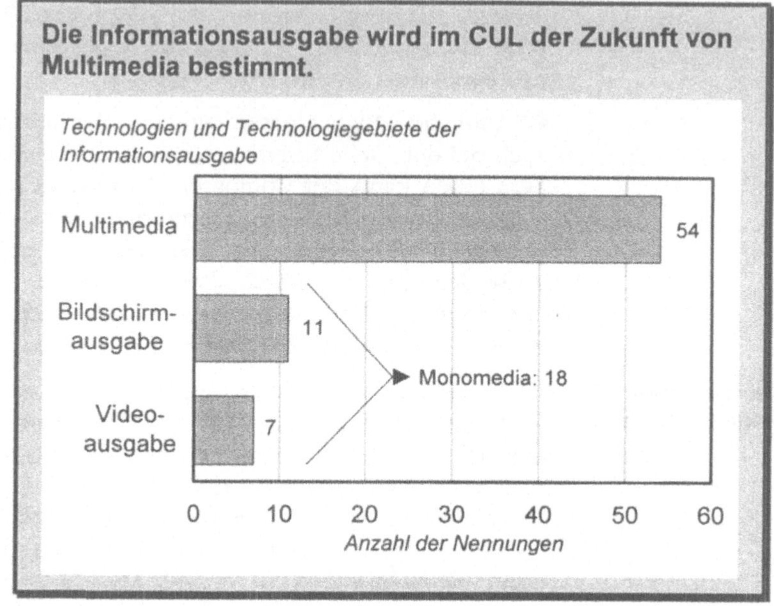

verschiedenen Erscheinungsformen von CUL-Applikationen (vgl. Abschnitt 2.2, S. 32 ff.) durchdringen wird (Brinkner).

In einer Nachhakfrage in der zweiten Befragungsrunde ging es um die *Bedeutung verschiedener Medien*, und zwar nicht isoliert wie bei den Monomedien, sondern *innerhalb eines multimedialen Verbunds*. Nur ein Experte wagt hier eine *Reihenfolgebildung*, die er plausibel begründet:

"1)   Text und Graphik: als Basismedien unverzichtbar,

2)   Animation: für viele Aufgaben mit räumlichen Konzepten zur Darstellung von Dynamik nützlich,

3)   Video: zur Illustration geeignet,

4)   Audio: zur Illustration geeignet, aber seltener als Video,

5)   Synthetisierte Sprache: nur für Spezialfälle dienlich" (Horacek).

Akzeptanz von Multimedia

Bereits in der ersten Befragungsrunde wiesen die Experten auf *Akzeptanzprobleme bei Multimedia* hin, und zwar weil es den Benutzern an Übersicht über eine multimedial gestaltete CUL-Applikation mangeln würde: 56 Experten (78%) befürchten dies, 12 (17%) sind unentschieden und nur 4 (6%) sehen keine Akzeptanzprobleme. In der zweiten Befragungsrunde äußerten sich die Experten dann zu weiteren Gründen für mangelnde Akzeptanz. Zwei Experten sehen Ursachen in der steigenden Komplexität und damit einhergehenden Bedienungsumständlichkeit (Klar, Horacek). Auf Eigenarten vor allem des westlichen Kulturkreises geht ein anderer Experte pointiert ein: *"Mancher lernwillige Benutzer mag die in unserer Kultur verbreitete Neigung teilen, die textuelle Darstellung von Information als die einzig 'seriöse' ... anzusehen. Multimedia-Anwendungen werden ... noch einige Zeit mit dem Ruch von primitiven Arcade Games behaftet sein"* (Kellerhals).

3.8.3 Die Reifezeitpunkte der Technologiegebiete und Technologien der Informationsausgabe

Baldige Reife absehbar

Die Technologien und das Technologiegebiet Multimedia folgen einander in kurzem Abstand beim Reifezeitpunkt (Bild 3.46):

• Als weitgehend ausgereift kann nach Meinung der Experten der *Bildschirm* gelten, wenn auch bei ihm eine hohe Standardabweichung zu verzeichnen ist. Nur wenig später, im Jahre 2000, wird auch die *Videoausgabe* nach Meinung der Experten ihren Reifezeitpunkt erreicht haben.

• Am weitesten in der Zukunft, wenn auch im Vergleich mit Technologien aus anderen Technologiefeldern nur mittelfristig, liegt der prognostizierte Reifezeitpunkt für *Multimedia*. Durchaus folgerichtig wird Multimedia als Medienverbund erst *nach* den einzelnen vorgestellten Medien ausgereift sein.

Übereinstimmend nennen drei Experten in einer Nachhakfrage das *Jahr 2000* als das Jahr, in dem ein Sockeleinsatzanteil von 20% des Technologiegebiets *Multimedia* in CUL-Applikationen erreicht sein wird. Diese übereinstimmende Meinung wirkt um so stärker, als dieselben Experten bei den Technologien zur Informationseingabe deutlich unterschiedliche Angaben zu analogen Fragen gemacht haben.

3.8.4 Produktivitätswirkungen der Technologiegebiete und Technologien der Informationsausgabe

Die Informationsausgabe bewirkt nach Ansicht der Experten zahlreiche Kosten- und Leistungsänderungen - gleichwohl, und dies scheint ein überraschendes Ergebnis, insgesamt nur *geringe*

Bild 3.46:
Reifezeitpunkte von wichtigen Technologiegebieten und Technologien der Informationsausgabe. Es sind alle Technologiegebiete und Technologien in der Graphik enthalten, zu deren Reifezeitpunkt fünf oder mehr Einschätzungen vorliegen. In zwei ergänzenden Spalten findet man zum einen die Anzahl an Experten, die den Reifezeitpunkt eines Technologiegebiets oder einer Technologie nicht in absehbarer Zukunft sehen (Spalte "nie"), zum anderen die Anzahl der für den Reifezeitpunkt vorliegenden Einschätzungen (Spalte "Einschätzungen").

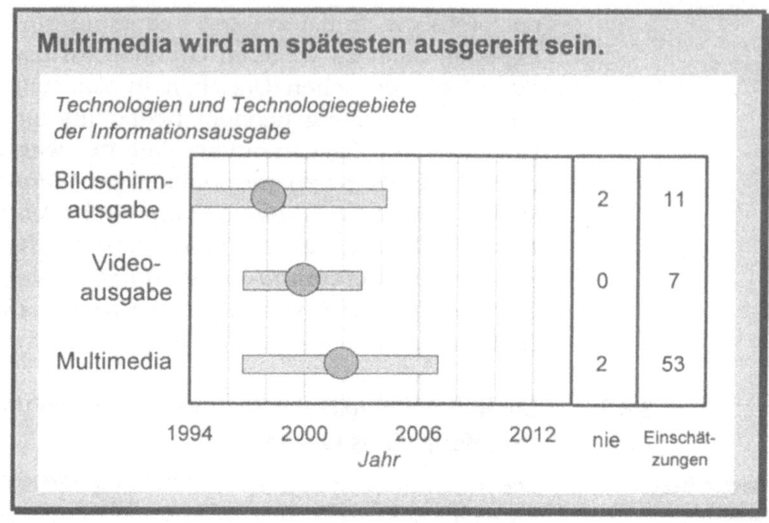

Produktivitätsänderungen. Dies gilt in noch stärkerem Maße für das Technologiegebiet *Multimedia*, auf das in Anhang A7 eingegangen wird.

Die Experten prognostizieren für die Informationsausgabe insgesamt nur *zwei Produktivitätsänderungen* (Gesamtprofil in Bild 3.47; siehe Abschnitt 3.1.3, S.95 ff., zur operationalisierten Komponentengliederung des CUL-Prozesses und zur Charakterisierung von Änderungen der Produktivität):

- Für die Komponente der *Benutzung* sehen die Experten eine *starke Produktivitätssteigerung* voraus. Ein Experte begründet dies mit der *"Erhöhung der Bandbreite"* zwischen Computer und Benutzern, wodurch sich Information stärker einprägen kann (Kellerhals).

- Eine *leichte Produktivitätssteigerung* findet man in der Komponente des *didaktischen Entwurfs.* Ein Experte, der neben dem didaktischen auch dem programmiertechnischen Entwurf starke Produktivitätssteigerungen vorhersagt und auf letzteres in der zweiten Befragungsrunde angesprochen wurde, begründet die Steigerungen in beiden Fällen. Er erwartet eine *hohe Standardisierung* bei der Technologie Multimedia, so daß im Einzelprojekt auf Vorgefertigtes zurückgegriffen werden könne (Klar). Dagegen führt ein anderer Experte die *ansteigende Komplexität der Applikationen* ins Feld (Kellerhals).

Bild 3.47:
Produktivitätsprofil
des Technologiefelds
der Informationsaus-
gabe. In der Graphik
sind die Produktivi-
tätswirkungen aller
zu diesem Techno-
logiefeld gehörenden
Technologiegebiete
und Technologien
zusammengefaßt.

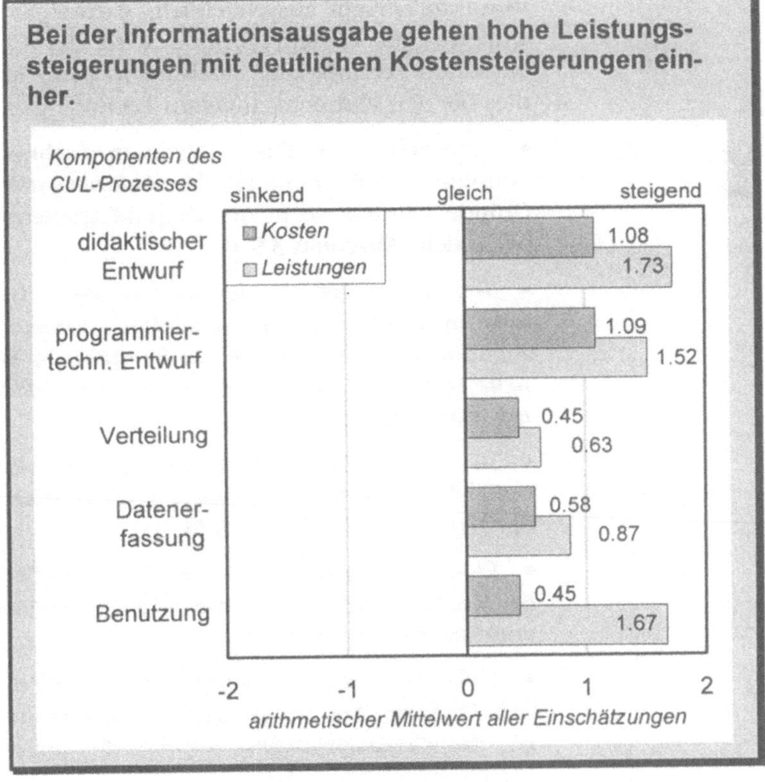

Gleichzeitig prognostizieren die Experten über *alle Komponenten* des CUL-Prozesses hinweg *Leistungssteigerungen*, in drei Fällen starke, in zwei Fällen leichte. Die Leistungssteigerungen werden jedoch kompensiert durch *Kostensteigerungen*, die die Experten ebenfalls für *alle Komponenten* vorhersagen und die in den meisten Komponenten *nur wenig niedriger* als die Leistungssteigerungen ausfallen. Die Technologien der Informationsausgabe *verschieben* also die Produktivität hin zu höheren Leistungen bei ähnlich höheren Kosten.

3.9   Technologiefeld "Informationsentwicklung"

Die bisher behandelten Technologiefelder, angefangen bei der Informationsspeicherung bis hin zur Informationsausgabe, durchdringen weitgehend die *gesamte Informationsverarbeitung*. Als letztes, gleichwohl wichtiges Technologiefeld sei die *Informationsentwicklung* betrachtet, deren einzelne Technologien eher, wenn auch nicht ausschließlich, *speziell für das CUL* konzipiert wurden. Aus diesem Grunde wird der Charakterisierung der einzelnen Technologien auch etwas mehr Raum eingeräumt, als dies bei den vorhergegangenen Technologiefeldern nötig war.

- Eine Schlüsselstellung unter den Technologien der Informationsentwicklung nehmen die *Autorensysteme* ein. Aus diesem Grunde wurden sie in der Delphi-Expertenbefragung gesondert behandelt (Abschnitt 3.9.1).

- Technologiegebiete der Informationsentwicklung, die einerseits in Autorensysteme eingehen können, andererseits aber auch für sich selbst stehen, sind *graphische Benutzeroberflächen, neue Software-Konzepte* und *Computer Aided Software Engineering* (CASE; Abschnitt 3.9.2).

- In der Wichtigkeit für das CUL der Zukunft führen nach Meinung der Experten die *neuen Software-Konzepte*, insbesondere der *Hypertext* (Abschnitt 3.9.3).

- Eine *breite Spanne* sagen die Experten für die *Reifezeitpunkte* der Technologien und Technologiegebiete der Informationsentwicklung voraus (Abschnitt 3.9.4).

- Hohe Leistungssteigerungen in fast allen Komponenten des CUL-Prozesses bei nur geringen Kostenänderungen charakterisieren das *Gesamtproduktivitätsprofil* der Informationsentwicklung (Abschnitt 3.9.5).

3.9.1 Schlüsselstellung für Autorensysteme

Zwei Gründe für die Schlüsselstellung

Bereits in der Pilotbefragung, die der Delphi-Expertenbefragung vorausging, trat die besondere Stellung der *Autorensysteme* unter den Technologien der Informationsentwicklung hervor. Zum einen sind sie das Werkzeug für die Autoren, in dem viele andere Technologien *unmittelbar* umgesetzt sind, beispielsweise eine Netzwerktechnologie, die das kooperative Erstellen einer CUL-Applikation erlaubt. Zum anderen ist in den Autorensystemen die *spätere Verwendung* vieler Technologien in der *CUL-Applikation* angelegt, beispielsweise die Einsetzbarkeit eines Sprachsynthesizers. Aus diesen Gründen wurden in der Delphi-Expertenbefragung *alle* Experten gebeten, die Autorensysteme zu beurteilen hinsichtlich

- ihrer *aktuellen Qualität,*

- des *Zeitpunkts ihrer Reife,*

- des *Zeitpunkts*, an dem ein bestimmtes *Verhältnis zwischen Erstellungs- und Lernzeit* unterschritten wird, und

- der *Produktivitätswirkungen* auf die einzelnen Komponenten des CUL-Prozesses.

Qualität: eher mittelmäßig

Die *aktuelle Qualität* von Autorensystemen beurteilen die Experten auf einer siebenstufigen Skala von "sehr hoch" bis "sehr niedrig" als eher *mittelmäßig* mit *Tendenz zu niedrig.* So befindet sich der *arithmetische Mittelwert* zwar in der Nähe des Skalenmittelpunkts, der *Median* der Einschätzungen liegt jedoch beim Wert für "eher niedrig". Die Extremwerte der Skala werden von keinem Experten gewählt. Bei dieser Frage unterscheiden sich statistisch signifikant *Experten aus der Industrie und Beratung* und *Experten aus der Wissenschaft:* Während die Experten aus der Industrie und Beratung die aktuelle Qualität der Autorensysteme eher höher einschätzen, neigen die Experten aus der Wissenschaft zu einer niedrigeren Beurteilung. Im Vergleich mit einer früheren empirischen Erhebung von Grass und Jablonka (1990, S.58), bei der sich die dort befragten Experten noch recht zufrieden mit den damaligen Autorensystemen zeigten, läßt sich ein *Trend zur niedrigeren Bewertung der Qualität* ausmachen.

Reife erst im Jahr 2002, ...

Die Unterschiede zwischen Experten aus der Industrie und Beratung und Experten aus der Wissenschaft setzen sich beim *Reifezeitpunkt* der Technologie der Autorensysteme fort. Insgesamt können Autorensysteme im *Jahre 2002* als ausgereift gelten (Bild 3.48; arithmetischer Mittelwert und Standardabweichung des Reifezeitpunkts sind auf der *Ordinate* aufgetragen). Experten aus der Industrie und Beratung gehen dabei statistisch signifikant von einem *früheren* Reifezeitpunkt aus als Experten aus der Wissenschaft.

dann auch Erreichen des 50:1-Verhältnisses

Für dasselbe Jahr, in dem Autorensysteme ausgereift sein werden, prognostizieren die Experten auch das Erreichen eines *Verhältnisses zwischen Erstellungs- und Lernzeit von 50:1* (Bild 3.48; arithmetischer Mittelwert und Standardabweichung des Eintrittszeitpunkts sind auf der *Abszisse* aufgetragen). Die Frage knüpft an verschiedene Aussagen aus der Fachliteratur zu *heutigen Verhältnissen zwischen Erstellungs- und Lernzeiten* an: So gibt Winkelmann (1990, S.112) ein durchschnittliches Verhältnis von 115 Erstellungsstunden zu 1 Lernstunde an. Er liegt damit unter der Schätzung anderer Autoren, die wie Steppi (1989, S.134-135) von

Bild 3.48:
Symplex-Graphik mit dem prognostizierten Reifezeitpunkt von Autorensystemen und dem prognostizierten Zeitpunkt, an dem ein Verhältnis zwischen der Erstellungs- und der Lernzeit an einer CUL-Applikation von 50:1 erreicht sein wird.
• Auf der Abszisse sind arithmetischer Mittelwert und Standardabweichung des prognostizierten Eintrittszeitpunkts eines 50:1-Verhältnisses zwischen Erstellungs- und Lernzeit aufgetragen.
• Auf der Ordinate sind arithmetischer Mittelwert und Standardabweichung des prognostizierten Reifezeitpunkts dargestellt.

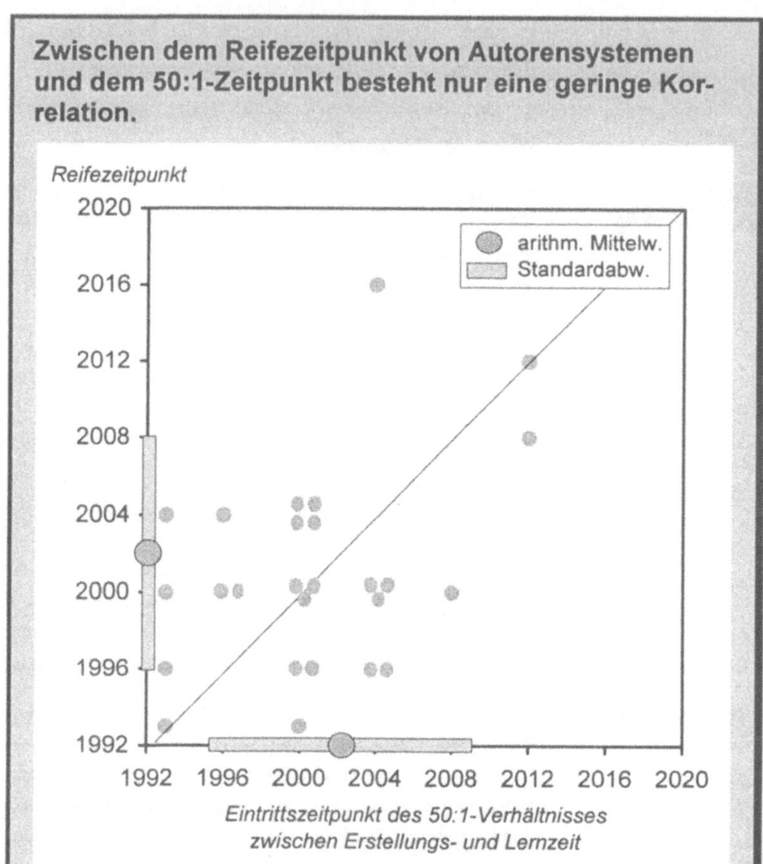

Verhältnissen von 200:1 bis 400:1 ausgehen (siehe hierzu auch Abschnitt 2.3.1, S.60).

Die Experten aus der *Industrie und Beratung* sagen statistisch signifikant einen *früheren Eintrittszeitpunkt* eines 50:1-Verhältnisses zwischen Erstellungs- und Lernzeit voraus als die Experten aus der *Wissenschaft*. Kontrovers diskutieren zwei Experten die Fragestellung beim Nachhaken. Ein Experte bezeichnet das Verhältnis von 50:1 als *Mindestmaß* schon allein für eine gelungene inhaltliche und didaktische Aufbereitung des Lernstoffes, daher werde es insgesamt *nie* erreicht werden (Vilsmeier). Ein anderer Experte setzt gegen dieses Argument *Techniken des Knowledgeengineerings*, wie man sie aus der Forschung zur "Künstlichen Intelligenz" kenne (Pitschke).

Beziehungen in Symplex-Graphik

In einer Symplex-Graphik treten die *Beziehungen zwischen Reife- und Eintrittszeitpunkten* heraus (Bild 3.48; individuelle Einschätzungen sind durch graue Positionspunkte dargestellt). Eine Diagonale als Stützgerade steht für die *Gleichheit* von Reife- und Eintrittszeitpunkt. Ähnlich viele Einschätzungen finden sich unterhalb und oberhalb der Diagonalen:

- *Unterhalb* der Diagonalen finden sich die Positionen der Experten, die das Eintreten eines 50:1-Verhältnisses zwischen Erstellungs- und Lernzeit *nach* dem Reifezeitpunkt der Autorensysteme prognostizieren. Diese Experten sehen offenbar in der Technologie der Autorensysteme *nicht* das Potential zur Erreichung des oben genannten Verhältnisses. So kommentiert ein Experte: *"Wenn hierunter* (Fortschritte der Autorensysteme, Anm. des Verf.) *nicht auch didaktische Verbesserungen gerechnet werden, wird man 50:1 nie erreichen"* (Jöns).

- *Oberhalb* der Diagonalen sind die Positionen der Experten eingetragen, die das Eintreten eines 50:1-Verhältnisses zwischen Erstellungs- und Lernzeit *vor* dem Reifezeitpunkt prognostizieren. Diese Experten sehen in der Technologie der Autorensysteme offensichtlich noch *weiteres Potential* zur Verbesserung des genannten Verhältnisses.

Produktivitätsprofil

Die Autorensysteme haben einen *starken Einfluß* auf das CUL von morgen. Dies zeigt sich an ihrem *Produktivitätsprofil* (Bild 3.49). Es ist gekennzeichnet durch *Leistungssteigerungen* bei allen Komponenten des CUL-Prozesses, die von *Kostensenkungen* begleitet werden:

- Sowohl beim *programmiertechnischen* als auch beim *didaktischen Entwurf* bewirken nach Meinung der Experten die Autorensysteme *starke* Steigerungen der Produktivität. Dies resultiere, so zwei Experten, zum einen aus der vermehrten Wiederverwendbarkeit einmal erstellter Teile analog zum Entwurf von Expertensystemen (Pitschke), zum anderen durch die geringeren Qualifikationen, die der Umgang mit Autorensystemen der Zukunft erfordere (Weidenmann). Mehrere Experten äußern hier allerdings *Vorbehalte*:

   — Die Produktivitätssteigerungen hingen von der mittelfristigen Verfügbarkeit *objektorientierter Autorensysteme* ab, die auf *unterschiedlichen Datenbanken* aufsetzen könnten. Fehlten diese, explodierten die Kosten in Abhängigkeit von den steigenden Anfor-

Bild 3.49:
Produktivitätsprofil
der Technologie der
Autorensysteme

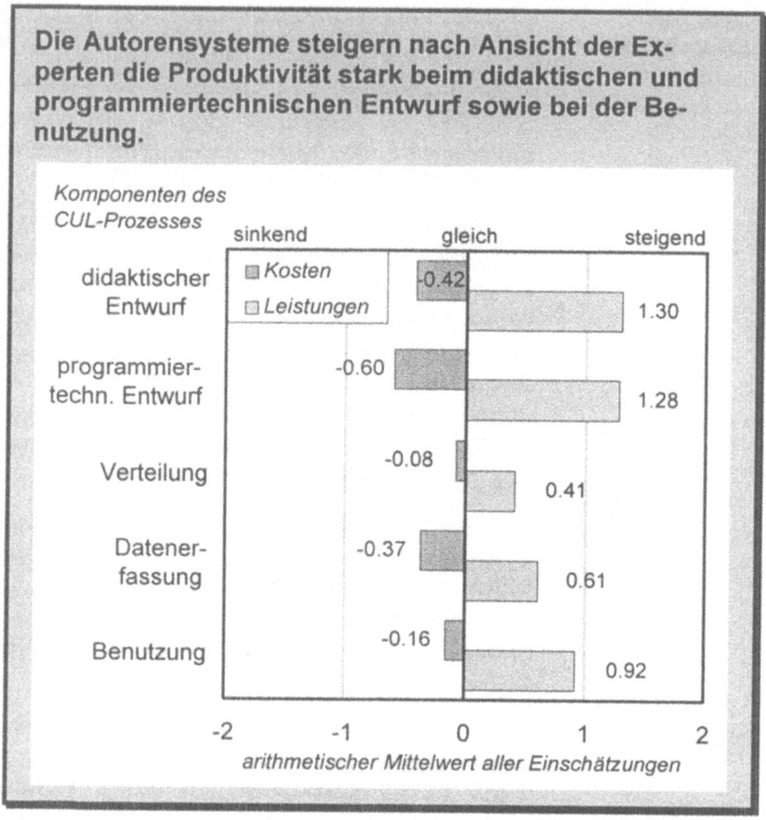

derungen (Keller). In diese Richtung zielt auch die Forderung von Knabe (1993, S.47) nach *Portabilität* von Autorensystemen.

– Ähnlich argumentiert ein Experte, der wegen eines erkennbaren *Mangels an mediendidaktisch qualifizierten Fachleuten* eher Kostensteigerungen als Kostensenkungen erwartet (Dumslaff).

– Die Produktivitätssteigerung im didaktischen Entwurf sei zudem fraglich. Eine Analogie zum *Desk Top Publishing* zeige, daß schon früher das Vorhandensein einer Technologie zur *Selbstüberschätzung der Entwickler* geführt habe; eine Gefahr, die man auch für das CUL nicht ausschließen könne (Hucho). Hieran schließen sich auch die Meinungen weiterer Experten an, die wirksame Impulse für das CUL der Zukunft ausschließlich von *neuen Theorien der Instruktion* erwarten (Vilsmeier) oder ein

"Übertünchen" herkömmlicher didaktischer Ansätze mit neuen Werkzeugen vorhersagen (Jöns).

• Ebenfalls eine *starke* Produktivitätssteigerung prognostizieren die Experten für die Komponente der *Benutzung*. Leistungsfähige Autorensysteme verbessern also nicht nur den Entwurf, sondern auch das *Ergebnis* des Entwurfs in der Anwendung beim Benutzer.

• Eine *schwache* Produktivitätssteigerung sagen die Experten zudem für die Komponente der *Datenerfassung* vorher. Einzig bei der *Verteilung* wird sich die Produktivität nur *geringfügig* verbessern.

3.9.2 Graphische Benutzeroberflächen, neue Software-Konzepte und CASE: Die Technologiegebiete und Technologien der Informationsentwicklung im Überblick

Die im vorherigen Abschnitt besprochenen Autorensysteme bilden sicherlich den *Kern* der Technologien der Informationsentwicklung. Gleichwohl gibt es eine *Reihe weiterer wichtiger Technologien*, die teils in den Autorensystemen integriert, teils in ihrem Umfeld angesiedelt sind. Sie lassen sich zu *drei Technologiegebieten* zusammenfassen: in die

Technologiegebiete umfassen ...

• *graphischen Benutzeroberflächen,*

• *neuen Software-Konzepte* und

• Ansätze zum *Computer Aided Software Engineering* (CASE; Bild 3.50).

graphische Benutzeroberflächen, ...

Graphische Benutzeroberflächen, das erste Technologiegebiet der Informationsentwicklung, stellen ein inzwischen bewährtes Mittel dar, um die Kommunikation zwischen Mensch und Computer *einfacher* und *sicherer* zu machen (vgl. Thimbleby 1990, S.2-3, zu weiteren Zielen einer Benutzeroberfläche). Sie besitzen im allgemeinen *drei charakteristische Eigenschaften*: Erstens werden viele der in einem Computer verarbeitbaren Objekte in *visuellen Metaphern* dargestellt (vgl. Hansen 1992, S.418). Beispielsweise nimmt ein Benutzer eine Programmdatei nicht als Schriftzug, sondern als *Ikone* wahr, wobei eine idealisierte Schreibmaschine für eine CUL-Applikation zur Textverarbeitung stehen mag. Zweitens lassen sich zahlreiche Anweisungen an den Computer per *Maussteuerung* übermitteln. Drittens hilft die *Fenstertechnik* beim Arbeiten mit mehreren Applikationen.

Bild 3.50:
Übersicht über die
drei Technologiege-
biete und sechs
Technologien des
Technologiefelds der
Informationsentwick-
lung

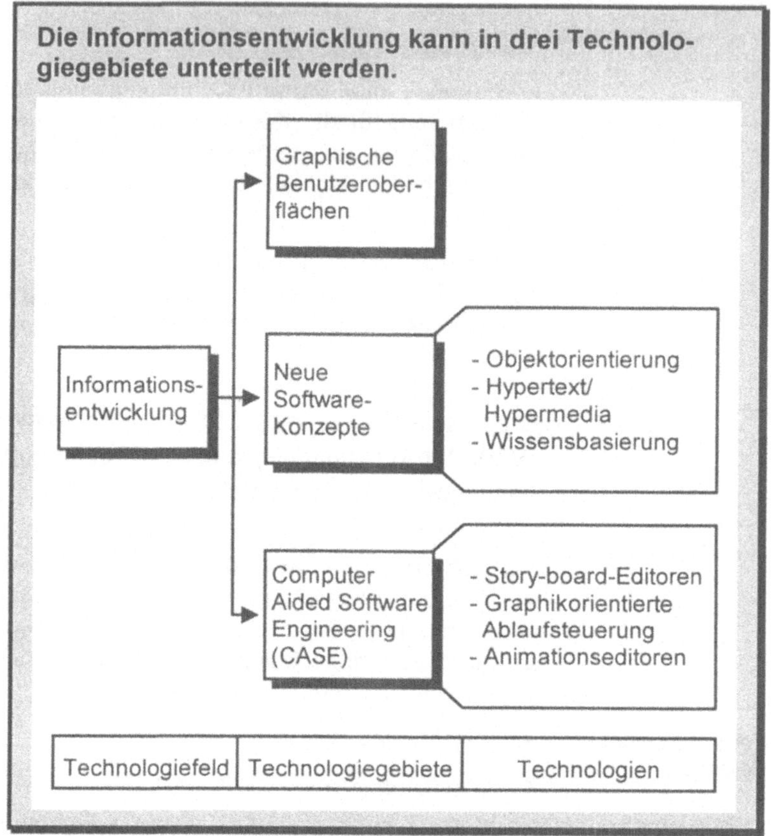

Graphische Benutzeroberflächen stehen in Kombination mit *objektorientierten Programmiersprachen* (siehe unten) als Autorensysteme zur Verfügung. Da sie in dieser Form zentrale Bedeutung für die *Informationsentwicklung* besitzen, wurden sie auch unter dieses Technologiefeld gefaßt und nicht unter die Informationseingabe, was eine denkbare Alternative gewesen wäre.

neue Software-
Konzepte und ...

Neben den graphischen Benutzeroberflächen ist es das Technologiegebiet der *neuen Software-Konzepte*, dessen Technologien das CUL der Zukunft bestimmen können, im einzelnen die *Objektorientierung*, der *Hypertext* und die *Wissensbasierung*:

• Die *Objektorientierung* ist eine neue Art, wie man ein Programm und die Programmierung betrachten kann. Sie beruht auf dem Identifizieren und Definieren von *Objekten*, denen man

Prozeduren als Eigenschaften zuordnet. *Nachrichten*, die an ein Objekt geschickt werden, lösen diese Prozeduren aus (vgl. Nastansky 1990 zur Objektorientierung im Endbenutzer-Computing, ferner Greenberg und Pengelly 1989, S.136-140, mit einem Beispiel zur Umsetzung der Objektorientierung in einer CUL-Applikation zur Mathematik in höheren Schulen).

- Der *Hypertext* löst das herkömmliche Paradigma des sequentiellen Anordnens eines Textes auf, in dem er ihn durch ein *vernetztes Gebilde einzelner Dokumente* ersetzt (siehe hierzu ausführlich Abschnitt 2.2.4, S.46). Die Verbindung der Strukturidee von Hypertext und der medialen Vielfalt von Multimedia führt zu *Hypermedia* (vgl. den Sammelband von Jonassen und Mandl 1990 mit Gestaltungshinweisen zum Einsatz von Hypermedia in CUL-Applikationen).

- Die *Wissensbasierung* als drittes neues Software-Konzept baut auf der logischen *Programmierung* auf. Bei der logischen Programmierung trennen die Autoren eines Algorithmus zwischen der *Logik*, die sie in *Fakten* und *Regeln* formulieren, und der *Programmablaufsteuerung*, die der Computer *vollständig* übernimmt (vgl. hierzu und im folgenden Belli 1986, S.19). Dies steht im Gegensatz zur herkömmlichen *prozeduralen Programmierung*, bei der die Autoren ebenfalls die Programmablaufsteuerung übernehmen und bei der sie die Daten gesondert vom übrigen Programm definieren. Die Wissensbasierung beruht nun auf zwei Aspekten: Man formuliert *Wissen in Form von Fakten und Regeln* und implementiert es in einer logischen Programmierumgebung. Durch dieses Vorgehen steigt die *Wiederverwendbarkeit* des Wissens, da es *unabhängig von Abläufen* dokumentiert ist (vgl. Belli 1986, S.23-27, zu weiteren Aspekten der Wissensbasierung; aber auch Möhrle 1987, S.128, zu den Grenzen der Programmablaufsteuerung durch den Computer).

Computer Aided
Software Engineering

Neben graphischen Benutzeroberflächen und den neuen Software-Konzepten steht das dritte Technologiegebiet *Computer Aided Software Engineering*, abgekürzt *CASE*. CASE ist bei der Erstellung von CUL-Applikationen noch nicht sehr weit verbreitet. Es lassen sich jedoch Ansätze erkennen in *Story-board-Editoren*, der *graphikorientierten Ablaufsteuerung* sowie in *Animationseditoren*.

- *Story-board-Editoren* unterstützen die *Vorbereitungen* beim Entwurf einer CUL-Applikation und knüpfen dabei an die Idee des Drehbuchs an (vgl. Ternes 1990, S.74, zur manuellen Version des Story-board-Erstellens). Sie enthalten rechnergestützte *Formularblätter* für jede einzelne Bildschirmseite (analog zu den Szenen eines Films), auf denen die Autoren neben den *sichtbaren Objekten* auch *Regieanweisungen* wie "Kopfzeile einblenden", "Uhrzeiger drehen" und "Graphik laden" vermerken.

• Die *graphikorientierte Ablaufsteuerung* geht über Story-board-Editoren hinaus, indem sie die Regieanweisungen nicht als Text, sondern in Form *ikonographischer Ablaufdiagramme* aufnimmt (Bild 3.51; vgl. Alexander 1992, S.25, zur Realisierung einer solchen Ablaufsteuerung im Autorensystem Icon Author). Auf einer graphischen Benutzeroberfläche aufsetzend bietet die graphikorientierte Ablaufsteuerung den Autoren einer CUL-Applikation verschiedene *Ikonen* an, die für Prozeduren z.B. zur Steuerung von Audio- und Videosequenzen zum Überblenden und zur Fenstereinblendung stehen. Die Ikonen können miteinander verbunden werden, wodurch sich ein *Ablaufdiagramm* ergibt. Ein wesentlicher Vorteil der graphikorientierten Ablaufsteuerung gegenüber den Story-board-Editoren liegt in der *programmiertechnischen Durchgängigkeit*: Graphikorientierte Ablaufdiagramme der vorgestellten Art gehen *unmittelbar*, ohne programmiertechnische Transformation, in die endgültige CUL-Applikation ein.

Bild 3.51:
Beispiel für eine graphikorientierte Ablaufsteuerung. Dem Beispiel liegt das Autorensystem "Icon Author" zugrunde.

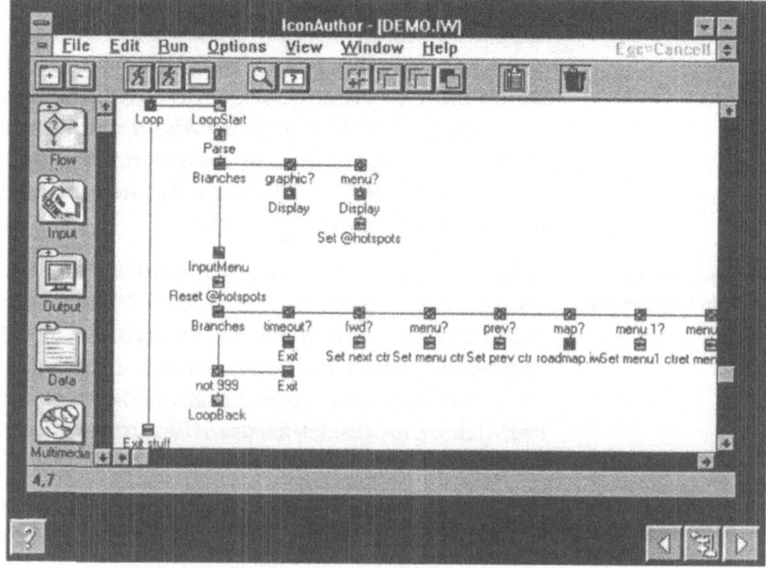

- Schließlich helfen *Animationseditoren* wie Animation Works Interactive beim Erstellen von *Animationen.* Animationen umfassen Bewegungen von Objekten auf dem Bildschirm, deren Erscheinen und Verschwinden sowie deren Veränderungen (siehe auch Abschnitt 1.1, S.7). Beispielhaft zeigt dies Guedel (1992, S.3-7) am menschlichen Gang und an menschlichen Kopfbewegungen. Animationseditoren stellen *vorgefertigte,* normalerweise *zeitsteuerbare Prozeduren* für diese Animationen zur Verfügung.

3.9.3   Hypertext vor graphischen Benutzeroberflächen: Ergebnisse des Gesamtvergleichs und der Einzelrangfolge

In einem Gesamtvergleich der drei Technologiegebiete der Informationsentwicklung hinsichtlich ihrer Wichtigkeit für das CUL der Zukunft liegen die *neuen Software-Konzepte* vorne. In der Einzelrangfolge der direkten Nennungen für Technologien und Technologiegebiete setzt sich dies mit dem *Hypertext* als einer zentralen Technologie des Technologiegebiets der neuen Software-Konzepte fort.

Gesamtvergleich

Der Gesamtvergleich zwischen den Technologiegebieten hinsichtlich ihrer Wichtigkeit für das CUL der Zukunft weist ganz klar auf die hohe Bedeutung der *neuen Software-Konzepte* hin (Bild 3.52, Daten nach Tabelle 3.6, siehe Kasten 3.2, S.132 f., zur Anlage des Gesamtvergleichs): Sie erhalten mit 161 fast *dreimal* so viele gewichtete und aggregierte Nennungen wie die zweitplazierten *graphischen Benutzeroberflächen. CASE* belegt mit 35 Nennungen den dritten Platz.

Das skizzierte Bild verfestigt sich, läßt man nur die Nennungen als *wichtigstes Technologiegebiet* (Rang 1 in Tabelle 3.6) als Kriterium zu: 24 Nennungen für die neuen Software-Konzepte bilden das Doppelte der Nennungen für die graphischen Benutzeroberflächen, die ihrerseits doppelt so viele Nennungen wie CASE erhalten. Obwohl keine statistisch signifikanten Unterschiede zwischen einzelnen Gruppen von Experten nachweisbar sind, fällt die unterschiedliche Beurteilung der Experten verschiedener *Tätigkeitsbereiche* ins Auge: Experten aus der *Industrie und Beratung* sehen die *graphischen Benutzeroberflächen* als wichtigstes Technologiegebiet (fünf Nennungen gegenüber zwei für die neuen Software-Konzepte und zwei für CASE), wohingegen Experten aus der *Wissenschaft* die *neuen Software-Konzepte* als wichtigstes Technologiegebiet einschätzen (21 Nennungen gegen-

Bild 3.53:
Einzelrangfolge von zwei Technologiegebieten und sechs Technologien der Informationsentwicklung hinsichtlich ihrer Wichtigkeit für das CUL der Zukunft, aufbauend auf den direkten gewichteten Nennungen (siehe Kasten 3.2, S.132 f. zur Erstellungsmethodik). Das Technologiegebiet der neuen Software-Konzepte ist nicht in der Graphik dargestellt, da es aus technischen Gründen im CUDiF nicht von den Experten ausgewählt werden konnte und demzufolge keine Nennungen vorliegen. In der Graphik sind rechts neben den einzelnen Balken die gewichteten direkten Nennungen für ein Technologiegebiet oder eine Technologie angegeben, im Inneren der Balken in kursiver Schrift die ungewichteten direkten Nennungen.

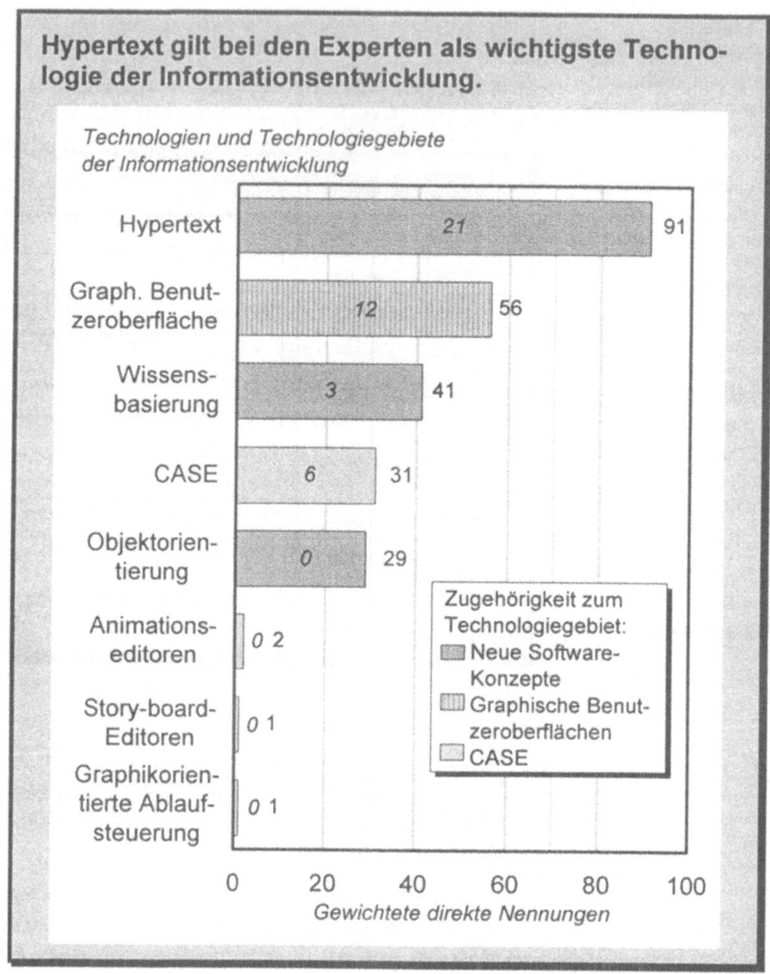

– Gegen die Reihenfolge dieser drei Technologien wendet sich ein Experte: *"Wegen der zunehmend kürzer werdenden Gültigkeitsdauer des Lerninhalts einer CUL-Applikation müßten CASE und Objektorientierung vor der Wissensbasierung rangieren"* (Schoop). Dies unterstützt ein weiterer Experte, der der Objektorientierung im Zusammenhang mit der *Object-Linking-and-Embedding-Technologie* (OLE) stärkere Bedeutung zumißt (Walser). OLE erweitert ein von Microsoft stammendes Betriebssystem eines Computers um verschiedene Dienste: Es dient zur *"Erstellung von Dokumenten* (worunter auch CUL-Applikationen ver-

Tabelle 3.6:
Wichtigkeit von Technologiegebieten und Technologien der Informationsentwicklung für das CUL der Zukunft. Die dunkelgrau unterlegten Zeilen enthalten die gewichteten aggregierten Nennungen für ein Technologiegebiet, die hellgrau unterlegten Zeilen die direkten Nennungen für ein Technologiegebiet (siehe Kasten 3.2, S.132 f., zur Erstellungsmethodik).

	Rang 1	Rang 2	Rang 3	Einfache Summe	Gewichtete Summe
Graphische Benutzeroberflächen	12	8	4	24	56
Neue Software-Konzepte aggregiert	24	30	29	83	161
Objektorientierung	0	11	7	18	29
Hypertext/ Hypermedia	21	9	10	40	91
Wissensbasierung	3	10	12	25	41
Computer Aided Software Engineering (CASE) aggregiert	6	4	9	19	35
Computer Aided Software Engineering (CASE)	6	3	7	16	31
Story-board-Editoren	0	0	1	1	1
Graphikorientierte Ablaufsteuerung	0	0	1	1	1
Animationseditoren	0	1	0	1	2

besteht. Nur sehr selbständige und hochgradig intrinsisch motivierte Lernende profitieren längerfristig von Hypermedia" (Keller). Dieses Argument vertieft ein anderer Experte (Schröder): Er hält in vielen CUL-Applikationen das Einschränken des Lernwegs sowie die Bewertung von Lernfortschritten für notwendig und sieht im Hypertext nicht die geeignete Umsetzungsgrundlage (Schröder). Auch ein *Informatiker* warnt vor allzu großen Erwartungen an den Hypertext: *"Für CUL-Applikationen bedarf es der Strukturen der Wissenspräsentation, die dem menschlichen Empfinden näherliegen. Beispiele für solche Strukturen sind semantische und neuronale Netze"* (Wegner).

• An zweiter Stelle nach dem Hypertext folgt das Technologiegebiet der *graphischen Benutzeroberflächen*. Über ihre herausragende Stellung für das CUL der Zukunft herrscht große Einigkeit bei den Experten.

• Ein zweites neues Software-Konzept ist mit der *Wissensbasierung* auf Platz 3 gerückt, nicht weit vor dem Technologiegebiet *CASE* und der *Objektorientierung*. Ähnlich wie beim Hypertext streben auch hier die Meinungen der Experten auseinander:

- Schließlich helfen *Animationseditoren* wie Animation Works Interactive beim Erstellen von *Animationen.* Animationen umfassen Bewegungen von Objekten auf dem Bildschirm, deren Erscheinen und Verschwinden sowie deren Veränderungen (siehe auch Abschnitt 1.1, S.7). Beispielhaft zeigt dies Guedel (1992, S.3-7) am menschlichen Gang und an menschlichen Kopfbewegungen. Animationseditoren stellen *vorgefertigte,* normalerweise *zeitsteuerbare Prozeduren* für diese Animationen zur Verfügung.

Hypertext vor graphischen Benutzeroberflächen: Ergebnisse des Gesamtvergleichs und der Einzelrangfolge

In einem Gesamtvergleich der drei Technologiegebiete der Informationsentwicklung hinsichtlich ihrer Wichtigkeit für das CUL der Zukunft liegen die *neuen Software-Konzepte* vorne. In der Einzelrangfolge der direkten Nennungen für Technologien und Technologiegebiete setzt sich dies mit dem *Hypertext* als einer zentralen Technologie des Technologiegebiets der neuen Software-Konzepte fort.

Der Gesamtvergleich zwischen den Technologiegebieten hinsichtlich ihrer Wichtigkeit für das CUL der Zukunft weist ganz klar auf die hohe Bedeutung der *neuen Software-Konzepte* hin (Bild 3.52, Daten nach Tabelle 3.6, siehe Kasten 3.2, S.132 f., zur Anlage des Gesamtvergleichs): Sie erhalten mit 161 fast *dreimal* so viele gewichtete und aggregierte Nennungen wie die zweitplazierten *graphischen Benutzeroberflächen. CASE* belegt mit 35 Nennungen den dritten Platz.

Das skizzierte Bild verfestigt sich, läßt man nur die Nennungen als *wichtigstes Technologiegebiet* (Rang 1 in Tabelle 3.6) als Kriterium zu: 24 Nennungen für die neuen Software-Konzepte bilden das Doppelte der Nennungen für die graphischen Benutzeroberflächen, die ihrerseits doppelt so viele Nennungen wie CASE erhalten. Obwohl keine statistisch signifikanten Unterschiede zwischen einzelnen Gruppen von Experten nachweisbar sind, fällt die unterschiedliche Beurteilung der Experten verschiedener *Tätigkeitsbereiche* ins Auge: Experten aus der *Industrie und Beratung* sehen die *graphischen Benutzeroberflächen* als wichtigstes Technologiegebiet (fünf Nennungen gegenüber zwei für die neuen Software-Konzepte und zwei für CASE), wohingegen Experten aus der *Wissenschaft* die *neuen Software-Konzepte* als wichtigstes Technologiegebiet einschätzen (21 Nennungen gegenstanden werden können, Anmerkung des Verfassers), *die sich aus mehreren verschiedenen Informationselementen zusammensetzen, die von unterschiedlichen Programmen erzeugt sein können"* (Microsoft 1993, S.60).

– Hingegen weisen zwei Experten auf die besonderen Möglichkeiten der *individuellen Anpassung* einer CUL-Applikation an einen Benutzer hin, wie sie die Wissensbasierung aufbauend auf *Benutzermodellen* eröffne (Pitschke und Weidenmann). Auch seien *wissensbasierte Lernstandsdiagnosen* vorteilhaft einsetzbar (Pitschke). Ein weiterer Experte greift seine bereits unter dem Hypertext besprochenen Argumente auf und plädiert erneut für *semantische* und *neuronale Netze* als Teile der Wissensbasierung, in denen Reserven lägen, die für das CUL der Zukunft wichtig werden könnten (Wegner). Schließlich geht ein Experte auf das *Zusammenwachsen zwischen Hypermedia und der Wissensbasierung* ein (Keller).

• Fast vernachlässigbar sind die Nennungen für einzelne Technologien des Technologiegebiets CASE, also für *Animationseditoren, Story-board-Editoren* und selbst für die *graphikorientierte Ablaufsteuerung*. Ein Experte aus der Medizin betont jedoch die Bedeutung, die *Animationseditoren* vor allem zur Vermittlung *optisch-diagnostischer Fähigkeiten* sowie zur Vertiefung von *emotional begründeten Beziehungen* besäßen (Teschemacher).

Weitere Technologien

Neben den in der Technologieliste enthaltenen *Technologien* der Informationsentwicklung nennen die Experten *zwei weitere*, die ebenfalls von Bedeutung für das CUL der Zukunft seien: Ein Experte geht auf *echtzeitfähige Bilddatenbank-Verwaltungssysteme* ein (Schoop), ein anderer empfiehlt *Virtual Reality* für die Erstellung von Simulationen (Hofmann).

3.9.4 Die Reifezeitpunkte der Technologiegebiete und Technologien der Informationsentwicklung

Weit auseinanderliegende Reifezeitpunkte

Die Experten sehen die Technologiegebiete und Technologien der Informationsentwicklung überwiegend erst im *nächsten Jahrhundert* als ausgereift an (Bild 3.54). Die *graphischen Benutzeroberflächen* und die *Objektorientierung* sind die Technologiegebiete bzw. Technologien, die nach Ansicht der Experten als erste ausreifen werden (beide im Jahr 2000). Es folgt drei Jahre später der *Hypertext.* Sein Reifezeitpunkt liegt sehr nahe an dem der Technologie *Multimedia* (siehe Abschnitt 3.8.3, S.173 f.), die mit

Bild 3.54:
Reifezeitpunkte von wichtigen Technologiegebieten und Technologien der Informationsentwicklung. Es sind alle Technologiegebiete und Technologien in der Graphik enthalten, zu deren Reifezeitpunkt fünf oder mehr Einschätzungen vorliegen. In zwei ergänzenden Spalten findet man zum einen die Anzahl an Experten, die den Reifezeitpunkt eines Technologiegebiets oder einer Technologie nicht in absehbarer Zukunft sehen (Spalte "nie"), zum anderen die Anzahl der für den Reifezeitpunkt vorliegenden Einschätzungen (Spalte "Einschätzungen").

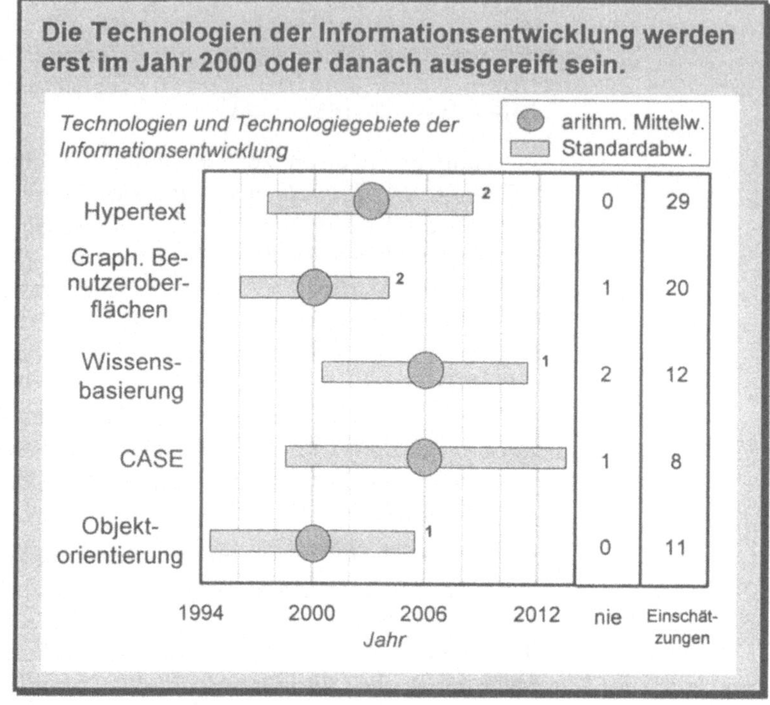

[1] *Hier sagen Experten aus der Wissenschaft statistisch signifikant einen früheren Reifezeitpunkt voraus als Experten aus der Industrie und Beratung.*

[2] *Hier sagen Experten aus der Industrie und Beratung statistisch signifikant einen früheren Reifezeitpunkt voraus als Experten aus der Wissenschaft.*

ihm durch die *Hypermedia-Idee* recht eng verknüpft ist. Erst langfristig erwarten die Experten ein Reifen der *Wissensbasierung* und des *CASE.*

Unterschiede zwischen Experten

Bemerkenswert bei den Reifezeitpunkten sind vor allem die *statistisch signifikanten Unterschiede* zwischen *Experten aus der Industrie und Beratung* und *Experten aus der Wissenschaft* (Bild 3.54). Sie stehen bei jeweils zwei Technologien bzw. Technologiegebieten in einem *entgegengesetzten Verhältnis:*

• Beim *Hypertext* und den *graphischen Benutzeroberflächen* rechnen die Experten aus der *Industrie und Beratung* mit einem *früheren* Reifen als die Experten aus der Wissenschaft.

• Umgekehrt verhält es sich bei der *Wissensbasierung* und der *Objektorientierung*. Die Experten aus der *Wissenschaft* erwarten hier ein *früheres* Reifen als die Experten aus der Industrie und Beratung.

Sockeleinsatzanteil   Wiederum wurde den Experten die *Nachhakfrage* gestellt, wann ein *Sockeleinsatzanteil* wichtiger Technologiegebiete und Technologien von 20% in CUL-Applikationen erreicht sein würde. Beim *Hypertext* streuen die Angaben von sechs ausgewählten Experten auf dem relativ engen Bereich zwischen 1994 und 2000. Bei den *graphischen Benutzeroberflächen* sind die Experten einhellig der Meinung, dies sei im wesentlichen bereits erreicht. Hingegen divergieren bei der *Wissensbasierung* die Einschätzungen: Während zwei Experten vom Jahr 2000 und einer vom Jahr 2008 als Eintrittszeitpunkt ausgehen, verschiebt ein Experte den Eintrittszeitpunkt in weite Ferne auf das Jahr 2020, und zwei Experten rechnen überhaupt nicht mit dem genannten Sockeleinsatzanteil der Wissensbasierung.

3.9.5 Produktivitätswirkungen der Technologiegebiete und Technologien der Informationsentwicklung

Die Informationsentwicklung übt vergleichsweise *hohe Produktivitätswirkungen* auf die Komponenten des CUL-Prozesses aus. Während die Produktivitätsprofile des Hypertexts, der graphischen Benutzeroberflächen und der Wissensbasierung dem Gesamtprofil stark ähneln, gibt es beim *CASE* und der *Objektorientierung* interessante Abweichungen, was in Anhang A8 ausgeführt wird. Daneben fällt die *Wissensbasierung* wegen einer Häufung statistisch signifikanter Unterschiede zwischen den Gruppen der Experten auf (siehe ebenfalls Anhang A8).

Erwartungsgemäß führt die Informationsentwicklung insgesamt nach Ansicht der Experten in den Komponenten des *didaktischen und programmiertechnischen Entwurfs* zu Steigerungen der Produktivität, daneben aber auch in *anderen Komponenten* (Gesamtprofil in Bild 3.55, siehe Abschnitt 3.1.3, S.95 ff., zur operationalisierten Komponentengliederung des CUL-Prozesses und zur Charakterisierung von Änderungen der Produktivität):

• Sowohl beim *didaktischen* als auch beim *programmiertechnischen Entwurf* erwarten die Experten *starke* Steigerungen der Produktivität. Gegen die starken Steigerungen beim *didaktischen Entwurf* bildet sich aber beim Nachhaken eine *bemerkenswerte*

Bild 3.55:
Produktivitätsprofil des Technologiefelds der Informationsentwicklung. In der Graphik sind die Produktivitätswirkungen aller zu diesem Technologiefeld gehörenden Technologiegebiete und Technologien zusammengefaßt.

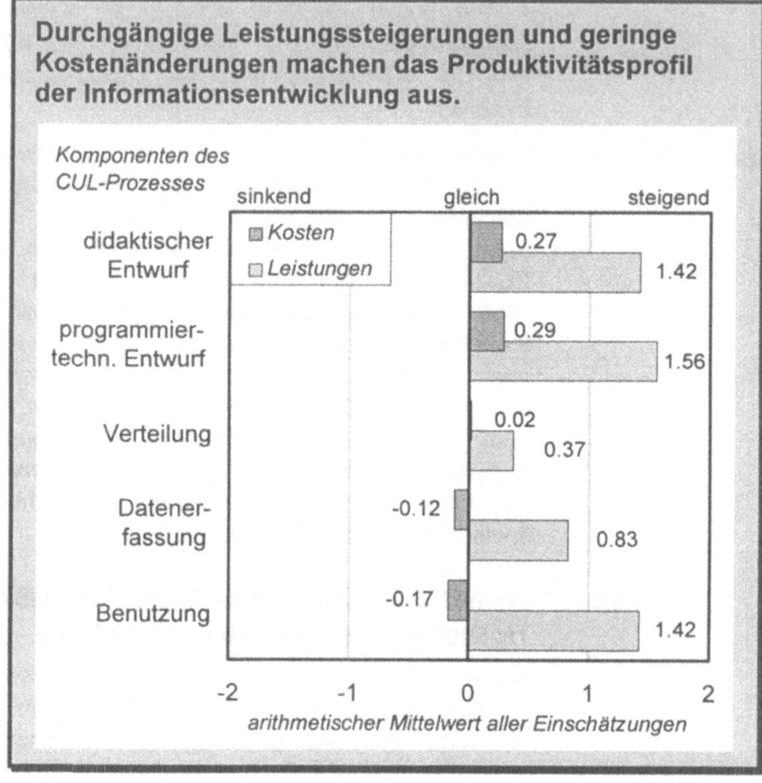

Gegenposition. Ein Experte argumentiert: *"Didaktik bleibt weiterhin eine primär planerische konzeptionelle Aufgabe, die durch Werkzeuge nur bedingt unterstützt werden kann"* (Schoop, auf die Problematik hinweisend auch Keller). Dem schließt sich ein weiterer Experte sinngemäß an: *"Die Kosten für den didaktischen Entwurf können und dürfen in absehbarer Zukunft nicht sinken, im Gegenteil, sie werden stärker steigen als die erwarteten Leistungen, weil derzeit noch keine formalisierten didaktischen Entwurfsmethoden ... existieren"* (Wegner, analog argumentierend auch Schröder, van Deelen: *"Gehirnschmalz ist teuer"*, Hofmann und Veitl).

• Die prognostizierte *starke* Produktivitätssteigerung bei der *Benutzung* übertrifft diejenigen bei den beiden Komponenten des Entwurfs.

• Eine *leichte* Steigerung der Produktivität sagen die Experten auch für die *Datenerfassung* vorher. Ein Experte weist dabei auf die steigende Notwendigkeit der Datenerfassung zur *Qualitätssicherung* von CUL-Applikationen hin und leitet daraus größeres Interesse auf der Seite der Autoren ab (Eitel). Ein anderer Experte hebt *Techniken des maschinellen Lernens* hervor, mit denen man Benutzermerkmale effizienter erfassen und aufbereiten könne (Pitschke). Die Verfügbarkeit solcher Hilfsmittel macht auch ein dritter Experte zur Voraussetzung für Produktivitätssteigerungen (Keller).

• Lediglich die Komponente der *Verteilung* wird nach Ansicht der Experten von den Technologien der Informationsentwicklung nicht wesentlich beeinflußt.

Über alle Komponenten hinweg präsentiert sich die Informationsentwicklung in der Ansicht der Experten als *leistungssteigernd*, aber im wesentlichen als *kostenneutral*.

3.10   Die Produktivitätswirkungen im Zeitablauf

In jedem Technologiefeld wurden die *Reifezeitpunkte* verschiedener Technologien bzw. Technologiegebiete prognostiziert und damit wurde ein Indiz für ihren Einsatz im CUL-Prozeß gewonnen (siehe beispielsweise Abschnitt 3.6.3, S.157 f.). Noch nicht beantwortet wurde die Frage, wie sich zu *bestimmten, zukünftigen Zeitpunkten* die *Produktivität in den einzelnen Komponenten* des CUL-Prozesses unter Einwirkung dieser Technologien entwickeln wird? Zur Beantwortung dieser Frage sei in *drei Schritten* vorgegangen:

Drei Schritte

• *Schritt 1:* Alle Technologien werden sortiert nach ihrem *Reifezeitpunkt,* der sich aus ihrem *Lebenszyklus* (vgl. Wolfrum 1991, S.97-101) ergibt und von den Experten geschätzt wurde (Tabelle 3.7, Spalten 1 und 2).

• *Schritt 2:* Danach bedarf es der Festlegung des *Zeitpunkts,* zu dem die einzelnen Technologien sich auf den CUL-Prozeß auswirken werden. Hier sei eine *Schranke von zwei Jahren* angenommen; Technologien gelten also zwei Jahre vor ihrem Reifezeitpunkt als für den CUL-Prozeß relevant (Tabelle 3.7, Spalte 3). Für die Schranke von zwei Jahren sprechen vor allem die *Ergebnisse der Nachhakfragen,* wann bei einer bestimmten Technologie ein Sockeleinsatzanteil von 20% in CUL-Applikationen erreicht sein werde? Die Experten nennen hier häufig einen Zeitpunkt, der zwei Jahre vor dem Reifezeitpunkt liegt.

Tabelle 3.7:
Liste der Technologien und Technologiegebiete, nach Reifezeitpunkten aufsteigend sortiert und um komponentenweise Produktivitätswirkungen ergänzt. Produktivitätswirkungen, die gleich oder größer als eins sind, sind grau unterlegt.

Technologie bzw. Technologiegebiet	Reifezeitpunkt	Produktivitätswirkung auf ...				
		didaktischen Entwurf	progr.-techn. Entwurf	Verteilung	Datenerfassung	Benutzung
Tastatur	1995	.16	.16	.13	.16	.42
Maus	1995	.38	.31	.05	.38	.72
Festplatte	1995	1.25	.50	1.25	.75	1.38
Radiowellen	1996	-.50	.50	3.00	.00	2.00
Datex-P	1996	.43	1.00	1.71	.86	1.00
Berührungsempfindl. Bildschirm	1997	1.05	.32	.05	.23	1.23
Lichtgriffel	1997	.00	-.20	.20	.00	.80
Schmalband-ISDN	1997	.50	.50	2.00	.83	1.83
Bildschirmausgabe	1998	.33	.11	.00	.00	.56
CD-ROM	1998	.71	.53	1.79	.82	1.92
Magn. Speicher	1999	.38	.38	.38	.13	.50
Schmalbandkabel	1999	.50	.83	2.00	.50	1.50
Verdrillte Leiter	1999	.43	.43	1.29	1.00	1.00
Videoausgabe	2000	.57	.29	.57	.14	.71
Graphische Benutzeroberflächen	2000	.95	.95	.11	.84	1.68
Breitbandkabel	2000	.15	.23	2.00	.77	1.00
Private Netze	2000	.00	.17	1.67	-.17	1.50
Objektorientierung	2000	.64	1.00	-.09	.18	.82
Optische Speicher	2000	1.05	.56	1.51	.85	1.54
Local Area Networks	2001	.60	.70	1.70	.90	1.40
Kabelgebundene Übertragung	2001	.08	-.04	.91	.55	.73
ISDN	2001	.00	.33	2.31	.87	1.40
Videoband	2001	1.25	.67	1.00	.75	1.67
Bildplatte	2001	.17	-.17	.17	.67	1.50
Breitband-ISDN	2001	.41	.52	1.67	.81	1.23
Autorensysteme	2002	1.72	1.88	.49	.97	1.08
Erkennung von Handschrift	2002	.73	.27	.18	1.73	1.82
Multimedia	2003	.73	.51	.16	.35	1.41
Hypertext	2003	.83	1.03	.34	.69	1.45
Halbleiterspeicher	2004	1.31	1.38	1.23	1.23	2.08
Funk und Fernsehen	2004	.23	.15	1.31	.23	1.62
Wissensbasierung	2006	1.33	.92	.33	.92	1.75
CASE	2006	1.50	2.50	.75	.88	1.13
Erkennung natürlicher Sprache	2007	1.31	.63	.31	1.00	1.69
Wide Area Networks	2007	1.00	1.00	2.60	1.60	1.80

- *Schritt 3:* Schließlich werden die Technologien um die *komponentenweisen Produktivitätswirkungen* ergänzt (Tabelle 3.7, Spalten 4 bis 8). Die komponentenweisen Produktivitätswirkungen berechnen sich als *Differenz zwischen der Leistungs- und der Kostenänderung* je Komponente des CUL-Prozesses.

Ergebnis:
Divergentes Profil

Das Ergebnis dieses Vorgehens zeigt ein *divergentes Profil* der Komponenten des CUL-Prozesses auf:

- Zum einen steigern neue Technologien die Produktivität in den Komponenten der Verteilung und der Benutzung nach Ansicht der Experten *beständig.*

- Zum anderen findet man bei den Komponenten des didaktischen und programmiertechnischen Entwurfs und der Datenerfassung bis zum Wirkjahr 1998 *eher tröpfchenweise Impulse* für die Produktivität, die erst ab dem Wirkjahr 1999 von einem prognostizierten *durchgängigen Anstieg* abgelöst werden.

Bild 3.56:
Gedankenflußplan
zu Kapitel 3

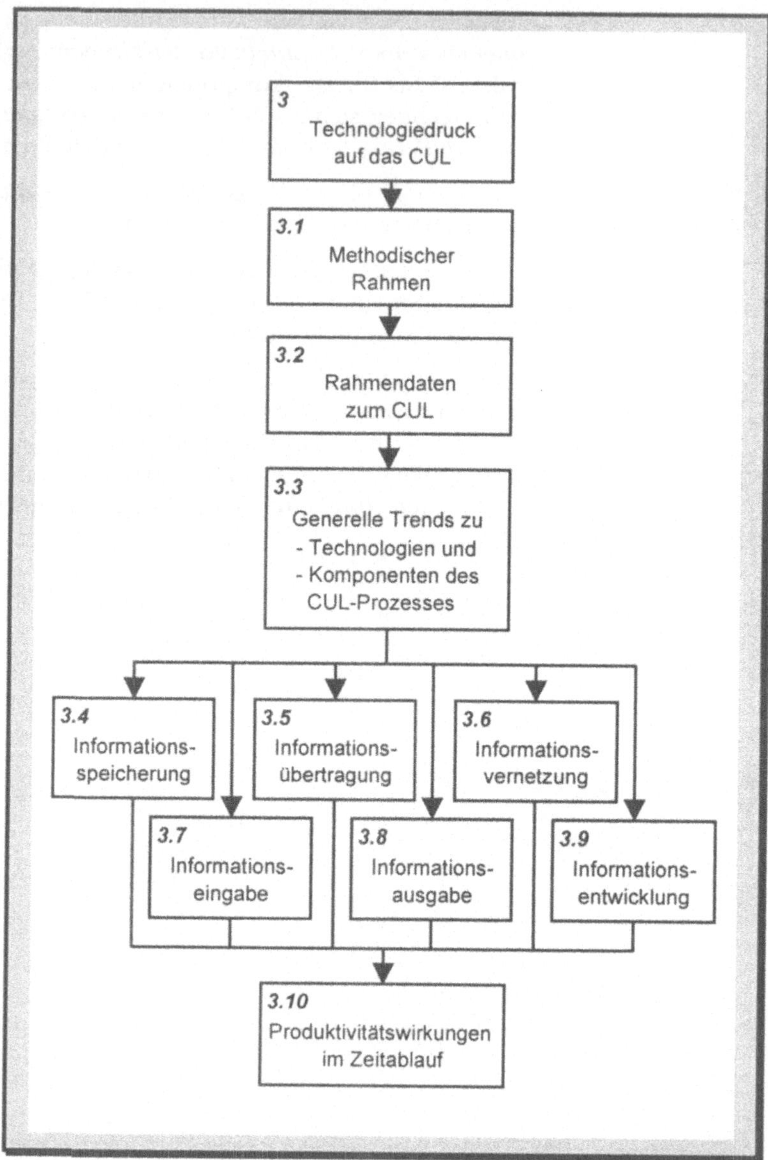

4

Der betriebliche CUL-Einsatz im Spiegel einer bibliometrischen Untersuchung über den Zeitraum von 1971 bis 1992

*Im allgemeinen besteht das Problem darin,
den Großteil der Information selektiv zu verwerfen.*

*(Rüdiger Wehner, *1940)*

*Vor drei Jahrhunderten noch war die Seltenheit der Bücher
dem Fortschreiten der Wissenschaften nachteilig,
jetzt ist es deren Überzahl,
die verwirrt und eigenes Denken verhindert.*

*(Karl Julius Weber, 1767 bis 1832:
Demokritos - oder hinterlassene Papiere
eines lachenden Philosophen, 5.Band.
Stuttgart: Scheible, Rieger & Sattler 1843, S.410).*

Vom Technologiedruck zum Marktsog

Der Technologiedruck auf das CUL ist hoch, wirkt sich in erster Linie in Form von Leistungssteigerungen aus und verändert die Bedingungen für den zukünftigen CUL-Einsatz - dies ist ein wesentliches Ergebnis der in Kapitel 3 präsentierten Delphi-Expertenbefragung. Zu einer umfassenden Beurteilung des CULs bedarf es jedoch nicht nur der Betrachtung des Technologiedrucks, genauso wichtig ist die des *Marktsogs* auf das CUL (siehe die in Abschnitt 1.3, S.12 ff., vorgestellte betriebswirtschaftliche Technologievorausschau). Der Marktsog verkörpert einen von der Anwendungsseite ausgelösten *Problemlösungsdrang*, einen starken Wunsch nach neuen Lösungen. Der Marktsog steht in diesem und im nächsten Kapitel im Mittelpunkt:

- In Kapitel 4 dient der *betriebliche CUL-Einsatz* als *Indikator für den Marktsog*. Der betriebliche CUL-Einsatz wird dabei gemessen als die Stärke des Widerhalls, den das CUL in den letzten Jahren in der Management-Literatur fand.

• In Kapitel 5 geht es sodann um die Einbettung des CUL-Einsatzes in ein *kommunikationsförderndes Wissensmanagement,* und betriebliche CUL-Einsatzbereiche werden systematisch identifiziert und klassifiziert. Dies sei als Beitrag zur *weiteren Ausschöpfung des Marktsogs* auf das CUL verstanden.

Die empirische Beobachtung des betrieblichen CUL-Einsatzes baut in diesem Buch auf einer *bibliometrischen Untersuchung* auf. Dabei liegen die in einer bibliographischen Datenbank gespeicherten Literaturstellen der Argumentation zugrunde. Es seien zunächst *Ausgangshypothesen* formuliert, sodann seien die *Anlage* der bibliometrischen Untersuchung betrachtet und deren *Resultate* vorgestellt. Eine *kritische Reflexion* der Methodik ergänzt dies:

Vier Abschnitte:

Ausgangs-
hypothesen, ...

• *Sechs Ausgangshypothesen* zum betrieblichen CUL-Einsatz seien formuliert. Sie zielen auf den generellen Bedeutungszuwachs des CULs, den Wandel von stärker technologieorientierten zu stärker anwendungsorientierten Aspekten, die Entwicklung des CUL-Einsatzes einerseits in verschiedenen betrieblichen Funktionsbereichen und andererseits in verschiedenen industriellen Branchen (Abschnitt 4.1, S.199 ff.).

Konkretisierung der
Bibliometrie, ...

• Eine *bibliometrische Untersuchung,* wie sie zur Wissenschaftsforschung seit längerem vor allem in Nordamerika angewendet wird, bedarf der *Konkretisierung* für die vorliegende Fragestellung. Die Auswahl der ihr zugrundeliegenden *Literaturdatenbank,* die Umformung der nicht unmittelbar testbaren Ausgangshypothesen zu testbaren *operationalen Hypothesen* und die Festlegung der *Recherchestrategie* zählen zu den wesentlichen Aspekten (Abschnitt 4.2, S.202 ff.).

Ergebnisse und ...

• Die Ergebnisse der bibliometrischen Untersuchung zeichnen ein *differenzierteres Bild* des betrieblichen CUL-Einsatzes, · als dies zuvor in den operationalen Hypothesen formuliert werden konnte (Abschnitt 4.3, S.215 ff.). So hat sich beispielsweise die Anzahl von CUL-Aufsätzen insgesamt im Vergleich zur Gesamtzahl aller in der ausgewählten Datenbank ABI/INFORM enthaltenen Aufsätzen nicht im erwarteten Maße entwickelt, und auch hinsichtlich der Anwendungsorientierung schränken die Rechercheergebnisse die entsprechende operationale Hypothese deutlich ein.

Reflexion

- Die Bibliometrie als Methodik liefert *meß- und überprüfbare Ergebnisse.* Gleichwohl bedarf es der *kritischen Reflexion der Methodik und der Ergebnisse*, um den Stellenwert der Bibliometrie nicht nur für dieses Buch im engeren, sondern für die Betriebswirtschaftslehre und Wirtschaftsinformatik im weiteren beurteilen zu können (Abschnitt 4.4, S.233).

Die Ergebnisse der Bibliometrie knüpfen an Abschnitt 2.4, S.74 ff., an, in dem die *historische Entwicklung* des CULs aufgezeigt wurde. Während es dort in erster Linie um *prototypische Erstanwendungen* und deren *psychologische Fundierung* ging, geht es hier primär um den *breiten CUL-Einsatz in Unternehmen* und um damit zusammenhängende Aspekte.

Vier Hauptbegriffe

Zur Vorbereitung auf die nächsten Abschnitte nützt ein einfacher *begrifflicher Ansatz* zur Erfassung des in Aufsätzen niedergelegten betrieblichen CUL-Einsatzes. Er besteht aus *vier Hauptbegriffen* (Bild 4.1): In einem *CUL-Aufsatz* (Hauptbegriff 1) sprechen die Autoren entweder eine *CUL-Applikation* (Hauptbegriff 2) oder ein *allgemeines CUL-Thema* (Hauptbegriff 3) an. Die CUL-Applikationen unterscheiden sich dabei nach dem Typ, dem Thema, der Zielgruppe, den Lernzielen etc. Sowohl CUL-Applikationen als auch allgemeine Themen können sich auf ein *Unternehmen* (Hauptbegriff 4) beziehen, das nach Größe, Aufbauorganisation und aktuellen Problemen charakterisiert werden kann.

4.1   Sechs Ausgangshypothesen zum betrieblichen CUL-Einsatz

Methodisches Vorgehen

Die bisherige Entwicklung des betrieblichen CUL-Einsatzes läßt sich in *plausiblen Ausgangshypothesen* fassen. Diese Tatsache ermöglicht ein *theoriegeleitetes Vorgehen* in der weiteren Untersuchung (vgl. Witte 1988 in kompakter Form zu diesem Vorgehen), da die Ausgangshypothesen *getestet* und möglicherweise auch *falsifiziert* werden können. Ein solches Vorgehen geht über das im Rahmen der Delphi-Expertenbefragung gewählte *explorative* Vorgehen (Abschnitt 3.1.2, S.89 ff.) hinaus, das im *Vorfeld der Theoriebildung* angesiedelt ist.

Die Ausgangshypothesen bauen zum einen auf der *Historie des CULs* auf (siehe Abschnitt 2.4, S.74 ff.), zum anderen auf *Eigenschaften von betrieblichen Funktionsbereichen und industriellen Branchen*, die den CUL-Einsatz mitbestimmen. Sechs Ausgangshypothesen seien vertieft:

Bild 4.1:
Begrifflicher Ansatz
zur Erfassung des in
Aufsätzen nieder-
gelegten betrieb-
lichen CUL-Einsat-
zes. Die Modellierung
lehnt sich an den
Objekttypenansatz
nach Müller-Merbach
(1986, S.504) an
(siehe auch Abschnitt
5.2, S.242).

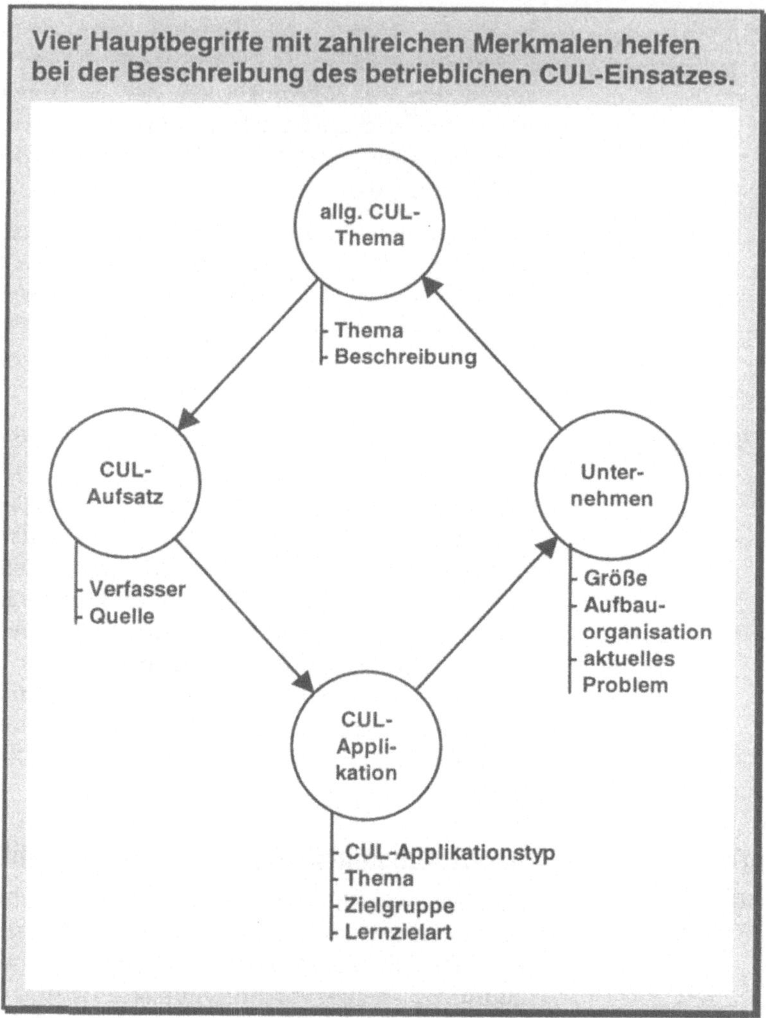

Generelle Trends

> Ausgangshypothese 1: Die Bedeutung des CULs für Unterneh-
> men ist im Zeitraum von 1971 bis 1992 beständig gestiegen.

Nach den Anfängen des CULs hat es *technologische Neuerungen*
gegeben, die das CUL als Lehr- und Lernform für Unternehmen
beständig attraktiver haben werden lassen. Auch ist die Verbreitung der *Personal-Computer*, und zwar sowohl der IBM-kompatiblen als auch der Apple-Personal-Computer, als der *Hauptein-
satzplattform* für CUL-Applikationen gestiegen.

> Ausgangshypothese 2: In der frühen Phase des Bekanntwerdens von CUL dominierten in der Diskussion technologische Aspekte, erst in einer späteren Phase verschob sich das Schwergewicht hin zu anwendungsorientierten Aspekten.

Für die Ausgangshypothese 2 sei für die Lehr- und Lernform des CULs ein *typischer Technologielebenszyklus* vermutet. Ein solcher Technologielebenszyklus umfaßt vier Phasen: die Entstehungs-, Wachstums-, Reife- und Altersphase (vgl. Saad, Roussel und Tiby 1991, S.65-70). In der *Entstehungsphase* sind viele technische Aspekte noch offen und diskussionsbedürftig, von Anwendungen - so Saad, Roussel und Tiby (1991, S.65) - bestehen im günstigsten Fall *Visionen*. Im Zuge der Verbreitung einer Technologie in der *Wachstumsphase* und in der *Reifephase* steigen die Anwendungen zunächst schnell, sodann mehr oder weniger kontinuierlich an, bevor sie dann in der *Altersphase* stagnieren.

Bezug zu Funktionsbereichen

> Ausgangshypothese 3: CUL wird überwiegend im Zusammenhang mit der betrieblichen Aus- und Weiterbildung genannt.

Der Funktionsbereich in einem Unternehmen, der sich üblicherweise mit *Lehr- und Lernformen* wie dem CUL befaßt, ist die *betriebliche Aus- und Weiterbildung*. Ihr zentrales Ziel liegt in der *Qualifikationsanpassung* der Mitarbeiter eines Unternehmens (vgl. Dostal 1993, S.15).

> Ausgangshypothese 4: CUL gewinnt in unterschiedlichen betrieblichen Funktionsbereichen zu unterschiedlichen Zeitpunkten seine Bedeutung.

Ausgangshypothese 4 ergänzt die Ausgangshypothese 3: Möglicherweise diffundiert das CUL ausgehend von der betrieblichen Aus- und Weiterbildung in *andere Funktionsbereiche*, beispielsweise in das Marketing zur Unterstützung der Kommunikation mit Kunden oder in die Produktion zur Einarbeitung neuer Mitarbeiter.

Bezug zu industriellen Branchen

> Ausgangshypothese 5: CUL hat seinen Anwendungsschwerpunkt bei den Dienstleistungsanbietern.

CUL eignet sich u.a. zur Vermittlung von Wissen über *komplexe Gegenstände*, zu denen man auch viele Dienstleistungen wie Versicherungen, Computersoftware, Bankprodukte und Finanzdienste zählen kann (vgl. Corsten 1988, S.3, zur Abgrenzung von Dienstleistungen). Ferner gehörte in Dienstleistungsunternehmen der Computer schon früh zur Standardausrüstung, so daß wichtige Voraussetzungen für den CUL-Einsatz gegeben waren. Ein Bankvorstand formulierte dies so: *"Wenn der Computer sozusagen von Natur aus irgendwohin zuallererst gehört, dann ist es eine Bank"* (vgl. Diefenbach 1990, S.1).

> Ausgangshypothese 6: CUL gewinnt in unterschiedlichen industriellen Branchen zu unterschiedlichen Zeitpunkten seine Bedeutung.

Ausgangshypothese 6 ergänzt Ausgangshypothese 5. Möglicherweise diffundiert CUL in andere industrielle Branchen, z.B. in Branchen mit stark erklärungsbedürftigen materiellen Erzeugnissen wie dem Maschinenbau oder der Elektrotechnik.

4.2   Die Bibliometrie als methodische Grundlage

Neue Möglichkeiten durch IKT

Zum Test der sechs skizzierten Ausgangshypothesen können *verschiedene Instrumente* herangezogen werden. Im Rahmen der herkömmlichen empirischen Sozialforschung kämen beispielsweise eine mündliche oder schriftliche Befragung in Frage. Die modernen Informations- und Kommunikationstechnologien eröffnen neue Möglichkeiten der empirischen Prüfung von Hypothesen, von denen hier die *Bibliometrie* als besonders geeignet erscheint. Ähnlich wie bei anderen Instrumenten bedarf es auch bei der Bibliometrie eines *speziellen Vorgehens*.

Bibliometrie

Neue naturwissenschaftliche Erkenntnisse und Forschungsergebnisse, aber auch deren Diffusion und Trends ihrer Anwendung deuten sich oft durch *Veröffentlichungen* in Monographien, Fachzeitschriften und Tagungs- bzw. Konferenzberichten an. In der *Bibliometrie* (oft auch Scientometrie oder Wissenschaftsforschung genannt) wurde eine Reihe von Meßansätzen entwickelt, mit denen Forscher bibliographische Hinweise aus Literaturdatenbanken mit *statistischen Mitteln* auswerten können (vgl. Bekker 1988, S.23, zu einer Gegenüberstellung der Bibliometrie mit verwandten Instrumenten der Patentanalyse und der Technometrie). So veröffentlicht beispielsweise der National Science Board in den USA regelmäßig *Berichte zur Wissenschaftsbeurteilung*, in denen bibliometrische Ergebnisse einen wichtigen Bestandteil bilden (vgl. u.a. National Science Board 1989, S.327-346); und in Deutschland empfiehlt Grupp (1992) die Bibliometrie zur *Identifikation und Bewertung von Innovationen*.

Die Bibliometrie beschränkt sich nicht nur auf die Technik- und Naturwissenschaften, sie eignet sich - wie die vorliegende Untersuchung zeigen soll - auch für *Fragestellungen der Wirtschaftsinformatik und der Betriebswirtschaftslehre*, wenn auch mangels speziell dafür angelegter Datenbanken nur in weniger starkem Maße (vgl. Winterhager 1993, S.579, mit einem ähnlichen Befund für die Sozialwissenschaften).

• Bei der Bibliometrie kann man mit *verschiedenen Meßgrößen* arbeiten, wobei je nach Meßgröße unterschiedliche Aussagen möglich sind (Abschnitt 4.2.1).

• Das *Vorgehen* bei der Bibliometrie baut auf einem engen Zusammenspiel zwischen Hypothesenformulierung, verwendbaren bibliometrischen Meßansätzen und Leistungsvermögen der ausgewählten Literaturdatenbank auf (Abschnitt 4.2.2).

• Die *Datenbank ABI/INFORM*, die für die vorliegende Bibliometrie ausgewählt wurde, zeichnet sich durch Umfang und Zielgruppenorientierung gegenüber anderen Datenbanken aus (Abschnitt 4.2.3).

• Die Ausgangshypothesen bedürfen der *Umformung zu operationalen Hypothesen*, um sie bibliometrisch testen zu können (Abschnitt 4.2.4).

• In der *Recherchestrategie* fließen Datenbankauswahl und Hypothesenformulierung zusammen. Die Recherchestrategie bestimmt zudem, welche *Fehler* die Forscher bei der Auswertung in Kauf nehmen müssen (Abschnitt 4.2.5).

4.2.1   Meßgrößen der Bibliometrie

Drei Meßgrößen

Die Bibliometrie beruht auf der Recherche in einer Literaturdatenbank, anhand der die Forscher *bestimmte Ausprägungen von Meßgrößen* ermitteln. Meßgrößen bestehen insbesondere in der *einfachen Publikationshäufigkeit*, der *Publikationshäufigkeit bei einer bestimmten Zitierungsrate* und der *Publikationshäufigkeit bei einer bestimmten Ko-Zitierungsrate* (vgl. Becker 1988, S.23, für einen kurzen Überblick sowie Weingart und Winterhager 1984, S.122-156 und S.175-218, für eine ausführliche Darstellung mit zahlreichen Beispielen).

• Bei der *einfachen Publikationshäufigkeit* messen die Forscher, in wievielen Veröffentlichungen *ein bestimmtes Stichwort* zu finden ist. Dabei können sie vorher bestimmte Publikationsorgane wie z.B. renommierte Fachzeitschriften wählen oder ausschließen. Ein Beispiel könnte die Suche nach allen Veröffentlichungen sein, die den Begriff *"Produktionsfaktor"* im Titel oder in der Kurzfassung enthalten.

• Bei der *Publikationshäufigkeit .ab einer bestimmten Zitierungsrate* werden nur Veröffentlichungen in die Messung einbezogen, die *in anderen Veröffentlichungen* zitiert worden sind. Dabei können die Forscher festlegen, wie *oft* eine Veröffentlichung zitiert werden mußte, um in die Auswertung einzugehen. Generell gilt die Anzahl der Zitierungen als *Qualitätsmaß* für eine Veröffentlichung und ihre Autoren (vgl. Cronin 1984 mit einer sozialwissenschaftlichen Theorie des Zitierens). Das obige Beispiel läßt sich daran fortsetzen: Wieder suchen die Forscher nach Veröffentlichungen mit dem Begriff "Produktionsfaktor", sie berücksichtigen aber nur solche Veröffentlichungen, die mindestens dreimal von anderen Autoren zitiert worden sind.

• Bei der *Publikationshäufigkeit bei einer bestimmten Ko-Zitierungsrate* wird noch stärker eingeschränkt: Nur gemeinsame Zitate von Paaren oder Mehrfachgruppen wissenschaftlicher Veröffentlichungen gehen in die Auswertung ein (vgl. Small 1973). Bei dieser Meßgröße bilden die Forscher zunächst alle möglichen oder nach Plausibilität ausgewählten *Zweier-Kombinationen* von Veröffentlichungen, in besonderen Fällen auch *Kombinationen höherer Ordnung*. Sie messen sodann, wie häufig ein Begriff in solchen Veröffentlichungen auftritt, in denen eine bestimmte Kombination von anderen Veröffentlichungen zitiert worden ist. Hierdurch lassen sich *Forschungsfronten* erkennen (vgl. Czerwon 1993, S.626). Das obige Beispiel nochmals fortgesetzt: Die Forscher bilden Zweierkombinationen von Veröffentlichungen, beispielsweise verbinden sie Gutenberg (1979) und Busse von Colbe und Laßmann (1991). Sodann suchen sie nach dem Stichwort "Produktionsfaktor" in allen Veröffentlichungen, in denen diese Zweierkombination zitiert worden ist. Dies führen sie für weitere Kombinationen fort.

4.2.2 Vorgehen bei der Bibliometrie

Sechs Komponenten

Die Abhängigkeit der Bibliometrie von einer Literaturdatenbank erfordert ein *spezielles Vorgehen*. Es besteht aus sechs Komponenten, die analog zu den Komponenten des CUL-Prozesses zum Teil in *enger Weise miteinander verflochten* sind (Bild 4.2):

Bild 4.2:
Sechs Komponenten
des Vorgehens bei
einer Bibliometrie
und inhaltliche
Abhängigkeiten
zwischen ihnen

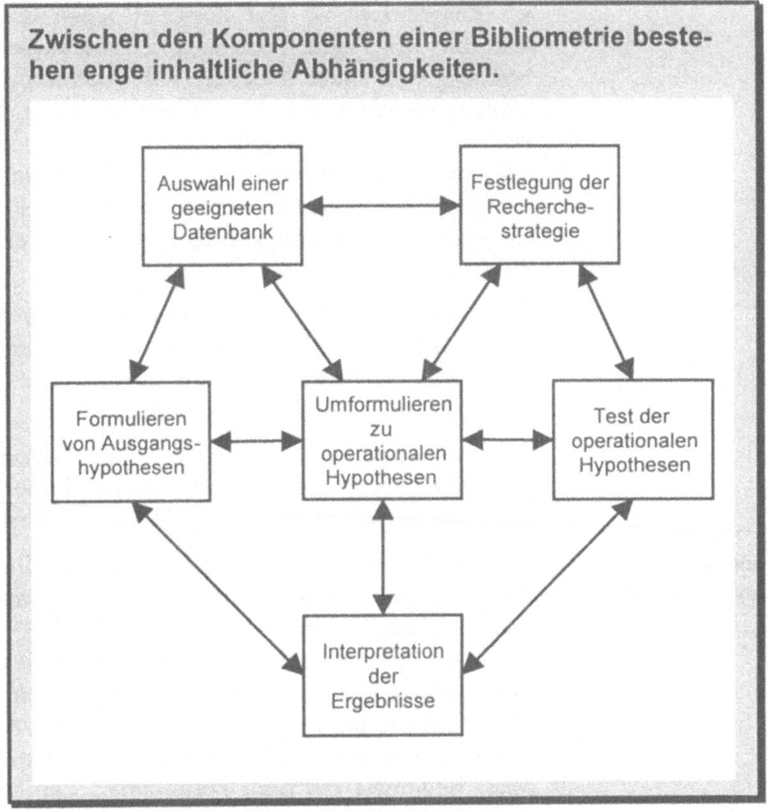

- *Komponente 1:* Die Forscher formulieren - wie bei anderen empirischen Untersuchungen auch - *Ausgangshypothesen,* die aus der verfügbaren Theorie abgeleitet werden.

- *Komponente 2:* Die Forscher wählen eine *geeignete Literaturdatenbank* aus: Nicht immer werden die Forscher eine Datenbank finden, in denen alle oder auch nur einige der Ausgangshypothesen getestet werden können. In einem solchen Fall bedarf es der *Revision der Ausgangshypothesen* und gegebenenfalls des *Wechsels zu einem anderen Instrument* der empirischen Forschung.

- *Komponente 3:* Unter Berücksichtigung der Eigenschaften der ausgewählten Literaturdatenbank formulieren die Forscher die Ausgangshypothesen zu *operationalen Hypothesen* um, zu solchen Hypothesen also, die sie unmittelbar testen können.

- *Komponente 4:* Die Forscher legen die *Recherchestrategie* fest, also die Frage, nach welchen *Stichwörtern* in welcher *Verbindung* und unter welchen *Voreinstellungen* sie in der Datenbank recherchieren wollen. Die Festlegung der Recherchestrategie hängt von den Möglichkeiten der ausgewählten Literaturdatenbank ebenso ab wie von den zu testenden operationalen Hypothesen. Die Forscher werden in der Regel die Recherchestrategie *ausprobieren* und abhängig von den erzielten Ergebnissen *modifizieren.*

- *Komponente 5:* Die Forscher testen die *operationalen Hypothesen,* sie beurteilen also anhand der ermittelten Ausprägungen der Meßgrößen, inwieweit eine operationale Hypothese zutreffen kann oder ob sie verworfen werden sollte.

- *Komponente 6:* Die *Ergebnisse* der Bibliometrie sind zu *interpretieren.* Hier schließt sich der Kreis von den operationalen Hypothesen zurück zu den Ausgangshypothesen.

Analogie zum
Software-Entwurf

Die sechs Komponenten sind stark inhaltlich miteinander verflochten. Eine solche Symptomatik findet man auch beim *Software-Entwurf,* für den Müller-Merbach (1983, S.112-116) anstelle eines Schemas zeitlich abgegrenzter Phasen ein *Schema zeitlich überlappender Komponenten* vorgeschlagen hat (siehe analog hierzu Abschnitt 2.3, S.52 ff.). Ein solches *Schema sei auch für das Vorgehen bei der Bibliometrie* empfohlen (Bild 4.3): Die Forscher beginnen mit dem Formulieren der Ausgangshypothesen, sie berücksichtigen dabei zugleich die Auswahl der geeigneten Datenbank. Im zeitlichen Fortschritt treten andere Komponenten hinzu, bereits teilweise abgearbeitete schwächen sich ab, wobei die zeitlichen Überlappungen die Möglichkeit zur *inhaltlichen Abstimmung* eröffnen.

4.2.3 Auswahl einer geeigneten Literaturdatenbank

Die moderne Datenbanktechnik erlaubt den vergleichsweise einfachen Zugriff auf eine *große Anzahl von Veröffentlichungen,* insbesondere auf Zeitschriftenaufsätze, Zeitungsartikel, Monographien, Forschungsberichte und Projektbeschreibungen. Für spezielle Fachgebiete, die Naturwissenschaften und die Sozialwissenschaften, gibt es zudem *Datenbanken mit Zitatverzeichnissen,* beispielsweise den *Social Science Citation Index* mit Zitataufbereitungen aus der Soziologie und der Psychologie (vgl. Winterhager 1993, S.572).

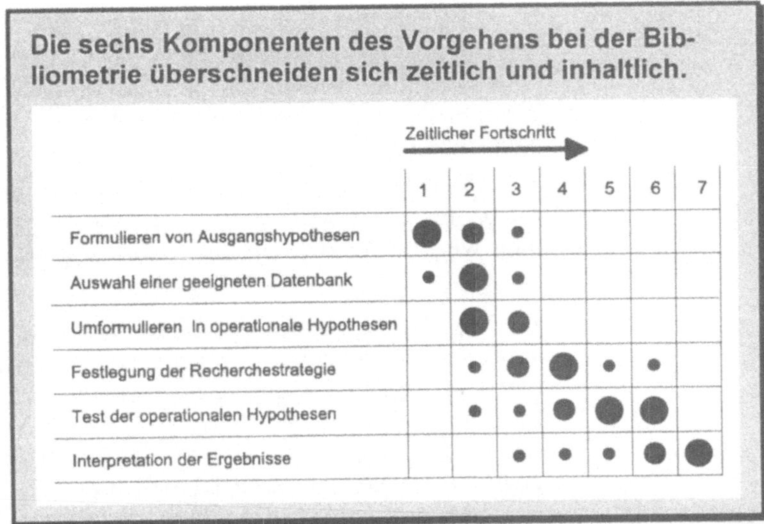

Vielfalt an Datenbanken

Für Fragestellungen aus den Wirtschaftswissenschaften stehen *mehrere Literaturdatenbanken* zur Verfügung (vgl. die Verzeichnisse von Schulte-Hillen 1994 und Staud 1993). Die wichtigsten sind die deutschsprachigen *BLISS* (Betriebswirtschaftliches Literatur-Such-System) und *BEFO* (Betriebsführung und Betriebsorganisation) sowie die englischsprachigen *ABI/INFORM*, *ELI* (Economic Literature Index), ferner, Randgebiete abdeckend, die *FTEA* (Foreign Trade & Economics Abstracts) und die *PAIS INT* (Public Affairs International).

Auswahl notwendig: ABI/INFORM

Der Inhalt und der Aufbau einer Datenbank setzen den Rahmen für die Hypothesen, die die Forscher testen können. Daher bedarf es der *gezielten Auswahl* der für die Bibliometrie zu verwendenden Datenbank (vgl. Möhrle 1988b, S.578, mit zehn verschiedenen Vergleichskriterien zwischen Literaturdatenbanken). Im vorliegenden Fall schien die Datenbank *ABI/INFORM* am günstigsten. Sie besteht *seit 1971* und enthält bibliographische Angaben zu *Zeitschriftenaufsätzen*. Der Anbieter der Datenbank, die nordamerikanische Firma United Microfilms International (UMI), wertet ca. *800 verschiedene englischsprachige Zeitschriften* aus, die Mehrzahl davon aus Nordamerika, aber auch einige aus Europa, Asien und Australien. Im Durchschnitt werden pro Zeitschrift und Jahr 50 Aufsätze in die Datenbank aufgenommen, so daß sie pro Jahr um 40.000 neue Angaben wächst. Im einzelnen

Vier Gründe

sprachen für die Wahl von ABI/INFORM *vier Gründe:*

- ABI/INFORM deckt den *nordamerikanischen Raum* fast vollständig ab: Dies ist günstig, denn das CUL und die für seine Weiterentwicklung geeigneten Schlüsseltechnologien wurden und werden mit einem *zeitlichen Vorsprung in Nordamerika* entwickelt und eingesetzt.

- ABI/INFORM hat einen *Fokus auf der Managementliteratur:* Auch dies ist günstig, denn über den CUL-Einsatz in Unternehmen wird tendenziell eher in der Managementliteratur als in der wissenschaftlichen Literatur berichtet.

- Die *Mächtigkeit der Datenbank* ist beeindruckend: Nur wenige andere Datenbanken besitzen den Umfang und das Wachstum von ABI/INFORM und zugleich eine bis ins Jahr 1971 zurückreichende zeitliche Abdeckung. Zum Vergleich: Die deutschen Datenbanken BLISS und BEFO wurden 1975 bzw. 1974 gegründet, beide wachsen jährlich um etwa 10.000 neue Angaben, also um ein *Viertel* des Zuwachses von ABI/INFORM.

- ABI/INFORM ist *auf CD-ROM* verfügbar: Zur Durchführung einer bibliometrischen Untersuchung bedarf es umfangreicher Zugriffe auf die Datenbank, insbesondere werden zum Test der Recherchestrategie etliche Literaturrecherchen benötigt. Bei einer Online-Datenbank würde dies zu hohen Ausgaben führen, nicht jedoch bei einer CD-ROM-Datenbank, deren Nutzung durch eine *Einmalzahlung* abgegolten wird (vgl. Hanebeck und Möhrle 1992, S.601-602, zu den Unterschieden zwischen Online- und CD-ROM-Datenbanken).

Die Datensätze in ABI/INFORM umfassen jeweils die *Kurzfassung* (Abstract) einer Veröffentlichung nebst *bibliographischen Angaben, Stichwörtern* und *Einordnungen in verschiedene Klassifikationen* (siehe einen beispielhaften Datensatz in Bild 4.4). Der Datenbankanbieter klassifiziert u.a. nach vier Kategorien,

Klassifikation der Datensätze

- nach *betrieblichen Funktionsbereichen* ("management function") mit den sechs Hauptklassen "general management", "finance", "accounting, taxation & law", "operations", "human resource management" und "marketing",

- nach *Branchen und Märkten* ("industries & markets") mit den sechs Hauptklassen "financial services", "insurance", "other services", "agriculture", "extractive" und "manufacturing",

- nach der *geographischen Region* ("geographic area") mit den drei Hauptklassen "United States", "Non-US" und "international",

Bild 4.4:
Beispielhafter Datensatz aus der Datenbank ABI/INFORM

Ein Datensatz in ABI/INFORM besteht aus vier Teilen.

Bibliographische Angaben

```
Access No. 00605966 ProQuest ABI/INFORM
Title: A Company-Wide Business Game
Authors : Brewer, Bill
Journal: Journal of European Industrial
Training (JEU)
ISSN: 0309-0590
Vol: 16 Iss: 1 Date: 1992 p: i-ii
```

Stichwörter

```
Companies: Trustee Savings Bank Group
Subjects: Case studies; Banking industry;
Game theory; Simulation; Teamwork; Learning;
Training
Geo Places: UK
```

Klassifikation

```
Codes: 9110 (Company specific); 8120 (Retail
banking services); 6200 (Training & develop-
ment); 9175 (Western Europe)
```

Kurzfassung

```
Abstract: At TSB Insurance, it was decided to
run a company-wide business game because a
substantial need for team building had been
identified. The game ran over a 12-week
period and a L250 prize was offered to the
winning team. Eventually 18 teams entered the
competition and were briefed in the use of
the Executive business simulation from April
Training Executive Limited. Executive is a
computer-based business simulation that
creates an environment in which people can
learn to work in teams. It simulates the
western European motor industry. The package
can run on any IBM-compatible personal
computer or Apple Macintosh. One of the spin-
offs from the exercise was that people for
the first time seemed to appreciate what
other people in an organization do. Time
management skills were paramount and by the
end of the period, these skills within the
groups had increased dramatically. At the end
of the exercise, a very high profile award
ceremony was arranged. Facilitators must
remember that simulation is a training tool
and cannot stand alone. Holdings: This item
available in: Unknown.
```

- nach der *Unternehmensstruktur* ("organization type") mit den fünf Hauptklassen "multinational corporations", "small businesses", "diversified companies", "non-profit institutions" und "public sector organizations" (vgl. UMI 1991, S.10-11).

Eine Veröffentlichung erhält nur dann einen Eintrag, wenn der Bezug zu einer Klassifikation *offensichtlich* ist. So wurde die Veröffentlichung in Bild 4.4 beispielsweise nur hinsichtlich des *betrieblichen Funktionsbereichs* (6200 [training & development]), der *Branche* (8120 [retail banking services]), der *geographischen Region* (9175 [western europe]), aber nicht hinsichtlich der *Unternehmensstruktur* klassifiziert.

Einschränkung

Die Datenbank ABI/INFORM enthält *keine Querverweise* von einer Veröffentlichung auf andere. Weder Zitate noch sonstige Beziehungen zwischen Veröffentlichungen können somit aufgespürt werden, und als einzige *Meßgröße* verbleibt die *einfache Publikationshäufigkeit*. Dies ist aus Sicht der empirischen Forschung bedauerlich, jedoch steht keine geeignetere Datenbank zur Verfügung.

4.2.4 Von Ausgangshypothesen zu operationalen Hypothesen

Um die Ausgangshypothesen einer *empirischen Bewertung* unterziehen zu können, bedarf es der Berücksichtigung der Möglichkeiten der ausgewählten Datenbank (siehe Abschnitt 4.2.2, S.205 f.), insbesondere der *verfügbaren Klassifikationen*. Als Ergebnis eines solchen Schrittes ergeben sich *operationale Hypothesen* (Tabelle 4.1).

Während die Ausgangshypothesen 1 und 3 bis 6 (siehe Abschnitt 4.1, S.199 ff.) verhältnismäßig unproblematisch zu operationalisieren waren, erwies sich die Umformulierung von Ausgangshypothese 2 als schwierig: In ihr wurde zwischen *Anwendungs- und Technologieorientierung* des CULs unterschieden. Nach zahlreichen Tests erwies sich die Zuordnung der Veröffentlichung zu einer *industriellen Branche* als Indiz für die Anwendungsorientierung. Damit sind Veröffentlichungen eingeschlossen, die entweder vom CUL-Einsatz in einem Unternehmen einer Branche oder vom unternehmensübergreifenden, aber branchenbezogenen CUL-Einsatz handeln. Jedoch sind Veröffentlichungen ausgeschlossen, die ausschließlich allgemein von CUL oder von technologischen Aspekten des CULs handeln.

Tabelle 4.1:
Von Ausgangshypo-
thesen zu operatio-
nalen Hypothesen

Ausgangshypothesen	*Operationale Hypothesen*
AH 1: Die Bedeutung des CULs für Unternehmen ist im Zeitraum von 1971 bis 1992 beständig gestiegen.	OH 1: Die Anzahl CUL-relevanter Aufsätze ist im Zeitraum von 1971 bis 1992 gestiegen, und zwar sowohl absolut als auch relativ (bezogen auf die Gesamtzahl veröffentlichter Aufsätze).
AH 2: In der frühen Phase des Bekanntwerdens von CUL dominierten in der Diskussion technologische Aspekte, erst in einer späteren Phase verschob sich das Schwergewicht hin zu anwendungsorientierten Aspekten.	OH 2: In den ersten 10 Jahren (1971 bis 1980) dominierten CUL-Aufsätze ohne konkreten Branchenbezug, danach (1981 bis 1992) CUL-Aufsätze mit Branchenbezug.
AH 3: CUL wird überwiegend im Zusammenhang mit der betrieblichen Aus- und Weiterbildung genannt.	OH 3: CUL-Aufsätze stehen normalerweise im Zusammenhang mit der betrieblichen Aus- und Weiterbildung.
AH 4: CUL gewinnt in unterschiedlichen betrieblichen Funktionsbereichen zu unterschiedlichen Zeitpunkten seine Bedeutung.	OH 4: CUL-Aufsätze haben in unterschiedlichen betrieblichen Funktionsbereichen zu unterschiedlichen Zeitpunkten eine Mindestgrenze überschritten.
AH 5: CUL hat seinen Anwendungsschwerpunkt bei den Dienstleistungsanbietern.	OH 5: CUL-Aufsätze mit Branchenbezug haben ihren Schwerpunkt bei Dienstleistungsanbietern.
AH 6: CUL gewinnt in unterschiedlichen industriellen Branchen zu unterschiedlichen Zeitpunkten seine Bedeutung.	OH 6: CUL-Aufsätze haben in unterschiedlichen Branchen zu unterschiedlichen Zeitpunkten eine Mindestgrenze überschritten.

4.2.5   Festlegung der Recherchestrategie

Das zentrale Problem bei einer Datenbankrecherche besteht in der *Eingrenzung des Suchfeldes auf relevante CUL-Aufsätze*, wofür es eine *geeignete Recherchestrategie* zu entwickeln gilt.

Suchfeld für CUL-
Aufsätze

Das Suchfeld wird durch die bei der Datenbankabfrage verwendeten *Begriffe* und deren *logische Verknüpfung* (z.B. "and", "or", "and not") definiert (vgl. Ehrmann 1986 zur Technik der Recherche in Datenbanken). Ein mögliches Suchfeld wäre z.B. bestimmt durch die Begriffe *"Computer"* und *"Training"* sowie den logischen Operator *"and"* zur Verknüpfung der beiden Begriffe. Dieses Suchfeld weist alle Einträge in einer Datenbank nach, bei denen sowohl der Begriff *"Computer"* als auch der Begriff *"Training"* auftaucht. Bei der Abgrenzung eines geeigneten Such-

Dilemma

felds stehen *zwei Ziele* in einem *konfligierenden Verhältnis* zueinander:

• Einerseits sollten mit dem Suchfeld möglichst *alle relevanten CUL-Aufsätze* ermittelt werden. In manchen Veröffentlichungen, die den Datenbankeinträgen zugrundeliegen, wird statt von *"Computer Based Training"* von *"Learning with Computers"*, *"Computer Aided Training"*, *"Computer Aided Learning"*, *"Computer Based Education"*, *"Computer Aided Instruction"*, ferner von den Abkürzungen *"CBT"*, *"CAL"*, *"CAI"*, *"CBL"*, *"CBI"* und anderen gesprochen. Das Suchfeld müßte dementsprechend all die Begriffe *"Computer"*, *"Based"*, *"Aided"*, *"Training"*, *"Learning"*, *"Instruction"* etc. umfassen, und sie müßten mit einem logischen *"or"* verknüpft sein.

• Andererseits sollten möglichst *keine irrelevanten Aufsätze* miterfaßt werden. So werden manche Bezeichnungen für unterschiedliche Begriffe verwendet. Beispielsweise steht *"CAL"* sowohl als Abkürzung für "*C*omputer *A*ided *L*earning" als auch für "*Cal*ifornia" oder "*Cal* Health Co.", und *"Instruction"* wird nicht nur im Zusammenhang der Unterrichtung von Menschen, sondern auch als *"Befehl"* oder *"Anweisung"* an einen Computer verstanden. Ferner führen manche Kombinationen von Begriffen zu irrelevanten Aufsätzen. Die "or"-Verknüpfung von *"Computer"* und *"Training"* greift beim gewünschten *"Computer* Based *Training"*, aber auch beim unerwünschten "Management *Training* and *Computer* Systems Department" oder "*Training* in *Computer* Science".

Diese Ziele können in Anlehnung an eine statistische Betrachtungsweise auch als *Minimierung der Fehler erster und zweiter Art* formuliert werden (Tabelle 4.2; vgl. Bleymüller, Gehlert und Gülicher 1994, S.101-102). Ein Fehler *erster Art* liegt vor, wenn ein Aufsatz durch die Recherche als Treffer angezeigt wird, bei dem tatsächlich aber *kein* CUL-Bezug vorhanden ist. Von einem

Folge der Recherchestrategie	wahrer Zustand	
	Aufsatz ist tatsächlich ein CUL-Aufsatz	Aufsatz ist tatsächlich kein CUL-Aufsatz
Die Recherche weist einen Aufsatz als CUL-Aufsatz aus	Korrekte Entscheidung	Fehler zweiter Art
Die Recherche weist einen Aufsatz nicht als CUL Aufsatz aus	Fehler erster Art	Korrekte Entscheidung

Fehler *zweiter Art* könnte man hingegen sprechen, wenn ein Aufsatz durch die Recherche *nicht* als Treffer angezeigt wird, bei dem tatsächlich aber CUL-Bezug gegeben ist.

Recherchestrategie

Durch umfangreiche Tests, bestehend jeweils aus dem Vorgeben eines Suchfeldes, der Recherche in der Datenbank und der manuellen Sichtung der Ergebnisse, wurde ein *Kompromiß zwischen den beiden Zielen* gefunden, bei dem sich der Fehler erster Art (Mitzählen irrelevanter Aufsätze) auf einem *Niveau unter 20%* bewegt. Die Recherche besteht aus sechs Abfragen zur Identifikation relevanter CUL-Aufsätze und weiteren Abfragen zur Eingrenzung; jedesmal durchsucht der Computer den Titel, die Stichwörter und die Kurzzusammenfassung aller Veröffentlichungen nach den Fragebegriffen (Bild 4.5 und Tabelle 4.3):

• Zunächst werden alle Veröffentlichungen selektiert, in denen die Abkürzungen *"CBT"* oder *"CAI"* auftreten (Abfrageergebnis #1).

• Es folgt die Selektion aller Veröffentlichungen, die den Begriff *"Computer"* enthalten (Abfrageergebnis #2), sodann derjenigen mit *"Based"* oder *"Aided"* (Abfrageergebnis #3), anschließend derjenigen mit *"Learning"* oder *"Training"* oder *"Education"* (Abfrageergebnis #4).

• Die Abfrageergebnisse #2 bis #4 werden miteinander über eine *spezielle "und"-Verbindung* verknüpft, und zwar mit der Abstandswortbeziehung *"w/3"*, die für *"within three words"* steht. Der Computer selektiert nur noch solche Veröffentlichungen, in denen sowohl der Begriff *"Computer"* als auch die Begriffe *"Learn-*

Bild 4.5:
Recherchestrategie
zur Selektion CUL-
relevanter Aufsätze
in der Datenbank
ABI/INFORM in
visualisierter Form

In den Rechtecken sind Suchbegriffe und Abfrageergebnisse abgebildet, in den Ovalen die zur Verknüpfung verwendeten Operatoren. Die Kombination aus Doppelkreuz und Zahl repräsentiert ein Abfrageergebnis. Auf ein solches Abfrageergebnis kann bei späteren Abfragen zurückgegriffen werden, z.B. werden die Abfrageergebnisse #1 und #5 über den "oder"-Operator weiter verknüpft. Zur Einschränkung des Rechercheergebnisses auf ein bestimmtes Jahr wurde die Funktion "date()" - abgekürzt da() - verwendet. Als Verknüpfungsoperator diente neben den bekannten "und"- und "oder"-Operatoren der "w/3"-Operator.

ing", "Training" oder "Education" jeweils im *Abstand von bis zu drei Wörtern* neben den Begriffen "Based" oder "Aided" enthalten sind (Abfrageergebnis #5).

• Die Abfrageergebnisse #1 und #5 werden über eine "oder"-Beziehung zusammengefaßt (Abfrageergebnis #6). Damit sind *alle relevanten CUL-Aufsätze* selektiert.

Tabelle 4.3:
Recherchestrategie zur Selektion CUL-relevanter Aufsätze in der Datenbank ABI/INFORM als Sequenz von Abfragen (siehe die Unterschrift zu Bild 4.5 zur Bedeutung der verwendeten Terminologie).

Abfrage	Recherche	Abfrageergebnis
1	cbt or cai	#1
2	computer	#2
3	based or aided	#3
4	learning or training or education	#4
5	#2 w/3 #3 w/3 #4	#5
6	#1 or #5	#6
7	#5 and da(1991)	#7
...	#7 and ... verschiedene weitere Kriterien	...

- Durch Einschränkung auf ein bestimmtes Jahr (da() steht für "date" in Bild 4.5 und Tabelle 4.3) entsteht Abfrageergebnis #7. Durch anschließende weitere Eingrenzungen hinsichtlich der Branchen, der betrieblichen Funktionsbereiche etc. werden die *Rohergebnisse* gewonnen.

4.3   Ergebnisse der Bibliometrie

Eine Datenbankrecherche nach der skizzierten Strategie liefert zahlreiche Rohergebnisse, die sich in einem *vierdimensionalen Raum* anordnen (Bild 4.6) und teilweise zu *Kennzahlen* zusammenfassen lassen. Dabei sei unter einer Kennzahl *stets eine Verhältniszahl* verstanden, was nach Reichmann (1993, S.14) dem ursprünglichen Verständnis von Kennzahlen entspricht. *Vier Ergebnisse* geben einen Einblick in die Entwicklung des betrieblichen CUL-Einsatzes über die Zeit hinweg:

- Die jährliche Gegenüberstellung von (i) CUL-Aufsätzen insgesamt und (ii) Aufsätzen in der Datenbank insgesamt führt zur *Kennzahl der CUL-Quote* (Abschnitt 4.3.1). An ihr zeigt sich die Relevanz der operationalen Hypothese 1.

- Die ebenfalls jährliche Gegenüberstellung von (i) CUL-Aufsätzen mit Branchenbezug und (ii) CUL-Aufsätzen insgesamt ergibt die *Kennzahl der CUL-Branchenquote* (Abschnitt 4.3.2). Die operationale Hypothese 2 bezieht sich hierauf.

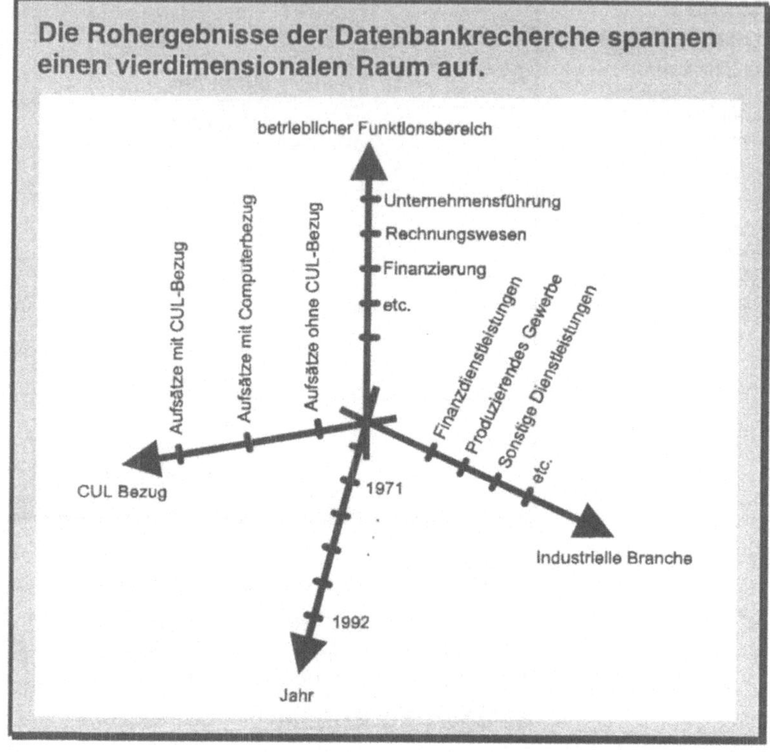

- Die Aufteilung der CUL-Aufsätze nach *betrieblichen Funktionsbereichen* läßt eine Prüfung der operationalen Hypothesen 3 und 4 zu (Abschnitt 4.3.3).

- Analog ermöglicht die Aufteilung der CUL-Aufsätze nach *industriellen Branchen* eine Prüfung der operationalen Hypothesen 5 und 6 (Abschnitt 4.3.4).

4.3.1 Die zeitliche Entwicklung der CUL-Aufsätze im Vergleich mit allen Aufsätzen der Datenbank

Kontinuierliches
Wachstum der CUL-
Aufsätze?

Wie haben sich die CUL-Aufsätze im Vergleich zu den gesamten, in der Datenbank ABI/INFORM gespeicherten Aufsätzen entwikkelt? Die operationale Hypothese 1 läßt hier ein *kontinuierliches Wachstum* vermuten, denn wenn die Bedeutung des CULs gestiegen ist, sollten auch vermehrt Autoren in der Literatur darüber berichtet haben.

Die Bibliometrie zeichnet hier jedoch ein anderes Bild, das zur *Einschränkung der operationalen Hypothese 1* zwingt (Bild 4.7, Tabelle 4.4). Die Entwicklung der CUL-Aufsätze verlief in *drei Phasen*, einer Phase *untergeordneter Bedeutung* des CULs, einer Phase *rapiden Wachstums* und einer Phase der *Konsolidierung.*

Phase 1: Zunächst erlebte das CUL eine *Phase der untergeordneten Bedeutung.* Von 1971 bis 1980 erschienen pro Jahr *nur wenige CUL-Aufsätze.* Die CUL-Quote als Verhältnis von CUL-Aufsätzen insgesamt zu den in der Datenbank ABI/INFORM gespeicherten Aufsätzen insgesamt lag in diesem Zeitraum unter 0,1%.

Die Phase 1 der CUL-Aufsätze besitzt *vier inhaltliche Charakteristika:* Erstens dominierte der CUL-Applikationstyp der *Simulationen.* Zweitens lagen die vermittelten Lehr- und Lernobjekte etwa *gleichgewichtig* bei *allgemeinen betrieblichen Themen* und bei *computernahen Fragestellungen.* Drittens basierten die CUL-Applikationen auf den damals weit verbreiteten *Groß- und Minicomputern mit zentraler Architektur,* und viertens standen *Fragen der Wirtschaftlichkeit* des CULs im Vordergrund. Drei Fallbeispiele aus der Phase 1 seien angeführt:

- Schon früh berichtet Rothschild (1971, S.31) über C.A.S.E. - *Computer Assisted Simulation Exercises.* Ein entsprechendes Angebot der Firma General Electric, einem der weltweit größten Hersteller elektrotechnischer Produkte, richtete sich an *Mitglieder des mittleren Managements.* Die Simulation sollte bei den Managern die Fähigkeiten wecken, *strategisch* zu planen und die Planergebnisse auch *operativ* umzusetzen. Hierzu sollten sie in einem realitätsnahen Umfeld verschiedene strategische Möglichkeiten erproben und deren Beitrag zu den vorab gesetzten Zielen abschätzen lernen.

- Etwas später, im Jahr 1978, führte die Western Bancorporation ein *computergestütztes System zur Kassenhaltung* ein (vgl. o.V. 1978a). Etwa achttausend Angestellte am Bankschalter sollten damit einen aktuellen Zugriff auf Kundendaten erhalten, u.a. auf den Stand des Girokontos, und spezielle Funktionen wie die Ausstellung von Kreditkarten sollten damit unterstützt werden. Zur Ausbildung der Angestellten benutzte die Western Bancorporation ein *Tutorielles System,* das von einer Tochtergesellschaft der Firma Boeing erstellt wurde. Mit einem *"Eisbrecher"-Spiel* wollte man die vermutete Computerangst der Angestellten überwinden.

Bild 4.7:
Entwicklung der
CUL-Aufsätze ins-
gesamt, der Aufsätze
in der Datenbank
ABI/INFORM ins-
gesamt und der CUL-
Quote von 1971 bis
1992. Daten nach
Tabelle 4.4.

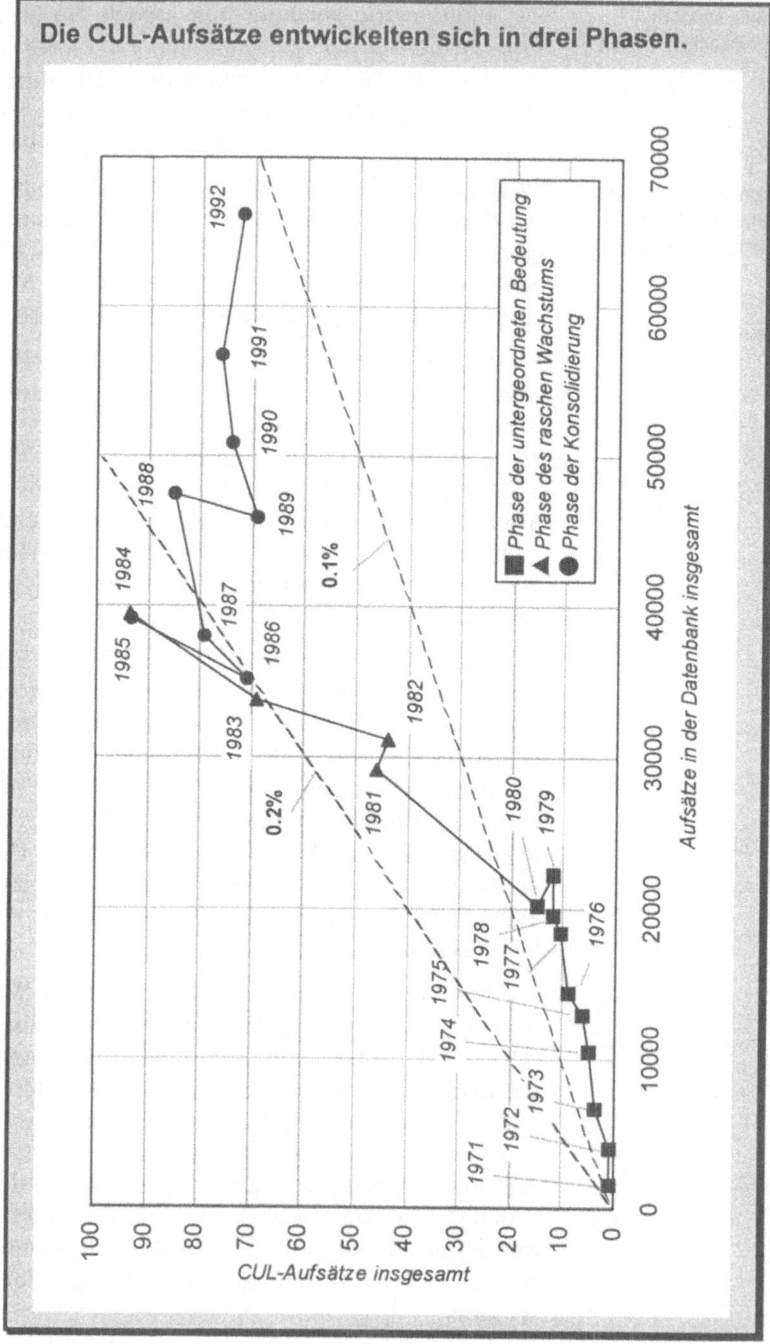

Tabelle 4.4:
CUL-Aufsätze insgesamt im Vergleich mit Aufsätzen in der Datenbank ABI/INFORM insgesamt und mit Aufsätzen mit Computerbezug. Die CUL-Quote wurde als Verhältnis zwischen CUL-Aufsätzen und Aufsätzen insgesamt berechnet, die CUL-Computerquote als Verhältnis zwischen CUL-Aufsätzen und Aufsätzen mit Computerbezug.

Jahr	*Aufsätze insgesamt (absolut)*	*Aufsätze mit Computerbezug (absolut)*	*CUL-Aufsätze insgesamt*	*CUL-Quote (in Promille)*	*CUL-Computerquote (in Promille)*
1992	66175	8724	72	1,09	8,25
1991	56744	8691	76	1,34	8,74
1990	50868	8098	74	1,45	9,14
1989	45842	7632	69	1,51	9,04
1988	47497	8237	85	1,79	10,32
1987	37979	7521	79	2,08	10,50
1986	35195	6651	71	2,02	10,68
1985	39076	7232	93	2,38	12,86
1984	39402	7489	94	2,39	12,55
1983	33814	5950	69	2,04	11,60
1982	31083	4647	44	1,42	9,47
1981	29135	4096	46	1,58	11,23
1980	20140	2445	15	0,74	6,13
1979	22182	2720	12	0,54	4,41
1978	19525	2354	12	0,61	5,10
1977	18420	1856	10	0,54	5,39
1976	14446	1294	9	0,62	6,96
1975	12928	1070	6	0,46	5,61
1974	10533	767	5	0,47	6,52
1973	6745	558	4	0,59	7,17
1972	4057	376	1	0,25	2,66
1971	1604	158	1	0,62	6,33

- Ebenfalls im Jahr 1978 verwendete die Firma United Airlines ein *Tutorielles System* zur Ausbildung ihrer Piloten (vgl. o.V. 1978b, S.25). Es basiert auf dem Autorensystem PLATO und läuft auf Minicomputern der Firma Control Data. Pro Jahr arbeiten etwa eintausendachthundert junge Piloten mit dem System. Besonders ausgeprägt sind darin die *Fragesequenzen*: Das System enthält etwa dreitausend Fragen zu luftfahrttechnischen Problemen.

die Phase rapiden
Wachstums zur ...

Phase 2: Auf die Phase der untergeordneten Bedeutung des CULs folgt eine *Phase rapiden Wachstums:* Von 1981 bis 1984 stiegen CUL-Aufsätze insgesamt und CUL-Quote *rapide* an. Der absolute Spitzenwert von 94 CUL-Aufsätzen wurde im Jahr 1984 erreicht, das bedeutete auch die höchste CUL-Quote mit 0,239%.

Die Phase des rapiden Wachstums hatte vermutlich als Ursache das *Aufkommen* und die *rasche Verbreitung des Personal-Computers*, auf den sich viele Autoren der CUL-Aufsätze in dieser Phase bezogen. Damit einher gehen *vier weitere Charakteristika* von CUL-Aufsätzen: Erstens traten die *Tutoriellen Systeme* gegenüber den Simulationen leicht in den Vordergrund. Zweitens nahmen Aufsätze zur *Steuerung von Geräten* zu, auf denen Information *analog* gespeichert war, beispielsweise interaktives (Analog-) Video und die Kopplung von Personal-Computern und Bildplattenspielern. Drittens gruppierten sich die Lerninhalte stärker um den *Computer* und *darauf ablaufende Programme;* dabei dominierten zum Beginn der Phase eher Programmiersprachen und Betriebssysteme, später folgten Textverarbeitung, Tabellenkalkulation und Arbeitsplatzdatenbanken (vgl. McKinney 1984, S.28). Viertens verschob sich die Diskussion, *ob* ein Unternehmen CUL einsetzen solle, hin zur Frage, *wie* es dies *am günstigsten* täte. *Drei Fallbeispiele* aus der Phase des rapiden Wachstums:

•   Gelber und Matthews (1983) präsentieren ein Tutorielles System *"UNIX Instructional Workbench"*, das den Umgang mit dem Betriebssystem UNIX schult. Es entstand in den "Bell Laboratories" der Firma AT&T.

•   Die National Wildfire Coordinating Group schulte ab 1984 ihre Mitarbeiter in der *Brandbekämpfung* mit einem *interaktiven Video*, einer Zusammenschaltung von einem Personal-Computer und einem Videorekorder. Das interaktive Video enthält Sequenzen über Brennstoffarten, Brandausbruch und -verhalten, das Verhältnis zwischen Temperatur und Feuchtigkeit eines Feuers sowie Taktiken der Brandbekämpfung (vgl. Jenkins, DeBloois und Matsumoto-Grah 1985).

•   Ähnlich entschied sich auch die Firma Pool Well Servicing Co., die in der Ölexploration tätig ist, für ein *interaktives Video* (vgl. Gibson 1984). Mit ihm schulte sie ihre Mitarbeiter in *Sicherheitsfragen* sowie in ihrem *Verhalten den Kunden gegenüber*.

Phase der
Konsolidierung

Phase 3: Die Phase starken Wachstums wurde abgelöst von einer *Phase der Konsolidierung:* Von 1985 bis 1992 *stagnierte die absolute Zahl* an CUL-Aufsätzen insgesamt, bei gleichzeitigem Wachstum der Aufsätze insgesamt fiel die CUL-Quote auf 0,109% im Jahr 1992 zurück.

In dieser Phase weisen die CUL-Aufsätze gegenüber der Vorphase drei neue Charakteristika auf: Erstens kam die Idee der *"eingebetteten CUL-Applikation"* auf, bei der eine CUL-Applikation als *integraler Bestandteil* einer anderen Software betrachtet wird (vgl. Hardinger 1988). Zweitens diskutierten etliche Autoren vor allem in jüngerer Zeit die *digitale Aufzeichnung von Information*, beispielsweise digitales Audio oder Video, und ihre Einbindung in CUL-Applikationen. Drittens nahmen CUL-Aufsätze an Bedeutung zu, die *allgemein käufliche* und nicht unternehmensspezifische CUL-Applikationen zum Gegenstand hatten. Auf Fallbeispiele aus der Phase der Konsolidierung sei an dieser Stelle verzichtet; der Leser findet sie bei der Diskussion der branchenbezogenen Hypothesen (siehe Abschnitt 4.3.4, S.231 f.).

> *Befund 1:* Die dreiphasige Entwicklung der CUL-Aufsätze schränkt die *operationale Hypothese 1* ein. Von einem *stetig steigenden* Wachstum kann nicht gesprochen werden, obwohl der Anteil der CUL-Aufsätze heute weitaus höher liegt als in den 1970er Jahren. Offen bleibt die Frage, in welche Richtung sich die CUL-Aufsätze nach der Phase der Konsolidierung entwickeln werden.

Weitere Bestätigung
von Befund 1

Der skizzierte Eindruck verdichtet sich zudem, wenn man ergänzend die CUL-Aufsätze mit den *Aufsätzen mit Computerbezug* vergleicht, was zur *CUL-Computerquote* führt (Tabelle 4.4). Auch hier folgt die Konsolidierung bzw ein leichter Rückgang ab dem Jahr 1985 dem stetigen Wachstum in den Vorjahren, das nach einer Phase der untergeordneten Bedeutung ab 1981 erkennbar wurde.

4.3.2   CUL-Aufsätze mit Branchen- und Unternehmensbezug versus CUL-Aufsätze insgesamt

Bisher wurden die CUL-Aufsätze nur *insgesamt* betrachtet. Manche dieser Aufsätze zeichnen sich jedoch durch den *Bezug zu einer einzelnen Branche* oder *zu einem einzelnen Unternehmen*

Entwicklung analog
zu der der CUL-
Aufsätze insgesamt

aus. Ein Vergleich zwischen den beiden letztgenannten Gruppen von Aufsätzen und der Gruppe der CUL-Aufsätze insgesamt führt zur *CUL-Branchenquote* bzw. zur *CUL-Unternehmensquote*, und die *drei Phasen*, die schon bei der Entwicklung der CUL-Aufsätze insgesamt festgestellt werden konnten, lassen sich im Zeitablauf zwischen 1971 und 1992 erkennen (Bilder 4.8 und 4.9; Tabelle 4.5):

• *Phase untergeordneter Bedeutung:* Von 1971 bis 1980 überschritt die absolute Anzahl der CUL-Aufsätze mit Branchenbezug nicht den Wert 5 und die absolute Anzahl der CUL-Aufsätze mit Unternehmensbezug nicht den Wert 4. Bei gleichzeitig niedriger Anzahl der CUL-Aufsätze insgesamt schwankte die CUL-Branchenquote in einem Bereich zwischen 0% und 42%, die CUL-Unternehmensquote zwischen 0% und 44%. Insbesondere die CUL-Unternehmensquote weist einen sehr unregelmäßigen Verlauf in dieser Phase auf.

• *Phase des rapiden Wachstums:* Von 1981 bis 1984 stieg die absolute Zahl der CUL-Aufsätze insgesamt stark an. Dies gilt auch für die CUL-Aufsätze mit Branchenbezug, die im Jahr 1984 ihr Maximum mit 40 Aufsätzen erreichen, und für die Aufsätze mit Unternehmensbezug, die ebenfalls im Jahr 1984 mit 26 Aufsätzen ihr Maximum erreichen. Parallel dazu stieg im Jahr 1984 die CUL-Branchenquote auf 43% und die CUL-Unternehmensquote auf 28%.

• *Phase der Konsolidierung:* Von 1985 bis 1992 stagnierten die CUL-Aufsätze mit Branchen- und Unternehmensbezug, ähnlich wie die CUL-Aufsätze insgesamt. Dabei pendelten die CUL-Branchenquote und die CUL-Unternehmensquote auf einem vergleichsweise hohen Niveau, die CUL-Branchenquote um 40% und die CUL-Unternehmensquote um 25%.

Befund 2: Die operationale Hypothese 2 muß *zurückgewiesen* werden. Es hat sich *kein tiefgreifender Wandel* von technologieorientierten zu eher anwendungsorientierten CUL-Aufsätzen vollzogen, vor allem weil die technologieorientierten Aufsätze keineswegs abgenommen haben und gerade in den letzten Jahren *zahlreiche neue Technologien* hinzugetreten sind (vgl. Kapitel 3). Die *Lebenszyklen dieser Technologien* überlagern sich, und hieraus scheint sich die relativ konstante Anzahl technologieorientierter CUL-Aufsätze erklären zu lassen.

Bild 4.8:
Entwicklung der CUL-Aufsätze mit Branchenbezug, der CUL-Aufsätze insgesamt und der CUL-Branchenquote von 1971 bis 1992. Daten nach Tabelle 4.5.

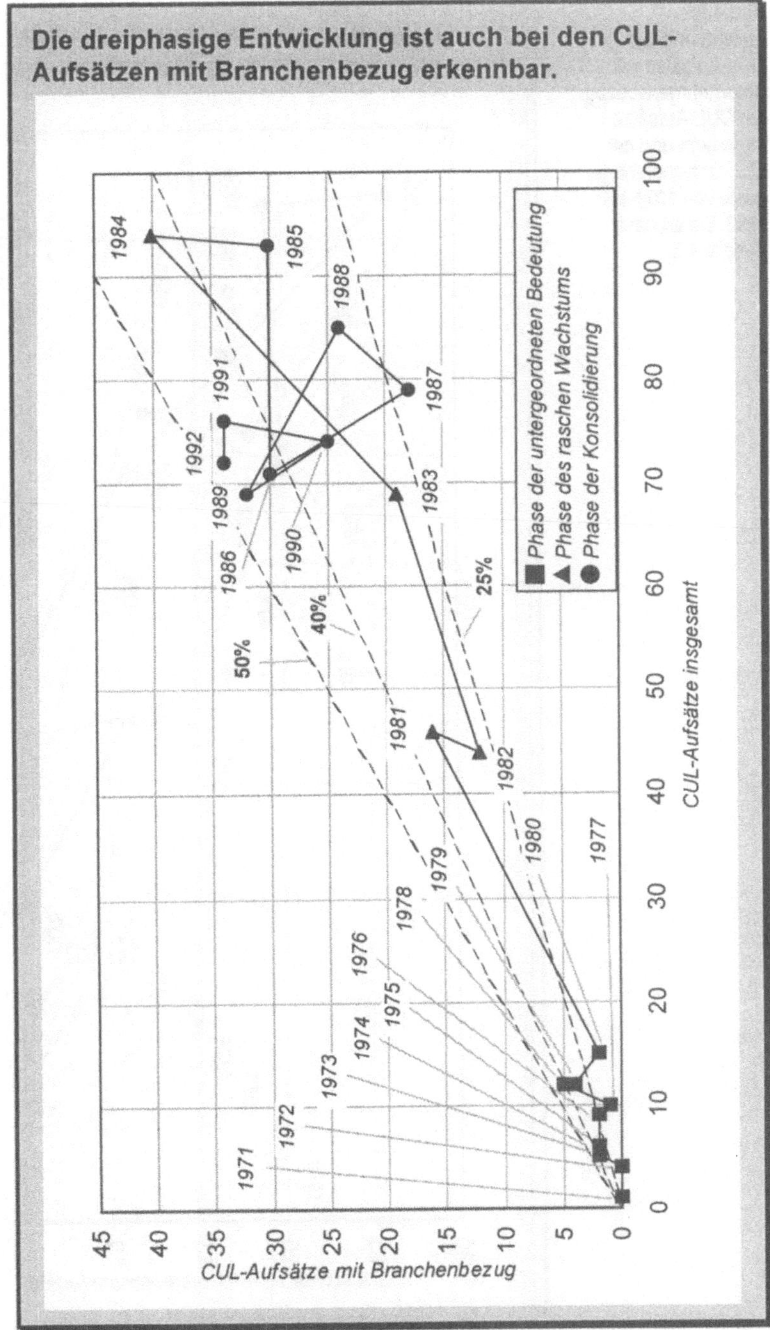

Bild 4.9:
Entwicklung der
CUL-Aufsätze mit
Unternehmensbezug,
der CUL-Aufsätze
insgesamt und der
CUL-Unternehmens-
quote von 1971 bis
1992. Daten nach
Tabelle 4.5.

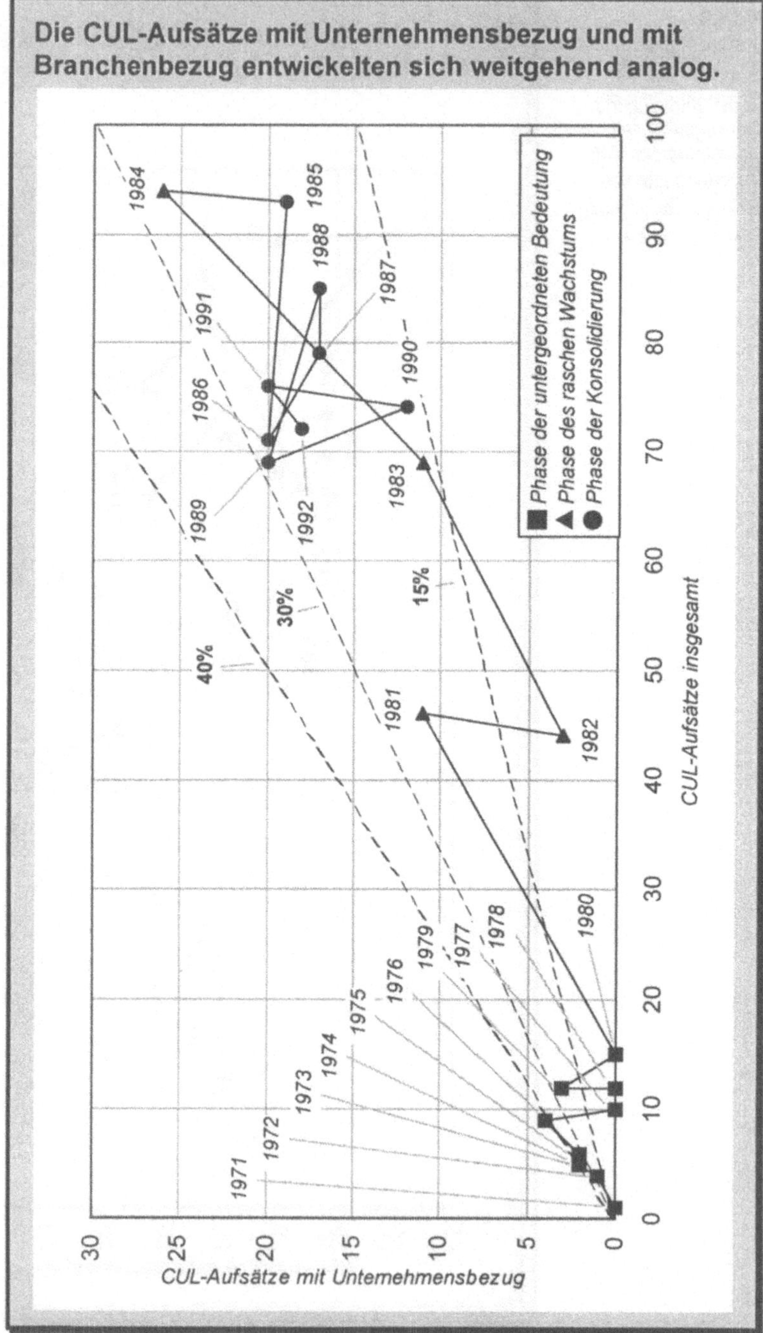

Tabelle 4.5:
CUL-Aufsätze insgesamt im Vergleich mit CUL-Aufsätzen mit Branchen- und Unternehmensbezug. Die CUL-Branchenquote wurde als Verhältnis zwischen CUL-Aufsätzen mit Branchenbezug und CUL-Aufsätzen insgesamt berechnet, die CUL-Unternehmensquote als Verhältnis zwischen CUL-Aufsätzen mit Unternehmensbezug und CUL-Aufsätzen insgesamt.

Jahr	CUL-Aufsätze insgesamt	CUL-Aufsätze mit Branchenbezug	CUL-Aufsätze mit Unternehmensbezug	CUL-Branchenquote (in Prozent)	CUL-Unternehmensquote (in Prozent)
1992	72	34	18	47,22	25,00
1991	76	34	20	44,74	26,32
1990	74	25	12	33,78	16,22
1989	69	32	20	46,38	28,99
1988	85	24	17	28,24	20,00
1987	79	18	17	22,78	21,52
1986	71	30	20	42,25	28,17
1985	93	30	19	32,26	20,43
1984	94	40	26	42,55	27,66
1983	69	19	11	27,54	15,94
1982	44	12	3	27,27	6,82
1981	46	16	11	34,78	23,91
1980	15	2	0	13,33	0,00
1979	12	4	3	33,33	25,00
1978	12	5	0	41,67	0,00
1977	10	1	0	10,00	0,00
1976	9	2	4	22,22	44,44
1975	6	2	2	33,33	33,33
1974	5	2	2	40,00	40,00
1973	4	0	1	0,00	25,00
1972	1	0	0	0,00	0,00
1971	1	0	0	0,00	0,00

4.3.3   Zuordnung der CUL-Aufsätze zu betrieblichen Funktionsbereichen

Die CUL-Aufsätze insgesamt weisen eine dreiphasige Entwicklung auf (siehe Abschnitt 4.3.1, S.216 ff.). Es erscheint nun als wissenswert, inwieweit sich dies auf der Ebene *einzelner betrieblicher Funktionsbereiche* widerspiegelt. Die Anbieter der Datenbank ABI/INFORM kategorisieren - sofern ein Bezug vorhanden ist - die Aufsätze nach *sechs Funktionsbereichen*. Dabei kann ein Aufsatz in mehreren Kategorien enthalten sein, die Zuordnung ist nicht disjunkt. Im einzelnen geht es um die Funktionsbereiche

Sechs Funktionsbereiche

- *Unternehmensführung,*

- *Finanzierung,*

- *Rechnungswesen* inklusive Steuern und Recht,

- *"Operations"* - als Oberbegriff für Produktion, Beschaffung, Datenverarbeitung, Büroorganisation -,

- *Personalwesen* und

- *Marketing.*

Differenziertes Bild

Für diese betrieblichen Funktionsbereiche zeichnet die Bibliometrie ein unterschiedliches Bild hinsichtlich der *absoluten Anzahl an CUL-Aufsätzen* und dem *Überschreiten einer Einsatzschwelle* (Bild 4.10; Tabelle 4.6):

- *Absolute Anzahl an CUL-Aufsätzen:* An der Spitze der CUL-Aufsätze mit Funktionsbereichsbezug liegen "Operations" mit 74% (bezogen auf die Summe von 947 der CUL-Aufsätze insgesamt) und Personalwesen mit 67%. Mit weitem Abstand folgen die Unternehmensführung mit 8%, die Finanzierung mit 5%, das Marketing mit 4% und schließlich das Rechnungswesen mit 2%.

- *Einsatzschwelle:* Das Überschreiten einer Einsatzschwelle deutet auf einen über Einzelfälle hinausgehenden, breiteren CUL-Einsatz in einem Funktionsbereich hin. Die (hier willkürlich gewählte) absolute Einsatzschwelle von vier Aufsätzen pro Jahr wurde bei "Operations" und Personalwesen schon früh, im Jahr 1976 bzw. 1977, überschritten. Unternehmensführung und Finanzierung folgten im Jahr 1981 bzw. 1982, und erst 1988 bzw. 1989 wurde die Einsatzschwelle im Rechnungswesen und im Marketing durchbrochen.

> Befund 3: Die operationale Hypothese 3 wird bestätigt: Die betriebliche Aus- und Weiterbildung bzw. das Personalwesen war bisher zentraler Anknüpfungspunkt für CUL-Applikationen.

Bild 4.10:
Entwicklung der
CUL-Aufsätze mit
Bezug zu betrieb-
lichen Funktionsbe-
reichen von 1991 bis
1992. Zuordnungen
eines Aufsatzes zu
mehreren betriebli-
chen Funktionsberei-
chen sind in der Da-
tenbank möglich. Da-
ten nach Tabelle 4.6.

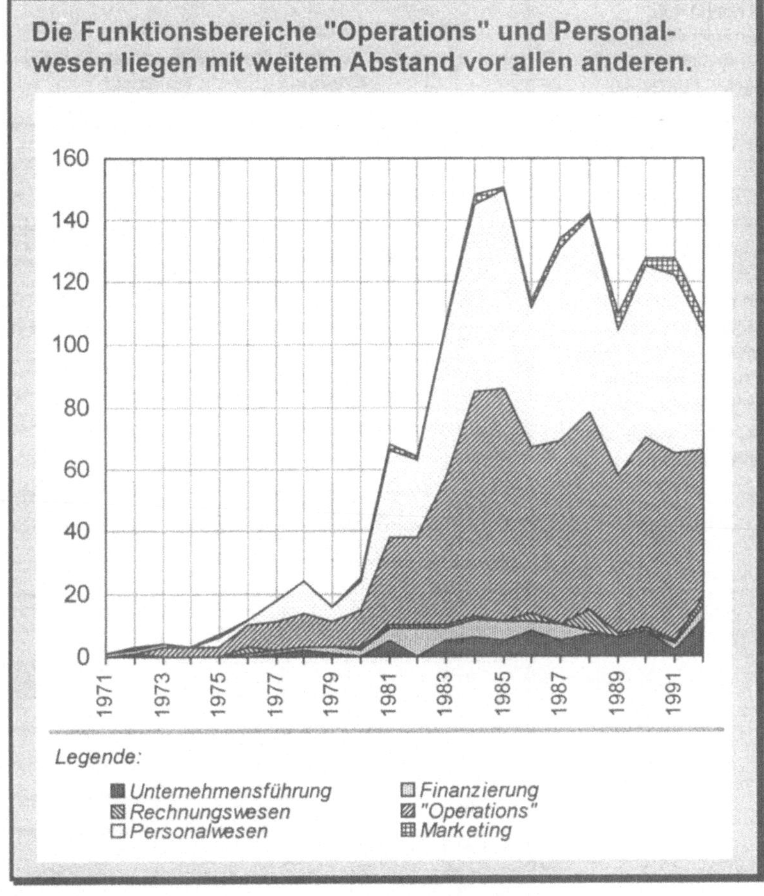

Befund 4: Auch die operationale Hypothese 4 trifft zu: CUL ist zu deutlich unterschiedlichen Zeitpunkten in betriebliche Funktionsbereiche vorgedrungen.

4.3.4   Aufteilung der CUL-Aufsätze nach industriellen Branchen

Ähnlich wie nach betrieblichen Funktionsbereichen lassen sich die CUL-Aufsätze auch nach *industriellen Branchen* gegliedert untersuchen. Die Anbieter der Datenbank ABI/INFORM unterscheiden zwischen *sechs Branchen*, und sie ordnen die Aufsätze diesen Branchen *überschneidungsfrei* zu:

Sechs industrielle
Branchen

- *Finanzdienstleistungen*, insbesondere Banken,

Tabelle 4.6:
Zuordnung der CUL-Aufsätze zu betrieblichen Funktionsbereichen. Zuordnungen eines Aufsatzes zu mehreren betrieblichen Funktionsbereichen sind in der Datenbank möglich. Die Felder, in denen in einem Funktionsbereich erstmalig eine Einsatzschwelle von vier Aufsätzen erreicht oder überschritten wurde, sind grau unterlegt.

Jahr	Unter-nehmens-führung	Finan-zierung	Rech-nungs-wesen	"Opera-tions"	Per-sonal-wesen	Marke-ting
1992	12	4	3	47	38	5
1991	2	2	1	60	57	6
1990	8	0	1	61	55	3
1989	6	0	1	51	47	5
1988	7	1	7	63	63	1
1987	5	5	0	59	62	3
1986	8	3	3	53	45	2
1985	5	6	0	75	64	1
1984	6	6	1	72	60	3
1983	5	4	1	47	49	1
1982	0	9	1	28	25	1
1981	5	4	1	28	28	2
1980	0	2	1	12	9	1
1979	1	2	0	8	5	0
1978	2	1	0	11	10	0
1977	1	1	0	9	7	0
1976	0	1	2	7	2	0
1975	0	0	0	3	3	1
1974	0	0	0	3	0	0
1973	0	0	0	3	1	0
1972	1	0	0	0	1	1
1971	0	0	0	0	1	0
Summe	74	51	23	700	632	36

- *Versicherungen,*

- *Sonstige Dienstleistungen,* u.a. Software, Handel, Ausbildung, Energieversorgung, Transportgewerbe,

- *Landwirtschaft,*

- *Bergbau* und

- *Produzierende Industrie,* u.a. Nahrungsmittel, Bekleidung, Chemie, Elektrotechnik, Maschinen und Fahrzeugbau.

Eher einheit-
liches Bild

Die industriellen Branchen verhalten sich *weniger uneinheitlich* als die in Abschnitt 4.3.3 diskutierten betrieblichen Funktionsbereiche (Bild 4.11, Tabelle 4.7):

• *Absolute Anzahl an CUL-Aufsätzen:* Die insgesamt meisten CUL-Aufsätze mit Branchenbezug betreffen die *Sonstigen Dienstleistungen* (42%, bezogen auf die Summe von 332 der CUL-Aufsätze mit Branchenbezug), gefolgt von den *Finanzdienstleistungen* (27%) und der *Produzierenden Industrie* (21%). Jeweils zwei Beispiele aus diesen drei für CUL bedeutenden Branchen sind in

Bild 4.11:
Entwicklung der CUL-Aufsätze mit Branchenbezug von 1971 bis 1992. Jeder Aufsatz wird in der Datenbank ABI/ IN-FORM maximal einer einzelnen Branche zugeordnet. Daten nach Tabelle 4.7.

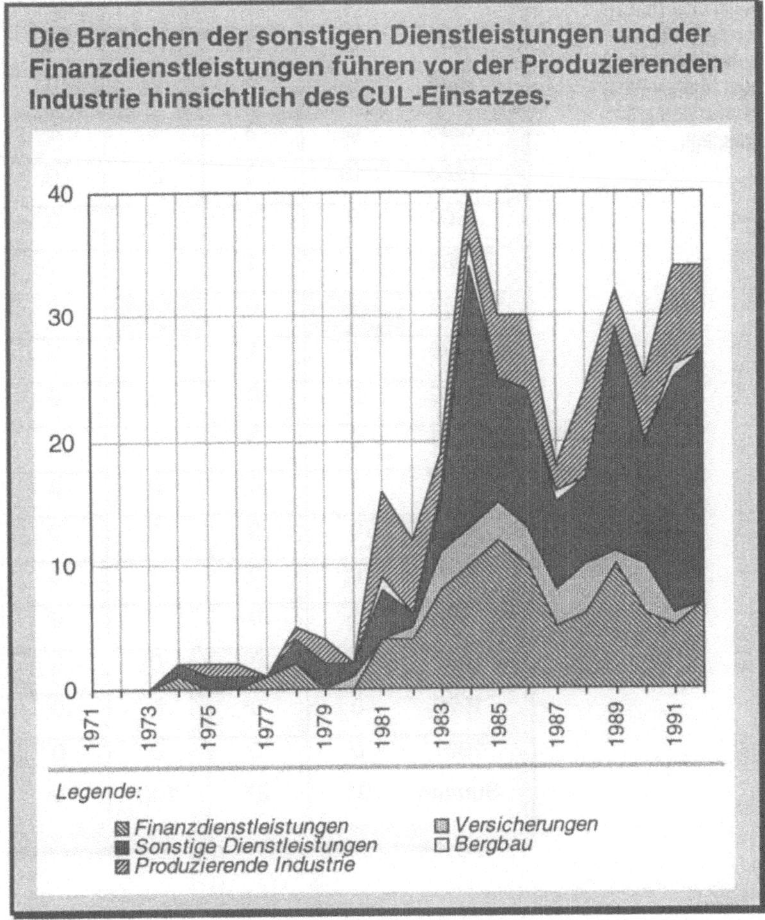

Tabelle 4.7:
Aufteilung der CUL-Aufsätze auf industrielle Branchen. Die Aufteilung ist überschneidungsfrei; jeder Aufsatz wird in der Datenbank ABI/INFORM maximal einer einzelnen Branche zugeordnet. Die Felder, in denen in einer Branche erstmalig eine Einsatzschwelle von vier Aufsätzen erreicht oder überschritten wurde, sind grau unterlegt.

Jahr	Finanz-dienst-leistun-gen	Ver-siche-rungen	Son-stige Dienst-leistun-gen	Land-wirt-schaft	Bergbau	Pro-duzie-rende Indu-strie
1992	7	0	20	0	0	7
1991	5	1	19	0	1	8
1990	6	4	10	0	0	5
1989	10	1	18	0	0	3
1988	6	4	7	0	0	7
1987	5	3	7	0	1	2
1986	10	3	11	0	0	6
1985	12	3	10	0	0	5
1984	10	3	21	0	2	4
1983	8	3	4	0	1	3
1982	4	1	1	0	0	6
1981	4	0	4	0	1	7
1980	0	1	1	0	0	0
1979	0	0	2	0	0	2
1978	2	0	2	0	0	1
1977	1	0	0	0	0	0
1976	0	0	1	0	0	1
1975	0	0	1	0	0	1
1974	1	0	1	0	0	0
1973	0	0	0	0	0	0
1972	0	0	0	0	0	0
1971	0	0	0	0	0	0
Summe	91	27	140	0	6	68

Kasten 4.1 zusammengestellt. Nur wenig Bedeutung haben dagegen die Branchen *Versicherungen* (8%) und *Bergbau* (2%), überhaupt keine CUL-Aufsätze betreffen die *Landwirtschaft*.

CUL-Applikationen durchdringen verschiedene industrielle Branchen, vor allem die Branchen *Finanzdienstleistungen, Sonstige Dienstleistungen* und *Produzierende Industrie.* Jede dieser drei Branchen sei mit *zwei Beispielen* illustriert.

Die Branche *Finanzdienstleistungen* nutzt CUL insbesondere zur Vereinheitlichung von Ausbildungen:

• Fritz (1991) berichtet über die *Chase Manhattan Bank.* Ihr Problem bestand im Training von etwa 500 Leitern von Beratungs- und Informationscentern, die sich über 60 Standorte weltweit verteilten. Die Leiter sollten im Kundenservice, Veränderungsmanagement und im Verhalten bei gefährlichen Situationen nach einheitlichen Richtlinien geschult werden. Die Chase Manhattan Bank wählte ein vergleichsweise einfach aufgebautes Tutorielles System, das in mehrere Sprachen übersetzt werden kann.

• Die britische Bankenvereinigung *"The Chartered Institute of Bankers"* hat für ihre Mitglieder zahlreiche CUL-Applikationen entwickelt (vgl. Young 1991). Es handelt sich dabei teils um Hypermedia-Lernsysteme, teils um Tutorielle Systeme. Sie dienen zur Ausbildung von Bankangestellten, insbesondere zur Prüfungsvorbereitung für das *"Banking Certificate".* Die Bankangestellten erhalten die CUL-Applikationen alternativ zu herkömmlichen Lehr- und Lernformen, und die Nutzung bleibt ihnen überlassen.

In der Branche der *Sonstigen Dienstleistungen* stehen neben den auch bei den Finanzdienstleistern üblichen CUL-Applikationen häufig *Simulationen sicherheitsgefährdeter Einrichtungen* (z.B. in Krankenhäusern oder Versorgungsunternehmen) im Mittelpunkt:

• *Northern Telecom,* ein Anbieter auf dem nordamerikanischen Telekommunikationsmarkt, hat zwei CUL-Applikationen im Einsatz (vgl. Orlin 1991): Das *"Wafer Inspection Training System"* schult Qualitätsprüfer in der Beurteilung von Siliziumscheiben, und das *"Microscope Instruction and Support Training System"* vermittelt Mitarbeitern verschiedener Abteilungen den Umgang mit Mikroskopen.

• Das Energieversorgungsunternehmen *Philadelphia Electric Co.* hat eine Simulation entwickelt, die ihre Mitarbeiter im Betreiben eines 200-MW-Kohlekraftwerks schult (vgl. o.V. 1991).

> Die Simulation enthält ein umfangreiches Modell zur Prozeß-
> steuerung, und die Lernenden müssen auf Alarmmeldungen in
> Echtzeit durch Verändern geeigneter Prozeßparameter reagie-
> ren.
>
> Die *Produzierende Industrie* nutzt CUL-Applikationen gerne bei
> *einmaligen Aktionen*, beispielsweise bei der Inbetriebnahme
> von Computern oder der Einführung von Qualitätsprogrammen:
>
> • Die Firma *Automatic Data Processing Inc.* betreibt die Ein-
> führung umfangreicher Computer- und Netzwerkanlagen (vgl.
> Walter 1993). In einem Fall sollte sie ein System einführen, bei
> dem über zweitausend Mitarbeiter innerhalb von vier Monaten
> zu schulen waren. Sie verwendete in diesem Fall ein Tutorielles
> System, in dem die wichtigsten Trainingssequenzen enthalten
> waren.
>
> • Eine Mischung aus Tutoriellem System und Simulation für
> die Einführung einer *Just-in-time-Produktionssteuerung* (JIT)
> schlagen Gabriel, Bicheno und Galletly (1991) vor. Die Mitar-
> beiter eines Unternehmens sollen sich mit den grundlegenden
> JIT-Prinzipien vertraut machen, sie ausprobieren, ihr Zusam-
> menwirken erproben und verschiedene Einführungsvorgehens-
> weisen beurteilen lernen.

• *Einsatzschwelle:* Die Entwicklung in den verschiedenen
Branchen verlief *weitgehend parallel,* zumindest in den Branchen
der Finanzdienstleistungen, der Sonstigen Dienstleistungen und
der Produzierenden Industrie. Ein zeitlicher "Anwendungsführer"
ist nicht zu erkennen.

> Befund 5: Die Ergebnisse der Bibliometrie belegen die Richtig-
> keit der operationalen Hypothese 5: Das vermutete Schwerge-
> wicht der CUL-Applikationen bei den Anbietern von Dienstlei-
> stungen spiegelt sich in den betrachteten Aufsätzen wider.

> Befund 6: Die operationale Hypothese 6 gilt hingegen nur ein-
> geschränkt: Es hat sich kein typischer Anwendungsführer her-
> ausgebildet; das CUL hat sich in den wichtigsten Branchen etwa
> zur gleichen Zeit etabliert.

4.4   Kritische Reflexion der Bibliometrie als Instrument empirischer Forschung

Bibliometrie hat ...

Die Bibliometrie fand zur Beurteilung des betrieblichen CUL-Einsatzes Verwendung, sie läßt sich auch *auf zahlreiche andere Fragestellungen* aus der Betriebswirtschaftslehre und der Wirtschaftsinformatik anwenden. Die Bibliometrie bereichert die *empirische Forschung* mit den ihr eigenen Vor- und Nachteilen:

Vorteile und ...

- *Erweiterung des Instrumentariums* empirischer Forschung: Die Bibliometrie erlaubt ein *grundsätzlich ähnliches Vorgehen* wie eine Befragung, bestehend entweder aus der Vorgabe eines konzeptionellen Bezugsrahmens und des Füllens dieses Rahmens mit empirischen Sachverhalten oder der theoriegeleiteten Hypothesenbildung und der empirischen Überprüfung dieser Hypothesen. Die Ergebnisse der Bibliometrie - und das ist einer ihrer Hauptvorzüge - sind *überprüfbar* und *nachvollziehbar*, sofern die Bibliometriker die verwendete Datenbank und Recherchestrategie offenlegen. Beispielsweise können in der vorliegenden Untersuchung zum CUL-Einsatz alle Forscher, die Zugang zur Datenbank ABI/INFORM haben, die Ergebnisse *kontrollieren*. Die Eigenschaft der *Nachvollziehbarkeit* unterscheidet die Bibliometrie von anderen Instrumenten der empirischen Forschung, u.a. auch von der Expertenbefragung, und sie belegt die *hohe Reliabilität* (vgl. Lienert 1969, S.15) bibliometrischer Untersuchungen.

Nachteile

- *Spezifische Schwachstellen* der Bibliometrie: Die Bibliometriker betrachten die Welt durch das *Okular der in einer Datenbank gespeicherten Veröffentlichungen*. Dies hat *drei Konsequenzen*: Erstens richten sich schon die Ausgangshypothesen mehr oder weniger *an den vorgegebenen Möglichkeiten* aus; interessante, aber nicht durch die Bibliometrie beantwortbare Hypothesen bleiben außen vor. Zweitens kann zwar *plausibel argumentiert*, aber nicht objektiv nachgeprüft werden, inwieweit die operationalen Hypothesen den Ausgangshypothesen entsprechen. Dies gefährdet die *Validität* (vgl. Lienert 1969, S.16-18) einer Bibliometrie. Drittens ist normalerweise überwiegend eine *formale*, aber *nicht qualitätsbewertende* Analyse der Veröffentlichungen vorgesehen, wodurch die Trennung zwischen *wichtigen* und *nebensächlichen* Aufsätzen entfällt.

Bild 4.12:
Gedankenflußplan
zu Kapitel 4

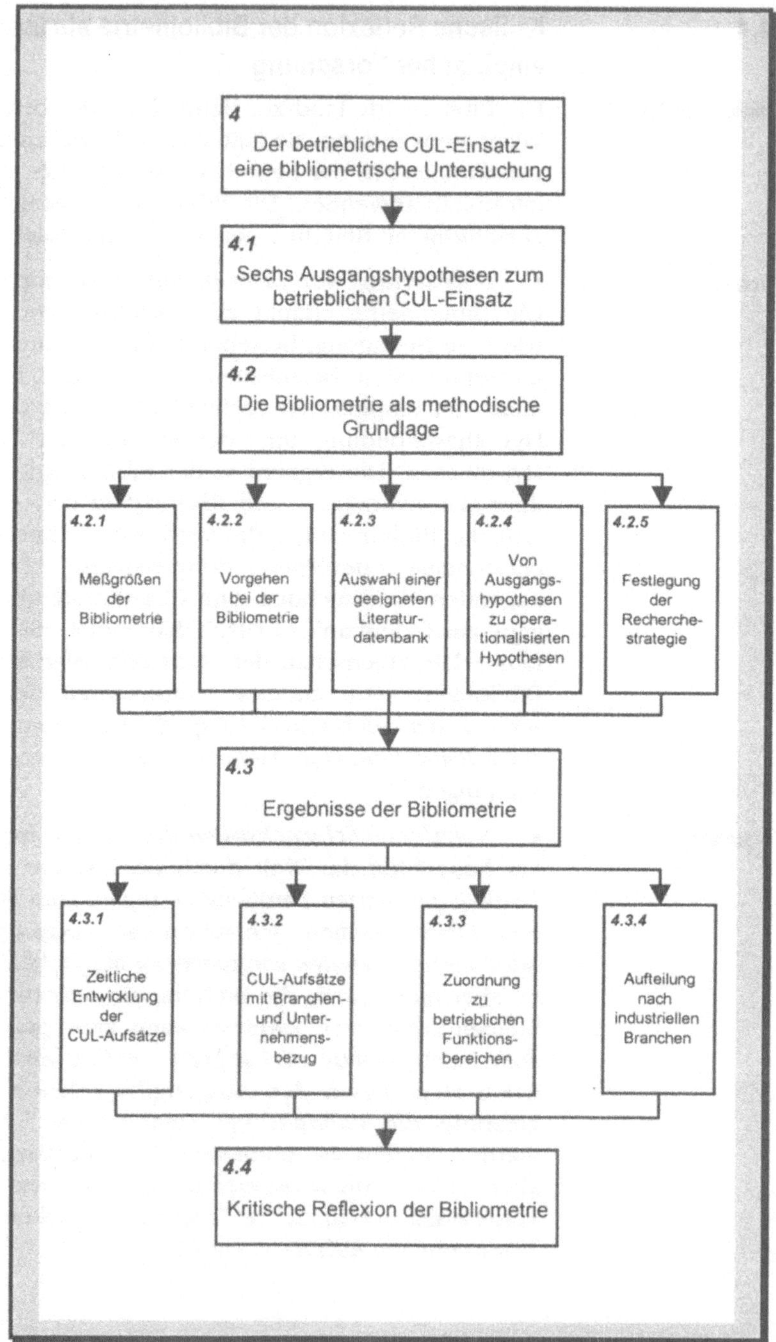

5

Der zukünftige Marktsog auf das CUL: Ermittlung durch die Lehrende-Objekte-Lernende-Analyse im Rahmen eines kommunikationsfördernden Wissensmanagements

Eine Investition in Wissen
bringt immer noch die besten Zinsen.

(Benjamin Franklin, 1706 bis 1790)

... daß wir in dem Glauben, suchen zu müssen,
was man nicht weiß,
besser werden und mutiger und weniger träge,
als wenn wir meinten,
daß wir das, was wir nicht wissen, auch gar nicht finden können
und dann erst gar nicht zu suchen brauchen,
dafür möchte ich allerdings kämpfen,
wenn ich könnte, mit Wort und Tat.

(Platon, 427 bis 347 v.Chr.:
Menon
Stuttgart: Reclam 1994, S.55).

Die bibliometrische Untersuchung in Kapitel 4 hat wichtige Trends des *Marktsogs auf das CUL* für den Zeitraum zwischen 1971 und 1992 offengelegt. Dabei traten zahlreiche Studien *einzelner Anwendungsfälle* mit ihren Rahmenbedingungen und den speziellen Ausprägungen der verwendeten CUL-Applikationen hervor. Für den Marktsog der Vergangenheit gibt es also empirische Belege. Doch wie steht es um den *zukünftigen Marktsog* auf das CUL?

<table>
<tr><td style="vertical-align:top; width:28%">

Systematische Suche
nach Anwendungs-
möglichkeiten des
CULs

</td><td style="vertical-align:top">

Eine Antwort auf diese Frage könnte man geben, indem man Unternehmen *systematisch nach Anwendungsmöglichkeiten des CULs* untersucht. Dies sei im folgenden vertieft. Als Rahmen für eine solche Untersuchung sei ein *Wissensmanagement* vorgeschlagen, das die *Kommunikation* im Unternehmen in besonderer Weise in den Mittelpunkt stellt und das deswegen als *kommunikationsfördernd* bezeichnet sei.

Die Konzentration auf ein *kommunikationsförderndes Wissensmanagement* als Rahmen für die Marktsog-Untersuchung hat zwei Gründe:

1) *Kommunikation*, insbesondere *computerunterstützte Kommunikation*, gewinnt ständig an Bedeutung. In nicht allzu ferner Zeit werden die Mitarbeiter in den Unternehmen *überwiegend computerunterstützt kommunizieren* - eine solche Prognose scheint nicht unvorsichtig angesichts der rasanten Verbreitung der Netzwerktechnologie und der Anstrengungen zur Einführung von ISDN. Die Förderung solcher Kommunikation bildet daher eine *Aufgabe von zentraler betriebswirtschaftlicher Bedeutung*, und es liegt nahe, computerunterstützte Kommunikation durch Computerunterstütztes Lernen zu ergänzen und dabei auf dem gleichen Fundament aufzubauen.

2) Für jede erfolgreiche Kommunikation bedarf es des *Wissens*, sowohl auf der Sender- als auch auf der Empfängerseite. Die Vermittlung von Wissen und die daran anknüpfenden *kognitiven und affektiven Lernziele* besitzen daher ein besonderes Potential zur Förderung von Kommunikation (vgl. Albrecht 1993, S.92, zur "Wissensversorgung" in einem Unternehmen).

Der Marktsog auf das CUL und damit zusammenhängende Aspekte seien in *fünf Abschnitten* dargestellt:

</td></tr>
<tr><td style="vertical-align:top">

Fallstudie

</td><td style="vertical-align:top">

• Eine *Fallstudie* aus dem deutschen Maschinenbau soll zunächst zeigen, wie Marktsog im Sinne eines Problemlösungsdrangs und der davon ausgelöste Entwurf von CUL-Applikationen zu *Wettbewerbsvorteilen eines Unternehmens* führen können (Abschnitt 5.1, S.237 ff.).

</td></tr>
<tr><td style="vertical-align:top">

Organizational
Intelligence

</td><td style="vertical-align:top">

• Das kommunikationsfördernde Wissensmanagement sei sodann eingebettet in die aus Japan stammende Lehre der *"Organizational Intelligence"* von Unternehmen. In der Übertragung dieser Lehre auf Deutschland wird ein aufeinander abgestimmtes Management von *Information*, *Wissen* und *Meinung* empfohlen (Abschnitt 5.2, S.240 ff.).

</td></tr>
</table>

LOLA

- Die Methodik "LOLA" (Lehrende-Objekte-Lernende-Analyse) bildet das *Kernstück* des kommunikationsfördernden Wissensmanagements. Sie dient zu dessen *praktischer Umsetzung mit dem Ergebnis eines CUL-Rahmenplans* (Abschnitt 5.3, S.243 ff.). Dabei sei ein Bogen gespannt von der *Identifizierung relevanter Einsatzbereiche* für Lehr- und Lernformen bis hin zu CUL-Rahmenplänen für die *unternehmensexterne Kommunikation*, für die *Kostenrechnung* als Teil des Funktionsbereichs der Unternehmensleitung und für das *Marketing* als Teil des Funktionsbereichs des Absatzes. Durch LOLA sei zugleich ein Beitrag geleistet zur *weiteren Ausschöpfung des Marktsogs auf das CUL.*

Organisation

- Zur Eingliederung des kommunikationsfördernden Wissensmanagements in die Aufbauorganisation eines Unternehmens sei ein *CUL-Fachausschuß* empfohlen (Abschnitt 5.4, S.285 ff.). Dessen besondere Tätigkeiten liegen in der Ausarbeitung des CUL-Rahmenplans hinsichtlich der *technologischen* Gestaltung und *zeitlichen* Durchführung des Entwurfs von CUL-Applikationen.

LOLA-Umsetzung
auf PC

- Die Methodik LOLA eignet sich zur Umsetzung in ein *Software-Werkzeug*. Die Benutzer eines solchen Werkzeugs, das hier unter dem Namen *PC-LOLA* entworfen sei, sollten damit *alle LOLA-Komponenten* bearbeiten können (Abschnitt 5.5, S.292 ff.).

5.1 Fallstudie: Wettbewerbsvorteile im Maschinenbau durch CUL-Applikationen

Die Festo KG als
Pilotanwender

Schon heute erzielen manche Unternehmen durch CUL-Applikationen *Vorteile im Wettbewerb* (vgl. Witte 1995, S.53-105, mit einer umfassenden Beurteilung des CUL-Nutzens für Unternehmen). Dies beweist besonders deutlich ein Unternehmen aus dem deutschen Maschinenbau, die *Festo KG*. Sie überschreitet mit CUL-Applikationen die *Grenze zum Kunden* und ergänzt damit ihre Kernprodukte um *wichtige Dienstleistungen*. Die Festo KG sei charakterisiert hinsichtlich

- ihres *Produktprogramms* und ihrer *Kunden*,

- des *Angebots an CUL-Applikationen* und

- der *Strategie der Kundenbindung durch CUL-Applikationen* (vgl. hierzu und im folgenden Möhrle 1992b).

Produkte und
Kunden

Die Festo KG fertigt *typische Investitionsgüter*. Ihre Mitarbeiter stellen pneumatische und elektronische Bauteile für die Steuerungstechnik sowie Druckluft- und Elektrowerkzeuge her. Die

Festo KG verkauft ihre Produkte an einen *überschaubaren Kreis von Firmenkunden*. Im Normalfall sind die Gesprächspartner bei den Kunden *hochkompetent*, und sie informieren sich nicht nur über die Produkte des Unternehmens, sondern auch über funktionsgleiche Konkurrenzprodukte.

Die CUL-Applikationen, die die Festo KG anbietet, sind auf die *Bedürfnisse des skizzierten Kundenkreises* ausgerichtet. Neben CUL-Applikationen für *Grundlagenschulungen* werden solche für *direkt produktorientierte Schulungen* und solche für Schulungen zur *Verknüpfung der Kernprodukte mit anderen Bauteilen* angeboten. Dabei fügt die Festo KG ihre CUL-Applikationen in eine *breite Palette von aufeinander abgestimmten Lehr- und Lernformen* ein. Sie bietet Gerätesätze von pneumatischen Grundelementen für praktische Übungen ebenso wie Foliensätze und Bücher an, nutzt zusätzlich weitere Möglichkeiten moderner Informationstechnologie, beispielsweise *interaktives Video* (vgl. Zech 1993, S.109-115, und Zimmer 1990, S.18, zu den Grundlagen des interaktiven Videos). Die CUL-Applikationen der Festo KG umfassen drei Themen:

Drei Themen für CUL

• *Grundlagen der Pneumatik* (siehe eine beispielhafte Bildschirmseite in Bild 5.1),

• *Aufbau und Einsatz der speicherprogrammierbaren Steuerungen* der Festo KG und

• *Datenübertragung mit Personal-Computern* (vgl. Bestellkatalog 1991 der Festo KG sowie Prospekt "Teachware/Software").

Alle CUL-Applikationen können *unabhängig von den Kernprodukten* des Unternehmens zu durchaus wettbewerbsüblichen Preisen erworben werden. Auch hat die Festo KG den Entwurf von CUL-Applikationen in einer *eigenen organisatorischen Einheit* konzentriert, in einer rechtlich selbständigen, gleichwohl eng mit dem Mutterhaus verbundenen *Tochtergesellschaft* namens Festo didactic KG.

Je nach Thema unterschiedliche Wettbewerbsvorteile

Durch das Angebot der CUL-Applikationen verspricht sich die Festo KG *deutliche Vorteile gegenüber konkurrierenden Unternehmen*. Die Wettbewerbsvorteile lassen sich an den skizzierten, *unterschiedlichen Themen* festmachen, auf die die verschiedenen CUL-Applikationen zielen (vgl. Möhrle 1992b, S.632):

• Mit den CUL-Applikationen für *Grundlagenschulungen* wendet sich die Festo KG an Ansprechpartner in der Aus- und Wei-

Bild 5.1:
Beispielhafte Bildschirmseite aus einer CUL-Applikation der Festo KG

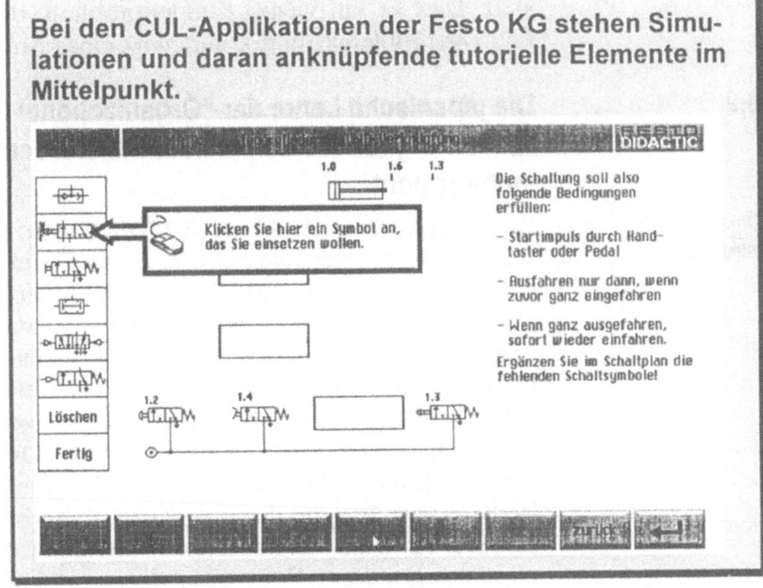

terbildung von Unternehmen, die für die Kernprodukte in Frage kommen. Ferner eignen sich diese CUL-Applikationen auch für die schulische Ausbildung. Die CUL-Applikationen bewirken einen *ersten Bezug zum Firmennamen und den Kernprodukten,* auch wenn sie teilweise unternehmensunabhängige Themen aufgreifen. Die Grundlagen werden anhand der pneumatischen Elemente der Festo KG erläutert, hieraus kann eine *gedankliche Prägung der heutigen und der zukünftigen Ansprechpartner auf Kundenseite* resultieren.

• Die CUL-Applikationen für *direkt produktbezogene Schulungen* ergänzen die Kernprodukte um eine *wertvolle Dienstleistung* (vgl. Jugel und Zerr 1989). Die Kunden erfahren durch sie einen *Zusatznutzen über die Kernprodukte hinaus,* durch den sich die Kernprodukte des Unternehmens von denen der konkurrierenden Unternehmen abheben. Auch äußert sich in solchen Dienstleistungen die *Problemlösungskompetenz eines Anbieters* als weiteres positives Attribut.

• Die CUL-Applikationen für Schulungen zur Verknüpfung der Kernprodukte mit anderen Bauteilen richten sich auf die Erzielung von Synergieeffekten mit einer bestehenden Systemumgebung, in die häufig Bauteile anderer Hersteller eingebunden sind. Dies ist ein vitales Kundenproblem, dessen Lösung ebenfalls die Problemlösungskompetenz eines Anbieters unterstreicht.

5.2   Die japanische Lehre der "Organizational Intelligence" als Einbettung für das kommunikationsfördernde Wissensmanagement

Organizational
Intelligence ...

Die Fallstudie in Abschnitt 5.1 zeigt, wie empfehlenswert ein *breitangelegter betrieblicher CUL-Einsatz* sein kann, der mehrere aufeinander abgestimmte CUL-Applikationen umfaßt. Dies kann als Form eines Wissens*managements* verstanden werden. Das kommunikationsfördernde Wissensmanagement, wie es in diesem Buch vorgeschlagen wird, sei nun in die aus Japan stammende Lehre der *"Organizational Intelligence"* eingebettet (vgl. Matsuda 1993 mit einem Überblicksaufsatz zu "Organizational Intelligence"; Momm 1993 mit der Besprechung eines Tagungsbandes, in dem etwa 20 grundlegende Aufsätze enthalten sind). Matsuda (1993, S.12) sieht "Organizational Intelligence" als das *intellektuelle Potential eines Unternehmens* an, und er charakterisiert sie als *Prozeß* und als *Produkt.* Müller-Merbach (1995, S.3-6) führt diese Gedanken weiter und fordert ein *IWM-Management* (IWM steht für *I*nformation, *W*issen und *M*einung). Es zielt auf die *Gestaltung* und grundlegend hierfür auf die *Erfassung* und *Strukturierung* von Information, Wissen und Meinung durch die Leitung eines Unternehmens.

als Prozeß und ...

"Organizational Intelligence" als *Prozeß* ist *"ein interaktiver, aggregierender und koordinierender Komplex der menschlichen Intelligenz und der maschinellen Intelligenz einer Organisation als Ganzer"* (Matsuda 1993, S.13). Wichtig in dieser Definition ist die Idee der *Synergie zwischen menschlicher und maschineller Intelligenz,* die der Idee des *Mensch-Maschine-Tandems* ähnelt (siehe Abschnitt 1.1, S.5 f.) und beim betrieblichen Einsatz des CULs in besonderer und konkreter Weise zum Ausdruck kommt.

als Produkt

"Organizational Intelligence" als *Produkt* umfaßt nach Matsuda (1993, S.16) *Daten, Information* und *"Intelligence";* letzteres spaltet Müller-Merbach (1995, S.4) in *Wissen* und *Meinung* auf. Zwischen Daten, Information, Wissen und Meinung besteht ein *enger Zusammenhang* (vgl. Müller-Merbach 1995, S.4):

• *Daten* sind die Menge an *Fakten* in der Welt, die teils im Zahlen-, Text-, Graphik-, Video- oder Audioformat auf unterschiedlichen Trägern verfügbar sind.

- *Information* ist eine Teilmenge der Daten und entsteht durch deren *zweckbezogene Filterung.*

- *Wissen* entsteht nach dem Ansatz der "Organizational Intelligence" durch *Verstehen von Information*; handelndes Subjekt ist dabei der Mensch.

- *Meinung* ist schließlich die *Verbindung* von *Wissen* mit *Überzeugungen* und *Werthaltungen* des Menschen.

Diskussion der Begriffe

Die Definitionen dieser vier Begriffe sind auf die *Zwecke der "Organizational Intelligence"* als ganzheitlichem Leitungskonzept ausgerichtet (vgl. Müller-Merbach 1995, S.4-5) und werden auch im folgenden zugrundegelegt. Andere Autoren verwenden für Information und Wissen teilweise andere Definitionen:

- So gebrauchen manche Autoren den Begriff der *Information* in anderen Formen, beispielsweise näher an das *Übertragen von Nachrichten* angelehnt oder stärker in *bezug zum Menschen* gesetzt (vgl. Lehner und Maier 1994 mit einem weitgespannten Überblick, für die Beispiele insbesondere S.3 und S.22; ferner Kuhlen 1990, S.13-18, mit der These *"Information ist Wissen in Aktion"*).

- Der Begriff des *Wissens* wird ebenfalls über andere Haupteigenschaften definiert: Während bei "Organizational Intelligence" das Wissen unmittelbar an den *Menschen* als Träger geknüpft wird, charakterisiert Streitz (1990, S.14) das Wissen als ein *zusammenhängendes Gewebe von Information.* In diesem Sinne kann durchaus auch ein Computer oder ein Buch Wissen *tragen.* In anderen Wissenschaften, etwa der *Soziologie*, wird der Wissensbegriff weiter aufgespalten: Dewe (1988, S.16) unterscheidet beispielsweise bei seiner Untersuchung, wie man Wissen in der Weiterbildung verwendet, zwischen *wissenschaftlichem* und *lebenspraktischem* Wissen.

IWM-Management

Obwohl Information, Wissen und Meinung (abgekürzt: IWM) in einem Unternehmen eng miteinander verflochten sind, können sie *separat*, wenn auch nicht unabhängig voneinander *gestaltet* werden. Müller-Merbach (1995, S.3-6) faßt dies unter dem Begriff des *IWM-Managements* zusammen:

- Es ist eine Aufgabe der Leitung eines Unternehmens, Daten möglichst geschickt zu Information umzuformen.

• Ähnlich sind sowohl die individuelle Mehrung von Wissen als auch die Förderung des Wissensaustauschs zwischen den Mitgliedern des Unternehmens Aufgaben der Leitung.

• Schließlich ist auch die Gestaltung der Meinung der Mitglieder des Unternehmens und der externen Ansprechpartner eine Aufgabe der Unternehmensleitung.

Erfassung und Strukturierung von ...

Eine Voraussetzung für die Gestaltung von Information, Wissen und Meinung bildet deren *Erfassung* und *Strukturierung*. Hierfür bieten sich *unterschiedliche Instrumente* an:

Information, ...

• Für *Information* eignet sich das aus der Datenbanktechnologie bekannte, auf Chen (1976) zurückgehende *Entity-Relationship-Model*, weiterentwickelt zum *Objekttypenansatz* (vgl. Wedekind 1981 und Müller-Merbach 1989) und - unter dem Obertitel der *semantischen Informationsmodelle* - in verschiedene andere Richtungen. Mit diesem Instrument entsteht ein *systematisch angelegtes Grundgerüst der Information* in einem Unternehmen. Beim Objekttypenansatz sucht man für jede Information einen *"Aufhänger"*, dem man die Information als *Attribut* sodann zuordnet (vgl. Müller-Merbach 1989, S.1038-1041, mit einer ausführlichen Vorgehensbeschreibung). Gleichartige "Aufhänger" werden zu Mengen zusammengefaßt, den *Objekttypen. Beziehungen* zwischen verschiedenen Objekttypen lassen sich identifizieren und in eine *graphische Repräsentation der Informationsstruktur* mit aufnehmen (siehe ein Beispiel für eine Informationsstruktur in Bild 5.25, S.304). Seine *technische Umsetzung* findet der Objekttypenansatz in Datenbanken und Karteisystemen bis hin zu Executive Information Systems mit hochverdichteter Information (vgl. Vogel und Wagner 1993, S.26-27).

Wissen und ...

• Für *Wissen* bietet sich zum einen das Instrument der *Bildungsbedarfsanalyse* an, wie es aus der Betriebspädagogik bekannt ist (vgl. Müller und Stürzl 1992). Es beschreibt, auf welche Weise die Weiterbildner in einem Unternehmen Bildungs- bzw. Wissensdefizite erkennen und in Weiterbildungsmaßnahmen umsetzen können. Dabei orientieren sich die Weiterbildner primär an *aufbauorganisatorischen Gegebenheiten,* insbesondere an den *Stellenbeschreibungen* und an der *Qualifikation* derjenigen, die diese Stellen ausfüllen sollen. Zum anderen wird in Abschnitt 5.3 die *Lehrende-Objekte-Lernende-Analyse* (LOLA) vorgeschlagen, die sich an *Kommunikationsvorgängen* orientiert und als Ergebnis einen *CUL-Rahmenplan* liefert. Beide Instrumente ergänzen sich gegenseitig und führen zu einem *systematisch angelegten Grundgerüst des Wissens* in einem Unternehmen.

Meinung

• Schwerer als Information und Wissen lassen sich die *Meinungen* erfassen und strukturieren. Aus der Politikberatung stammt die *Meinungsforschung*; für die Anwendung in Unternehmen wurde die damit verwandte *Kulturanalyse* vorgeschlagen (vgl. Schneider 1990, S.267). Dies mag man um Teile der *Marktforschung* ergänzen, mit denen Kundenstimmungen und -meinungen eingeholt werden.

Resümee dieser kurzen Einordnung: Im Rahmen der "Organizational Intelligence" nehmen das kommunikationsfördernde Wissensmanagement und damit verbunden der betriebliche Einsatz des CULs eine zentrale Stellung ein: Sie zielen primär auf das *Management von Wissen, in Teilen auch auf das Management von Meinung, in einem Verbund aus menschlicher und maschineller Leistungsfähigkeit.*

5.3 Die Lehrende-Objekte-Lernende-Analyse als Instrument für ein kommunikationsförderndes Wissensmanagement

Die soeben skizzierte "Organizational Intelligence" bildet die *Einbettung* für das kommunikationsfördernde Wissensmanagement, die Lehrende-Objekte-Lernende-Analyse (LOLA) das *zentrale Instrument*. LOLA zielt auf die Gewinnung eines *CUL-Rahmenplans*, in dem für ein Unternehmen als Ganzes oder für seine Teilbereiche *alle relevanten CUL-Anwendungsfelder* enthalten sind.

• In der pädagogischen Fachliteratur sind *verschiedene Methoden zur Ermittlung von Bildungsbedarf* vorgeschlagen worden. Diese Methoden und LOLA ergänzen sich (Abschnitt 5.3.1).

• LOLA zielt auf die *Verbesserung der Kommunikation* in Unternehmen (Abschnitt 5.3.2).

• LOLA umfaßt *vier Komponenten*, beginnend beim Identifizieren von potentiellen Lehrenden und Lernenden bis hin zur Abschätzung der CUL-Affinität einzelner transferierbarer Lehr- und Lernobjekte (Abschnitt 5.3.3). LOLA läßt sich sowohl aufbauend auf *Ausführungen der betriebswirtschaftlichen und technischen Fachliteratur* als auch in einer *konkreten betrieblichen Situation* verwenden; häufig wird eine *Kombination* der beiden vorgenannten Möglichkeiten nützlich sein.

Drei Fälle

Ein Unternehmen kann LOLA auf *verschiedenen Ebenen* einsetzen, wobei es die jeweiligen Ergebnisse aufeinander abstimmen kann. Dies wird an *drei Fällen* konkretisiert:

- Die *unternehmensexterne Kommunikation* betrifft das Unternehmen und seine außenstehenden Kommunikationspartner wie Kunden, Lieferanten, Finanzhäuser, Personal und Eigentümer (Abschnitt 5.3.4). In diesem Fall ist es die hohe Ebene eines *Unternehmens als Ganzes*, auf der LOLA durchgeführt wird.

- Bei der *Kommunikation der Kostenrechnung* steht ein Teil eines betrieblichen Funktionsbereichs bzw. seine Verkörperung in Form einer Abteilung im Mittelpunkt der Betrachtung (Abschnitt 5.3.5). LOLA wird also auf einer Ebene verwendet, die um zwei Stufen unter der Ebene eines Unternehmens als Ganzes liegt.

- Bei der *Kommunikation des Marketings* bildet ebenfalls ein Teil eines betrieblichen Funktionsbereichs den Gegenstand der Untersuchung (Abschnitt 5.3.6). Wie bei der Kostenrechnung liegt die Ebene, auf der LOLA angewendet wird, um zwei Stufen unter der Ebene eines Unternehmens als Ganzes. Bei der Marketing-Kommunikation kommen Aspekte, die bereits bei der unternehmensexternen Kommunikation in Abschnitt 5.3.4 angesprochen werden, in detaillierterer Weise zur Sprache.

5.3.1 Ein Überblick über Methoden zur Ermittlung des Bildungsbedarfs

Ermittlung des Bildungsbedarfs ...

Seit langem gehört die *Ermittlung des Bildungsbedarfs* zu den Aufgaben des betrieblichen Personalbereichs (vgl. Eckardstein und Schnellinger 1978, S.247-256, sowie Drumm 1992, S.311-313, zur juristischen Einbettung in das BetrVG), und darin zählt sie zu den Aufgaben des Bereichs der *betrieblichen Aus- und Weiterbildung* (vgl. Arnold 1991, S.146, mit einem Verweis auf die historische Entwicklung des Ermittlungsinstrumentariums).

als Abweichung unter Berücksichtigung ...

In aller Regel ermittelt man den Bildungsbedarf als *Abweichung* zwischen einer vorgegebenen *Soll-Bildungsanforderung* und dem *Ist-Bildungsangebot* der Mitarbeiter (vgl. Müller und Stürzl 1992, S.106-112, zu dieser Denkweise). Die zur Ermittlung des Bildungsbedarfs vorgeschlagenen Methoden lassen sich auf ein *Grundmodell* zurückführen. Die in diesem Buch vorgestellte Methode *LOLA* (siehe Abschnitte 5.3.2 bis 5.3.6) bildet eine *Ergänzung* zu den anderen Methoden zur Ermittlung des Bildungsbedarfs. Allen Methoden liegt eine *überstark konkretisierende*

Vorstellung zugrunde, die ihre Anwendung in gewisser Weise einschränkt.

Verschiedene Autoren der Fachliteratur schlagen Methoden zur *Ermittlung des Bildungsbedarfs* vor (vgl. Bardeleben 1986, S.45-46, zum Stand in der betrieblichen Praxis):

der Aufbau-
organisation, ...

- Pompetzki und Simon (1992, S.20) empfehlen die Ermittlung des Bildungsbedarfs in Anlehnung an die *Aufbauorganisation* eines Unternehmens auf der *Basis von vier Gesprächen*: erstens Beurteilungsgespräche zwischen Vorgesetzten und Mitarbeitern, zweitens Befragungen der Vorgesetzten durch eine Abteilung für Aus- und Weiterbildung, drittens - spiegelbildlich zum zweiten Gespräch - Befragungen der Mitarbeiter durch eine Abteilung für Aus- und Weiterbildung, schließlich viertens Gespräche in einer speziell für diese Fragen eingerichteten Projektgruppe.

der selbständigen
Arbeitsgruppen, ...

- Ähnlich wie in dem Ansatz von Pompetzki und Simon (1992) plädieren auch Rüdenauer (1990, S.27-28) sowie Zink und Schmidt (1994, S.160) für eine *Orientierung an der Aufbauorganisation*. Die Besonderheit bei ersterem liegt in der Forderung nach *Weiterbildungskreisen* als *"selbständigen Arbeitsgruppen in allen Organisationseinheiten auf allen hierarchischen Ebenen eines Unternehmens"* (Rüdenauer 1990, S.27). Die Weiterbildungskreise haben neben der Ermittlung des Bildungsbedarfs u.a. auch für die Förderung des Lerntransfers und die Kontrolle des Lernerfolgs Sorge zu tragen. Die Besonderheit bei Zink und Schmidt (1994, S.160) liegt in der engen Anbindung der Ermittlung des Bildungsbedarfs an *Fragen des Qualitätsmanagements*.

der Erfolgsfak-
toren, ...

- Einen stärker an *Erfolgsfaktoren* ausgerichteten Ansatz verfolgt Hoffmann (1991, S.14 und S.16): Die Personalverantwortlichen sollen den Bildungsbedarf entlang einer Hierarchie aus *generellen Erfolgsfaktoren des Unternehmens* wie z.B. Kundennähe und Serviceorientierung, *Branchen-Erfolgsfaktoren* wie z.B. Leistungsvermögen und Bereitschaft zu Individuallösungen sowie *persönlichen Erfolgsfaktoren* wie Motivation und Selbstorganisation ermitteln.

der Investitionen
und ...

- Über eine Ermittlung des Bildungsbedarfs, die die Audi AG im Zusammenhang mit *Investitionen* durchführt, berichtet Arnold (1991, S.151). Bei jeder größeren Investition, beispielsweise der Einrichtung einer neuen Fertigungslinie, schätzen Mitarbeiter der Audi AG ab, welcher Mitarbeiterkreis davon betroffen ist und welche Anforderungen an die Qualifikationen durch die Investitionen entstehen.

neuer Technologien

- Analog dazu macht Zink (1991, S.107) die Ermittlung des Bildungsbedarfs an *neuen Technologien* fest, wobei er besonders das Wechselspiel zwischen dem Bildungsbedarf und der Art, wie man eine neue Technologie in einem Unternehmen einsetzt, herausarbeitet.

Grundmodell

Alle skizzierten Methoden leiten letztlich den Bildungsbedarf aus *Änderungen innerhalb eines Grundmodells* ab: Ein *Mitarbeiter* mit einem bestimmten *Aufgabenumfang* bearbeitet an seinem *Arbeitsplatz* mit einer bestimmten *Technologie* einen bestimmten *Arbeitsinhalt* in *Zusammenarbeit* mit anderen Mitarbeitern (vgl. Kosiol 1962 mit einer in weiten Teilen übereinstimmenden Charakterisierung der Organisation eines Unternehmens). Ändern können sich:

- der *Mitarbeiter*, z.B. durch Fluktuation,

- der *Aufgabenumfang*, z.B. durch Anreicherung um weitere Aufgaben (job enrichment),

- der *Arbeitsplatz*, z.B. durch Betriebsverlagerung,

- die *Technologie*, z.B. durch das Einführen einer neuen Technologie,

- der *Arbeitsinhalt*, z.B. durch das Hinzukommen eines neuen Produkts,

- die *Zusammenarbeit mit anderen Mitarbeitern*, z.B. durch veränderte Prozesse.

Bezug zu LOLA

Zu den vorgenannten Methoden zur Ermittlung des Bildungsbedarfs bildet LOLA, die auf *Kommunikationsbeziehungen* zwischen Mitarbeitern aufbaut, eine *Ergänzung*: LOLA kann insbesondere vorteilhaft *in Kombination* mit anderen Methoden angewandt werden. Beispielsweise könnte der Einsatz neuer Technologien oder die Tätigung einer größeren Investition als Auslöser für eine LOLA dienen, in deren Zentrum alle beteiligten Mitarbeiter stünden.

Kritische Anmerkung

Alle vorgenannten Methoden der Ermittlung des Bildungsbedarfs inklusive LOLA beruhen auf einer *überstark konkretisierenden Vorstellung* (vgl. hierzu und im folgenden Arnold 1991, S.146-147, der dies als eine *konkretistische Vorstellung* bezeichnet). Nach dieser Vorstellung ist der Bildungsbedarf etwas *"offen Zuta-*

getretendes", und es kommt im wesentlichen darauf an, ihn mit geeigneten Methoden zu ermitteln. So impliziert die überstark konkretisierende Vorstellung die *unmittelbare Meßbarkeit*, und zwar sowohl der Bildungsanforderungen als auch des Bildungsangebots (Bild 5.2).

Gegen die überstark konkretisierende Vorstellung erhebt Arnold (1991, S.147-149) *drei Einwendungen*:

• Erstens sei das *Bildungsangebot schwer meßbar*. Nicht alle Qualifikationen von Mitarbeitern seien "sichtbar"; berufliches Erfahrungswissen und außerfachliches Wissen könnten vielfach als *schlummerndes Bildungsangebot* gewertet werden.

• Zweitens sei die *Bildungsanforderung* ähnlich *schwer meßbar* wie das Bildungsangebot. Die Ermittlung des Bildungsbedarfs hänge in starkem Maße von der Methode und - weitaus gravierender - von den *möglichen curricularen Angeboten* ab. In überspitzter Formulierung: *"Bedarf ist, was die Programmplaner als Angebot präsentieren"* (Arnold und Wiegerling 1983, S.34).

Bild 5.2:
Ermittlung des Bildungsbedarfs nach der überstark konkretisierenden Vorstellung.
Quelle: In Anlehnung an Hölterhoff und Becker (1986, S.81) sowie Arnold (1991, S.146).

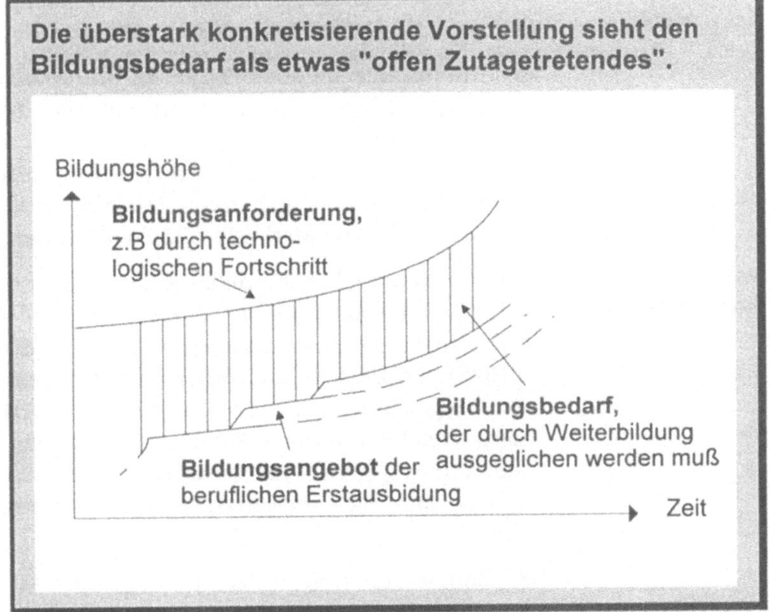

• Drittens ließe sich Bildungsbedarf nicht nur aus dem betrieblichen Zusammenhang heraus erklären. Vielmehr spielten die *individuellen Bedürfnisse der Mitarbeiter* und die in einem Unternehmen herrschenden *Werte* eine wesentliche Rolle.

Die drei Einwendungen gegen eine überstark konkretisierende Vorstellung treffen in gewissem Maße auch auf LOLA zu. Gleichwohl scheint die *konsequente Orientierung an Kommunikationsbeziehungen* bei LOLA (siehe Abschnitt 5.3.2) zumindest die ersten beiden Einwendungen einzuschränken und damit für eine Anwendung von LOLA zu sprechen.

5.3.2   Idee von LOLA: Förderung der Kommunikation in Unternehmen

Bestehende Methoden der Bildungsbedarfsanalyse seien in diesem Buch ergänzt um die *Lehrende-Objekte-Lernende-Analyse* (LOLA). Sie sei mittels der Antworten zu drei Fragen eingeführt:

Grundfragen

• Bei welchem *Ausschnitt betrieblicher Tätigkeiten* kann das CUL besonders wirksam sein?

• Welchem *Zweck* kann es dabei dienen?

• Welches *Denkschema* könnte einer Methode zugrundeliegen, die den CUL-Bedarf eines Unternehmens identifiziert?

Als Antwort auf die erste Frage sei die *betriebliche Kommunikation* vorgeschlagen, als Antwort auf die zweite Frage sei der Zweck des CULs in der *Förderung dieser Kommunikation* gesucht. Schließlich sei als Antwort auf die dritte Frage das *Systemdenken* gekoppelt mit dem *Denken in der LOL-Struktur* als Grundlage für die Methode LOLA empfohlen.

Wie fördert man Kommunikation?

Wie für andere Kommunikation auch eignet sich für die betriebliche Kommunikation ein *Modell*, das auf *Claude E. Shannon* und *Warren Weaver* zurückgeht (vgl. Picot und Röntgen 1987, S.1025). Es besteht aus einem *Sender*, einer *Nachricht*, einem *Empfänger* und einem *Übertragungskanal* (Bild 5.3) und spezifiziert, welche Aktionen Sender und Empfänger verrichten müssen, um erfolgreich miteinander zu kommunizieren. An diesem Modell läßt sich erklären, wie man Kommunikation *fördern* kann:

• Zum einen unterstützt ein möglichst für den Kommunikationszweck *geeigneter, störungs- und rauschfreier Übertragungskanal* die Kommunikation.

Bild 5.3:
Das SMRC-Kommu-
nikationsmodell in
schematischer Dar-
stellung. Die Abkür-
zung SMRC steht für
Sender-Message-
Receiver-Channel.
Quelle: Picot und
Röntgen (1987,
S.1026); Hervorhe-
bungen durch den
Verfasser.

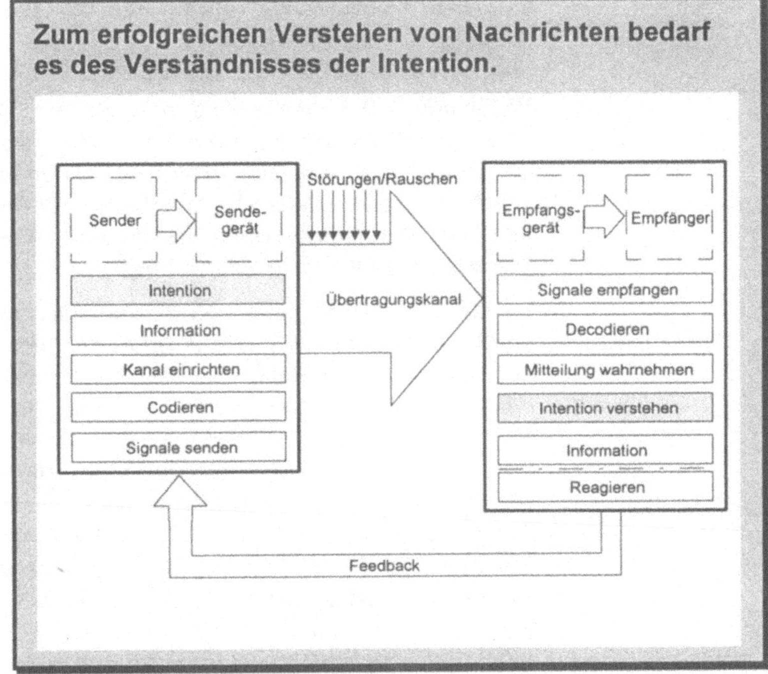

- Zum anderen bedarf es des *gegenseitigen Verständnisses* zwischen Sender und Empfänger, um die *Intentionen* richtig auszudrücken und zu verstehen (vgl. auch Hinske 1989, der an die einstige Gesprächskultur erinnert). Dies wird vor allem durch ein *ähnliches Begriffsverständnis* gefördert, ferner durch die *Ausdrucksfähigkeit* des Senders und durch die *Wahrnehmens- und Verstehensfähigkeit* des Empfängers.

Ansatzpunkt von
LOLA und ...

Auf den Übertragungskanal in der betrieblichen Kommunikation kann man durch CUL *kaum* einwirken. Doch das *gegenseitige Verständnis* im oben geschilderten Sinne läßt sich durch CUL wesentlich *fördern* und *verbessern*.

Denkschema für die
Umsetzung

Die Förderung der Kommunikation bildet das *Ziel* für LOLA, hinzu tritt ein *Denkschema für die Umsetzung*: Die LOLA-Bearbeiter entwerfen zunächst ein *Kommunikationssystem* und bestimmen den Bedarf an Wissenstransfer mittels der *Lehrende-Objekte-Lernende-Struktur* (LOL-Struktur), die sie nach und nach mit *Inhalten* füllen.

• Die LOLA-Bearbeiter modellieren ein *Kommunikationssystem* desjenigen Unternehmensteils, für den sie einen CUL-Rahmenplan erstellen sollen (vgl. Staehle 1991, S.278-280 und S.541, zu Strukturen von Kommunikationssystemen). Dazu fassen sie Personen mit ähnlichen Eigenschaftsausprägungen zu *Personengruppen* zusammen, z.B. alle Mitarbeiter einer Abteilung, alle Leiter von Kostenstellen oder alle Mitarbeiter mit direktem Kundenkontakt. Die Personengruppen stehen über *Kommunikationsbeziehungen* miteinander in Verbindung.

• Auf dem modellierten Kommunikationssystem baut die *Ermittlung des über CUL transferierbaren Wissens* auf: Hierzu betrachten die LOLA-Bearbeiter der Reihe nach *paarweise Kombinationen von Personengruppen* anhand der LOL-Struktur (Bild 5.4), die Lehrende, Lernende sowie Lehr- und Lernobjekte umfaßt: Die *Lehrenden* sind eine Gruppe von Personen, die anderen Personen etwas vermitteln möchten, die *Lernenden* eine Gruppe von Personen, die etwas vermittelt bekommen möchten. Zwischen beiden stehen die *Lehr- und Lernobjekte*. Die LOLA-Bearbeiter spezifizieren in jedem Fall die LOL-Struktur über mehrere Komponenten hinweg, wobei sie die zu transferierenden Lehr- und Lernobjekte aus den *Aufgaben-* oder *Ablaufbeziehun-*

Bild 5.4:
Lehrende-Objekte-Lernende-Struktur

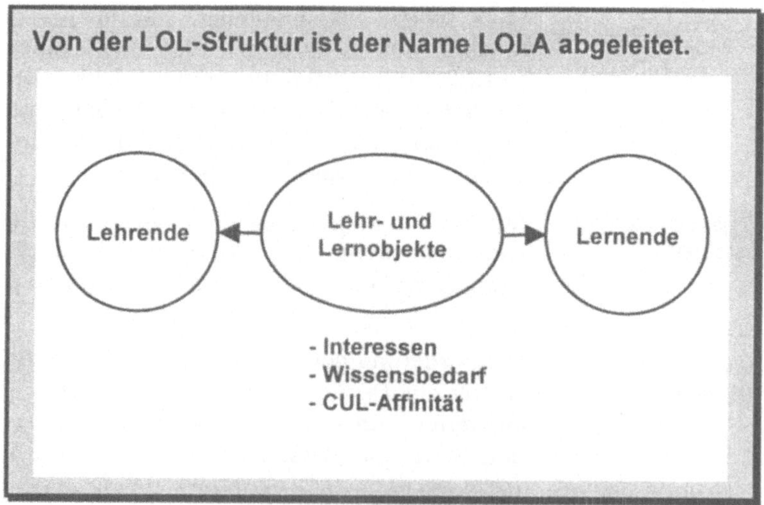

schen den Personengruppen ableiten (siehe im einzelnen Abschnitt 5.3.3), und sie gelangen zu einem *CUL-Rahmenplan*.

5.3.3 Vorgehensweise von LOLA: Vier Komponenten auf dem Weg zu einem CUL-Rahmenplan

Die Vorgehensweise von LOLA, die bereits in Abschnitt 5.3.2 grob angeschnitten wurde, sei nun *im einzelnen* erläutert. Es sei zwischen *zwei Betrachtungen* unterschieden, die sich durch die Komponenten einer LOLA hindurchziehen und jeweils als Ergebnis auf CUL-Rahmenpläne zielen:

Zwei Betrachtungen: ...

literaturgeleitet und ...

- Bei der *literaturgeleiteten Betrachtung* dient die betriebswirtschaftliche, teilweise auch die technische Fachliteratur als Betrachtungs*objekt*.

unternehmensorientiert

- Das Gegenstück zur literaturgeleiteten bildet die *unternehmensorientierte Betrachtung*. Die LOLA-Bearbeiter werden in einem Unternehmen angesiedelt oder dort als Berater tätig sein. Als Betrachtungsobjekte dienen das *spezielle Unternehmen* oder *Teile davon* wie Abteilungen, Funktionsbereiche und Prozeßketten.

Die beiden Betrachtungen *ergänzen einander* in vielfältiger Weise: Die aus der literaturgeleiteten Betrachtung hervorgehenden CUL-Rahmenpläne können als *Ausgangsbasis für unternehmensorientierte* CUL-Rahmenpläne dienen, die es den individuellen betrieblichen Gegebenheiten anzupassen gilt. Umgekehrt kann man anhand von unternehmensorientierten CUL-Rahmenplänen die literaturgeleiteten CUL-Rahmenpläne *verbessern* und *vervollständigen*. Im besten Fall entstehen aus literaturgeleiteten und unternehmensorientierten CUL-Rahmenplänen gemeinsam *unternehmensübergreifende CUL-Referenzrahmenpläne* (vgl. Mertens 1993, S.15, zum Referenzbegriff).

Bei beiden Betrachtungen machen jeweils *vier Komponenten* die Vorgehensweise bei LOLA aus:

- In LOLA-Komponente 1 identifizieren die LOLA-Bearbeiter die *potentiellen Lehrenden und Lernenden* (Abschnitt 5.3.3.1). Hierdurch entsteht eine Grundstruktur für das weitere Vorgehen.

- In LOLA-Komponente 2 analysieren die LOLA-Bearbeiter die *Interessen der Lernenden* sowie die *Beziehungen* zwischen Lehrenden und Lernenden (Abschnitt 5.3.3.2). LOLA-Komponente 2 soll die Kopplung zwischen Lehr- und Lernmaßnahmen auf der einen Seite und den Interessen der Lernenden auf der anderen Seite vorbereiten.

• In LOLA-Komponente 3 beurteilen die LOLA-Bearbeiter den *Wissensbedarf der Lernenden* zur reibungslosen Kommunikation mit den Lehrenden und leiten die *transferierbaren Lehr- und Lernobjekte* ab (Abschnitt 5.3.3.3). Der mögliche *Nutzen* von Lehr- und Lernmaßnahmen für die *Kommunikation* spiegelt sich in dieser Tätigkeit.

• In LOLA-Komponente 4 untersuchen die LOLA-Bearbeiter die transferierbaren Lehr- und Lernobjekte auf *CUL-Affinität* (Abschnitt 5.3.3.4). Die Gesamtheit der zu einem bestimmten Maße CUL-affinen Lehr- und Lernobjekte gemeinsam mit den dazugehörenden Lehrenden und Lernenden kann zum *CUL-Rahmenplan* zusammengefaßt werden.

5.3.3.1 LOLA-Komponente 1: Identifikation und Gruppierung der potentiellen Lehrenden und Lernenden

In LOLA-Komponente 1 *identifizieren* die LOLA-Bearbeiter potentielle Kommunikationspartner und damit potentielle Lehrende und Lernende und *gruppieren* sie. Das *Ergebnis* von LOLA-Komponente 1 liegt in der vollständigen Erfassung der Kommunikationspartner und der Kommunikation zwischen ihnen. Dies läßt sich graphentheoretisch darstellen: Die Gruppen von Kommunikationspartnern sollten als *Knoten* (visualisiert durch Kreise oder Rechtecke), Kommunikationsbeziehungen ab einer gewissen Grundstärke als *Kanten* zwischen den Knoten dargestellt werden (siehe die Beispiele auf S.264, S.272 und S.278). Unterschiedliche Untersuchungsansätze von LOLA führen dabei zu *unterschiedlichen Topologien* des Kommunikationssystems.

Unterschiede bei ...

Zur Identifikation und Gruppierung empfehlen sich für die auf S.251 genannten zwei Betrachtungen *unterschiedliche Ansatzpunkte:*

literaturgeleiteter und ...

• Bei literaturgeleiteter Betrachtung eignet sich besonders das *Durchsehen von Standardwerken,* um potentielle Kommunikationspartner und damit potentielle Lehrende und Lernende festzumachen. Häufig wird man dabei im *Stichwortverzeichnis* fündig werden (Bild 5.5). Von den Stichwörtern ausgehend können die LOLA-Bearbeiter *Gruppen von Kommunikationspartnern* bilden, durch Lektüre der zu den Stichwörtern angegebenen Passagen im Text können sie *Kommunikationsbeziehungen* nachvollziehen.

Bild 5.5:
Ausschnitt aus dem Stichwortverzeichnis eines Marketing-Lehrwerks. Grau unterlegt sind Einträge, die unmittelbar auf Personengruppen hindeuten wie "Makler" und "Marketing-Auditor". Ferner sind solche Einträge grau unterlegt, die mittelbar auf Personengruppen hinweisen, beispielsweise läßt sich "Produkt-Management" leicht zu "Produkt-Manager" umformen.
Quelle: Nieschlag, Dichtl und Hörschgen (1991, S.1050). Hervorhebungen durch den Verfasser.

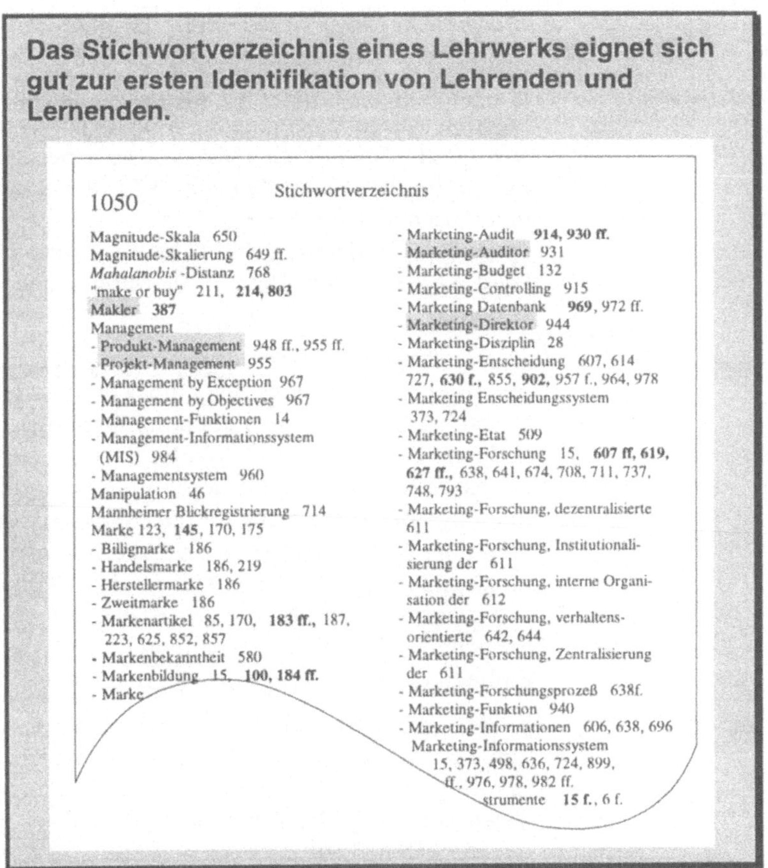

1050   Stichwortverzeichnis

Magnitude-Skala 650
Magnitude-Skalierung 649 ff.
Mahalanobis -Distanz 768
"make or buy" 211, **214, 803**
Makler **387**
Management
- Produkt-Management 948 ff., 955 ff.
- Projekt-Management 955
- Management by Exception 967
- Management by Objectives 967
- Management-Funktionen 14
- Management-Informationssystem
  (MIS) 984
- Managementsystem 960
Manipulation 46
Mannheimer Blickregistrierung 714
Marke 123, **145**, 170, 175
- Billigmarke 186
- Handelsmarke 186, 219
- Herstellermarke 186
- Zweitmarke 186
- Markenartikel 85, 170, **183 ff.**, 187,
  223, 625, 852, 857
- Markenbekanntheit 580
- Markenbildung 15, **100, 184 ff.**
- Marke

- Marketing-Audit   **914, 930 ff.**
- Marketing-Auditor 931
- Marketing-Budget 132
- Marketing-Controlling 915
- Marketing Datenbank   **969**, 972 ff.
- Marketing-Direktor 944
- Marketing-Disziplin 28
- Marketing-Entscheidung 607, 614
  727, **630 f.**, 855, **902**, 957 f., 964, 978
- Marketing Enscheidungssystem
  373, 724
- Marketing-Etat 509
- Marketing-Forschung 15, **607 ff, 619,
  627 ff.**, 638, 641, 674, 708, 711, 737,
  748, 793
- Marketing-Forschung, dezentralisierte
  611
- Marketing-Forschung, Institutionali-
  sierung der 611
- Marketing-Forschung, interne Organi-
  sation der 612
- Marketing-Forschung, verhaltens-
  orientierte 642, 644
- Marketing-Forschung, Zentralisierung
  der 611
- Marketing-Forschungsprozeß 638f.
- Marketing-Funktion 940
- Marketing-Informationen 606, 638, 696
  Marketing-Informationssystem
    15, 373, 498, 636, 724, 899,
    ff., 976, 978, 982 ff.
    strumente 15 f., 6 f.

unternehmensorientierter Betrachtung

• Bei unternehmensorientierter Betrachtung gibt es verschiedene Möglichkeiten, zum einen *dokumentengestützte*, zum anderen *befragungsgestützte*. Bei dokumentengestützter Vorgehensweise bietet sich vor allem das Arbeiten anhand eines *Organigramms* oder eines *Arbeitsablaufplans* an. Beide Vorgehensweisen ergänzen einander: So sollten nach Durchsicht eines Organigramms die LOLA-Bearbeiter betriebliche Experten konsultieren, um nicht im Organigramm verzeichnete *Kommunikationsbeziehungen*, eventuell auch *Arbeitsbeziehungen* zu erfassen. Ferner können durch Expertengespräche auch Gruppen von Kommunikationspartnern identifiziert werden, die *nicht* in der Aufbauorganisation dokumentiert sind. Beispielsweise werden die Gruppen der

"*Kostenstellenleiter*" oder der "*Betriebsräte*" nur selten, wenn überhaupt, in einem Stellenplan zu finden sein.

Drei Topologien: ...

Je nachdem, was die LOLA-Bearbeiter in den Mittelpunkt stellen, ergeben sich unterschiedliche *Topologien des Kommunikationssystems* (vgl. Tanenbaum 1992, S.9, zu einer Systematik von Topologien; ferner Müller-Merbach 1973, S.238-240, zu den graphentheoretischen Grundlagen). Für LOLA sind drei Topologien von besonderer Bedeutung, die *Stern-*, die *Netz-* und die *Bustopologie* (Bild 5.6); daneben können allerdings auch weitere Topologien auftreten:

Stern-, ...

• Die *Sterntopologie* ist durch zwei Eigenschaften gekennzeichnet (Bild 5.6a): Erstens steht im Zentrum ein Knoten (entsprechend einer Gruppe von Kommunikationspartnern), zu dem alle anderen Knoten eine Verbindung aufweisen. Zweitens besteht zwischen den restlichen Knoten untereinander keine *direkte* Verbindung. Bei LOLA wird die *Sterntopologie* stets dann auftreten, wenn die LOLA-Bearbeiter ein Unternehmen, eine Abteilung, eine Gruppe von Personen etc. in das *Zentrum* stellen und *alle auf dieses Zentrum bezogenen Kommunikationsbeziehungen* untersuchen. Alle in den Abschnitten 5.3.4 bis 5.3.6 untersuchten Einheiten lassen sich in einer Sterntopologie abbilden.

Netz- und ...

• Bei der *Netztopologie* ist - sofern sie in idealtypischer Form vorliegt - jeder Knoten mit jedem anderen direkt verbunden (Bild 5.6b). In der Graphentheorie nennt man das einen *vollständigen Graphen*. Die Netztopologie tritt bei einer LOLA auf, bei der die LOLA-Bearbeiter ein *Geflecht von Kommunikationsbeziehungen* untersuchen, beispielsweise die Kommunikationsbeziehungen zwischen allen Funktionsbereichen eines Unternehmens.

Bustopologie

• Die *Bustopologie* enthält zum einen Knoten, die mit jeweils zwei anderen Knoten verbunden sind, zum anderen einen Anfangs- und einen Endknoten, die jeweils nur mit einem anderen Knoten in Verbindung stehen (Bild 5.6c). Wenn die LOLA-Bearbeiter eine *Prozeßkette* untersuchen, wird eine Bustopologie das Ergebnis von LOLA-Komponente 1 bilden.

5.3.3.2   LOLA-Komponente 2: Analyse der Interessen der Lernenden anhand der Beziehungen zwischen Lehrenden und Lernenden

Zweck: Abschätzung der Grundmotivation

LOLA-Komponente 2 baut auf der in LOLA-Komponente 1 gewonnenen Darstellung eines Kommunikationssystem auf: Die LOLA-Bearbeiter analysieren die Interessen der Lernenden, um

Bild 5.6:
Topologien eines Kommunikationssystems. Die Knoten repräsentieren Personengruppen, die Kanten zwischen den Knoten stehen für Kommunikationsbeziehungen.
Quelle: In Anlehnung an Tanenbaum (1992, S.9).

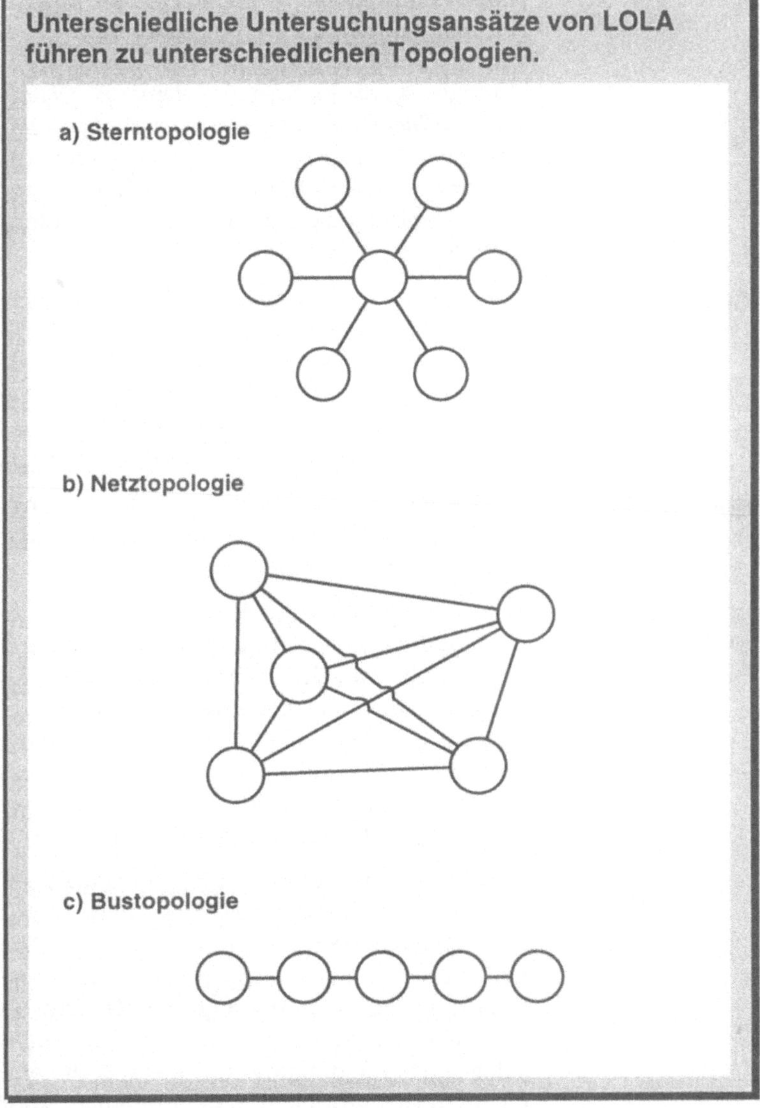

daraus deren *Grundmotivation* abschätzen zu können. Für diesen Zweck untersuchen sie alle direkten *Beziehungen* zwischen jeweils zwei Personengruppen, wobei sie der einen Personengruppe die Rolle der Lehrenden und der anderen Personengruppe die Rolle der Lernenden zuordnen.

LOLA-Komponente 2 bezweckt die Kopplung der Lehr- und Lernmaßnahmen an die Interessen der Lernenden: Ein Lernender wird dann ein Lernangebot besonders offen und bereitwillig annehmen, wenn es seinen *Interessen* nahekommt, wenn er also seine *subjektiven* oder *von der Organisation gesetzten Ziele* in Zukunft besser erreichen kann (vgl. Müller-Merbach 1994, S.309, mit einer auf Kirsch 1969, S.668-669, zurückgehenden analogen Unterscheidung zwischen Zielen *des* Unternehmens und Zielen *für das* Unternehmen).

Vorgehen bei ...

Sowohl bei der *literaturgeleiteten* als auch bei der *unternehmensorientierten* Betrachtung greifen die LOLA-Bearbeiter eine Gruppe von Lernenden nach der anderen heraus. Die LOLA-Bearbeiter legen jeweils die Interessen in bezug auf jede mit der gerade betrachteten Gruppe von Lernenden in einer Kommunikationsbeziehung stehenden Gruppe von Lehrenden fest:

literaturgeleiteter und ...

- Bei reiner *literaturgeleiteter* Betrachtung müssen die LOLA-Bearbeiter die Interessen aufgrund von schriftlichen Darstellungen mehr oder weniger vage bestimmen.

unternehmensorientierter Betrachtung

- Bei *unternehmensorientierter* Betrachtung besteht hingegen die Möglichkeit der *Partizipation* (vgl. Zink 1987, S.2, zur Wechselwirkung zwischen Partizipation und Erfolg eines Anwendungssystems): Ein Lernender oder mehrere Lernende aus jeder Gruppe von Lernenden werden in das *Team der LOLA-Bearbeiter* aufgenommen, und sie bringen ihre Interessen dort unmittelbar ein. Alternativ hierzu können auch *schriftliche oder mündliche Befragungen* Aufschluß über die Interessen geben.

Man könnte die Analyse der Interessen der Lernenden für einen *vermeidbaren Umweg* halten, da man auch ohne diese Komponente transferierbare Lehr- und Lernobjekte bestimmen könne, beispielsweise durch Befragungen oder Kreativitätstechniken wie Brainstorming oder Brainwriting. Gleichwohl hilft die Kenntnis der Interessen bei der Definition der Lehr- und Lernobjekte in solch einer Ausprägung, die die *spätere Akzeptanz* von entsprechenden CUL-Applikationen wesentlich erhöhen kann.

5.3.3.3 LOLA-Komponente 3: Beurteilung des Wissensbedarfs der Lernenden zur reibungslosen Kommunikation mit den Lehrenden und Ableitung der transferierbaren Lehr- und Lernobjekte

LOLA-Komponente 3 umfaßt zwei Teilkomponenten: Aus den Beziehungen zwischen den Lehrenden und den Lernenden leiten die LOLA-Bearbeiter den *Wissensbedarf* ab, den die Lernenden benötigen, um mit den Lehrenden möglichst reibungslos kommunizieren zu können. Hierauf baut die Definition der *transferierbaren Lehr- und Lernobjekte* auf.

Ableitung des
Wissensbedarfs
und ...

Erfolgreiche Kommunikation beruht auf *gegenseitigem Verstehen*. Dabei hängt das Verstehen der Intention einer Nachricht vom *Kontext*, in dem sie vermittelt wird, und vom *Vorwissen* des Empfängers ab (vgl. Möhrle und Kellerhals 1994, S.70-72). Hieran knüpft LOLA-Komponente 3 an: Die LOLA-Bearbeiter ermitteln für jede Gruppe von Lernenden den *Wissensbedarf*, der zur Kommunikation mit jeder Gruppe von Lehrenden nötig ist. Es kann die Beantwortung zweier Fragen nützlich sein, nämlich was die Lernenden wissen *wollen* und was die Lernenden - nach Meinung der Lehrenden - wissen *sollen*. Gleichwohl ist auch bei der zweiten Frage ein Bezug zu den Interessen der Lernenden notwendig.

Die Ermittlung des Wissensbedarfs sei an einem *Beispiel* verdeutlicht: Die Gruppe der Kostenstellenleiter kommuniziert mit Mitarbeitern des Rechnungswesens. Hierzu sollte jeder noch unerfahrene Kostenstellenleiter ein Grundwissen vermittelt bekommen über das im Unternehmen angewendete *Kostenrechnungssystem*, über die *Zurechnung von Kosten zu Kostenstellen*, über die *Weiterverrechnung dieser Kosten auf Kostenträger* oder *weitere Kostenstellen* (siehe Abschnitt 5.3.5, S.269 ff., mit einer ausführlichen Darstellung).

der transferierbaren
Lehr- und
Lernobjekte

Aus diesem Wissensbedarf schließen die LOLA-Bearbeiter auf die transferierbaren *Lehr- und Lernobjekte*. Zwischen dem Wissensbedarf und den transferierbaren Lehr- und Lernobjekten besteht ein *zentraler Unterschied*: Nicht jedes Wissen, das an einer bestimmten Stelle nötig wäre, kann auch unmittelbar vermittelt werden. So entzieht sich in manchen Fällen das Wissen der Vermittlung bzw. der Internalisierung, beispielsweise wenn es um die psychologisch empfehlenswerte Behandlung von Menschen geht.

Als Ergebnis von LOLA-Komponente 3 entsteht eine *Liste mit transferierbaren Lehr- und Lernobjekten* und den jeweiligen Lehrenden und Lernenden. Dabei empfiehlt sich sowohl bei der literaturgeleiteten als auch bei der unternehmensorientierten Betrachtung ein zu LOLA-Komponente 2 *analoges Vorgehen*. Auf der Liste mit transferierbaren Lehr- und Lernobjekten können *weitere Arbeiten* aufbauen: Die LOLA-Bearbeiter werden gleichartige Lehr- und Lernobjekte oder alle auf eine bestimmte Gruppe von Lernenden gerichteten Lehr- und Lernobjekte zusammenfassen.

5.3.3.4 LOLA-Komponente 4: Untersuchung der transferierbaren Lehr- und Lernobjekte auf CUL-Affinität - Denken in der ORKO-Matrix

Die LOLA-Bearbeiter prüfen in LOLA-Komponente 4, inwieweit die transferierbaren Lehr- und Lernobjekte *CUL-affin*, also geeignet für die Vermittlung mittels CUL-Applikationen, sind. In aller Regel werden die LOLA-Bearbeiter auch die *Affinität mit anderen Lehr- und Lernformen* prüfen. Als Hilfsmittel für eine solche Prüfung sei die *Originalitäts-Komparativitäts-Matrix*, kurz *ORKO-Matrix*, vorgeschlagen. Als *Ergebnis* von LOLA-Komponente 4 entsteht eine Liste mit CUL-affinen Lehr- und Lernobjekten und dazugehöriger weiterer Information.

Prüfung der CUL-Affinität

Zur Prüfung auf CUL-Affinität eines Lehr- und Lernobjekts eignen sich der *Bedarf an* den in Abschnitt 1.1, S.6 ff., genannten *originären Eigenschaften des CULs* und der Vergleich mit anderen Lehr- und Lernformen anhand der ebenfalls in Abschnitt 1.1, S.9 f., genannten *komparativen Kriterien*. Zur Erinnerung: Das heutige CUL zeichnet sich durch *fünf originäre Eigenschaften* aus:

- simulative Elemente,

- Animation,

- Interaktivität samt rückkoppelnder Lernerfolgskontrolle,

- Individualität sowie

- gezielte Unterstützung durch vertiefende Information.

Zum Vergleich mit anderen Lehr- und Lernformen dienen *komparative Kriterien*, und zwar:

- zeitliche und räumliche Flexibilität,

- individuelles Eingehen auf Bedürfnisse und Fragen der Lernenden,

- Aktualität der Lehr- und Lernobjekte sowie

- Wirtschaftlichkeit.

Bei der Anwendung der komparativen Kriterien unterscheiden sich die literaturgeleitete und die unternehmensorientierte Betrachtung deutlich: Bei *literaturgeleiteter Betrachtung* können die komparativen Kriterien hilfreich sein, gleichwohl müssen in der Regel die LOLA-Bearbeiter die CUL-Affinität mehr oder weniger grob *schätzen*, da sich viele der genannten Kriterien kaum an Formulierungen der Literatur festmachen lassen werden.

Anders sieht es bei der *unternehmensorientierten Betrachtung* aus: Hier können die LOLA-Bearbeiter die komparativen Kriterien normalerweise quantitativ bewerten. Zur Bestimmung der CUL-Affinität eines Lehr- und Lernobjekts und damit verbunden zur Ableitung der Verfahrensweise, ob ein Lehr- und Lernobjekt in eine CUL-Applikation umgesetzt werden sollte, sei in diesem Fall das *Denken in der ORKO-Matrix* angeraten.

ORKO-Matrix wird gebildet aus ...

In der ORKO-Matrix positionieren die LOLA-Bearbeiter die transferierbaren *Lehr- und Lernobjekte* zur Bestimmung der CUL-Affinität hinsichtlich ihrer *originären* und der *komparativen Position* (Bild 5.7):

originärer und ...

- Die *originäre Position* ergibt sich aus den Antworten auf die Fragen, inwieweit originäre Eigenschaften des CULs zur Vermittlung eines bestimmten Lehr- und Lernobjekts nötig sind. Solche Fragen lassen sich am besten auf *ordinalem Skalenniveau* stellen, etwa in der Form: "Ist zur Vermittlung des Lehr- und Lernobjekts A an der Kommunikationsbeziehung zwischen den Lehrenden X und den Lernenden Y die Eigenschaft der simulativen Elemente a) notwendig, b) hilfreich oder c) unnötig?" Die LOLA-Bearbeiter können die Antworten als *semiquantitativ* ansehen (vgl. Thoma 1989, S.29) und beispielsweise Antwort a) mit zwei Punkten, Antwort b) mit einem Punkt und Antwort c) mit keinem Punkt bewerten. Aus den bei allen fünf Eigenschaften zugerechneten Punkten können die LOLA-Bearbeiter sodann die *originäre Position* bestimmen, indem sie die Punkte entweder einfach summieren oder durch eine andere Art der Amalgamation wie Produktbildung oder eine Kombination aus Summen- und Produktbildung zusammenfassen.

komparativer Position

- Die *komparative Position* charakterisiert, wie vorteilhaft der Einsatz einer CUL-Applikation zur Vermittlung des Lehr- und Lernobjekts *im Vergleich mit allen anderen Lehr- und Lernformen* ist. Zur Bestimmung eines Wertes für die komparative Position bieten sich die verschiedenen Varianten der *Nutzwertanalyse* an (vgl. Debusmann 1991 für eine kompakte Einführung; ferner Schnabl 1984 mit verhaltenswissenschaftlichen Anmerkungen). Beispielhaft sei hier nur eine Variante erläutert. Dabei bilden die

Bild 5.7:
Aufbau der Origi-
nalitäts-Kompara-
tivitäts-Matrix
(ORKO-Matrix)

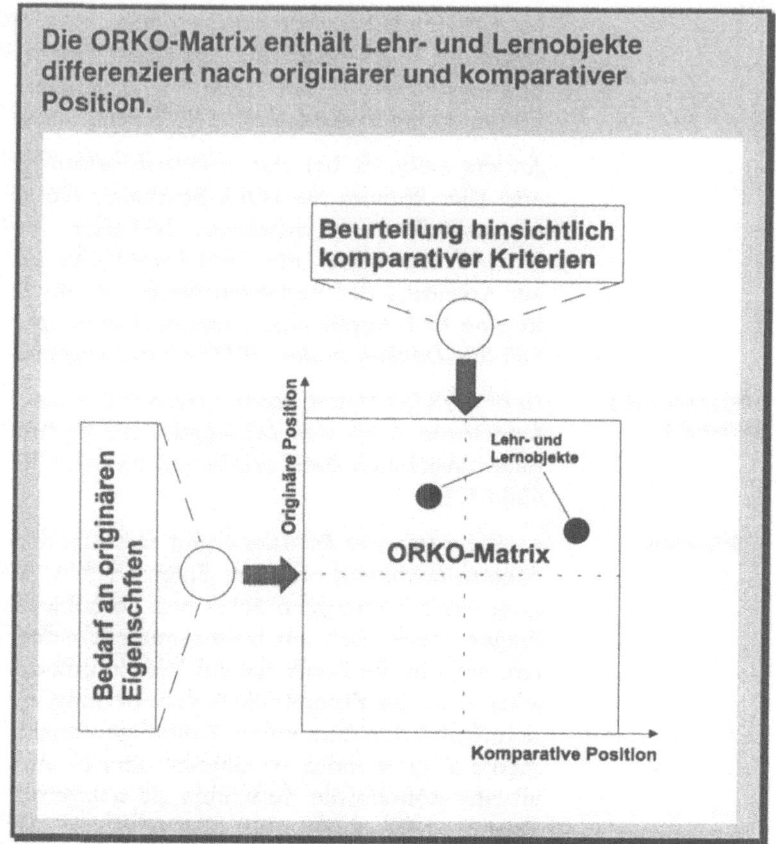

LOLA-Bearbeiter je komparativem Kriterium eine *Reihenfolge* nach Eignung der verschiedenen Lehr- und Lernformen hinsichtlich dieses Kriteriums. Die am besten geeignete Lehr- und Lernform erhält sodann die *maximale* Punktzahl, z.B. vier Punkte, die am schlechtesten geeignete keinen Punkt, die dazwischen liegenden Formen zwischen null und der maximalen Punktzahl liegende Punkte. Die komparative Position berechnet sich aus den vergebenen Punkten, wiederum entweder durch Summenbildung oder eine andere Form der Amalgamation.

Vier Verfahrens-
empfehlungen

Aus der Position eines Lehr- und Lernobjekts in der ORKO-Matrix lassen sich seine *CUL-Affinität* und das *weitere Verfahren* ableiten. Ähnlich wie bei vergleichbaren Matrizen scheint eine Einteilung der ORKO-Matrix in *vier Felder* günstig (Bild 5.8):

Bild 5.8:
Vier Felder in der
ORKO-Matrix und
zugehörige Verfah-
rensempfehlungen

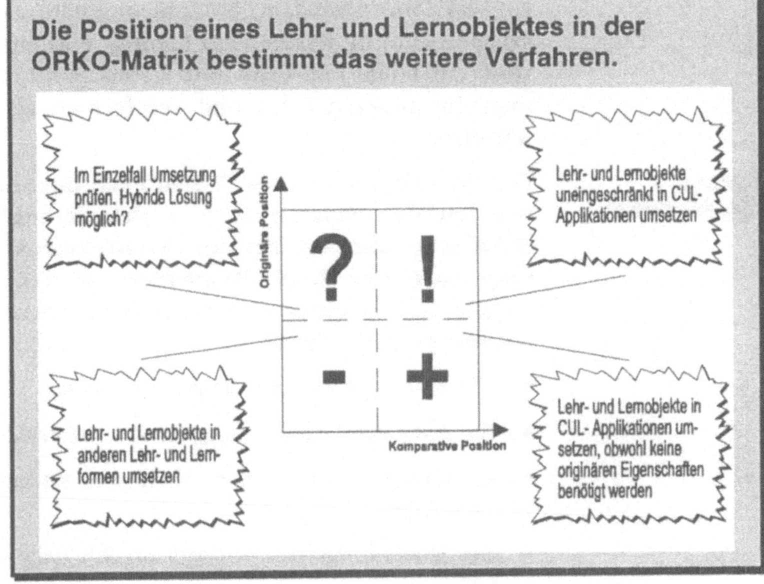

- *Feld "Ausrufezeichen"*: Gleichzeitig hohe originäre und hohe komparative Position belegen die *hohe CUL-Affinität* der Lehr- und Lernobjekte in diesem Feld. Sie empfehlen sich nachdrücklich zur Umsetzung in CUL-Applikationen.

- *Feld "Pluszeichen"*: Die niedrige originäre und die hohe komparative Position führen zu einer *mittleren CUL-Affinität*. Dennoch empfiehlt sich die Umsetzung der in diesem Feld positionierten Lehr- und Lernobjekte in CUL-Applikationen, da sie anderen Lehr- und Lernformen überlegen sind.

- *Feld "Fragezeichen"*: Eine hohe originäre Position wird von einer niedrigen komparativen Position begleitet. Dies führt zu einer mittleren CUL-Affinität und gleichzeitig zu einer schwierigen Entscheidung für jedes einzelne Lehr- und Lernobjekt: Nur wenn die originären Eigenschaften des CULs *unbedingt* und *ohne Ersatzmöglichkeit* benötigt werden, sollten die LOLA-Bearbeiter den Entwurf einer CUL-Applikation ins Auge fassen. Möglicherweise hilft für Lehr- und Lernobjekte in diesem Feld eine *hybride Lösung*, bei der man das Lehr- und Lernobjekt in Teile aufspaltet und die Teile in *unterschiedlichen Lehr- und Lernformen* umsetzt.

- *Feld "Minuszeichen"*: Sowohl originäre als auch komparative Position sind in diesem Feld niedrig, was eine *niedrige CUL-Affinität* zur Folge hat. Lehr- und Lernobjekte in diesem Feld sollte man mit anderen Lehr- und Lernformen als CUL-Applikationen umsetzen.

Ergebnis:
CUL-Rahmenplan

Gleichgültig, ob man die CUL-Affinität der Lehr- und Lernobjekte wie bei der literaturgeleiteten Betrachtung vorgesehen durch *Schätzung* oder wie bei der unternehmensorientierten Betrachtung empfohlen durch *Bearbeitung der ORKO-Matrix* bestimmt, besteht das Ergebnis von LOLA-Komponente 4 in einem *CUL-Rahmenplan*. Er enthält

- alle *CUL-affinen Lehr- und Lernobjekte*,

- die dazu gehörigen Gruppen von *Lehrenden* und

- *Lernenden* sowie - vor allem bei unternehmensorientierter Betrachtung -

- die Aufstellung des *Bedarfs an den originären Eigenschaften des CULs* und

- *Ausprägungen der komparativen Kriterien* zur Ermittlung der CUL-Affinität.

5.3.4 LOLA-Anwendung in der unternehmensexternen Kommunikation

Erste LOLA-
Anwendung

Jedes Unternehmen steht in kommunikativem Kontakt mit *zahlreichen externen Partnern*. Dieser Kontakt reicht

- von den *Kunden*, die ein Unternehmen über seine Produkte und Dienstleistungen informieren wollen wird,

- über *neue Mitarbeiter* bzw. *Bewerber*, von denen man die Kenntnis allgemeiner Daten über das Unternehmen erwartet,

- bis hin zu *Kapitalgebern* und *Banken*, die sich in erster Linie für die finanzwirtschaftlichen Kennzahlen interessieren, und

- zu *Lieferanten*, die einen Einblick in die Qualitätsvorstellungen des Unternehmens gewinnen möchten.

Der gesamte kommunikative Kontakt an der Schnittstelle zwischen Unternehmen und Umwelt sei als *unternehmensexterne Kommunikation* bezeichnet und als *erstes Anwendungsfeld von LOLA* untersucht (vgl. hierzu und im folgenden Möhrle 1993b):

- Als *Lehrende* im in Abschnitt 5.3.2, S.250, herausgearbeiteten Sinn treten in der unternehmensexternen Kommunikation stets die

Mitarbeiter von Unternehmen auf. Die *externen Kommunikationspartner* seien hingegen als *Lernende* betrachtet (Abschnitt 5.3.4.1).

- So unterschiedlich die externen Kommunikationspartner auch sind, die dem Unternehmen gegenübertreten, so *vielfältig* sind ihre *Interessen* (Abschnitt 5.3.4.2) und

- die *transferierbaren Lehr- und Lernobjekte* (Abschnitt 5.3.4.3).

- Hinsichtlich der *CUL-Affinität* scheinen vor allem diejenigen Lehr- und Lernobjekte, die das Unternehmen an *Kunden* und *potentielle Mitarbeiter* transferieren möchte, vor allen anderen zu führen (Abschnitt 5.3.4.4).

5.3.4.1   Lehrende und Lernende in der unternehmensexternen Kommunikation (LOLA-Komponente 1)

Zur Identifikation der Lehrenden und Lernenden eignen sich *zwei ganzheitliche Sichtweisen von Unternehmen,* die beide in der Betriebswirtschaftslehre verankert sind. Die erste Sichtweise betrachtet ein Unternehmen als einen *Verbund betrieblicher Funktionsbereiche,* die zweite ergänzende Sichtweise wird durch das *Anspruchsgruppenkonzept* repräsentiert. Alternativ zum Denken in betrieblichen Funktionsbereichen und in Anspruchsgruppen könnte man auch in *Prozessen* denken, wofür Momm (1995, S.82-85) ein unternehmensweites Modell entwickelt hat.

Sieben Gruppen aus Funktionsbereichssicht und ...

Zur Einteilung eines Unternehmens in Funktionsbereiche gibt es *zahlreiche Vorschläge,* u.a. von Heinen (1985, S.125-128), Schäfer (1980, S.131-138) sowie Busse von Colbe und Laßmann (1991, S.20-23). Besondere Beachtung finden die *Beziehungen zwischen einem Funktionsbereich und der dazugehörigen Unternehmensumwelt* im Ansatz von Müller-Merbach und Sommer (1982), der aus diesem Grund für die LOLA gewählt wird. Müller-Merbach und Sommer (1982, S.265) nennen *sieben externe Gruppen* (Bild 5.9, im folgenden stehen in Klammern jeweils die von Müller-Merbach und Sommer verwendeten Begriffe; vgl. Ulrich und Fluri 1992, S.79, mit einer ähnlichen Aufstellung):

- *Gesellschafter und Eigentümer eines Unternehmens* (Gesellschafter),

- *potentielle Mitarbeiter* (Arbeits- und Personalmarkt),

- *Kunden* (Absatzmarkt),

Bild 5.9:
Ein Unternehmen
und seine externen
Kommunikations-
partner.
Quelle: In Anlehnung
an Müller-Merbach
und Sommer (1982,
S.265) sowie an
Rowe (1985, S.107-
109).

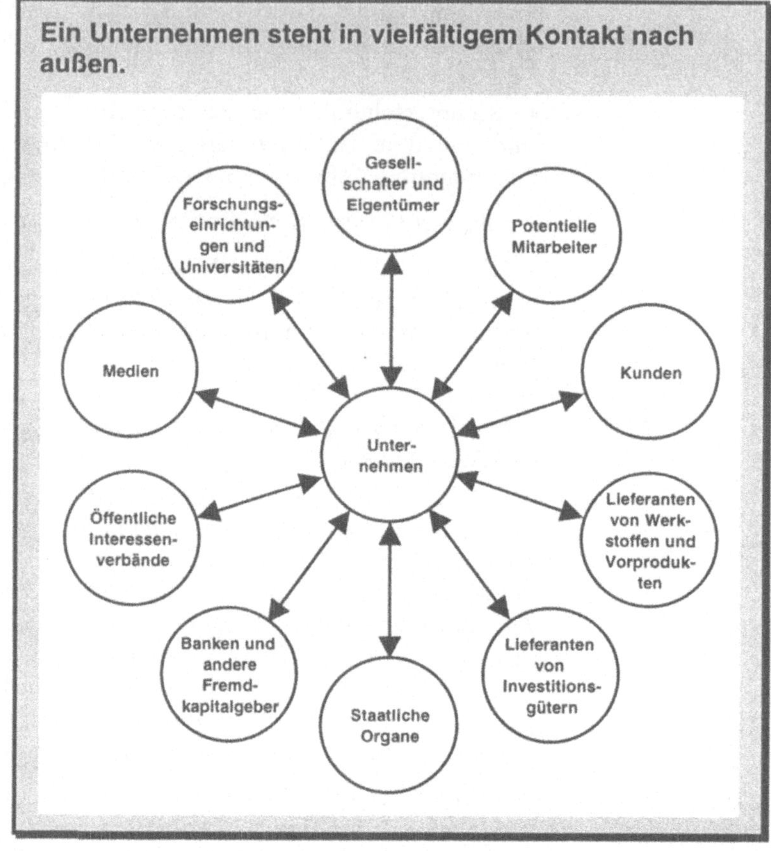

- *Lieferanten von Werkstoffen sowie von Vorprodukten* (Beschaffungsmarkt),

- *Lieferanten von Investitionsgütern* (Investitionsgütermarkt),

- *staatliche Organe* (Staat) sowie

- *Banken und andere Fremdkapitalgeber* (Kapitalmarkt).

drei weitere aus dem
Anspruchsgruppen-
konzept

Darüber hinaus liefert eine andere Sichtweise eines Unternehmens *drei weitere externe Gruppen*. Es handelt sich um das *Anspruchsgruppenkonzept*, im englischsprachigen Raum auch bekannt als *Stakeholder Analysis* (vgl. Rowe 1985, S.107-109; vertiefend Heß 1991, S.64-131; an einem Beispiel demonstriert von Sharplin 1985, S.29). Die drei weiteren Gruppen stehen mit dem

Unternehmen *insgesamt* - in der Regel repräsentiert durch die *Unternehmensleitung* - in Verbindung. Hierzu gehören:

- *öffentliche Interessenverbände* (z.B. Bürgerinitiativen),

- *Medien* (Presse, Funk, Fernsehen), schließlich

- *Forschungseinrichtungen und Universitäten.*

Alle diese externen Gruppen sind *Kommunikationspartner des Unternehmens,* und deren Mitarbeiter kommen damit als *Lernende* in Frage. Als *Lehrende* können in erster Linie die Mitarbeiter in den Funktionsbereichen angesehen werden, die in besonders *engen Beziehungen* zu den externen Gruppen stehen, beispielsweise der Personalbereich für die potentiellen Mitarbeiter. Gleichwohl seien für die weiteren LOLA-Komponenten - wie in Bild 5.9 ersichtlich - alle Mitarbeiter eines Unternehmens *zu einer einzigen Gruppe von Lehrenden* zusammengefaßt.

5.3.4.2 Interessen der Lernenden in der unternehmensexternen Kommunikation (LOLA-Komponente 2)

Von den Interessen ...

Anhand der zwei Sichtweisen eines Unternehmens können die externen Kommunikationspartner und damit die *Lernenden* identifiziert werden. Welche *Interessen* besitzen die verschiedenen Vertreter der externen Gruppen im Hinblick auf das betrachtete Unternehmen? Ulrich und Fluri (1992, S.79) geben eine Antwort auf diese Frage (Tabelle 5.1). Drei Beispiele:

- Ein *potentieller Mitarbeiter* könnte sich zunächst für den Aufbau und die Tätigkeitsgebiete des Unternehmens interessieren, sodann für Einstellungsmöglichkeiten, den Verantwortungsumfang, eventuelle Aufstiegsmöglichkeiten, das erreichbare Einkommen und die derzeit gültigen Tarifverträge.

- Für den *Mitarbeiter einer Bank* oder eines *anderen Fremdkapitalgebers* wird hingegen vor allem die Rentabilität und Sicherheit seiner Kapitalanlage bedeutsam sein.

- *Vertretern von Medien* geht es um berichtenswerte Ereignisse aus dem Unternehmen, Stellungnahmen zu aktuellen Themen, gegebenenfalls eingebettet in allgemeine Angaben zum Unternehmen.

Tabelle 5.1:
Externe Kommunikationspartner eines Unternehmens und ihre auf das Unternehmen gerichteten Interessen. Quelle: In Anlehnung an Ulrich und Fluri (1992, S.79).

Externe Kommunikationspartner	*Interessen in bezug auf das Unternehmen*
1) Gesellschafter und Eigentümer	- Einkommen/Gewinn - Erhaltung, Verzinsung und Wertsteigerung des eingesetzten Kapitals
2) Potentielle Mitarbeiter	- Einkommen - soziale Sicherheit - sinnvolle Betätigung
3) Kunden	- qualitativ und quantitativ befriedigende Marktleistung zu günstigen Preisen - Service, günstige Konditionen
4) Lieferanten von Werkstoffen	- stabile Liefermöglichkeiten - günstige Konditionen - Zahlungsfähigkeit der Abnehmer
5) Lieferanten von Investitionsgütern	- wie 4), zusätzlich starker Einbezug in die Weiterentwicklung des Produktionspotentials
6) Staatliche Organe	- Steuern - Sicherung von Arbeitsplätzen - Erhaltung einer lebenswerten Umwelt
7) Banken und andere Fremdkapitalgeber	- sichere Kapitalanlage - befriedigende Verzinsung - Vermögenszuwachs
8) Öffentliche Interessenverbände	- Beiträge an kulturelle und Bildungsinstitutionen
9) Vertreter von Medien	- frühzeitige und umfassende Information über medienrelevante Aspekte
10) Forschungseinrichtungen/ Universitäten	- Zuwendungen für Drittmittelforschung - Information über technische Probleme und innovative Lösungsansätze

5.3.4.3 Wissensbedarf der Lernenden in der unternehmensexternen Kommunikation und transferierbare Lehr- und Lernobjekte (LOLA-Komponente 3)

zu den transferierbaren Lehr- und Lernobjekten sowie ...

Aus den Interessen der Kommunikationspartner leitet sich ihr *Wissensbedarf* ab (Tabelle 5.2, Spalte 2). Im Fall der unternehmensexternen Kommunikation stimmt dieser weitgehend mit

Tabelle 5.2:
Externe Kommunikationspartner eines Unternehmens, ihr Wissensbedarf bzw. die transferierbaren Lehr- und Lernobjekte sowie deren CUL-Affinität. Spalte 3 enthält neben der Gesamteinschätzung der CUL-Affinität die drei Einzeleinschätzungen für die "Nutzung der originären Eigenschaften des CULs", die "erforderliche Aktualität der Lehr- und Lernobjekte" und die "Anzahl potentieller Nutzer", jeweils entweder hoch (+) oder niedrig (o) eingeschätzt.
Quelle: In Anlehnung an Möhrle (1993b, S.120).

Externe Kommunikationspartner	*Wissensbedarf sowie transferierbare Lehr- und Lernobjekte*	*CUL-Affinität*
1) Gesellschafter und Eigentümer	- Struktur, Märkte, strategische Position des Unternehmens, Organisation, Verflechtungen mit anderen Unternehmen	mittel (+OO)
2) Potentielle Mitarbeiter	- Führungskonzepte, Tätigkeitsfelder, Personalbedarf, Anforderungen an Mitarbeiter	sehr hoch (+++)
3) Kunden	- Produktbeschreibungen, Problemlösungskompetenz des Unternehmens	sehr hoch (+++)
4) Lieferanten von Werkstoffen	- Anforderungen an Lieferanten und Werkstoffe, Qualitätsphilosophie des Unternehmens, Vertragsgestaltung	hoch (O++)
5) Lieferanten von Investitionsgütern	- wie 4), zusätzlich Produktionstechnologie	hoch (O++)
6) Staatliche Organe	- Sicherheitskonzepte, Unternehmensentwicklung, Flächenbedarf, Emissionen	gering (OOO)
7) Banken und andere Fremdkapitalgeber	- wie 1)	mittel (+OO)
8) Öffentliche Interessenverbände	- Kultur- und Bildungsförderung	mittel (OO+)
9) Vertreter von Medien	- Unternehmens- und Branchenentwicklung	hoch (++O)
10) Forschungseinrichtungen/ Universitäten	- Technische Probleme, innovative Lösungen, Kooperationsmöglichkeiten und -gestaltung	hoch (O++)

den *transferierbaren Lehr- und Lernobjekten* überein; lediglich bei den *Geheimhaltungsinteressen* des Unternehmens bestehen Ausnahmen: So wird ein Unternehmen nur ungern über seine strategischen Absichten Wissen vermitteln wollen, wenn es sich um noch nicht ausgereifte Vorhaben handelt, die ein zu frühes Bekanntwerden in Frage stellen kann. Es seien die in Abschnitt 5.3.4.2 genannten drei Beispiele aufgegriffen:

- Für *potentielle Mitarbeiter* bedarf es eines Grundwissens über die Tätigkeitsfelder des Unternehmens, seine Führungskonzepte und Weiterbildungsangebote.

- Die Mitarbeiter einer *Bank* oder eines *anderen Fremdkapital-gebers* werden sich ein Grundwissen über die Einflußfaktoren auf die beiden Größen der Rentabilität und Sicherheit wünschen, also über die Struktur, die Märkte, die strategische Ausrichtung und das Innovationspotential des Unternehmens.

- Für die *Vertreter von Medien* schließlich scheint ein Wissen über die Branchen- und Unternehmensentwicklung nützlich, um aktuelle Ereignisse vor einem geeigneten Hintergrund beurteilen zu können.

5.3.4.4   CUL-Affinität der transferierbaren Lehr- und Lernobjekte in der unternehmensexternen Kommunikation (LOLA-Komponente 4)

deren CUL-Affi-nität, ...

Viele der in der dritten LOLA-Komponente abgegrenzten Lehr- und Lernobjekte scheinen in hohem Maße *CUL-affin* zu sein. Allerdings bestehen bei literaturgeleiteter Betrachtung hier besondere *Schwierigkeiten* in der Beurteilung der CUL-Affinität, denn von Unternehmen zu Unternehmen und von Kommunikations-partner zu Kommunikationspartner mag es große Unterschiede geben, so daß eine entsprechend hohe *Beurteilungsvarianz* zustande kommt. Es seien vereinfachend *drei grobe Einschätzungen vorgenommen:*

gemessen an drei groben Einschätzungen

- Die Einschätzung hinsichtlich der *"Nutzung der originären Eigenschaften des CULs"* bezieht sich auf die originäre Position der ORKO-Matrix (siehe Abschnitt 5.3.3.4, S.259), also auf die Fragen, inwieweit zur Vermittlung von Wissen simulative Elemente, Animation etc. benötigt werden.

- Die Einschätzung hinsichtlich der erforderlichen *"Aktualität der Lehr- und Lernobjekte"* und

- die Einschätzung hinsichtlich der *"Anzahl potentieller Nutzer"* beziehen sich beide auf die Abszisse der ORKO-Matrix, bei der es um die *komparative Position* geht. Während die "Aktualität der Lehr- und Lernobjekte" direkt einem komparativen Kriterium aus Abschnitt 5.3.3.4, S.259 f., entspricht, stellt die "Anzahl potentieller Nutzer" eine wesentliche Kenngröße für das ebenfalls dort aufgeführte komparative Kriterium der *Wirtschaftlichkeit* dar.

Die CUL-Affinität sei als *Summe der drei Einschätzungen* definiert (Tabelle 5.2, Spalte 3). Wiederum seien die drei schon verwendeten Beispiele betrachtet:

- Die für viele *potentielle Mitarbeiter* geeigneten Lehr- und Lernobjekte sind in *starkem Maße* CUL-affin: Erstens können originäre Eigenschaften des CULs von Nutzen sein, beispielsweise in einer Animation der Unternehmensentwicklung. Zweitens ändern sich die Lehr- und Lernobjekte über die Zeit nur in geringem Maße. Drittens ist - vor allem bei mittleren und größeren Unternehmen - mit einem umfangreichen Nutzerkreis zu rechnen.

- Dagegen sind die Lehr- und Lernobjekte für Mitarbeiter von *Banken oder anderen Fremdkapitalgebern* nur in *mittlerem Maße* CUL-affin: Einerseits können originäre Eigenschaften des CULs gewünscht sein. Andererseits ist aber die erforderliche Aktualität der Lehr- und Lernobjekte hoch und der Nutzerkreis in aller Regel auf wenige Personen eingeschränkt.

- Die Lehr- und Lernobjekte für *Vertreter von Medien* eignen sich wieder eher zur Umsetzung in eine CUL-Applikation: Der Nutzen originärer Eigenschaften des CULs paart sich in diesem Fall mit der geringen erforderlichen Aktualität der Lehr- und Lernobjekte - sofern das Unternehmen keine kurzfristig aktuellen Ereignisse vermitteln will. Die einzige Einschränkung resultiert aus dem auch bei Vertretern von Medien eher geringen Nutzerkreis.

Ergebnis:
CUL-Rahmenplan

Als Ergebnis von LOLA-Komponente 4 und damit der gesamten LOLA entsteht ein literaturgeleiteter *CUL-Rahmenplan für die unternehmensexterne Kommunikation* (Tabelle 5.3). In ihm sind alle externen Kommunikationspartner aufgeführt, deren Lehr- und Lernobjekte in *hohem* oder *sehr hohem Maße* als CUL-affin eingestuft werden. Auf diesem CUL-Rahmenplan kann ein Unternehmen nun ein *Umsetzungskonzept* aufbauen.

5.3.5 LOLA-Anwendung in der Kostenrechnungs-Kommunikation

Zweite LOLA-Anwendung

Auf der hohen Ebene eines Unternehmens als Ganzem war die erste LOLA-Anwendung angesiedelt. In der zweiten LOLA-Anwendung sei die *betriebliche Kostenrechnung* ausgewählt. Sie bil-

Tabelle 5.3:
Literaturgeleiteter
CUL-Rahmenplan für
die unternehmens-
externe Kommunika-
tion. Spalte 3 enthält
neben der Gesamt-
einschätzung der
CUL-Affinität die drei
Einzeleinschätzun-
gen für die "Nutzung
der originären Eigen-
schaften des CULs",
die "erforderliche
Aktualität der Lehr-
und Lernobjekte" und
die "Anzahl potenti-
eller Nutzer", jeweils
entweder hoch (+)
oder niedrig (o) ein-
geschätzt.

Externe Kommuni- kationspartner	Wissensbedarf sowie transferier- bare Lehr- und Lernobjekte	CUL- Affinität
1) Potentielle Mitarbeiter	- Führungskonzepte, Tätigkeits- felder, Personalbedarf, Anforderungen an Mitarbeiter	sehr hoch (+++)
2) Kunden	- Produktbeschreibungen, Problemlösungskompetenz des Unternehmens	sehr hoch (+++)
3) Lieferanten von Werkstoffen	- Anforderungen an Lieferanten und Werkstoffe, Qualitäts- philosophie des Unternehmens, Vertragsgestaltung	hoch (O++)
4) Lieferanten von Investitions- gütern	- wie 3), zusätzlich Produktions- technologie	hoch (O++)
5) Vertreter von Medien	- Unternehmens- und Branchen- entwicklung	hoch (++O)
6) Forschungs- einrichtungen/ Universitäten	- Technische Probleme, innova- tive Lösungen, Kooperations- möglichkeiten und -gestaltung	hoch (O++)

det *einen Teil eines betrieblichen Funktionsbereichs* und liegt zwei Ebenen unterhalb der Ebene eines Unternehmens als Ganzem.

Die Kostenrechnung bildet neben der Finanzbuchhaltung die Hauptaufgabe des *Rechnungswesens* (vgl. Ahlert und Franz 1984, S.12, zur Gliederung und weiteren Aufgaben des Rechnungswesens), das seinerseits einen Teil des Funktionsbereichs der *Unternehmensleitung* bildet (vgl. Müller-Merbach und Sommer 1982, S.265).

Definition der
Kostenrechnung

Die Kostenrechnung soll generell *"den Weg der Produktionsfaktoren im betrieblichen Kombinationsprozeß ... verfolgen und jenen Werteverbrauch und Wertezuwachs zahlenmäßig abbilden, der durch die betriebliche Leistungserstellung und Leistungsverwertung verursacht wird"* (Eisele 1985, S.427). Insofern liefert sie vor allem den *unternehmensinternen* Entscheidungsträgern wichtige Anhaltspunkte für ihre Arbeit.

Das theoretische Gebäude der Kostenrechnung stellt sich zumindest für Industriebetriebe heute *wohlfundiert* dar, ihr Einsatz in solchen Unternehmen ist *variantenreich*. Auf letzteres weisen zahlreiche *empirische Untersuchungen* hin (vgl. Küpper 1993, S.608-613, mit einer breit angelegten Übersicht). Die in verschiedenen Unternehmen verwendeten Kostenrechnungen unterscheiden sich u.a. hinsichtlich des verwendeten Kostenrechnungssystems (Vollkosten- oder Teilkostenrechnung), der Verrechnung kalkulatorischer Kostenarten und der Kalkulationsverfahren.

Hieraus ergibt sich ein Bedarf an *unternehmensorientierter Schulung*: Es wird für die Mitarbeiter eines Unternehmens wichtig sein zu wissen, wie speziell in ihrem Unternehmen Kosten verrechnet und andere Aktivitäten der Kostenrechnung durchgeführt werden. Gleichwohl läßt sich LOLA auch *unternehmensübergreifend* auf die *betriebliche Kostenrechnung* mit guten Ergebnissen anwenden, worauf im folgenden eingegangen wird:

- Kommunikationspartner lassen sich insbesondere aus dem *Aufbau* der Kostenrechnung ableiten (Abschnitt 5.3.5.1).

- Analog zur unternehmensexternen Kommunikation sei die weitere Untersuchung nur in eine Richtung gehend angelegt, und zwar sowohl die *Interessen* der Kommunikationspartner (Abschnitt 5.3.5.2) als auch

- den *Wissensbedarf* und die *transferierbaren Lehr- und Lernobjekte* betreffend (Abschnitt 5.3.5.3).

- Nach Beurteilung der CUL-Affinität der Lehr- und Lernobjekte gelangt man zum *literaturgeleiteten CUL-Rahmenplan für die Kommunikation der Kostenrechnung* (Abschnitt 5.3.5.4).

5.3.5.1 Lehrende und Lernende in der Kostenrechnungs-Kommunikation (LOLA-Komponente 1)

Vier Gruppen von Kommunikationspartnern

Zur Identifikation der Kommunikationspartner der Kostenrechnung bietet sich vor allem die Betrachtung ihres *Aufbaus* an, und die daraus resultierenden Kommunikationspartner lassen sich noch um die *Unternehmensleitung* ergänzen.

Nach übereinstimmender Lehrmeinung setzt sich die Kostenrechnung aus der *Kostenstellen-*, *Kostenarten-* und *Kostenträgerrechnung* zusammen (vgl. Eisele 1985, S.428, ferner Schweitzer und Küpper 1986, S.59). An die Sicht des *Aufbaus* der Kostenrechnung knüpfen drei Gruppen von Kommunikationspartnern an (Bild 5.10):

- *Kostenstellenleiter* sind für eine oder mehrere Kostenstellen verantwortlich. Ihnen obliegt die Genehmigung und Kontrolle aller Kosten, die ihrer Kostenstelle zugerechnet werden.

- *Kostenartenverantwortliche* tragen für eine oder mehrere Kostenarten Verantwortung. Kostenartenverantwortliche wird es allerdings nur für ausgewählte Kostenarten wie für kalkulatorische Zinsen und für Personalkosten geben, da viele Kostenarten von Kostenstellenleitern mitbetreut werden.

- *Kostenträgerverantwortliche* sind für einen oder mehrere Kostenträger verantwortlich. Sie sind häufig im Marketing bzw. Absatz angesiedelt, da überwiegend *Produkte* oder *Produkt-/ Marktkombinationen* als Kostenträger in der betrieblichen Kostenrechnung dienen, in manchen Fällen sind Kostenträgerverantwortliche aber auch der Forschung und Entwicklung sowie der Produktion zugeordnet.

Daneben stehen Mitglieder der *Unternehmensleitung*, die als Auftraggeber der Kostenrechnung anzusehen ist.

Bild 5.10:
Die Kostenrechnung und ihre Kommunikationspartner

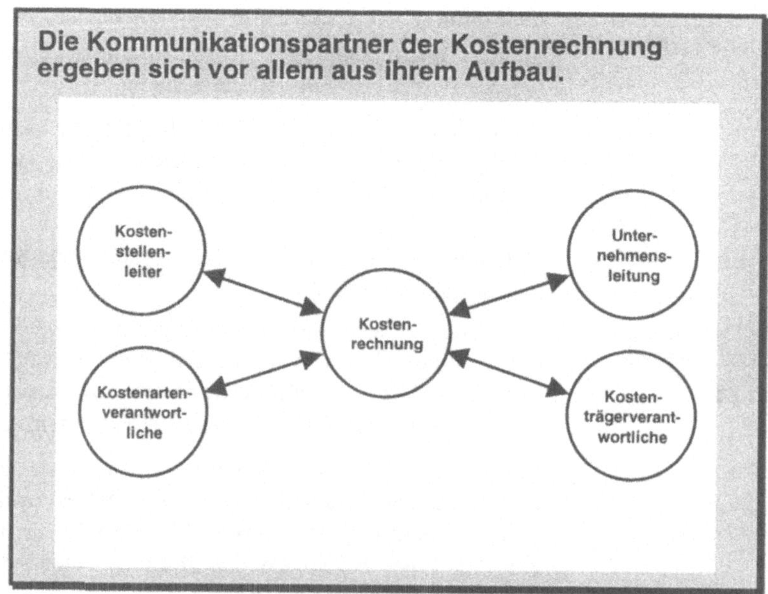

5.3.5.2 Interessen der Lernenden in der Kostenrechnungs-Kommunikation (LOLA-Komponente 2)

Von den Interessen ...

Die Interessen der vier Gruppen von Kommunikationspartnern in Richtung auf die Kostenrechnung spiegeln den Charakter der Kostenrechnung als *unternehmensinterner Dienstleister* wider (Tabelle 5.4). Drei Beispiele seien ausgewählt:

• Die *Kostenstellenleiter* wünschen eine sachgerechte Zurechnung von angefallenen Kosten - in aller Regel handelt es sich da-

Tabelle 5.4:
Kommunikationspartner der Kostenrechnung und ihre auf die Kostenrechnung gerichteten Interessen.
Quelle: In Anlehnung an Eisele (1985, S.427-428 und S.435).

Kommunikations-partner der Kostenrechnung	Interessen in bezug auf die Kostenrechnung
1) Kostenstellen-leiter	- sachgerechte Zurechnung von ange-fallenen Kosten auf die Kostenstelle - möglichst geringe Umschlüsselungen von anderen Kostenstellen - möglichst geringe Umlagen von Ge-meinkosten
2) Kostenarten-verantwortliche	- sachgerechte Zurechnung von ange-fallenen Kosten zur Kostenart
3) Kostenträger-verantwortliche	- sachgerechte Zurechnung von ange-fallenen Kosten auf den Kostenträger - möglichst geringe Zurechnung von Gemeinkosten auf den Kostenträger - Transparenz über die Kalkulations-schemata
4) Unternehmens-leitung	- möglichst genaues Abbild der Situation des Unternehmens im Hinblick auf Erfolgsgrößen - Aufschluß über erfolgreiche und weniger erfolgreiche Kostenträger - präzise Angaben über die Kosten bei der Eigenerstellung von Produkten und Dienstleistungen - präzise Angaben über die Kosten bei der Eigenerstellung von Betriebsmitteln
generell	- schneller, informativer Zugriff auf die Kosteninformation

bei um Einzelkosten - auf ihre Kostenstelle. Sofern im Rahmen der Kostenrechnung Kosten anderer Kostenstellen umgeschlüsselt oder Gemeinkosten umgelegt werden, haben die Kostenstellenleiter ein Interesse an einer möglichst geringen Umschlüsselung bzw. Umlage.

• Die Interessen der *Kostenträgerverantwortlichen* gleichen großteils denen der Kostenstellenleiter mit einem zusätzlichen Punkt: Da sie in der Regel an Preisfestsetzungen für Produkte beteiligt sind, bedürfen sie der Transparenz über die angewendeten Kalkulationsschemata für die Kostenträgerstückrechnung.

• Häufig obliegt Mitgliedern der *Unternehmensleitung* unter Einbezug von Mitarbeitern aus Produktion und Beschaffung die Entscheidung über *Eigenerstellung oder Fremdbezug eines Produkts oder einer Dienstleistung.* Hieraus entwickelt sich das Interesse für eine möglichst präzise Kostenaufstellung bei Eigenerstellung.

5.3.5.3   Wissensbedarf der Lernenden in der Kostenrechnungs-Kommunikation und transferierbare Lehr- und Lernobjekte (LOLA-Komponente 3)

zu den transferierbaren Lehr- und Lernobjekten sowie ...

Die Interessen der Kommunikationspartner der Kostenrechnung bewirken einen *Wissensbedarf,* den die Kostenrechnung durch das Transferieren geeigneter Lehr- und Lernobjekte befriedigen könnte (Tabelle 5.5, Spalte 2). Ein solcher Wissensbedarf läßt sich auch an den drei eingeführten Beispielen nachweisen:

• Die *Kostenstellenleiter* benötigen Wissen darüber, welche Kosten in welcher Weise ihren Kostenstellen zugeordnet werden, ferner mit welchen Arten von Umschlüsselung und Umlage sie rechnen müssen.

• Die *Kostenträgerverantwortlichen* sollten neben dem für die Kostenstellenleiter empfohlenen Wissen vor allem die *Kalkulationsschemata* beherrschen, um Aussagen zu Preisuntergrenzen, Erträgen pro Kostenträger und gegebenenfalls Erträgen pro Stück des Kostenträgers machen zu können.

• Wie die Kosten eines Produkts oder einer Dienstleistung bei Eigenerstellung ermittelt werden, ist für die Mitglieder der *Unternehmensleitung* bzw. für mit der Make-or-buy-Entscheidung betraute Mitarbeiter in anderen Funktionsbereichen von Bedeutung. Sie können auf solchem Wissen aufbauend die Eigenerstellung und den Fremdbezug differenzierter gegeneinander abwä-

Tabelle 5.5:
Kommunikationspartner der Kostenrechnung, ihr auf die Kostenrechnung gerichteter Wissensbedarf bzw. die transferierbaren Lehr- und Lernobjekte sowie deren CUL-Affinität. Spalte 3 enthält neben der Gesamteinschätzung der CUL-Affinität die drei Einzeleinschätzungen für die "Nutzung der originären Eigenschaften des CULs", die "erforderliche Aktualität der Lehr- und Lernobjekte" und die "Anzahl potentieller Nutzer", jeweils entweder hoch (+) oder niedrig (o) eingeschätzt.

Kommunikations-partner der Kostenrechnung	*Wissensbedarf sowie transferierbare Lehr- und Lernobjekte in Richtung auf die Kommunikationspartner*	*CUL-Affinität*
1) Kostenstellen-leiter	- Prinzipien der Kostenzuordnung zu Kostenstellen - Umschlüsselungsverfahren, das im betrachteten Unternehmen angewendet wird - Umlageverfahren, das im betrachteten Unternehmen angewendet wird	sehr hoch (+++)
2) Kostenarten-verantwortliche	- Prinzipien der Kostenzuordnung zu Kostenarten	hoch (O++)
3) Kostenträger-verantwortliche	- Prinzipien der Kostenzuordnung zu Kostenträgern - Umlageverfahren, das im betrachteten Unternehmen angewendet wird - Kalkulationsschema für die Kostenträgerstückrechnung	sehr hoch (+++)
4) Unternehmens-leitung	- Übersicht über die im Unternehmen angewandte Kostenrechnung - Erläuterung der Berechnung der Kosten bei eigenerstellten Produkten und Dienstleistungen - Erläuterung der Berechnung der Kosten bei eigenerstellten Betriebsmitteln	hoch (O++)

gen, als dies bei ausschließlichem Vorliegen einer unkommentierten Kosteninformation möglich wäre.

5.3.5.4   CUL-Affinität der transferierbaren Lehr- und Lernobjekte in der Kostenrechnungs-Kommunikation (LOLA-Komponente 4)

deren CUL-Affinität

Auch die Lehr- und Lernobjekte der Kommunikation der Kostenrechnung seien in dreierlei Hinsicht eingeschätzt (siehe Abschnitt 5.3.4.4, S.268 f.), um einen groben Hinweis auf ihre *CUL-Affini-*

tät zu erhalten (Tabelle 5.5, Spalte 3). Generell scheint sich die Kommunikation der Kostenrechnung durch eine durchgängig eher *hohe CUL-Affinität* auszuzeichnen, was auch die drei Beispiele widerspiegeln:

• Die für die *Kostenstellenleiter* geeigneten Lehr- und Lernobjekte sind in sehr hohem Maße CUL-affin: Die originären Eigenschaften des CULs ermöglichen beispielsweise animierte Erklärungen der Kostenzurechnung und der Umlagen mit eingestreuten Fragen zur Prüfung des Verständnisses, ferner vertiefende Kostenstellen-, Kostenarten- und Kostenträgerlisten, die der Computer nur auf Anforderung anzeigt. Ferner ergänzen eine vergleichsweise geringe erforderliche Aktualität der Lehr- und Lernobjekte und ein großer Benutzerkreis die Nutzung der originären Eigenschaften des CULs.

• Die Argumentation für die Kostenstellenleiter läßt sich verstärkt auf die *Kostenträgerverantwortlichen* übertragen.

• Die Lehr- und Lernobjekte für die Mitglieder der *Unternehmensleitung* sind immer noch in hohem Maße CUL-affin, verursacht durch geringe erforderliche Aktualität der Lehr- und Lernobjekte und - ab mittlerer Unternehmensgröße und Einbezug mehrerer Leitungsebenen - eher großen Nutzerkreis.

Am Ende der vierten LOLA-Komponente steht der *literaturgeleitete CUL-Rahmenplan für die Kommunikation der Kostenrechnung.* Auf eine eigene Darstellung sei hier verzichtet, da er weitgehend mit Tabelle 5.5 übereinstimmt.

5.3.6   LOLA-Anwendung in der Marketing-Kommunikation

Dritte LOLA-Anwendung

Auf der gleichen Ebene wie die betriebliche Kostenrechnung liegt das *Marketing,* nämlich auf der Ebene eines *Teils betrieblicher Funktionsbereiche.* Das Marketing bildet eine *Teilfunktion* des betrieblichen Funktionsbereichs *Absatz.* Der Umfang des Marketings wird in der Fachliteratur teilweise *weiter* als hier, gleichwohl auch *uneinheitlich* gesehen:

• Nieschlag, Dichtl und Hörschgen (1991, S.8) setzen das Marketing mit einem *auf den Absatzmarkt bezogenen Denkstil* in einem Unternehmen gleich. Mit diesem Begriff von Marketing verbunden ist die Forderung, die Entscheidungen in einem Unternehmen auf die *Bedürfnisse der Kunden* auszurichten (vgl. Nieschlag, Dichtl und Hörschgen 1991, S.8).

- Kotler und Bliemel (1992, S.12-14) sehen das Marketing *noch umfassender*, als *Grundhaltung* in allen Bereichen eines Unternehmens, gerichtet auf *alle Austauschbeziehungen in Form von Märkten*, also u.a. auch auf den Personal-, den Beschaffungs- und den Investitionsgütermarkt.

Anhand der Marketing-Kommunikation läßt sich der *literaturgeleitete CUL-Rahmenplan für die unternehmensexterne Kommunikation* verfeinern (vgl. Gräbner und Lang 1992, S.762-763, mit einer alternativen Abschätzung des CUL-Anwendungspotentials im Marketing):

- Kommunikationspartner des Marketings finden sich sowohl *innerhalb* als auch *außerhalb* eines Unternehmens (Abschnitt 5.3.6.1).

- Die Interessen entlang der Kommunikationsbeziehungen seien *in zwei Richtungen* untersucht, zum einen in Richtung *auf das Marketing*, zum anderen in Richtung *auf die Kommunikationspartner* des Marketings (Abschnitt 5.3.6.2).

- Analog wie für die Interessen sei auch für den *Wissensbedarf* bzw. die *transferierbaren Lehr- und Lernobjekte* verfahren (Abschnitt 5.3.6.3).

- Im *literaturgeleiteten CUL-Rahmenplan* für die Marketing-Kommunikation fließen beide Richtungen zusammen (Abschnitt 5.3.6.4).

5.3.6.1   Lehrende und Lernende in der Marketing-Kommunikation (LOLA-Komponente 1)

Dem Marketing stehen *sechs besonders wichtige Gruppen von Kommunikationspartnern* gegenüber, davon sind drei Gruppen *innerhalb* und drei Gruppen *außerhalb* des Unternehmens angesiedelt (Bild 5.11). Zur Identifikation der sechs Gruppen wurde das *Stichwortverzeichnis* von Nieschlag, Dichtl und Hörschgen (1991) verwendet (siehe Abschnitt 5.3.3.1, S.252 f.).

Drei interne und ...   *Innerhalb* des Unternehmens hat das Marketing drei Gruppen von Kommunikationspartnern:

- die *Unternehmensleitung*,

- die *Forschungs- und Entwicklungsabteilung* (FuE-Abteilung) als spezieller Teil innerhalb der Unternehmensleitung und

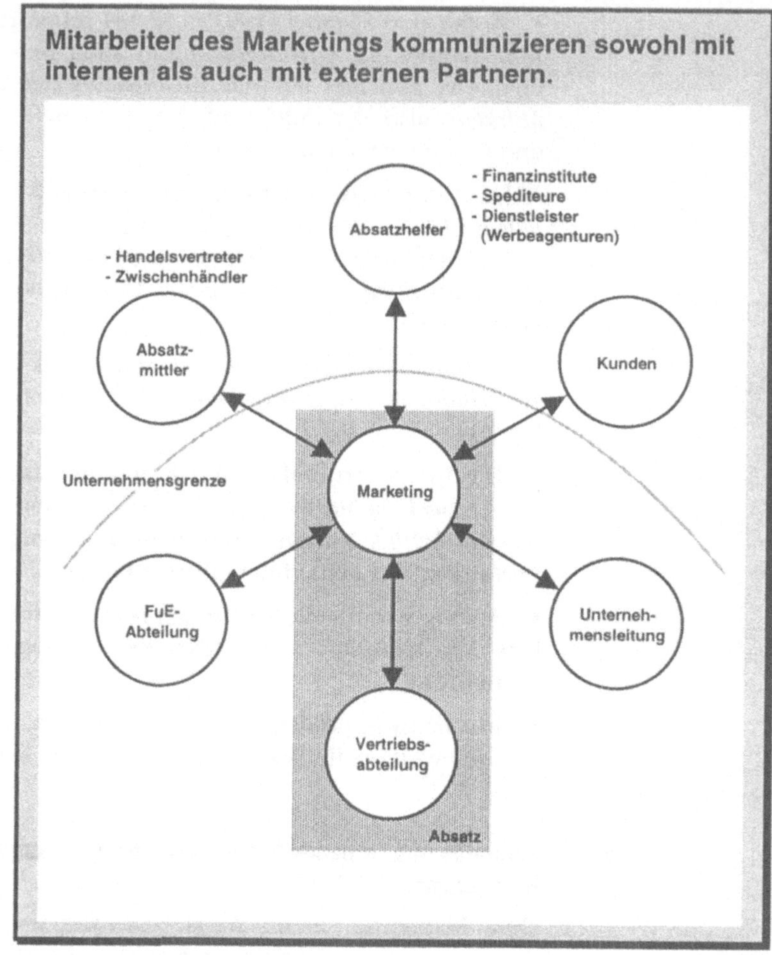

- die *Vertriebsabteilung*, die gemeinsam mit dem Marketing zum Funktionsbereich des Absatzes zählt.

Außerhalb des Unternehmens besitzt das Marketing ebenfalls drei Gruppen von Kommunikationspartnern, die *Absatzhelfer*, die *Absatzmittler* und die *Kunden*:

- Die *Absatzhelfer* unterstützen das Marketing mit Finanz- und sonstigen Dienstleistungen. Zu den Absatzhelfern zählen u.a. Spediteure, Banken, Auskunfteien, Versicherungen und Marketingdienstleister wie Werbeagenturen, Marktforschungsinstitute und Druckereien (vgl. Nieschlag, Dichtl und Hörschgen 1991, S.625-626).

• Häufig wird ein Unternehmen nicht alle Produkte unmittelbar an die Kunden abgeben, sondern mit *Absatzmittlern* wie Zwischenhändlern, Handelsmaklern, Kommissionären und Handelsvertretern zusammenarbeiten. Absatzmittler werden auch als besondere Gruppe zu den *Absatzhelfern* gezählt (vgl. Nieschlag, Dichtl und Hörschgen 1991, S.625; ferner Hermanns und Prieß 1987, S.13-16, zur Kommunikation zwischen Marketing, Absatzmittlern und Kunden).

• Die *Kunden* nehmen die Produkte und Dienstleistungen des Unternehmens ab. Kotler und Bliemel (1992, S.192) nennen als wichtige Kundenkategorien die *privaten Haushalte*, die *industriellen Kunden* sowie die *institutionellen Abnehmer* wie die öffentliche Hand. In gewisser Weise zählen auch *Verbraucherverbände*, die Interessen der Kunden vertreten, zu dieser Gruppe von Kommunikationspartnern.

5.3.6.2   Interessen der Lernenden in der Marketing-Kommunikation (LOLA-Komponente 2)

Von den beiderseitigen Interessen ...

Die Interessen der potentiellen Lernenden seien *in zwei Richtungen* betrachtet, sowohl in Richtung von den Kommunikationspartnern auf das Marketing als auch in Richtung vom Marketing auf die Kommunikationspartner. Die Interessen der Kommunikationspartner *in Richtung auf das Marketing* konzentrieren sich auf die Benachrichtigung über Produkte sowie die Unterstützung bei absatzfördernden Maßnahmen (Tabelle 5.6). Drei Beispiele:

• Mitarbeiter der *FuE-Abteilung* als interne Kommunikationspartner bedürfen für ihre Arbeit einer *engen Abstimmung mit dem Marketing über neue Produkte* und über damit verbundene *Strategien*. Dies schließt die Benachrichtigung darüber ein, welche *Kundenbedürfnisse* das Marketing ausgemacht hat und in welcher Weise man diese Bedürfnisse befriedigen will (vgl. Brockhoff 1989, S.9-14, in differenzierter Weise zu den zahlreichen denkbaren Kombinationen zwischen Marketing- und FuE-Strategien und daraus ableitbaren Abstimmungserfordernissen).

• *Absatzmittler* wünschen sich vom Marketing vor allem Hilfsmittel zur *Verkaufsförderung* und Unterstützung bei der *Werbung*, beispielsweise markenorientierte bundesweite Fernsehwer-

Tabelle 5.6:
Kommunikations-
partner des Marke-
tings und ihre auf das
Marketing gerichteten
Interessen.
Quelle: In Anlehnung
an Kotler und Bliemel
(1992, S.187-195).

Kommunikations-partner des Marketings	Interessen der Kommunikationspartner in bezug auf das Marketing
1) Unternehmens-leitung	- kurz-, mittel- und langfristige Sicherung von Umsatz und Ertrag - kompetente Präsentation des Unternehmens und seiner Produkte den Kunden gegenüber
2) FuE-Abteilung	- frühzeitige Benachrichtigung über Kundentrends, neue Produkte, Variationen bestehender Produkte, Dokumentationserfordernisse für Produkte - umfassende Spezifikation des Marktprofils von Innovationen und der für die FuE relevanten Rahmenbedingungen
3) Vertriebs-abteilung	- umfassende Produktbeschreibungen inklusive Bedienungsanleitungen - Hinweise zur Verkaufsstrategie, absatzfördernde Maßnahmen
4) Absatzhelfer	- frühzeitige Benachrichtigung über Aufträge und deren Abwicklung - langfristige Zusammenarbeit
5) Absatzmittler	- Hilfsmittel zur Verkaufsförderung, umfassende Produktbeschreibungen inklusive Bedienungsanleitungen, Werbeunterstützung
6) Kunden	- umfassende Produktbeschreibungen inklusive Bedienungsanleitungen

bespots. Auch die frühzeitige Benachrichtigung über Änderungen im Produktprogramm gehört zu ihren Interessen.

- *Kunden* erwarten vom Marketing *Beschreibungen und Bedienungsanleitungen der Produkte* des Unternehmens. Industrielle und institutionelle Kunden werden darüber hinaus *Angebote* vom Marketing einfordern, und sie werden - in manchen Unternehmen mehr, in anderen weniger - die *Fähigkeit zur Problemlösung* als Erweiterung der Fähigkeit zum Warenliefern in Anspruch nehmen wollen.

Weniger einheitlich sind die Interessen, die das Marketing *in Richtung auf die Kommunikationspartner* verfolgt (Tabelle 5.7). Ebenfalls drei Beispiele:

• Von der *FuE-Abteilung* erwartet das Marketing zum einen neue technologiegetriebene Innovationen, die es ihm ermöglichen, alte oder neue Kundenbedürfnisse auf neue Weise zu erfüllen. Zum anderen sollte die FuE-Abteilung aus Sicht des Marketings fristgerecht und kostengünstig Produkte entwickeln können.

• Hinsichtlich der *Absatzmittler* verfolgt das Marketing zwei Interessen: Zum einen sollten sie die Produkte des Unternehmens abnehmen und weiterverkaufen. Zum anderen sollten sie das Un-

Tabelle 5.7:
Kommunikationspartner des Marketings und die vom Marketing auf sie gerichteten Interessen.
Quelle: In Anlehnung an Kotler und Bliemel (1992, S.187-195).

Kommunikationspartner des Marketings	*Interessen des Marketings in bezug auf die Kommunikationspartner*
1) Unternehmensleitung	- generelle Unterstützung - frühzeitige Einbindung in strategische Planung
2) FuE-Abteilung	- frühzeitige Übermittlung technologiegetriebener Innovationsmöglichkeiten - fristgerechtes und kostengünstiges Erstellen neuer Produkte unter Marktgesichtspunkten
3) Vertriebsabteilung	- Umsetzung der Verkaufsstrategie
4) Absatzhelfer	- umfassende Unterstützung bei Marketingaktivitäten - Eingehen auf die speziellen Probleme des betrachteten Unternehmens
5) Absatzmittler	- Abnahme von Produkten und deren Weiterverkauf - günstige Präsentation der Produkte und des betrachteten Unternehmens den Kunden gegenüber
6) Kunden	- Abnahme von Produkten - Bindung an das betrachtete Unternehmen

ternehmen den Kunden gegenüber in günstiger Weise darstellen, was in manchen Fällen zu einem Konflikt mit dem ersten Interesse führen kann.

• Von den *Kunden* wünscht sich das Marketing kurzfristig die Abnahme der Produkte und Dienstleistungen, langfristig ferner eine Bindung an die Produkte und Dienstleistungen des Unternehmens.

5.3.6.3 Wissensbedarf der Lernenden in der Marketing-Kommunikation und transferierbare Lehr- und Lernobjekte (LOLA-Komponente 3)

zu den transferier-
baren Lehr- und
Lernobjekten
sowie ...

Bei den Kommunikationspartnern des Marketings und beim Marketing selbst leitet sich wiederum aus den gegenseitigen Interessen der *Wissensbedarf* ab, und damit stehen auch die *transferierbaren Lehr- und Lernobjekte* sowohl vom Marketing in Richtung *auf die Kommunikationspartner* (Tabelle 5.8, Spalte 2) als auch

Tabelle 5.8:
Kommunikations-
partner des Marke-
tings, ihr auf das
Marketing gerichteter
Wissensbedarf bzw.
die transferierbaren
Lehr- und Lernob-
jekte sowie deren
CUL-Affinität. Spalte
3 enthält neben der
Gesamteinschätzung
der CUL-Affinität die
drei Einzeleinschät-
zungen für die "Nut-
zung der originären
Eigenschaften des
CULs", die "erforder-
liche Aktualität der
Lehr- und Lernob-
jekte" und die "An-
zahl potentieller Nut-
zer", jeweils entwe-
der hoch (+) oder
niedrig (o) einge-
schätzt.

Kommunikations- partner des Marketings	Wissensbedarf sowie transferier- bare Lehr- und Lernobjekte in Richtung auf die Kommuni- kationspartner	CUL- Affinität
1) Unternehmens- leitung	- Produktprogramm, Leistungen des Marketings	gering (OOO)
2) FuE-Abteilung	- Produktprogramm, Richtlinien zur Entwicklung marktgerechter Produkte, Richtlinien zur Erstellung produktbegleitender Dokumentationen	hoch (++O)
3) Vertriebs- abteilung	- Produkteigenschaften, Produkt- programm, Durchführung von Werbe- und Verkaufsaktionen	hoch (++O)
4) Absatzhelfer	- Unternehmensdarstellung	mittel (+OO)
5) Absatzmittler	- wie 3), zusätzlich Unterneh- mensführung	sehr hoch (+++)
6) Kunden	- Produkteigenschaften, Produkt- programm, Unternehmens- darstellung	sehr hoch (+++)

von den Kommunikationspartnern in Richtung *auf das Marketing* (Tabelle 5.9, Spalte 2) fest. Wieder seien die drei eingeführten Beispiele aufgegriffen und in zwei Richtungen diskutiert:

- Die *FuE-Abteilung* bedarf eines Grundwissens über das *geplante Produktprogramm* inklusive *genereller Marktkenntnisse* (vgl. Wild 1986, S.1), um mit eigenen Ideen daran partizipieren zu können. Ferner sind Richtlinien zur *Erstellung marktgerechter Produkte*, beispielsweise ein gemeinsamer Vorgehensplan, und Richtlinien zur *Erstellung produktbegleitender Dokumentationen* nützlich. Umgekehrt könnte die FuE-Abteilung an das Marketing ein Grundwissen über die von ihr *entwickelten Produkte* und wichtige *technologische Neuigkeiten* übermitteln.

- Die *Absatzmittler* benötigen neben der *Produkt- und Produktprogrammkenntnis* vor allem Wissen über die *Durchführung von Werbe- und Verkaufsmaßnahmen* (vgl. Schick 1991, S.27, zu den Erfolgsfaktoren für einen Absatzmittler): In welcher Weise sollen sie ein neues Produkt ankündigen, präsentieren, bewerben? Wie sollen sie sich bei Rabattforderungen der Kunden verhalten? Welche verkaufsfördernden Maßnahmen wie Ausverkäufe, Lockvogelartikel, Lotteriespiele und Gratisproben (vgl. Kaiser 1980,

Tabelle 5.9:
Kommunikationspartner des Marketings, der auf sie gerichtete Wissensbedarf des Marketings bzw. die transferierbaren Lehr- und Lernobjekte sowie deren CUL-Affinität. Spalte 3 enthält neben der Gesamteinschätzung der CUL-Affinität die drei Einzeleinschätzungen für die "Nutzung der originären Eigenschaften des CULs", die "erforderliche Aktualität der Lehr- und Lernobjekte" und die "Anzahl potentieller Nutzer", jeweils entweder hoch (+) oder niedrig (o) eingeschätzt.

Kommunikationspartner des Marketings	Wissensbedarf sowie transferierbare Lehr- und Lernobjekte in Richtung auf das Marketing	CUL-Affinität
1) Unternehmensleitung	- Unternehmensziele	mittel (O+O)
2) FuE-Abteilung	- Produkterläuterungen, technologische Neuigkeiten	mittel (+OO)
3) Vertriebsabteilung	- Neuigkeiten von den Kunden und den Absatzmittlern	gering (OOO)
4) Absatzhelfer	- Angebotspalette	mittel (OO+)
5) Absatzmittler	- Einkaufsvorschriften, Qualitätsanforderungen	sehr hoch (+++)
6) Kunden	- Richtlinien für Produkttest	hoch (O++)

S.17) sind zu verwenden? Dieses Wissen muß von einem Wissen über das *Führen des eigenen Unternehmens* begleitet werden. Im Gegenzug können die Absatzmittler Wissen über ihre *Beschaffungsgepflogenheiten* vermitteln, beispielsweise über *Einkaufsvorschriften* und *Qualitätsanforderungen.*

• Die *Kunden* werden sich ähnlich wie die Absatzmittler für *Produktschulungen* und möglicherweise auch für *Unternehmenspräsentationen* interessieren. Cannain und Vogt (1981, S.299-306) charakterisieren die Kundenschulung als ein *wirksames Instrument der Verkaufsförderung.* Sofern sie in Verbraucherverbänden organisiert sind, können die Kunden dem Marketing *Richtlinien für Produkttests* zurückübermitteln.

5.3.6.4 CUL-Affinität der transferierbaren Lehr- und Lernobjekte in der Marketing-Kommunikation (LOLA-Komponente 4)

deren CUL-Affinität

Die drei Einschätzungen zur groben Beurteilung der CUL-Affinität (analog zu Abschnitt 5.3.4.4, S.268 f.), nämlich der *Nutzung der originären Eigenschaften* des CULs, der erforderlichen *Aktualität der Lehr- und Lernobjekte* und der *Anzahl potentieller Nutzer* seien auch auf die Marketing-Kommunikation angewandt. Das Ergebnis deutet auf eine hohe CUL-Affinität vieler transferierbarer Lehr- und Lernobjekte in der Marketing-Kommunikation hin (Tabellen 5.8 und 5.9, jeweils Spalte 3).

• Die für die *FuE-Abteilung* geeigneten Lehr- und Lernobjekte sind in hohem Maße CUL-affin: Die Nutzungsmöglichkeiten der originären Eigenschaften des CULs - z.B. in Form von animierten Produktkatalogen (vgl. Lödel et al. 1992) - und die nicht allzu hohe erforderliche Aktualität der Lehr- und Lernobjekte bei Richtlinien geben hierfür den Ausschlag. Umgekehrt eignen sich die von der FuE-Abteilung zurücktransferierbaren Lehr- und Lernobjekte weniger zur Aufbereitung in einer CUL-Applikation.

• Eine gutes Beispiel für hohe CUL-Affinität bieten die Lehr- und Lernobjekte, die vom Marketing an die *Absatzmittler* und in umgekehrter Richtung transferiert werden sollten. In vielen Unternehmen sind in beiden Fällen drei hohe Einschätzungen zur Beurteilung der CUL-Affinität abzugeben.

• Ähnlich wie bei den Absatzmittlern sind die Lehr- und Lernobjekte, die das Marketing an die *Kunden* transferieren will, in sehr hohem Maße CUL-affin. Je nach Unternehmen und Branche wird sich dabei ein unterschiedliches Bild ergeben: Bei *Investiti-*

onsgüterherstellern werden die Produkterläuterungen durch die originären Eigenschaften des CULs aufgewertet, dafür ist möglicherweise die Anzahl potentieller Nutzer eher niedrig (siehe aber die Fallstudie in Abschnitt 5.1, S.237 ff.). Bei *Konsumgüterherstellern* ist die Anzahl potentieller Nutzer dagegen normalerweise sehr hoch, bei der Nutzung der originären Eigenschaften wird hingegen mit höherer Varianz zu rechnen sein (vgl. Müller 1992, S.598, mit dem Beispiel einer CUL-Applikation zur Kundenberatung bei einem Konsumgut). Die Lehr- und Lernobjekte, die die in Verbraucherverbänden zusammengeschlossenen Kunden an das Marketing übermitteln, sind ebenfalls in hohem Maße CUL-affin.

Als Ergebnis der vierten LOLA-Komponente ergibt sich der *literaturgeleitete CUL-Rahmenplan für die Marketing-Kommunikation* (Tabelle 5.10).

5.4   Vom CUL-Rahmenplan in die Umsetzung: Organisatorische Gestaltung des betrieblichen CUL-Einsatzes und Ausarbeitung des CUL-Rahmenplans

Die Lehrende-Objekte-Lernende-Analyse (LOLA), die in Abschnitt 5.3 ausführlich vorgestellt wurde, liefert als Ergebnis für das kommunikationsfördernde Wissensmanagement einen *CUL-Rahmenplan*, den die LOLA-Bearbeiter für eine Abteilung, einen Funktionsbereich, einen Prozeß oder das Unternehmen als Ganzes aufstellen können. Auf einem solchen CUL-Rahmenplan aufbauend bedarf es *weiterer Umsetzungsmaßnahmen*, um für die Anwendungsfelder lauffähige CUL-Applikationen oder Hybridlösungen anbieten zu können. Auf diese weiteren Maßnahmen zielt ein *Vorschlag* in diesem Buch, der die *Aufbauorganisation* des betrieblichen CUL-Einsatzes (Abschnitt 5.4.1) und die *Ausarbeitung des CUL-Rahmenplans* (Abschnitt 5.4.2) zum Gegenstand hat.

5.4.1   Die Aufbauorganisation des betrieblichen CUL-Einsatzes

Zwei Empfehlungen: ...

Bei der Erstellung von CUL-Applikationen wirken in der Regel *Mitarbeiter verschiedener Abteilungen* zusammen: Mitarbeiter aus einer Fachabteilung, informationstechnisch versierte Mitarbeiter aus einer EDV-Abteilung sowie didaktisch erfahrene Personen aus einer Abteilung für Aus- und Weiterbildung, gegebenenfalls auch unternehmensexterne Spezialisten. Dies spiegelt sich auch

Tabelle 5.10:
Literaturgeleiteter CUL-Rahmenplan für die Marketing-Kommunikation. Spalte 3 enthält neben der Gesamteinschätzung der CUL-Affinität die drei Einzeleinschätzungen für die "Nutzung der originären Eigenschaften des CULs", die "erforderliche Aktualität der Lehr- und Lernobjekte" und die "Anzahl potentieller Nutzer", jeweils entweder hoch (+) oder niedrig (o) eingeschätzt.

Lehrende	Lernende	Wissensbedarf sowie transferierbare Lehr- und Lernobjekte	CUL-Affinität
Marketing	FuE-Abteilung	Produktprogramm, Richtlinien zur Entwicklung marktgerechter Produkte, Richtlinien zur Erstellung produktbegleitender Dokumentationen	hoch (++O)
Marketing	Vertriebsabteilung	Produkteigenschaften, Produktprogramm, Durchführung Werbe- und Verkaufsaktionen	hoch (++O)
Marketing	Absatzmittler	wie Vertriebsabteilung, zusätzlich Unternehmensführung	sehr hoch (+++)
Marketing	Kunden	Produkteigenschaften, Produktprogramm, Unternehmensdarstellung	sehr hoch (+++)
FuE-Abteilung	Marketing	Produkterläuterungen, technologische Neuigkeiten	hoch (++O)
Absatzmittler	Marketing	Einkaufsvorschriften, Qualitätsanforderungen	sehr hoch (+++)
Kunden	Marketing	Richtlinien für Produkttests	hoch (O++)

in den *Rollen im CUL-Prozeß* wider, die in Abschnitt 2.3, S.53, mit den Rollen der *Auftraggeber*, zu denen auch die *LOLA-Bearbeiter* zählen, der *Autoren* und der *Benutzer* herausgearbeitet wurden. An die abteilungsübergreifende Erstellung von CUL-Applikationen knüpfen *zwei Empfehlungen* zur organisatorischen Gestaltung des CUL-Einsatzes an (Bild 5.12):

CUL-Fachausschuß und ...

• Ein *CUL-Fachausschuß* sei empfohlen zur Koordination aller CUL-Aktivitäten eines Unternehmens. Bei der Festlegung seiner Tätigkeiten helfen Erfahrungen, die die britische Institution *"Computers in Teaching Initiative"* bei der flächendeckenden Einführung von CUL in Hochschulen gesammelt hat.

Bild 5.12:
Aufbauorganisation
des betrieblichen
CUL-Einsatzes

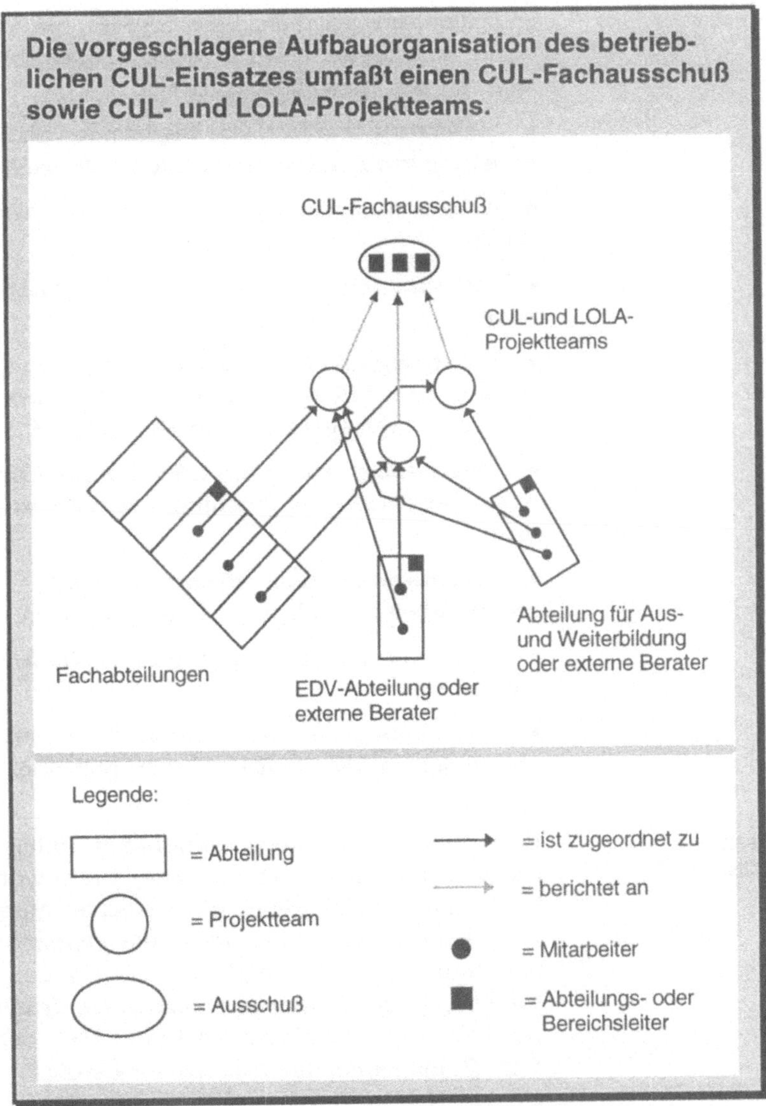

Projektteams

- Zudem seien für längere Zeit zusammenarbeitende *Projektteams* für zwei Aufgaben empfohlen: für die Bearbeitung von LOLA in verschiedenen Teilen des Unternehmens und für die Erstellung einzelner CUL-Applikationen.

Was soll ein CUL-Fachausschuß tun?

Ein *CUL-Fachausschuß* ist auf *längere Zeit* angelegt, und von allen beteiligten Bereichen sollte ein *hochrangiger Vertreter* darin enthalten sein (vgl. Selig 1986, S.98-99, zur Abgrenzung verschiedener Ausschüsse in der Informationsverarbeitung). Zu den *Tätigkeiten* des Ausschusses gehören:

- Einsetzung und fachliche Begleitung von Projektteams zur *Bearbeitung von LOLA* in verschiedenen Bereichen,

- weitere *Ausarbeitung der CUL-Rahmenpläne* (siehe Abschnitt 5.4.2),

- *Festlegung* der in nächster Zeit *zu entwerfenden CUL-Applikationen,*

- Einsetzung und fachliche Begleitung von Projektteams zur *Erstellung von CUL-Applikationen*, insbesondere Übernahme der Rolle des *Auftraggebers* (siehe Abschnitt 2.3, S.53),

- *Bereitstellung von personellen, finanziellen und technologischen Ressourcen* zur Durchführung der verschiedenen Maßnahmen,

- *unternehmensweite Benachrichtigung* über fertiggestellte und in Arbeit befindliche CUL-Applikationen,

- *Beurteilung interner und externer Anbieter* für den CUL-Entwurf sowie

- *Abstimmung zwischen Ansprechpartnern* bei vorgeschlagenen Projekten, die ähnliche CUL-Applikationen zum Gegenstand haben.

Analogie zur britischen CTI

Bisher gibt es noch keine empirischen Untersuchungen zu CUL-Fachausschüssen in Unternehmen. Gleichwohl können bei der Festlegung der Tätigkeiten eines solchen Ausschusses die *Erfahrungen* herangezogen werden, die *staatliche Institutionen* zur Einführung des CULs in Hochschulen gesammelt haben, insbesondere die der *britischen Computers in Teaching Initiative* (*CTI*, vgl. hierzu und im folgenden Darby 1995; ferner Sommer 1992, S.35-67, mit einem internationalen Überblick). Die Arbeit der CTI gliedert sich in *drei Perioden,* jeweils geprägt von Erfolgen und Mißerfolgen:

- In der *ersten Periode* hat die CTI primär Projekte zum Entwurf von CUL-Applikationen gefördert, und zwar sowohl *finanziell* als auch *durch Beratung.* Für 139 Projekte standen 10 Mio. britische Pfund (etwa 30 Mio. DM zum damaligen Wechselkurs) zur Verfügung. Dabei hat sich das CUL einerseits als *probate Lehr- und Lernform in allen Hochschulfächern* erwiesen, und eine beträchtliche Anzahl an CUL-Experten wuchs heran. Andererseits entstand durch die Projektförderung ein *"Flickenteppich" einzelner CUL-Applikationen*, deren Einsatz zudem stark an das persönliche Engagement einzelner Hochschullehrer geknüpft war.

• In der *zweiten Periode* hat die CTI daraufhin die Projektförderung eingestellt und statt dessen *21 Zentren* gegründet, die jeweils für eine Fachrichtung wie Maschinenbau oder Biologie alle verfügbare Information über CUL-Applikationen sammeln und an die Entscheidungsträger weiterleiten sollten. Darby (1995, S.2-3) charakterisiert die zweite Periode als *sehr erfolgreich*, wenn auch der Wunsch vieler Hochschulangehöriger nach weiterer Projektförderung nicht befriedigt wurde.

• In der *dritten Periode*, die zur Zeit noch anhält, fördert die CTI zusätzlich zu den in der zweiten Periode aufgebauten Dienstleistungen wieder Projekte. Im Gegensatz zur ersten Periode kommen allerdings nur solche Projekte in Betracht, bei denen sich *mehrere führende Fachvertreter* zusammenfinden und sich über die *Lehr- und Lernobjekte der CUL-Applikation einigen*. Die CTI erhofft sich davon eine *größere Verbreitung* der erstellten CUL-Applikationen.

Konsequenzen für CUL-Fachausschuß

Hieraus läßt sich für den *betrieblichen CUL-Einsatz* und die Tätigkeit eines *CUL-Fachausschusses* dreierlei übertragen:

1) Offensichtlich führt die rein *passive Förderung* der Erstellung von CUL-Applikationen *nicht zu langfristig befriedigenden Ergebnissen*.

2) Der CUL-Fachausschuß sollte also *aktiv den betrieblichen CUL-Einsatz mitgestalten*, einerseits durch den *Einsatz von LOLA*, andererseits durch geschicktes Zusammenführen der Verantwortlichen in verschiedenen betrieblichen Bereichen mit dem Ziel, *Konsens* über den Inhalt und die Gestaltung von CUL-Applikationen herzustellen.

3) Auch die *unternehmensweite Information über fertiggestellte CUL-Applikationen* scheint eine lohnende Aufgabe für einen CUL-Fachausschuß zu sein.

Projektteams für LOLA- und CUL-Projekte

Der CUL-Fachausschuß sollte für die *Rahmenbedingungen des CUL-Einsatzes in einem Unternehmen* in der geschilderten Weise verantwortlich sein, er wird aber verschiedene Aufgaben wie die Bearbeitung einer LOLA und die Erstellung von CUL-Applikationen an andere abgeben wollen. Hierfür eignen sich *Projekt-teams* (vgl. stellvertretend für viele Autoren Frese 1984, S.468, zu Varianten der Projektorganisation):

• In Projektteams sollten die *LOLA-Bearbeiter* zusammenarbei-ten. Diesen LOLA-Projektteams sollten Mitarbeiter aus den betrachteten *Fachabteilungen,* möglichst einige ihrer *Kommunikati-onspartner* sowie jeweils mindestens ein *Mitarbeiter mit Erfah-rung im Umgang mit LOLA* angehören.

• Jedem Projektteam zum *Entwurf einer CUL-Applikation* soll-ten jeweils mindestens ein Mitarbeiter aus der *Fachabteilung,* der *EDV-Abteilung* und der Abteilung für *Aus- und Weiterbildung* für längere Zeit fest zugeordnet sein. Alternativ bzw. ergänzend zu den Mitarbeitern aus der EDV-Abteilung und der Abteilung für Aus- und Weiterbildung wird man in vielen Fällen auch *externe Spezialisten* heranziehen.

5.4.2   Spezielle Maßnahmen zur weiteren Ausarbeitung des CUL-Rahmenplans

Zwei spezifische
Tätigkeiten

Ein CUL-Fachausschuß sollte von den LOLA-Bearbeitern *einen CUL-Rahmenplan oder mehrere CUL-Rahmenpläne* erhalten (sie-he Abschnitt 5.4.1). Der CUL-Fachausschuß wird die Pläne weiter ausarbeiten müssen, um schließlich verschiedene CUL-Applikati-onen in Auftrag geben zu können. Zu einer solchen Ausarbei-tung gehören *zwei spezifische Tätigkeiten:*

• die Festlegung der *technologischen Rahmenbedingungen* so-wie

• die Erstellung von *Treatments für die vorgeschlagenen CUL-Applikationen.*

Technologie
abschätzen

Zunächst bedarf es der *Festlegung der technologischen Rahmen-bedingungen* für die vorgeschlagenen CUL-Applikationen. Die Fragen lauten hier: *Wann* wird *welche Technologie* im Unterneh-men einsatzreif sein? Und: Inwieweit hat dies einen *Einfluß* auf die zu entwickelnden CUL-Applikationen? Erste Antworten kann hierauf die in Kapitel 3 vorgestellte *Delphi-Expertenbefragung* geben, bei der auch die zeitliche Verfügbarkeit von Technolo-gien angeschnitten wurde (Abschnitt 3.10, S.193 f.). Beispielswei-se könnte es in einem Unternehmen von Bedeutung sein zu wissen,

• ob man für eine zu entwickelnde CUL-Applikation auf stand-ortübergreifende Netzwerkverbindungen zugreifen kann,

• ob wissensbasierte Werkzeuge zum Entwurf zur Verfügung stehen und ausreichend ausfallsicher sind und

• ob zum Zeitpunkt der Fertigstellung die Benutzer über Personal-Computer mit Video- und Audio-Einsteckkarten verfügen werden. ·

Einzusetzende Technologien und CUL-Applikationen können sich *wirkungsvoll ergänzen*: Häufig - beispielsweise in den Fällen von Hypermedia und Sprachausgabe - wird CUL eine *erste Anwendung für eine solche Technologie* bilden und auf diese Weise zu deren Verbreitung und anderweitiger Verwendung im Unternehmen beitragen. Umgekehrt wird manche neue Technologie eine CUL-Applikation überhaupt erst ermöglichen.

In engem Zusammenhang mit der Festlegung der technologischen Rahmenbedingungen steht die *zweite Tätigkeit* zur Ausarbeitung des CUL-Rahmenplans, bei der für jede zu realisierende CUL-Applikation aus den Angaben im CUL-Rahmenplan ein *Treatment* angefertigt wird (siehe auch Abschnitt 2.3.1, S.57). Ein solches Treatment dient als Grundlage für Entscheidungsträger, und es enthält die *ausformulierte Vision einer CUL-Applikation*. Analog zu Szenarien, wie man sie in der strategischen Planung verwendet (vgl. Geschka und Reibnitz 1983, S.150), wirkt es am nachhaltigsten in Form einer *kurzen, spannend oder humorvoll erzählten Geschichte*.

Treatment erstellen

In einem solchen Treatment sollten *neun Aspekte* enthalten sein, anhand derer ein Entscheidungsträger einen *bildhaften Eindruck* von einer CUL-Applikation gewinnen kann:

• die *Lernenden*, also die *Zielgruppe* der CUL-Applikation, und

• die *Lehrenden*,

• der an den *Interessen der Lernenden festgemachte Nutzen* der CUL-Applikation,

• ein Überblick über *Inhalt und Didaktik* der CUL-Applikation,

• die *technische Gestaltung* der CUL-Applikation, insbesondere die zu verwendenden originären Eigenschaften des CULs,

• die *erzielbaren Kommunikationsverbesserungen*, ferner

• die *technischen Voraussetzungen* für die Benutzung,

• die *Bearbeitungszeit* sowie

• eventuell ein Hinweis auf die *Installation*.

Bezug zum CUL-Rahmenplan

Die ersten fünf Aspekte eines solchen Treatments können *unmittelbar aus dem CUL-Rahmenplan* übernommen werden: Sowohl die Abgrenzung der Lehrenden und Lernenden, die Interessen der Lernenden, die transferierbaren Lehr- und Lernobjekte, die Beurteilung der CUL-Affinität, aber auch die Interessen der Lehrenden in Form der erzielbaren Kommunikationsverbesserungen sind darin enthalten.

Aufbauend auf dem Treatment kann der CUL-Fachausschuß den *CUL-Prozeß* starten, wie er in Abschnitt 2.3, S.52 ff., ausführlich dargestellt wurde.

5.5 PC-LOLA: Entwurf eines Werkzeugs zum interaktiven Bearbeiten einer LOLA

Computerunterstützung nützlich

Im Rahmen des kommunikationsfördernden Wissensmanagements kann sowohl für ein LOLA-Projektteam - wie es in Abschnitt 5.4.1, S.285 ff., vorgeschlagen wurde - als auch für einzelne LOLA-Bearbeiter ein *computerunterstütztes Werkzeug* nützlich sein, mit dem man alle vier Komponenten einer LOLA durcharbeiten, gegebenenfalls ändern und dokumentieren kann. Hierfür dient *PC-LOLA*, dessen *Konzept* hier vorgeschlagen sei und das sich zur Zeit in der *Prototypentwicklung* befindet:

- Durch Anklicken und Bewegen von *Graphikelementen* steuern die LOLA-Bearbeiter ihren Weg durch PC-LOLA (vgl. zur theoretischen Fundierung des gewählten Vorgehens Poswig 1995, der den Nutzen *visueller Programmiersprachen* herausstellt). Dies sei an einem durch alle LOLA-Komponenten führenden Beispiel demonstriert (Abschnitt 5.5.1).

- Nach dem Beispiel werden wichtige Aspekte des Entwurfs von PC-LOLA systematisch vorgestellt, und zwar zum einen die *interne Informationsstruktur* und zum anderen die *Benutzeroberfläche* von PC-LOLA (Abschnitt 5.5.2).

Implementationshinweise

PC-LOLA ist für die weitverbreiteten *IBM-kompatiblen Personal-Computer* vorgesehen und läuft unter der fast ebenso weitverbreiteten Betriebssystemergänzung *MS-Windows*. Programmiert wird die Prototypversion mit der schon aus Abschnitt 2.1, S.26 ff., bekannten *objektorientierten Oberfläche ToolBook*, im Gegensatz zur dort genannten CUL-Applikation in der neueren Version 3.0. Da PC-LOLA tabellarische Auswertungen nur mit Hilfe des Textverarbeitungsprogramms MS-WinWord generieren können wird, ist der Besitz dieses Textverarbeitungsprogramms in einer der beiden Versionen 2.0b oder 6.0 empfehlenswert.

5.5.1   Arbeiten mit PC-LOLA

Das Arbeiten mit PC-LOLA lehnt sich an das *Vorgehen in vier Komponenten* an, in das LOLA in Abschnitt 5.3.3, S.251 ff., gegliedert wurde, nämlich

- *LOLA-Komponente 1:* Identifikation und Gruppierung der potentiellen Lehrenden und Lernenden (Abschnitt 5.5.1.1),

- *LOLA-Komponente 2:* Analyse der Interessen der Lernenden anhand der Beziehungen zwischen Lehrenden und Lernenden (Abschnitt 5.5.1.2),

- *LOLA-Komponente 3:* Beurteilung des Wissensbedarfs der Lernenden zur reibungslosen Kommunikation mit den Lehrenden und Ableitung der transferierbaren Lehr- und Lernobjekte (Abschnitt 5.5.1.3) und

- *LOLA-Komponente 4:* Untersuchung der transferierbaren Lehr- und Lernobjekte auf CUL-Affinität (Abschnitt 5.5.1.4).

Darüber hinaus bietet PC-LOLA *verschiedene Ausgaben* an (Abschnitt 5.5.1.5).

5.5.1.1   Die Umsetzung von LOLA-Komponente 1 in PC-LOLA

In LOLA-Komponente 1 legen die LOLA-Bearbeiter - in diesem Fall zugleich die Benutzer von PC-LOLA - die *Kommunikationspartner* fest. In PC-LOLA geschieht das nach dem Starten des Programms in *zwei Teilkomponenten*:

Kommunikations-
partner eingeben
und...

- In Teilkomponente 1 selektieren die Benutzer in der Werkzeugpalette das *Kreissymbol.* PC-LOLA erfährt so, daß eine Gruppe von Kommunikationspartnern eingegeben werden soll, und zeichnet einen Kreis auf den Bildschirm (in Bild 5.13 ist dieser Kreis durch acht kleine Quadrate, die ihn begrenzen, erkenntlich). Die Benutzer können den Kreis durch *Mausoperationen* beliebig auf dem Bildschirm verschieben und eine *Bezeichnung* für die Gruppe von Kommunikationspartnern eingeben. Dies wiederholen die Benutzer, bis alle gewünschten Gruppen positioniert sind.

Beziehungen
festlegen

- In der zweiten Teilkomponente legen die Benutzer die *Kommunikationsbeziehungen* fest, wozu sie die *Verbindungslinie mit*

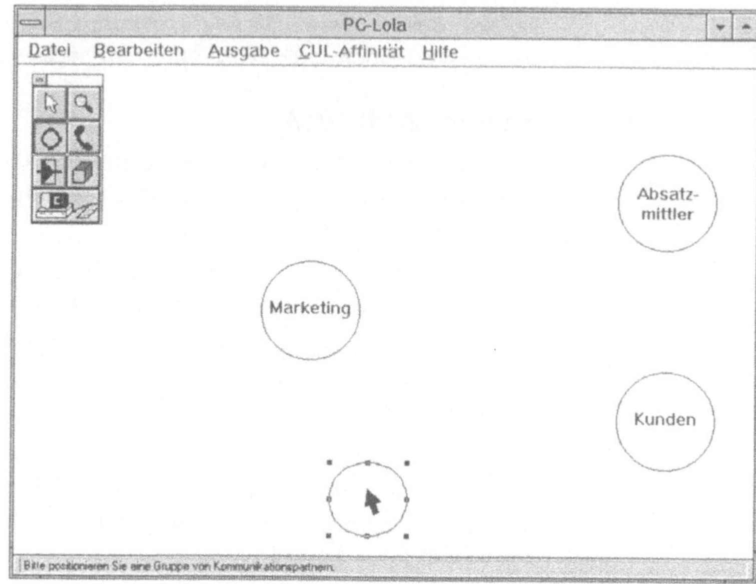

dem Telefonsymbol in der Werkzeugpalette selektieren. Sie klikken auf die erste Gruppe von Kommunikationspartnern, die daraufhin grau schattiert angezeigt wird, danach auf die zweite Gruppe. In Bild 5.14 ist bereits die Beziehung zwischen dem Marketing und den Absatzmittlern eingegeben, und die Beziehung zwischen dem Marketing und den Kunden bedarf noch des abschließenden Mausklicks auf die Kunden.

5.5.1.2   Die Umsetzung von LOLA-Komponente 2 in PC-LOLA

Im LOLA-Komponente 2 ordnen die LOLA-Bearbeiter den Kommunikationspartnern *Interessen* zu, ebenfalls in *zwei Teilkomponenten*. In Teilkomponente 1 klicken sie dazu der Reihe nach die Schaltfläche *"Interessen"* in der Werkzeugpalette und die *Kommunikationsbeziehung* an, für die sie Interessen festlegen wollen. Auf dieser Kommunikationsbeziehung erscheinen zwei Kästchen mit schwarzen, entgegengesetzt gerichteten *Dreiecken* (Bild 5.15). Das jeweils einer Gruppe von Kommunikationspartnern näherliegende Kästchen symbolisiert deren Interessen in bezug auf die andere Gruppe. Die Benutzer wählen nun eine der beiden Gruppen aus, indem sie mit der Maus auf das gewünschte Kästchen klicken.

Bild 5.14:
Festlegen von
Kommunikations-
beziehungen in
PC-LOLA

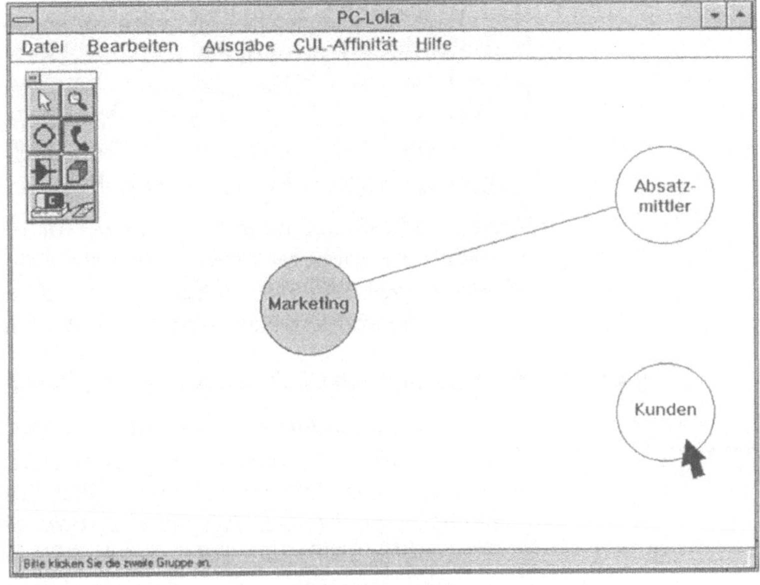

Bild 5.15:
Festlegen von
Interessen in
PC-LOLA

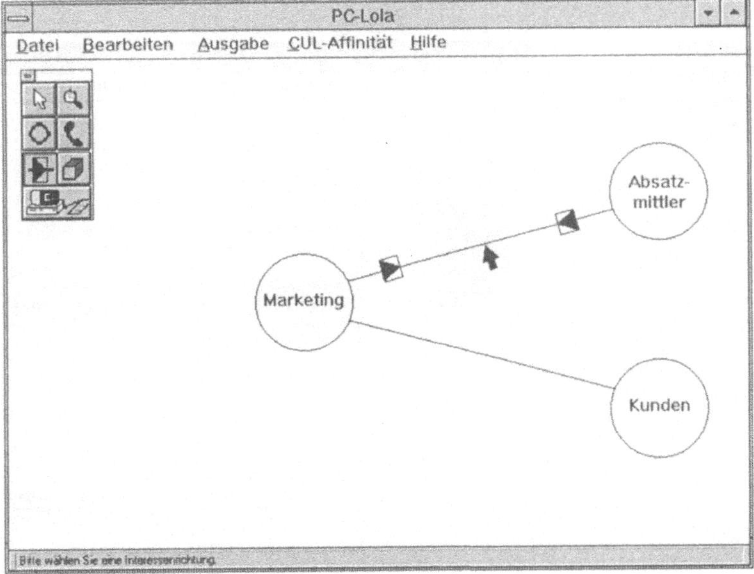

eingeben

Nach dem Mausklick erscheint eine *Dialogbox* (Bild 5.16), in der PC-LOLA die Bezeichung der gewünschten Kommunikationspartner in Form einer *Frage* aufgegriffen hat. Die Benutzer geben die Interessen ein und verlassen die Dialogbox, indem sie auf die Schaltfläche "OK" klicken. Sie können dieses Vorgehen für die entgégengesetzte Richtung wiederholen.

Nach Abschluß der Interesseneingabe für eine bestimmte Kommunikationsbeziehung bleiben nur die Kästchen auf dem Bildschirm in *grau unterlegt* sichtbar, hinter denen auch eine *Eingabe* steht, alle anderen Kästchen verschwinden.

5.5.1.3   Die Umsetzung von LOLA-Komponente 3 in PC-LOLA

Lehr- und
Lernobjekte
auswählen und ...

In LOLA-Komponente 3 stellen die LOLA-Bearbeiter *transferierbare Lehr- und Lernobjekte* zwischen den Gruppen von Kommunikationspartnern zusammen. Dies vollzieht sich in *zwei zu den Teilkomponenten von Komponente 2 analogen Teilkomponenten:* In der ersten Teilkomponente selektieren die LOLA-Bearbeiter die Schaltfläche *"Lehr- und Lernobjekte"* in der Werkzeugpalette, im Anschluß daran die *Kommunikationsbeziehung*, die sie zu bearbeiten wünschen. Es erscheinen *zwei Quader* (Bild 5.17) mit analoger Semantik wie die der Kästchen für die Interessen.

Bild 5.16:
Eingabe von
Interessen in eine
Dialogbox

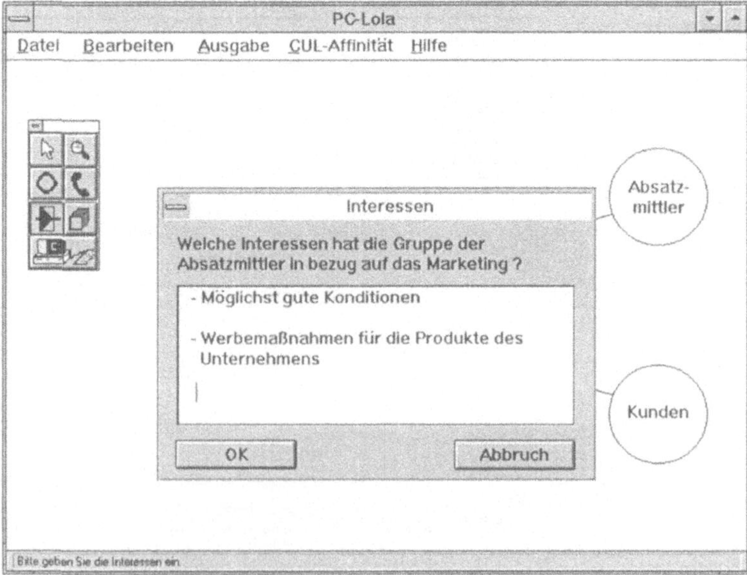

Bild 5.17:
Festlegen trans-
ferierbarer Lehr- und
Lernobjekte in PC-
LOLA

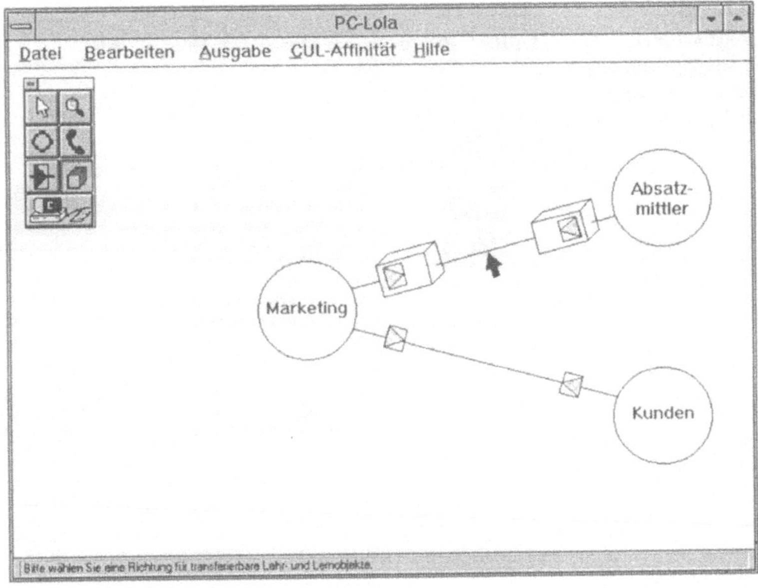

eingeben

In der zweiten Teilkomponente klicken die LOLA-Bearbeiter mit
der Maus *einen der beiden Quader* an. In die daraufhin erschei-
nende *Dialogbox* geben sie die transferierbaren Lehr- und Lernobjekte ein (Bild 5.18) und bestätigen die Vollständigkeit durch
Klicken auf die Schaltfläche "OK". Dieses Vorgehen können die
LOLA-Bearbeiter für die transferierbaren Lehr- und Lernobjekte
in anderer Richtung wiederholen.

Wie schon bei den Interessen zeigt PC-LOLA nach Abschluß von
Komponente 3 nur diejenigen Quader *grau unterlegt* an, hinter
denen sich auch eine Eingabe verbirgt. Die Benutzer gewinnen
dadurch jederzeit einen Überblick über den Stand ihres Arbeits-
prozesses.

5.5.1.4   Die Umsetzung von LOLA-Komponente 4 in PC-LOLA

CUL-Affinität
festlegen, zuvor ...

Im LOLA-Komponente 4 bewerten die LOLA-Bearbeiter die *CUL-
Affinität* der transferierbaren Lehr- und Lernobjekte. Sie können
hierfür die *ORKO-Matrix* zugrundelegen (siehe Abschnitt 5.3.3.4,
S.258 ff.), was für dieses Beispiel angenommen sei. Mit PC-LOLA
gehen sie in *vier Schritten* vor. Im ersten Schritt selektieren sie in
der Werkzeugpalette die Schaltfläche *"Affinität"* und wählen anschließend durch Mausklick den *Quader* derjenigen Lehr- und
Lernobjekte aus, die sie bewerten wollen (Bild 5.19).

Bild 5.18:
Eingabe trans-
ferierbarer Lehr- und
Lernobjekte in eine
Dialogbox

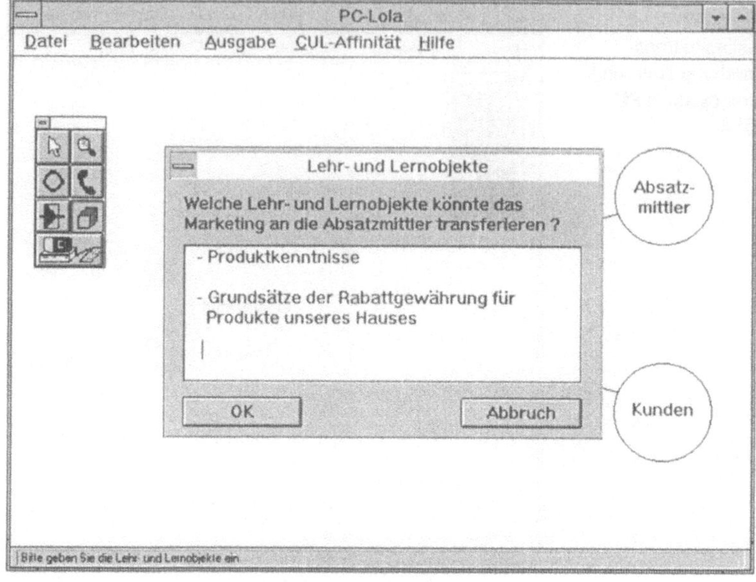

Bild 5.19:
Auswahl eines Lehr-
und Lernobjekts zur
Festlegung der CUL-
Affinität

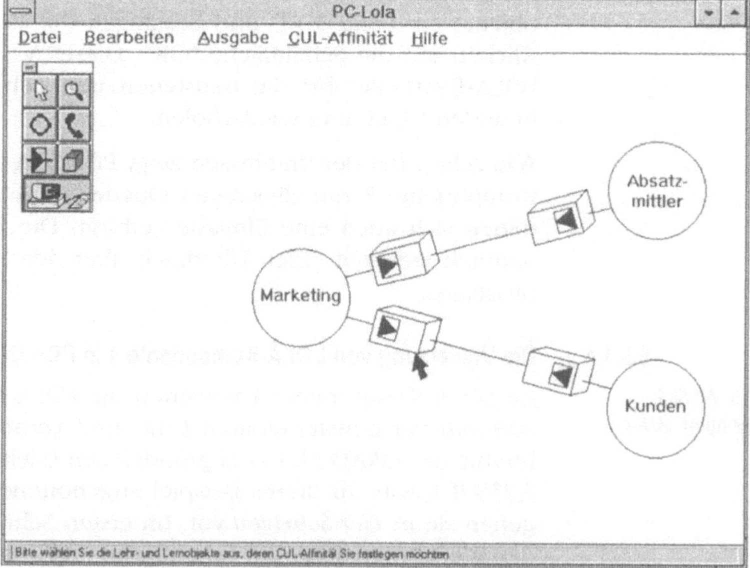

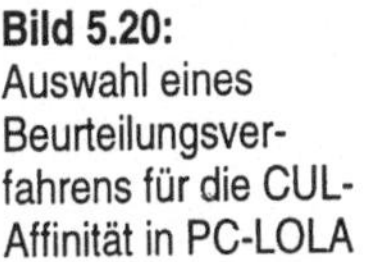

Beurteilungs-
verfahren festlegen

Handelt es sich um die *erstmalige Bewertung der CUL-Affinität* im auf dem Bildschirm dargestellten Kommunikationssystem, so folgt *Schritt 2*, ansonsten geht es mit *Schritt 3* weiter. In Schritt 2 zeichnet PC-LOLA eine *Dialogbox* auf den Bildschirm, in der sich die Benutzer für ein *Beurteilungsverfahren* entscheiden müssen (Bild 5.20). PC-LOLA bietet standardmäßig die Wahl zwischen der *ORKO-Matrix*, dem *Raster aus drei Einschätzungen*, wie es sich bei literaturgeleiteter Betrachtung empfiehlt, und der *Freitexteingabe*. Die Entscheidung, die die Benutzer hier treffen, gilt für das gesamte Bildschirmdokument. Sie kann später nur revidiert werden, wenn die Benutzer mit dem *Verlust der bereits eingegebenen Beurteilungen* einverstanden sind.

Im dritten Schritt ermitteln die Benutzer die *originäre*, im vierten die *komparative Position* der Lehr- und Lernobjekte. Dazu öffnet PC-LOLA jeweils eine *Dialogbox* auf dem Bildschirm (Bild 5.21 und 5.22), in die die Benutzer durch Anklicken von *"Radio-Schaltflächen"* ihre Beurteilung abgeben. Jede Dialogbox wird durch Anklicken der Schaltfläche "OK" verlassen.

Aufgrund der eingegebenen Beurteilungen ordnet PC-LOLA die Lehr- und Lernobjekte einem der *vier Felder* der ORKO-Matrix zu

Bild 5.20:
Auswahl eines
Beurteilungsver-
fahrens für die CUL-
Affinität in PC-LOLA

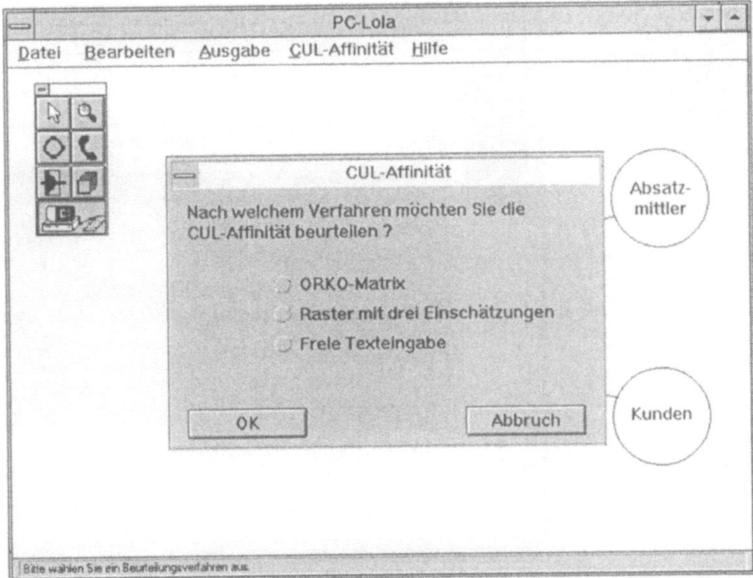

Bild 5.21:
Eingaben in die
Dialogbox "Originäre
Position" in PC-LOLA

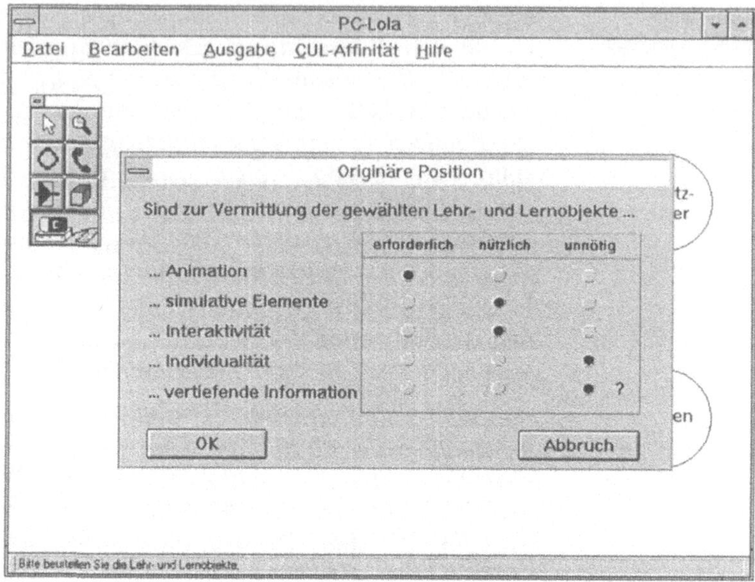

Bild 5.22:
Eingaben in die
Dialogbox "Kompa-
rative Position" in
PC-LOLA

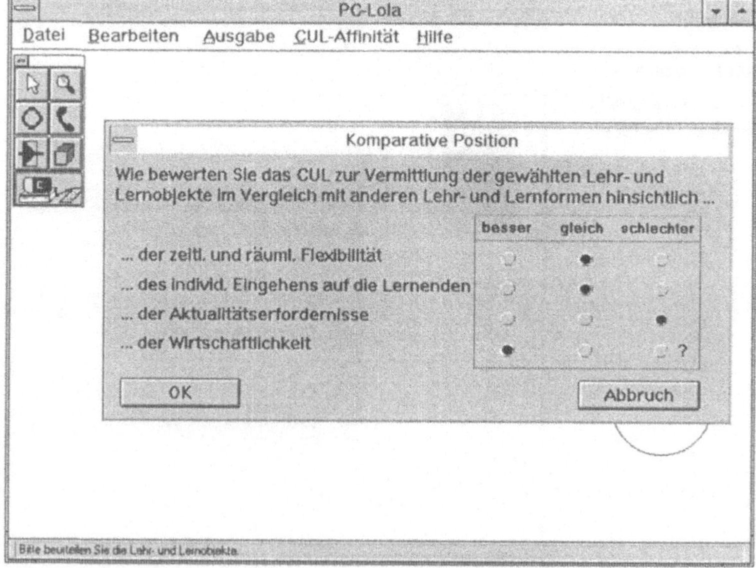

und visualisiert dies durch Anzeige eines der vier *Feldsymbole* *"Ausrufezeichen"*, *"Fragezeichen"*, *"Plus"* und *"Minus"* im Quader für die Lehr- und Lernobjekte (Bild 5.23).

5.5.1.5   Ausgaben aus PC-LOLA

Ausgaben über ...

Über die Eingabeunterstützung in den vier LOLA-Komponenten hinaus ermöglicht PC-LOLA *zwei Arten von Ausgaben*: Druckerausgaben vom Bildschirm und Exporte von Tabellen nach MS-WinWord:

Drucker und ...

- Zum einen kann eine mit PC-LOLA erstellte Graphik ganz oder teilweise *ausgedruckt* werden. So könnte der Inhalt der Bildschirmseite von Bild 5.23 ohne Werkzeugpalette und Windows-Rahmen gedruckt werden. Ferner ließe sich auch eine ORKO-Matrix mit allen Lehr- und Lernobjekten am Drucker ausgeben. Dies eröffnet die *visuelle Präsentation der LOLA-Ergebnisse* auch über Printmedien und auf Overhead-Folien.

andere Programme

- Zum anderen können die Benutzer Daten, die mit PC-LOLA erhoben worden sind, in *Tabellenform exportieren*. Hierzu ruft PC-LOLA das Textverarbeitungsprogramm MS-WinWord auf und übergibt alle verfügbaren Daten, wie sie in einen *CUL-Rahmenplan* gehören, an dieses Programm. Mit den leistungsfähigen *Funk-*

Bild 5.23:
Ergebnisse der Beurteilung in der ORKO-Matrix, repräsentiert in den Quadern

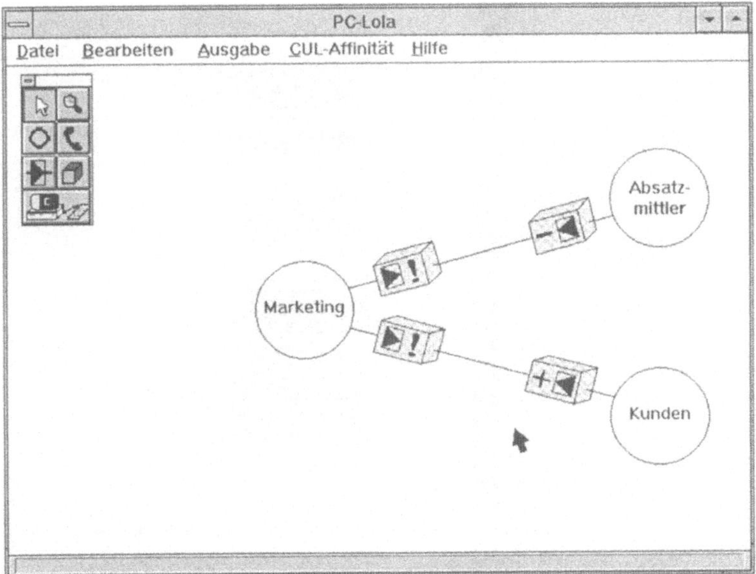

tionen zur Tabellenbearbeitung von MS-WinWord können die Benutzer die Tabellen dann weiter aufbereiten, z.B. um Rahmen ergänzen, Spalten löschen und Zeilen fettsetzen (Bild 5.24). Hierzu nutzt PC-LOLA die Fähigkeit des *"Dynamic Data Exchange"*. Der Tabellenexport ermöglicht die *vollständige Dokumentation* einer LOLA.

5.5.2 Wichtige Aspekte des Entwurfs von PC-LOLA in systematischer Betrachtung

Durch das Beispiel in Abschnitt 5.5.1 sollten Funktionsweise und Benutzung von PC-LOLA in der Abfolge, wie sie Benutzer in einer LOLA benötigen, vorgestellt werden. Es bedarf zur weiteren Dokumentation von PC-LOLA noch einer *systematischen Erläuterung zweier wichtiger Aspekte*, der *internen Informationsstruktur* und der *Benutzeroberfläche*:

* Die interne Informationsstruktur wird mit Hilfe des *Objekttypenansatzes* vorgestellt (Abschnitt 5.5.2.1).

Bild 5.24:
Weiterbearbeitung
der Ergebnisse aus
PC-LOLA in einem
Textverarbeitungs-
programm

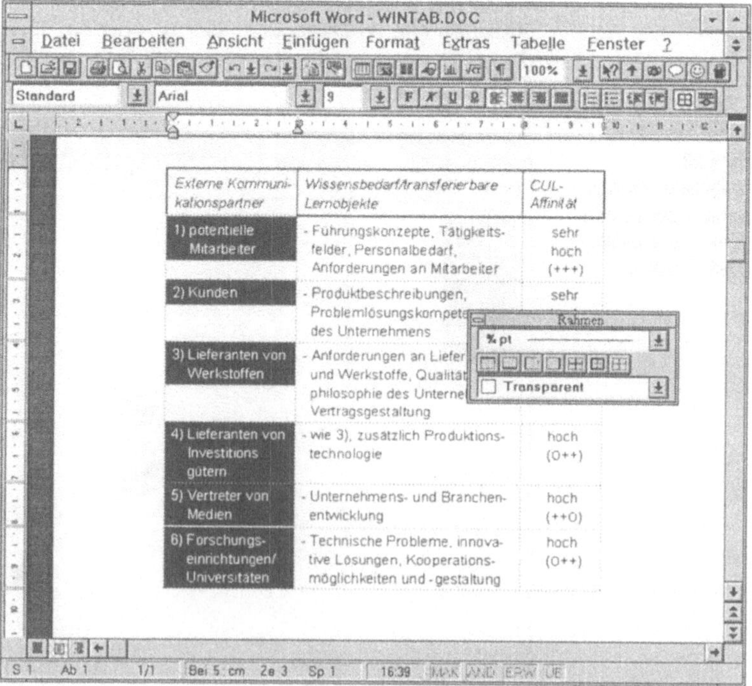

Externe Kommunikationspartner	Wissensbedarf/transferierbare Lernobjekte	CUL-Affinität
1) potentielle Mitarbeiter	- Führungskonzepte, Tätigkeitsfelder, Personalbedarf, Anforderungen an Mitarbeiter	sehr hoch (+++)
2) Kunden	- Produktbeschreibungen, Problemlösungskompetenz des Unternehmens	sehr
3) Lieferanten von Werkstoffen	- Anforderungen an Liefer... und Werkstoffe, Qualität... philosophie des Unterne... Vertragsgestaltung	
4) Lieferanten von Investitionsgütern	- wie 3), zusätzlich Produktionstechnologie	hoch (0++)
5) Vertreter von Medien	- Unternehmens- und Branchenentwicklung	hoch (++0)
6) Forschungseinrichtungen/ Universitäten	- Technische Probleme, innovative Lösungen, Kooperationsmöglichkeiten und -gestaltung	hoch (0++)

- Die Benutzeroberfläche von PC-LOLA lehnt sich an den *Standard von MS-Windows* an (vgl. Microsoft 1991). Zwei zentrale Aspekte werden herausgegriffen, der Aufbau der *Werkzeugpalette* und der *Menüs*:

- Die *Werkzeugpalette* hilft primär beim graphischen Arbeiten mit PC-LOLA (Abschnitt 5.5.2.2).

- Die *Menüs* halten hingegen Funktionen für Grundeinstellungen und Ergänzungen bereit. Im folgenden seien nur die Menüeinträge vorgestellt, die sich von den Standard-Windows-Einträgen wie "Bearbeiten-Kopieren" und "Datei-Öffnen" unterscheiden, also *PC-LOLA-spezifisch* sind (Abschnitt 5.5.2.3).

5.5.2.1 Die interne Informationsstruktur von PC-LOLA

Objekttypenansatz als Hilfsmittel

In der *internen Informationsstruktur* wird festgelegt, welche Information in ein Informationssystem aufzunehmen und wie sie zu speichern ist. Als Hilfsmittel hierfür steht der *Objekttypenansatz* zur Verfügung (siehe ausführlich in Abschnitt 5.2, S.242). Für PC-LOLA genügt eine einfache, aus *zwei Objekttypen* bestehende Informationsstruktur (Bild 5.25):

- Der elementare Objekttyp *"Kommunikationspartner"* enthält für jede Gruppe von Kommunikationspartnern identifizierende und beschreibende Information.

- Der komplexe Objekttyp *"Lehrende x Lernende"* stellt die Verbindung zwischen den Gruppen von Kommunikationspartnern her. Ein einzelnes Objekt des Objekttyps "Lehrende x Lernende" verknüpft zwei Objekte des Objekttyps "Kommunikationspartner" und weist dabei dem ersten Objekt die Rolle der *Lehrenden*, dem zweiten Objekt die Rolle der *Lernenden* zu. Außerdem ist ihm Information über die skizzierte *Verbindung* zugeordnet, nämlich die Interessen der Lernenden in bezug auf die Lehrenden, die transferierbaren Lehr- und Lernobjekte und deren CUL-Affinität.

Die interne Informationsstruktur bildet die Grundlage zur Umsetzung von PC-LOLA auf ein *Datenbanksystem*.

5.5.2.2 Die Werkzeugpalette zur Unterstützung des graphischen Arbeitens

Fünf PC-LOLA-spezifische Schaltflächen

Die Werkzeugpalette von PC-LOLA umfaßt *sieben Schaltflächen* (Bild 5.26). Die Schaltflächen mit *Pfeil* und *Lupe* sind in Graphikprogrammen *generell üblich*: Der Pfeil dient zum Markieren von

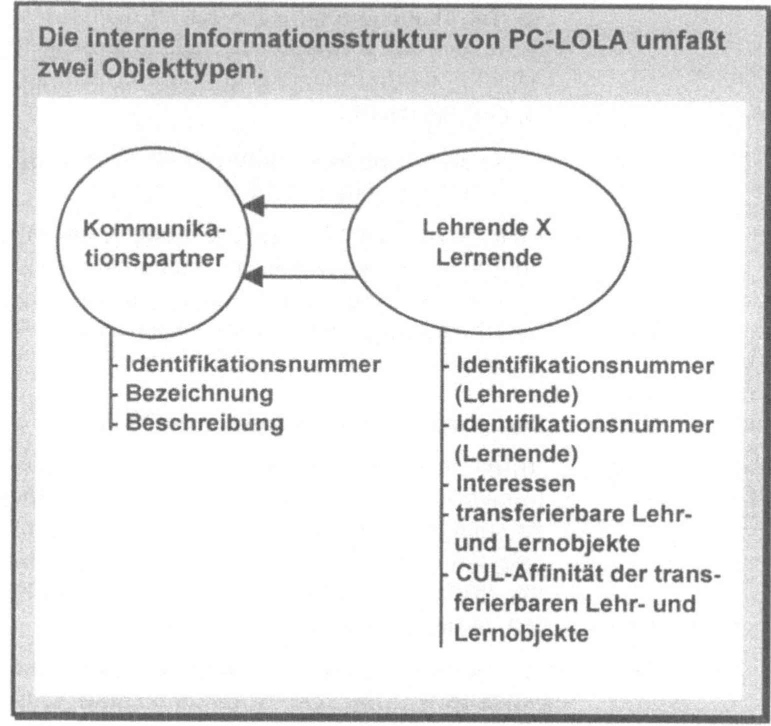

Objekten, die ein Benutzer z.B. verschieben oder löschen will, die Lupe zum Vergrößern bzw. Verkleinern (Zoomen) der auf dem Bildschirm angezeigten Graphik. PC-LOLA-spezifisch sind die unter den zwei Schaltflächen mit Pfeil und Lupe angeordneten *fünf Schaltflächen*:

• Die Schaltfläche mit dem *Kreis* ermöglicht das Eingeben von Gruppen von Kommunikationspartnern. Dies wird in LOLA-Komponente 1 benötigt.

• Die Schaltfläche mit dem *Telefonhörer* dient zur Festlegung von Kommunikationsbeziehungen. Auch dies wird in LOLA-Komponente 1 gebraucht.

• Die Schaltfläche mit dem *gefüllten Dreieck* löst Aktionen zum Eingeben von Interessen entlang einer Kommunikationsbeziehung aus. Dies findet in LOLA-Komponente 2 Verwendung.

• Analog arbeitet die Schaltfläche mit dem *Quader* für die Eingabe von transferierbaren Lehr- und Lernobjekten, was einen Bestandteil von LOLA-Komponente 3 bildet.

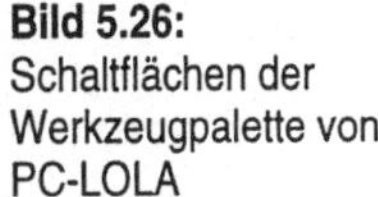

Bild 5.26:
Schaltflächen der
Werkzeugpalette von
PC-LOLA

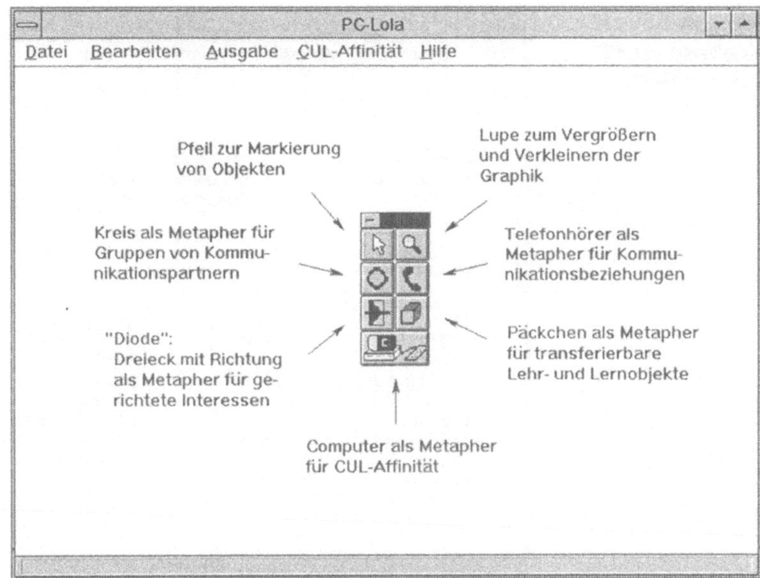

- Die Schaltfläche mit dem *Computer* verhilft den Benutzern zu Dialogboxen, in denen sie die CUL-Affinität der ausgewählten Lehr- und Lernobjekte beurteilen können. Dies gehört zu LOLA-Komponente 4.

5.5.2.3   Die Menüeinträge für Sonderfunktionen

Drei PC-LOLA-
spezifische Menüs

PC-LOLA verfügt neben der Werkzeugpalette über eine *Menüleiste*, aus der die Benutzer Funktionen aufrufen können. Sie enthält *fünf einzelne Menüs*: "Datei", "Bearbeiten", "Ausgabe", "CUL-Affinität" und "Hilfe" (Bild 5.27). Während die ersten beiden Menüs ausschließlich *Standardfunktionen* enthalten, wie man sie in fast jeder Applikation unter MS-Windows findet, können die Benutzer aus den drei weiteren Menüs PC-LOLA-spezifische Funktionen starten:

- Das Menü *"Ausgabe"* umfaßt zwei Einträge: Mit "Ausgabe-Graphik drucken" wird ein Druckvorgang ausgelöst, mit "Tabelle exportieren" die Übergabe von Daten ans Textverarbeitungsprogramm MS-WinWord 2.0b oder 6.0. Im letzten Fall wird das Textverarbeitungsprogramm zugleich auch aufgerufen.

- Dem Menü *"CUL-Affinität"* sind drei Einträge untergeordnet, von denen ein einziger auszuwählen ist. Mit dieser Auswahl le-

Bild 5.27:
Menüleiste von PC-LOLA und Menüeinträge

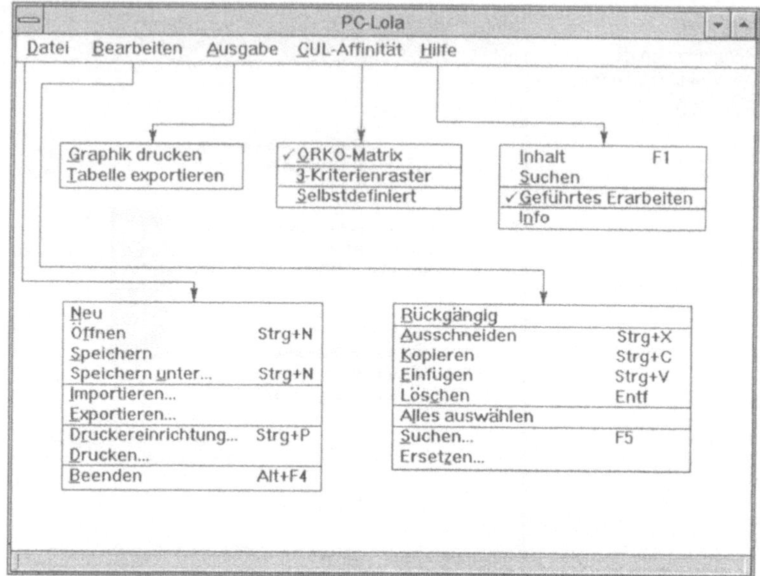

gen die Benutzer das Verfahren fest, mit dem sie Lehr- und Lern-objekte auf CUL-Affinität hin beurteilen wollen. Alternativ zur Auswahl über das Menü "CUL-Affinität" bietet PC-LOLA eine *Dialogbox* an. Sie erscheint beim erstmaligen Anklicken der Schaltfläche mit der Computer-Metapher aus der Werkzeugpalette (siehe Abschnitt 5.5.1.4, S.299).

• Das Menü *"Hilfe"* enthält als zusätzlichen Eintrag "Hilfegeführtes Erarbeiten". Hier können die Benutzer entscheiden, ob sie *ohne Führung* (wie in Abschnitt 5.5.1, S.293 ff.) oder *mit Führung* arbeiten möchten. Wenn sie mit Führung arbeiten möchten, erscheint nach dem Anklicken einer jeden Schaltfläche der Werkzeugpalette ein Hilfetext, der die Schaltfläche erklärt und ihre Einbindung in die PC-gestützte LOLA aufzeigt.

Bild 5.28:
Gedankenflußplan
von Kapitel 5

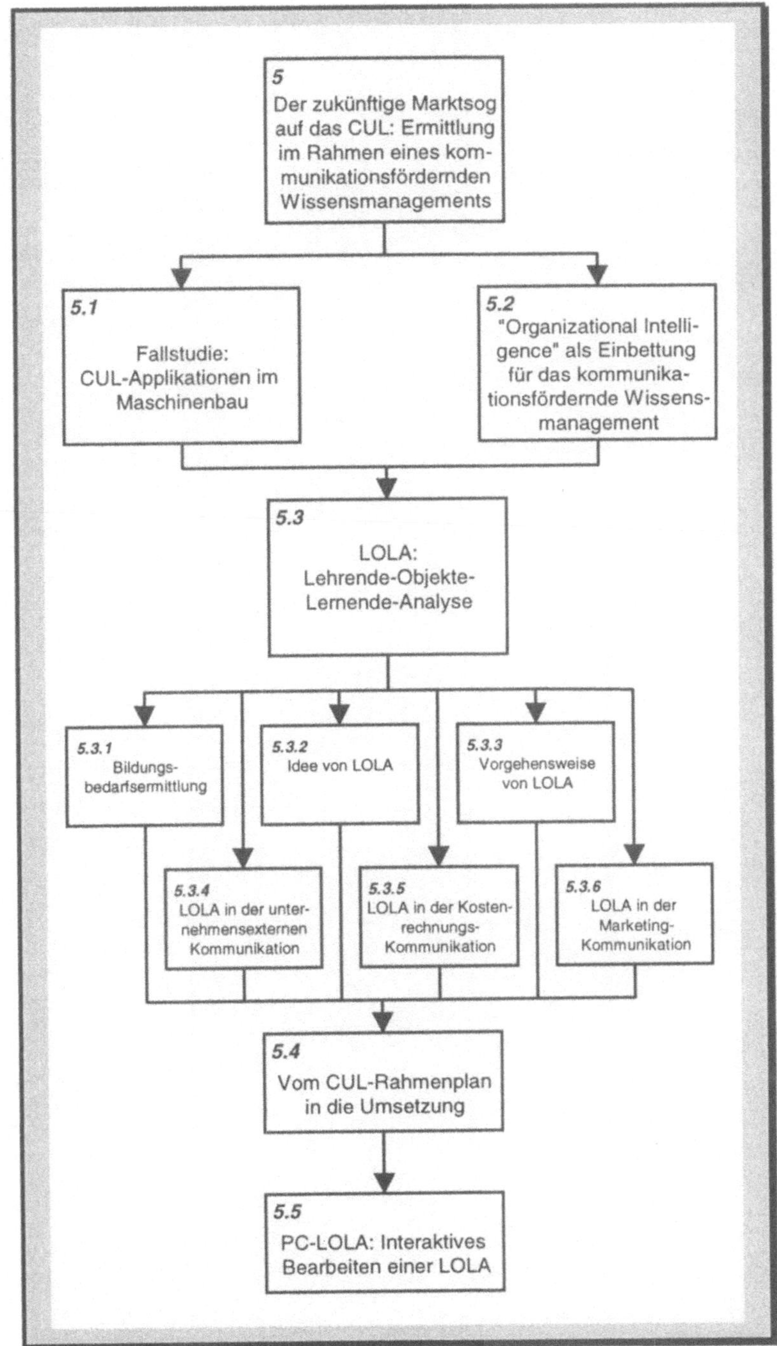

6 Das CUL als Schrittmacher für die elektronische Welt der Zukunft

Die Zukunft wartet auf niemanden.
Auf keinen Mann. Keine Frau.
Kein Unternehmen.

(Faith Popcorn:
Der Popcorn-Report. Trends für die Zukunft.
München: Heyne 1992, S.197).

Alles Wissen und alle Vermehrung unseres Wissens
endet nicht mit einem Schlußpunkt,
sondern mit Fragezeichen.
Ein Plus an Wissen bedeutet ein Plus an Fragestellungen,
und jede von ihnen wird immer wieder
von neuen Fragestellungen abgelöst.

(Hermann Hesse, 1877 bis 1962:
aus einem unveröffentlichten Brief, in:
Lektüre für Minuten,
hrsg. von Volker Michels.
Frankfurt am Main: Suhrkamp 1976, S.154).

In diesem Buch wurde eine *betriebswirtschaftliche Technologievorausschau* für das Computerunterstützte Lernen (CUL) durchgeführt. Die bei einer solchen Vorausschau geeigneten Hauptgrößen des *Technologiedrucks* und des *Marktsogs* gehen beim CUL eng verflochten miteinander einher. Im Verbund begründen sie die Stellung des CULs als ein *Schrittmacher* für die elektronische Welt der Zukunft.

Zusammenfassung

In der vorliegenden Untersuchung wurden nach den *Grundlagen* des CULs sowohl der *Technologiedruck* als auch der *Marktsog* auf das CUL vertieft:

• Das CUL präsentiert sich *in vielen Varianten,* u.a. in Simulationen, Hypermedia-Lernsystemen und Tutoriellen Systemen, so ein wichtiges Ergebnis des Grundlagenkapitels 2. Der *Prozeß,* den eine CUL-Applikation in ihrem Lebenszyklus durchläuft, reicht für alle Varianten von den *Basisüberlegungen* über den *Entwurf,* die *Distribution* und die *Benutzung* bis hin zur *Evaluation.*

• Neue Technologien werden nach Meinung von Experten die *Produktivität* des CUL-Prozesses deutlich erhöhen. Dabei werden sie durchgängig die *Leistungen* steigern und bei den *Kosten* ein differenziertes Verhalten zeigen. Dies sind einige hochverdichtete Ergebnisse der im Rahmen dieses Buchs durchgeführten und in Kapitel 3 dokumentierten *Delphi-Expertenbefragung.* Sie bildet den Schwerpunkt der Untersuchung des *Technologiedrucks auf das CUL.* Besonders produktivitätssteigernd werden sich vor allem *sieben Technologien* auswirken: Wide Area Networks, Halbleiterspeicher, Computer Aided Software Engineering, Autorensysteme, CD-ROMs, Schmalband-ISDN und Local Area Networks.

• Der *Marktsog auf das CUL,* gemessen im betrieblichen Einsatz dieser Lehr- und Lernform, hat in den letzten 20 Jahren eine *mehrphasige Entwicklung* genommen. Eine *bibliometrische Untersuchung,* Gegenstand von Kapitel 4, belegt einerseits die bis in die Mitte der 1980er Jahre laufend gestiegene Publikationszahl von CUL-Aufsätzen, andererseits weist sie auf eine Stagnation seit dieser Zeit hin.

• Das CUL wird vor allem in der computerunterstützten Kommunikation der Zukunft als Bestandteil eines *kommunikationsfördernden Wissensmanagements* Verwendung finden. In Kapitel 5 wurde zur Abschätzung und gleichzeitig als Beitrag zur Ausschöpfung des zukünftigen *Marktsogs auf das CUL* die Methode *LOLA* vorgeschlagen, mit der man betriebliche Anwendungsfelder des CULs systematisch identifizieren und zielgerichtet beschreiben kann. Die Methode LOLA wurde durch Hinweise zur *organisatorischen Gestaltung* des CUL-Einsatzes in einem Unternehmen ergänzt, wobei langjährige Erfahrungen der britischen „Computers in Teaching Initiative" übertragen wurden.

Resümee

Viele sind in einem Unternehmen für die *Vermittlung von Wissen und Fähigkeiten* verantwortlich, sei es als Mitglied der Unternehmensleitung, als Leiter eines Bereichs oder einer Abteilung, als Verantwortlicher für das reibungsarme Verlaufen eines Prozesses oder als Experte für bestimmte Sachverhalte. Jeder von ihnen sollte das *im CUL enthaltene Gestaltungspotential* erkennen und für seine Probleme in Erwägung ziehen. Denn es gilt, eine *Chance* zu nutzen, die sich auf dem Weg in die *elektronische Welt der Zukunft* bietet. In einer solchen Welt

• werden sich reale Unternehmen zur Abwicklung eines Auftrags über Informationsnetzwerke zu *virtuellen Unternehmen* zusammenschließen (vgl. Mertens und Faisst 1995),

• werden Produkte und Dienstleistungen auf *elektronischen Märkten* angeboten werden,

• und - deutlichste Perspektive für das CUL - wird das Wissen der Welt gegen Entgelt aus *computerunterstützten Kompetenzzentren* angeboten werden.

Insbesondere bei letzterem kommt dem CUL eine Rolle als *Schrittmacher* zu. *"Wer als erster eine neue Lehr- und Lernform einsetzt, setzt Standards und prosperiert"*, könnte man ein Wort des ehemaligen Vorstandsvorsitzenden von VW, Carl Hahn, frei übertragen, *"wer als letzter kommt, muß sich den von anderen gesetzten Standards beugen und verliert Handlungsoptionen."*

Dank

Zum Gelingen dieses Buches haben viele Menschen beigetragen:

- Ganz besonderen Dank schulde ich meinem akademischen Lehrer, Herrn *Prof. Dr. Heiner Müller-Merbach*. Er hat das Entstehen dieses Buchs durch ein Klima des Vertrauens gefördert: Er gab mir Freiheit bei der Themenwahl - aber er diskutierte alle Aspekte des Buchs mit mir und sprach mir in schwierigen Zeiten Mut zu. Er gab mir zahlreiche Anregungen und fortdauernden Rat in wissenschaftlichen Belangen - aber er überließ mir stets die endgültige Entscheidung. Er gab mir ein Beispiel für persönliches Auftreten und Handeln - aber er zwang mich nicht in eine Schablone.

- Den Herren *Prof. Dr. Klaus J. Zink* und *Prof. Dr. Rolf Arnold* bin ich für ihre Beratung bei inhaltlichen Fragen dankbar, ebenso wie Herrn *Prof. Dr. Ulrich Hasenkamp*, den anderen *Herausgebern* und Herrn *Dr. Reinald Klockenbusch* für die Aufnahme des vorliegenden Buchs in die Reihe "Wirtschaftsinformatik".

- Den Mitarbeitern am Lehrstuhl von Professor Müller-Merbach danke ich für die harmonische Zusammenarbeit. Hier seien Frau Dipl.-Wirtsch.-Ing. *Leipold* und die Herren Dipl.-Wirtsch.-Ing. *Gesmann, Guhl, Hanebeck, Jacobsen, Kellerhals, Dr. Krupinski, Kurz, Lebesmühlbacher, Meyer, Dr. Momm* und *Vogel* genannt; letzterem danke ich zudem für die kritische Durchsicht des Buches.

- Bei der Durchführung der Delphi-Expertenbefragung erhielt ich Hilfe von den Herren Dipl.-Wirtsch.-Ing. *Bold, Huhn, Schade, Schmid, Schubert* und *Sprick*. Beim Layouten dieses Buches haben mich die Herren cand.-Wirtsch.-Ing. *Breitwieser, Hartmann, Kehrer, Ritz, Stief* und *Weh* unterstützt. Die abschließende Korrektur des Buchs übernahm Herr Dipl.-Theol. *Thomas Hammerschmidt*. Ich danke ihnen allen für die sorgfältig ausgeführte Arbeit.

- Schließlich danke ich meiner Lebensgefährtin, Frau *Dr. Birgid Kränzle*, für ihren Rat, ihre Ermutigung, aber auch für ihr Verständnis, daß die für das vorliegende Buch erforderliche Arbeitszeit von unserer gemeinsamen Freizeit abgehen mußte.

Cottbus und Kaiserslautern, den 1.1.96   Martin G. Möhrle

Anhang

Anhang A1:　　　**Faktorenanalyse „Expertengrad"**

Mit einer Faktorenanalyse destilliert man aus einer Vielzahl von Variablen eine bestimmte Anzahl von voneinander unabhängigen Einflußfaktoren heraus. Die Faktorenanalyse baut auf Korrelationen zwischen den einzelnen Variablen auf. Bei der Faktorenanalyse „Expertengrad" wurde nach Einflußfaktoren gefragt, die die fünf Selbsteinschätzungen der Experten repräsentieren können (siehe Abschnitt 3.1.5, S.106 ff.). Die Datenbasis bestand aus 57 auswertbaren Einschätzungen. Für die Faktorenanalyse sind fünf Aspekte wissenswert:

- *Eignung der Ausgangsdaten:* Mit Hilfe zweier Tests wurden die Ausgangsdaten untersucht. Der Bartlett-Test (test of sphericity) liefert die Prüfgröße von 146 bei einem Signifikanzniveau von 0,000 und belegt damit die grundsätzliche Eignung der Ausgangsdaten. Der Test von Kaiser, Meyer und Olkin ist differenzierter und liefert ein "measure of sampling adequancy" von 0,70717, was als "ziemlich gut" zu interpretieren ist (vgl. Backhaus et al. 1994, S.205).

- *Faktorextraktion:* Zur Berechnung der Faktoren wurde die Hauptkomponentenanalyse verwendet, anknüpfend an die Frage: "Wie lassen sich die auf einen Faktor hoch ladenden Variablen durch einen Sammelbegriff zusammenfassen?" (vgl. Backhaus et al. 1994, S.222, zum Unterschied zur Hauptachsenanalyse).

- *Anzahl an Faktoren:* Die Anzahl der zu extrahierenden Faktoren beträgt zwei und wurde mit dem Kaiser-Kriterium festgelegt, nach dem alle Faktoren mit einem Eigenwert größer als eins zu berücksichtigen sind (vgl. Backhaus et al. 1994, S.225).

- *Faktorinterpretation:* Eine Variable wird als zu einem Faktor zugehörig empfunden, wenn sie hoch, d.h. größer als 0,5, auf ihn lädt (vgl. die diesbezügliche Empfehlung von Backhaus et al. 1994, S.228).

- *Erklärungsanteil:* Die zwei Faktoren der CUL- und Umfeldkompetenz erklären zusammen 83% der Gesamtvarianz der eingehenden Variablen.

Anhang A2:   **Faktorenanalyse „Komponentenwirkungen"**

Eine erste Faktorenanalyse wurde in Anhang A1 vorgestellt. Bei der Faktorenanalyse „Komponentenwirkungen) ging es um Einflußfaktoren, die die zehn Kosten- und Leistungsvariablen repräsentieren können, welche auf die Komponenten des CUL-Prozesses einwirken. Die Datenbasis bestand aus 557 Einschätzungen (Technologien in disaggregierter Form). Für die Faktorenanalyse sind fünf Aspekte bedeutsam:

- *Eignung der Ausgangsdaten:* Mit Hilfe zweier Tests wurden die Ausgangsdaten geprüft. Der Bartlett-Test (test of sphericity) liefert die Prüfgröße von 2.071 bei einem Signifikanzniveau von 0,000. Die Ausgangsdaten sind also grundsätzlich für eine Faktorenanalyse geeignet. Der Test von Kaiser, Meyer und Olkin liefert für die Ausgangsdaten ein "measure of sampling adequancy" von 0,76215, was als "ziemlich gut" zu interpretieren ist (vgl. Backhaus et al. 1994, S.205).

- *Faktorextraktion:* Zur Berechnung der Faktoren wurde die Hauptkomponentenanalyse verwendet (siehe Anhang A1).

- *Anzahl an Faktoren:* Nach Anwendung des Kaiser-Kriteriums wären zwei Faktoren zu extrahieren gewesen, wobei der erklärte Anteil an der Gesamtvarianz mit 58% sehr niedrig gewesen wäre. Aus diesem Grund wurde ergänzend der *Scree-Test* (Bild A.1; vgl. Backhaus et al. 1994, S.228) eingesetzt und die Anzahl der Faktoren auf vier festgelegt.

- *Faktorinterpretation:* Eine Variable wird als zu einem Faktor zugehörig empfunden, wenn sie hoch (größer oder gleich 0,5) auf ihn lädt (vgl. die diesbezügliche Empfehlung von Backhaus et al. 1994, S.228).

- *Erklärungsanteil:* Die vier Faktoren erklären zusammen 75% der Gesamtvarianz der eingehenden Variablen.

Anhang A3:   **Produktivitätswirkungen ausgewählter Technologiegebiete und Technologien der Informationsspeicherung**

Das Gesamtprofil der Produktivitätswirkungen für das Technologiefeld der Informationsspeicherung wurde in Abschnitt 3.4.4, S.138 ff., vorgestellt. Im folgenden werden interessante Einzelprofile herausgearbeitet, und zwar für die CD-ROM, die optischen Speicher, die Videocassette und die magnetischen Speicher.

Einzelprofile...

Bild A.1:
Faktoren aus der
Faktorenanalyse
"Komponenten-
wirkung", abfallend
sortiert nach ihren
Eigenwerten

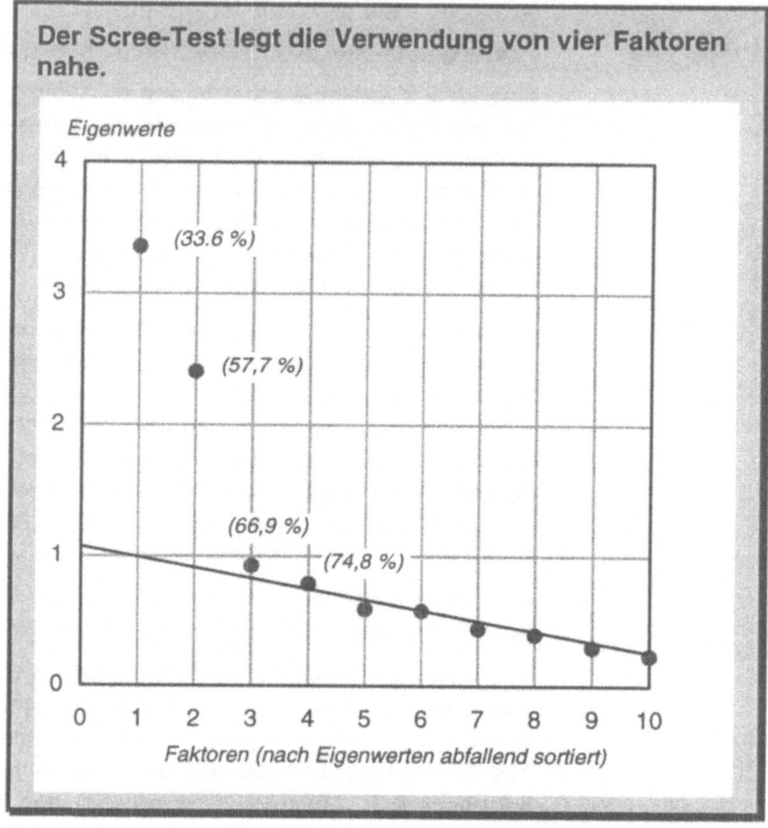

der CD-ROM, ...

Ähnlich wie das Gesamtprofil (Bild 3.28, S.140) verläuft das Produktivitätsprofil der Technologie *CD-ROM* (Bild A.2). Das Ausmaß der Produktivitätssteigerung ist allerdings bei der CD-ROM *geringer* als beim Gesamtprofil ausgeprägt:

- Sowohl beim *didaktischen* als auch beim *programmiertechnischen Entwurf* prognostizieren die Experten vergleichsweise *geringere Leistungssteigerungen*.

- Bei der *Verteilung* erwarten sie *geringere Kostensenkungen* als bei der Gesamtheit der Technologien der Informationsspeicherung.

Gleichwohl sind auch bei der CD-ROM die *Verteilung* und die *Benutzung* die Komponenten mit den stärksten Steigerungen der Produktivität. An letzteres knüpft ein Experte an und kommentiert die Benutzungsfreundlichkeit der CD-ROM: *"Die CD-ROM ist*

Bild A.2:
Produktivitätsprofil
der CD-ROM-Tech-
nologie

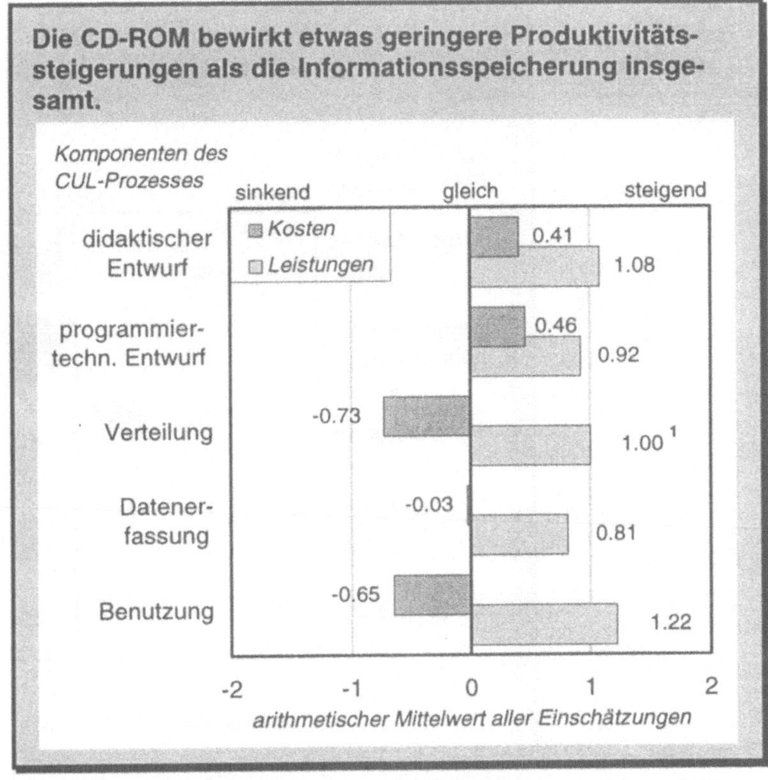

1 *Umfeldlaien schätzen diesen Wert statistisch signifikant höher
ein als Umfeldkompetente.*

*ein sehr preisgünstiges Speichermedium. Sie hat eine hohe Kapa-
zität, ist relativ klein und robust. Installationen von CD-ROM sind
sehr einfach (Diskettenwechsel entfallen, unbeabsichtigtes Löschen
ist nicht möglich). Meist werden keine (oder kaum) Ressourcen
auf der Festplatte zusätzlich benötigt, da die Programme direkt
von der CD-ROM laufen"* (Pohl).

der optischen
Speicher, ...

In hohem Maße stimmt das Produktivitätsprofil der *optischen
Speicher* (Bild A.3) mit dem Gesamtprofil (Bild 3.28, S.140) überein. Lediglich bei der Komponente der *Verteilung* schätzen die
Experten die Produktivitätssteigerung etwas *geringer* ein. Hohe
Steigerungen der Leistungen im *didaktischen Entwurf* begründet
ein Experte mit der Möglichkeit, auf optischen Speichern didaktisch wertvolle, aber speicherintensive Medien unterbringen zu
können (Kurz). Parallel dazu weist ein Experte darauf hin, daß

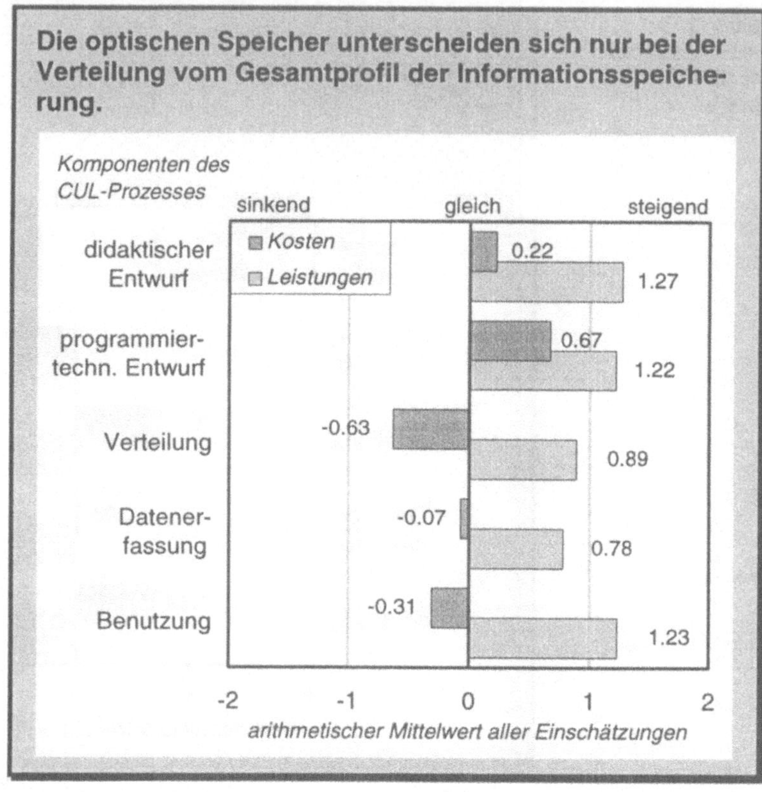

eben die erweiterten didaktischen Möglichkeiten Kostensteigerungen in den Komponenten *didaktischer* und *programmiertechnischer Entwurf* sowie *Benutzung* induzierten (Meyerhoff).

Ein in vielem anderes Produktivitätsprofil als die Gesamtheit (Bild 3.28, S.140) weist die Technologie *Videocassette* auf (Bild A.4). Zwar wechselt die Produktivitätsänderung nur bei der *Verteilung* von einer starken zu einer *leichten* Steigerung, doch sind die Bestandteile der Produktivität anders ausgeprägt:

• Bei der Leistung sagen die Experten *leicht höhere* Steigerungen für die Komponenten des *didaktischen* und *programmiertechnischen Entwurfs* voraus.

• Dem steht eine *deutlich negativere Einschätzung der Kostenentwicklung* für die Technologie Videocassette gegenüber: Für den programmiertechnischen Entwurf, die Verteilung, die Daten-

Bild A.4:
Produktivitätsprofil
der Videocassetten-
Technologie

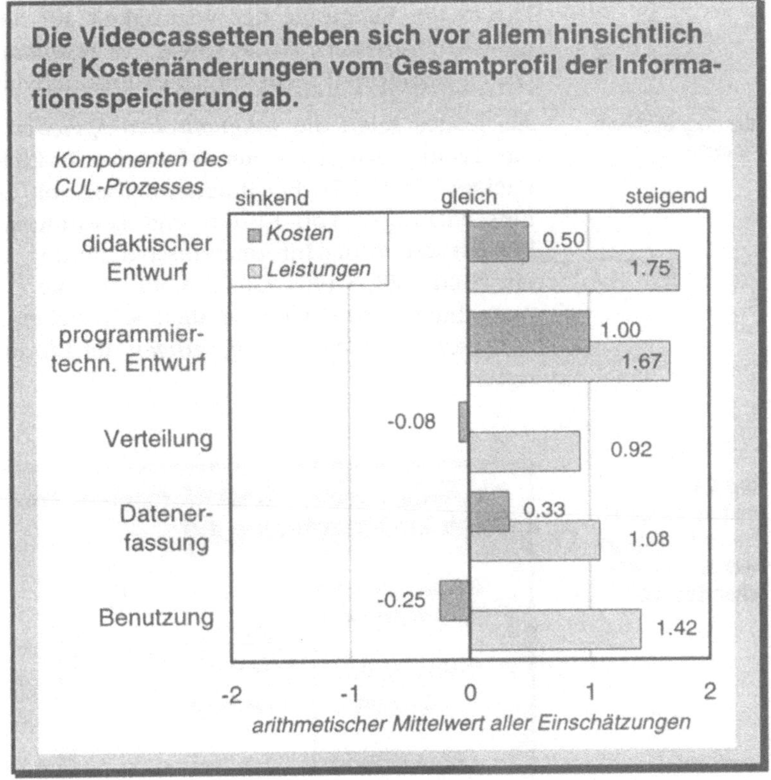

erfassung und die Benutzung erwarten die Experten geringere Kostensenkungen bzw. höhere Kostensteigerungen.

Die Aussagen zur Videocassette, einem altbekannten Informationsspeicher, mögen zunächst durch die Höhe der Einschätzungen überraschen. Sie lassen sich vor dem Hintergrund der *aufwendigen Produktion von Videosequenzen* besser verstehen. Die damit verbundenen *Kosten*, aber auch die damit in einer CUL-Applikation *erzielbaren Effekte* haben etliche Experten der Videocassette zugeschrieben. So lassen sich zumindest zwei Kommentare der Experten erklären. Sie führen die hohen Produktivitätssteigerungen beim *didaktischen Entwurf* und der *Benutzung* auf den *"Einschluß von Filmen, z.B. naturalistische oder dokumentarische Bildfolgen"* (Gunzenhäuser) sowie auf die technisch ausgereifte Möglichkeit der *"Akquisition von Bildmaterial"* (Reichert) zurück.

Die in der Rangfolge der Wichtigkeit auf die Videocassette folgenden *Halbleiterspeicher* sowie die *Festplatte* weisen jeweils ein dem Gesamtprofil recht ähnliches Produktivitätsprofil auf.

der magnetischen Speicher

Als letztes seien die *magnetischen Speicher* als ein Beispiel für ein Technologiegebiet mit *schwacher* Produktivitätswirkung betrachtet (Bild A.5). Bei ihnen stimmen mit einer Ausnahme alle Einschätzungen von Kosten und Leistungen von der *Richtung* her mit denen der Informationsspeicherung als Gesamtheit überein (Bild 3.28, S.140). Gleichwohl sind sie - wiederum mit einer Ausnahme - durchweg deutlich schwächer ausgeprägt, so daß sich *bestenfalls leichte Steigerungen* der Produktivität konstatieren lassen.

Bild A.5:
Produktivitätsprofil des Technologiegebiets der magnetischen Speicher

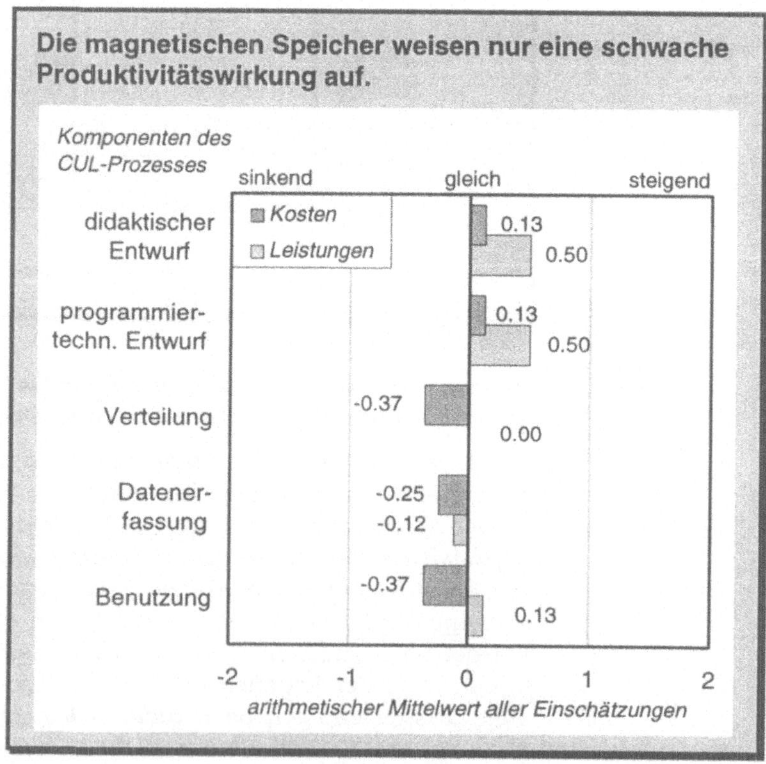

Anhang A4: **Produktivitätswirkungen ausgewählter Technologiegebiete und Technologien der Informationsübertragung**

Das Gesamtprofil der Produktivitätswirkungen für das Technologiefeld der Informationsübertragung wurde in Abschnitt 3.5.4, S.147 ff.,· vorgestellt. Im folgenden werden interessante Einzelprofile herausgearbeitet, und zwar für die Breitbandkabel, die kabelgebundene Informationsübertragung und die Radiowellen.

Einzelprofile...

Ein gegenüber dem Gesamtprofil (Bild 3.33, S.149) leicht unterschiedliches Produktivitätsprofil weist die Technologie der *Breitbandkabel* auf (Bild A.6). Die Unterschiede lassen sich in zwei Aussagen zusammenfassen: höhere Leistungssteigerungen, aber ungünstigere Kostenänderungen:

der Breitbandkabel, ...

Bild A.6:
Produktivitätsprofil
der Breitbandkabel-
Technologie

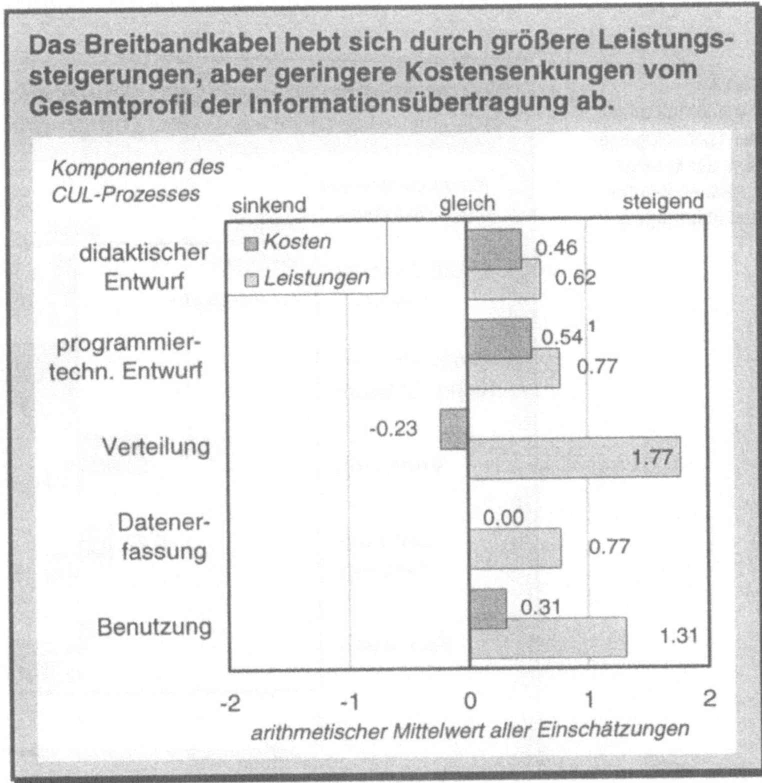

1 *Hier schätzen CUL-Kompetente die Leistungssteigerung statistisch signifikant höher ein als CUL-Laien.*

• Bei den Komponenten der *Verteilung* und der *Datenerfassung* erwarten die Experten vom Breitbandkabel *höhere Leistungssteigerungen.*

• Dafür schränken sie bei der *Verteilung* die Kostensenkung ein, und bei der *Benutzung* gehen sie von einer Kostensteigerung anstelle einer Kostensenkung aus.

der kabelgebundenen Informationsübertragung und ...

Leichte Unterschiede zum Gesamtprofil (Bild 3.33, S.149) weist das Produktivitätsprofil des Technologiegebiets der *kabelgebundenen Informationsübertragung* auf (Bild A.7):

• Bei der *Verteilung* und der *Benutzung* sagen die Experten *geringere Leistungssteigerungen* vorher.

• Bemerkenswert ist sodann noch das Auftreten einer erwarteten *Produktivitätssenkung* beim *programmiertechnischen Entwurf,*

Bild A.7:
Produktivitätsprofil des Technologiegebiets der kabelgebundenen Informationsübertragung

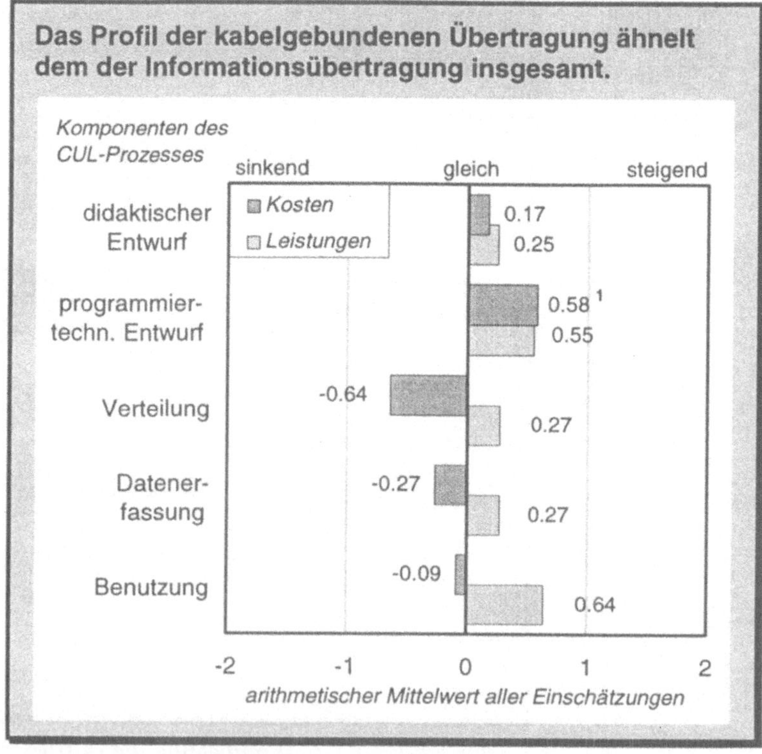

[1] *Hier schätzen CUL-Laien die Leistungssteigerung statistisch signifikant höher ein als CUL-Kompetenten.*

bei der eine leichte Leistungssteigerung von einer leichten Kostensteigerung übertroffen wird.

der Radiowellen

In vielem stärker ausgeprägt als das Gesamtprofil (Bild 3.33, S.149) ist das Produktivitätsprofil der *Radiowellen* (Bild A.8):

• Einerseits prognostizieren die Experten für die *Verteilung* und die *Benutzung* eine weitaus *höhere Produktivität*, vor allem verursacht durch stärkere Kostensenkungen.

• Andererseits gehen sie von einer *negativen Produktivitätsänderung* beim *didaktischen Entwurf* und von *keinerlei Produktivitätsänderung* bei der *Datenerfassung* aus.

Offensichtlich sehen die Experten die Radiowellen als eine Art *"Einbahnstraße"* an, die eine Informationsübertragung nur in einer einzigen Richtung ermöglicht, dafür aber äußerst günstig ist.

Bild A.8:
Produktivitätsprofil
der Radiowellen-
Technologie

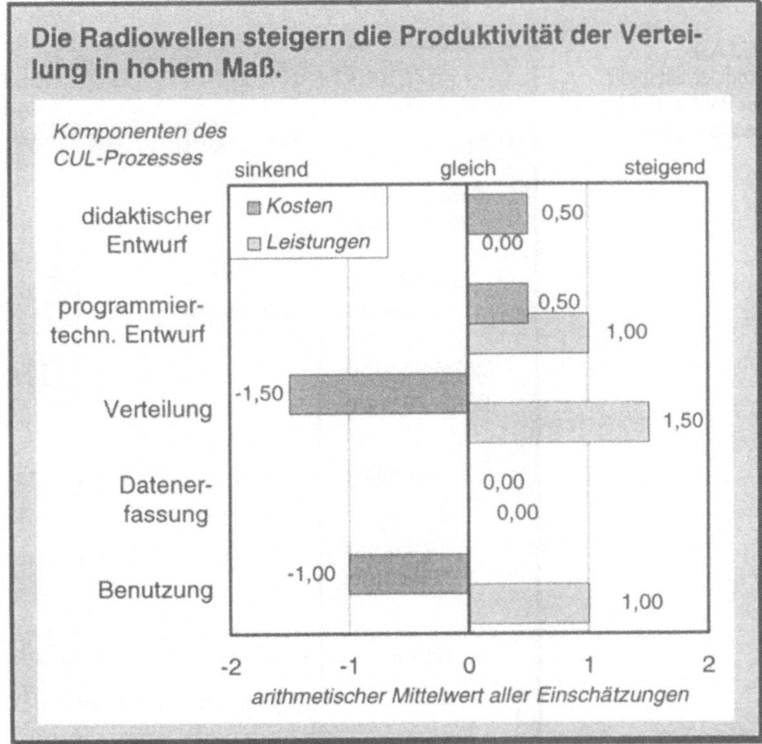

Anhang A5: **Produktivitätswirkungen ausgewählter Technologiegebiete und Technologien der Informationsvernetzung**

Das Gesamtprofil der Produktivitätswirkungen für das Technologiefeld der Informationsvernetzung wurde in Abschnitt 3.6.4, S.157 ff., vorgestellt. Im folgenden werden interessante Einzelprofile herausgearbeitet, und zwar für das Breitband-ISDN, die Local Area Networks und die Wide Area Networks.

Einzelprofile...

Das Produktivitätsprofil des *Breitband-ISDNs* (Bild A.9) übersteigt das Gesamtprofil (Bild 3.38, S.159) insbesondere auf der *Leistungsseite* und unterschreitet das Gesamtprofil auf der *Kostenseite*:

des Breitband-ISDNs, ...

• Beim *programmiertechnischen Entwurf,* bei der *Verteilung* und der *Benutzung* übersteigen die für das Breitband-ISDN prognostizierten *Leistungssteigerungen* deutlich die des Gesamtprofils, in den verbleibenden Komponenten des CUL-Prozesses tun sie dies zumindest noch erkennbar.

Bild A.9:
Produktivitätsprofil
der Breitband-ISDN-
Technologie

- Den günstigeren Leistungsänderungen stellen die Experten *ungünstigere Kostenänderungen* gegenüber. So fällt die Kostensenkung bei der Verteilung niedriger als beim Gesamtprofil aus, und bei der Benutzung erwarten die Experten anstelle einer Kostensenkung eine Kostensteigerung.

der Local Area Networks und ...

Ein anderes Bild vermittelt das Produktivitätsprofil der *Local Area Networks* (LANs, Bild A.10). Die Experten erwarten von dieser Technologie im Vergleich zum Gesamtprofil *wesentlich stärkere Produktivitätssteigerungen* in den Komponenten der Verteilung und der Benutzung, also höhere Leistungssteigerungen und zugleich höhere Kostensenkungen.

Mit vergleichsweise geringen Abweichungen schmiegen sich die Produktivitätsprofile von ISDN, Funk und Fernsehen, Schmalband-

Bild A.10:
Produktivitätsprofil
der LAN-Technologie

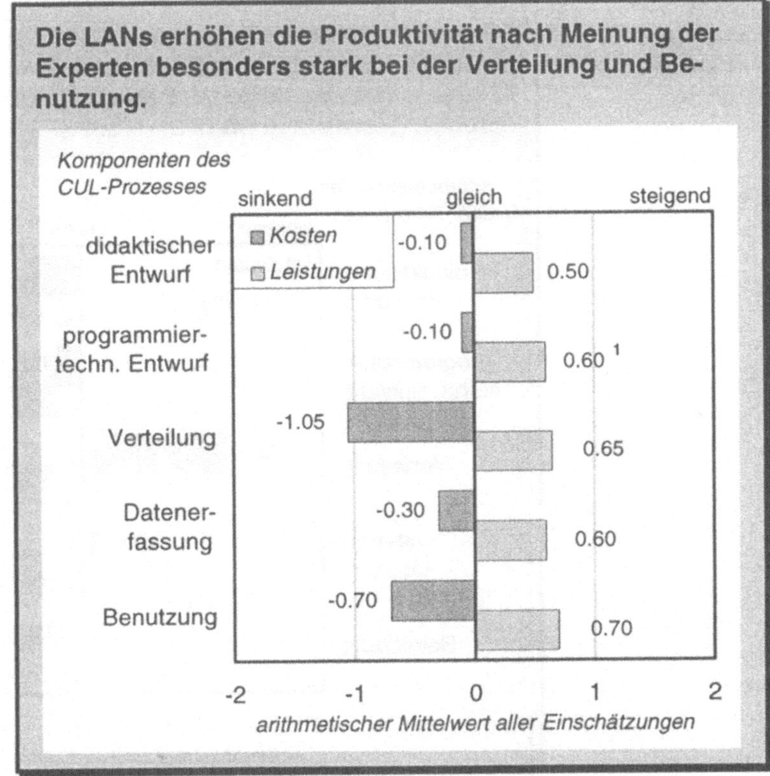

1 *Hier schätzen CUL-Laien die Leistungssteigerung statistisch signifikant höher ein als CUL-Kompetente.*

der Wide Area
Networks

ISDN, Datex-P und privaten Netzen an das Gesamtprofil an. Ein nur auf wenigen Einschätzungen beruhendes, gleichwohl bemerkenswertes Produktivitätsprofil zeigt sich erst wieder bei den *Wide Area Networks* (Bild A.11):

• Die Experten sagen für diese Technologie über alle Komponenten hinweg *überdurchschnittliche Leistungssteigerungen* voraus. Die Wide Area Networks sind damit innerhalb der Informationsvernetzung die einzige Technologie, die sich auf die Komponenten des *didaktischen* und *programmiertechnischen Entwurfs* in starkem Maße auswirken wird.

• Zusätzlich zu den Leistungssteigerungen prognostizieren die Experten für die Wide Area Networks eine *höhere Kostensenkung* in der Komponente der *Verteilung*.

Bild A.11:
Produktivitäts-
profil der WAN-
Technologie

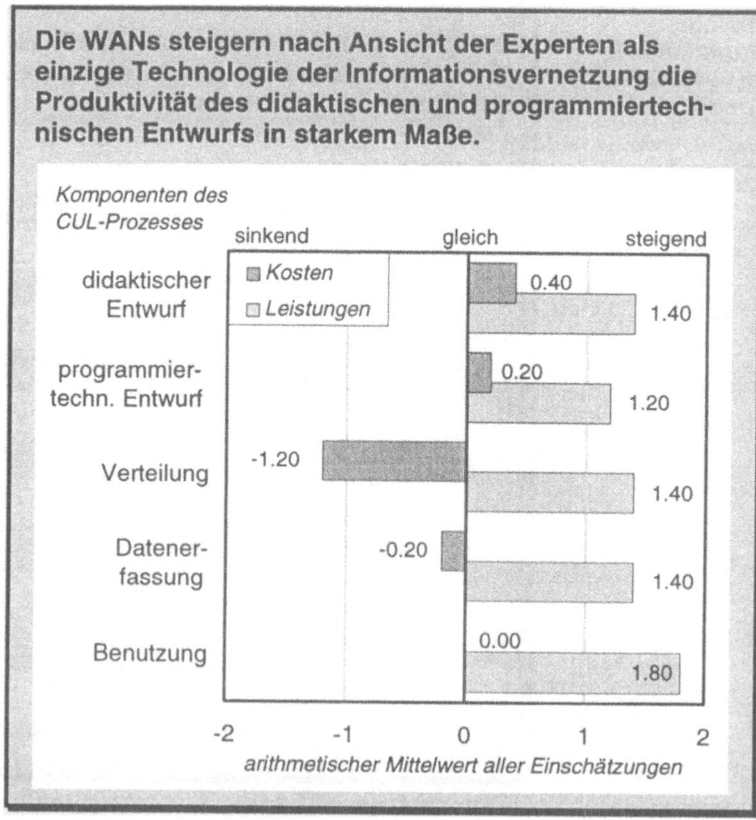

Anhang A6: Produktivitätswirkungen ausgewählter Technologiegebiete und Technologien der Informationseingabe

Das Gesamtprofil der Produktivitätswirkungen für das Technologiefeld der Informationseingabe wurde in Abschnitt 3.7.4, S.168 ff., vorgestellt. Im folgenden werden interessante Einzelprofile herausgearbeitet, und zwar für die Erkennung natürlicher Sprache, die Erkennung von Handschriften und den berührungsempfindlichen Bildschirm.

Bei den beiden wichtigsten Technologien, der *Maus* und der *Tastatur*, die beide *kurzfristig* ausgereift sein werden, sind kaum Produktivitätsänderungen zu erwarten. Ihre Produktivitätsprofile stimmen mit dem Gesamtprofil (Bild 3.43, S.169) überein. Dies bestätigt auch der Zusatzkommentar eines Experten (Horacek). Während der Maus noch eine geringe Produktivitätssteigerung bei der *Benutzung* zugesprochen wird, läßt sich bei der Tastatur *keinerlei Steigerung der Produktivität* erkennen.

Erst bei den *mittelfristig* aktuell werdenden Technologien treten interessante Produktivitätsprofile auf. Mit Ausnahme der Komponenten des programmiertechnischen Entwurfs und der Verteilung besitzt die *Erkennung natürlicher Sprache* nach Meinung der Experten ein *hohes Potential* an Produktivitätssteigerung (Bild A.12):

- Die Experten prognostizieren *beachtliche Leistungssteigerungen* für den *didaktischen* und *programmiertechnischen Entwurf* sowie für die *Benutzung*. Immer noch bemerkenswert ist auch die erwartete Leistungssteigerung bei der *Datenerfassung*.

- Die *Kosten* ändern sich hingegen kaum, abgesehen von der Komponente des *programmiertechnischen Entwurfs*. Hier erwarten die Experten eine Kostensteigerung, die allerdings unterhalb der Leistungssteigerung bei dieser Komponente bleibt.

Ein Experte *differenziert* in einem Zusatzkommentar die Produktivitätssteigerung bei der Erkennung natürlicher Sprache: *"Die Produktivität insbesondere in den Komponenten des Entwurfs wird sinken, wenn zur Spracherkennung aufwendige Vor- und Nacharbeiten notwendig sind, aber deutlich steigen, wenn vorgefertigte Module übernommen werden können"* (Klar).

Ein ähnlich stark ausgeprägtes Produktivitätsprofil, allerdings mit einigen Unterschieden, findet man bei der *Erkennung von Hand-*

Bild A.12:
Produktivitätsprofil der Technologie der Erkennung natürlicher Sprache

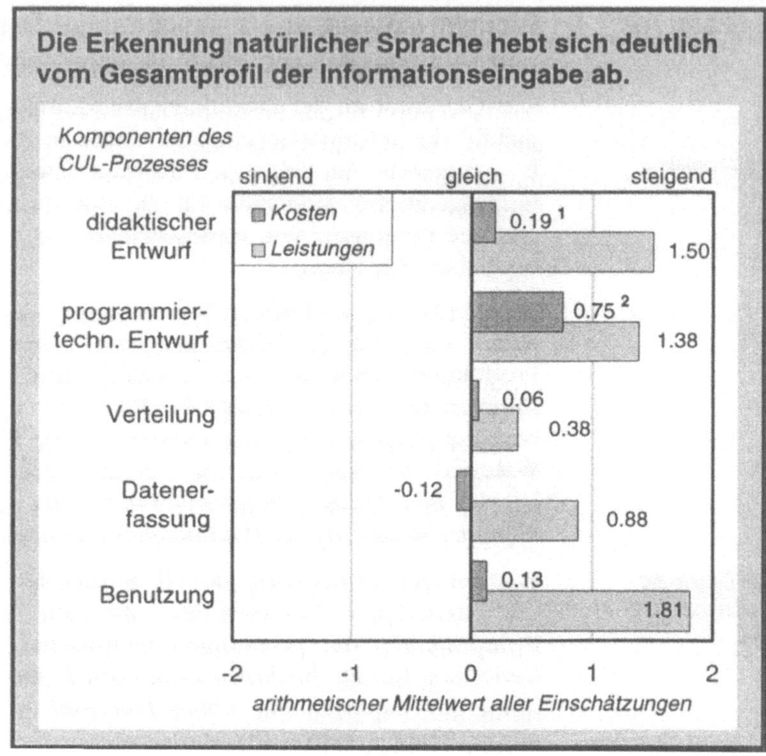

¹ *Bei dieser Variablen erwarten Experten aus Industrie und Beratung höhere Kostensenkungen als Experten aus der Wissenschaft.*

² *Bei dieser Variablen haben Umfeldkompetente höhere Kostensteigerungen angegeben als Umfeldlaien.*

schriften (Bild A.13). *Starke Steigerungen der Produktivität* lassen sich in den Komponenten der *Datenerfassung* und der *Benutzung* erkennen:

• Die Steigerungen auf der Leistungsseite verlaufen ähnlich wie bei der *Erkennung natürlicher Sprache*, wenn die Experten auch nicht so hohe Werte angeben.

• Eine deutliche Kostensenkung bei der *Datenerfassung* geht einher mit einer leichten Kostensenkung bei der *Benutzung*. Hieraus erklärt sich die starke Produktivitätssteigerung in diesen Komponenten.

Bild A.13:
Produktivitätsprofil
der Technologie der
Erkennung von
Handschriften

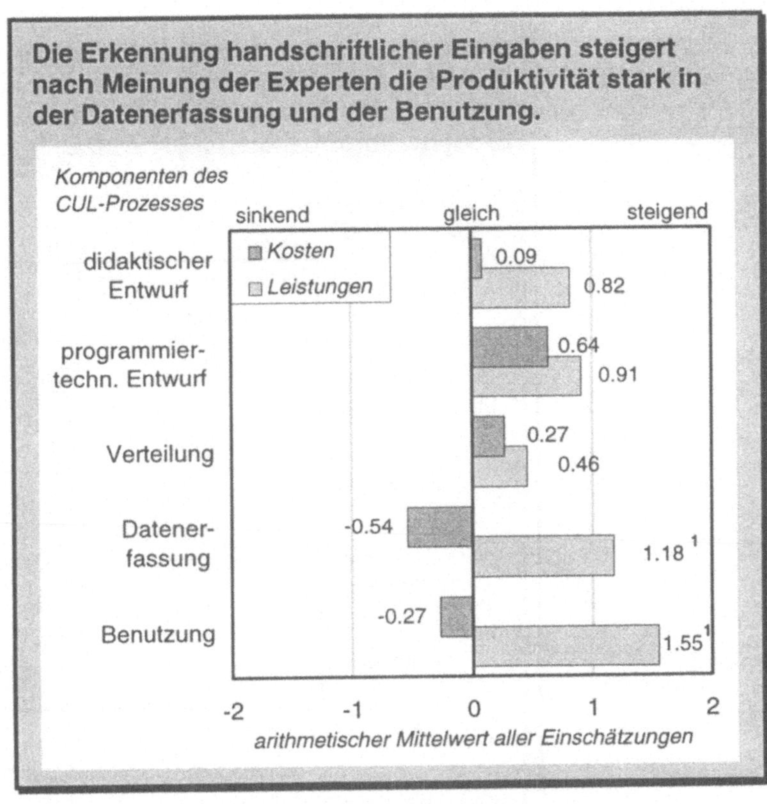

des berührungs-
empfindlichen
Bildschirms

1 *Bei dieser Frage erwarten Experten aus Industrie und Beratung höhere Leistungssteigerungen als Experten aus der Wissenschaft.*
Nur der Technologie des *berührungsempfindlichen Bildschirms* unter den fast ausgereiften Technologien trauen die Experten erwähnenswerte Produktivitätswirkungen zu (Bild A.14), und zwar in Form von Produktivitätssteigerungen in den Komponenten des *didaktischen Entwurfs* und der *Benutzung*. Im Vergleich zumGesamtprofil (Bild 3.43, S.169) finden sich bei diesen beiden Komponenten *höhere Leistungssteigerungen*, während die anderen Einschätzungen grob mit dem Gesamtprofil übereinstimmen.

Bild A.14:
Produktivitätsprofil
der Technologie des
berührungsempfind-
lichen Bildschirms

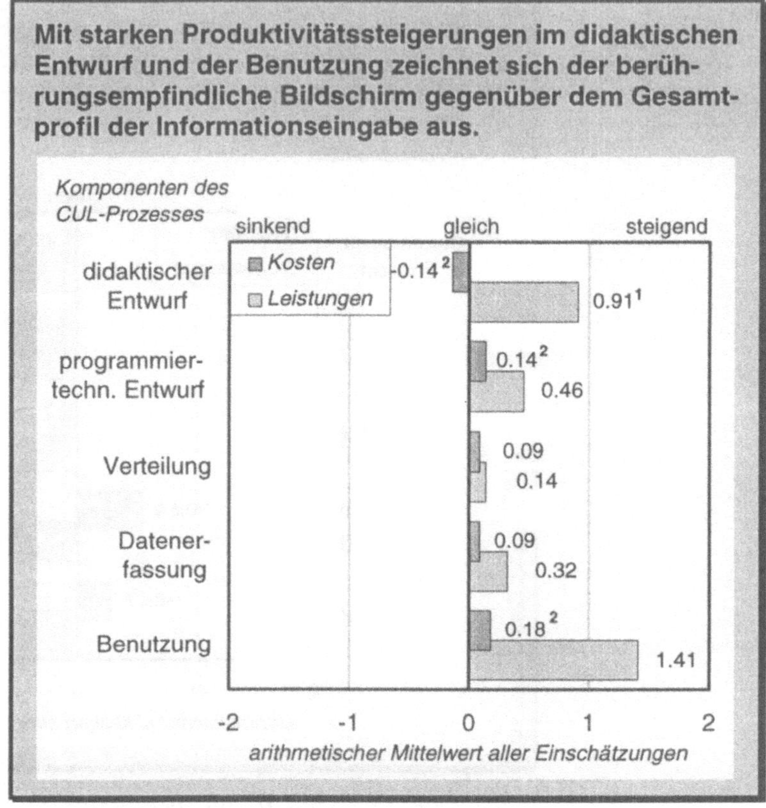

¹ *Bei dieser Variablen schätzen die CUL-Laien die Leistungssteige-*
rung höher ein als die CUL-Kompetenten.

² *Bei dieser Variablen schätzen die Umfeldlaien die Kostensen-*
kung höher bzw. die Kostensteigerung geringer ein als die Um-
feldkompetenten.

Anhang A7: Produktivitätswirkungen ausgewählter Technologiegebiete der Informationsausgabe

Das Gesamtprofil der Produktivitätswirkungen für das Technologiefeld der Informationsausgabe wurde in Abschnitt 3.8.4, S.173 ff., vorgestellt. Im folgenden wird das Einzelprofil für das Technologiegebiet Multimedia herausgearbeitet.

Einzelprofil...

von Multimedia

Ein im Vergleich zum Gesamtprofil (Bild 3.47, S.175) *gleichgerichtetes Profil* weist das Technologiegebiet *Multimedia* auf (Bild A.15). Der wichtigste Unterschied besteht in der *Höhe der Ausprägungen*. Sie *übersteigen* in jeder Komponente und jedem Kriterium bei Multimedia deutlich das Gesamtprofil, sowohl Kosten- als auch Leistungssteigerungen sehen die Experten als höher an.

Bild A.15:
Produktivitätsprofil des Technologiegebiets Multimedia

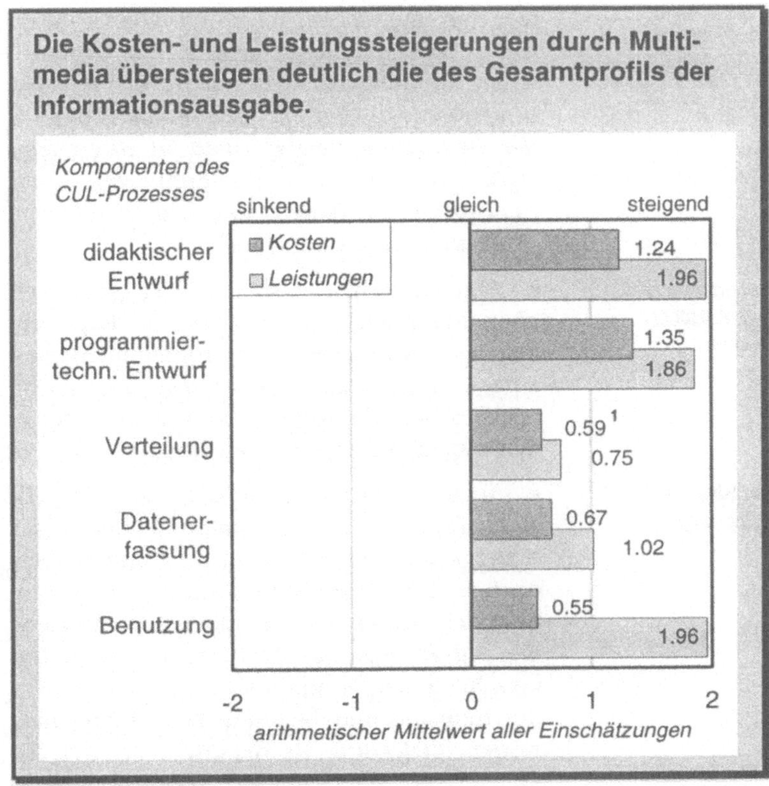

1 *Bei dieser Variablen schätzen Experten aus der Wissenschaft die Kostensteigerung höher ein als Experten aus der Industrie und Beratung.*

Anhang A8: **Produktivitätswirkungen ausgewählter Technologiegebiete und Technologien der Informationsentwicklung**

Das Gesamtprofil der Produktivitätswirkungen für das Technologiefeld der Informationsentwicklung wurde in Abschnitt 3.9.5, S.191 ff., vorgestellt. Im folgenden werden interessante Einzelprofile herausgearbeitet, und zwar für die Wissensbasierung, Computer Aided Software Engineering und Objektorientierung.

Einzelprofile...

Die drei wichtigsten Technologien bzw. Technologiegebiete der Informationsentwicklung weisen jeweils ein Produktivitätsprofil auf, das mit dem Gesamtprofil *fast deckungsgleich* ist:

des Hypertexts, ...

• Beim *Hypertext* unterscheidet sich nur die Produktivitätsänderung beim *didaktischen Entwurf* vom Gesamtprofil (Bild 3.55, S.192). Anstelle einer starken Steigerung der Produktivität gibt es hier nur eine *leichte* Steigerung, verursacht durch eine vergleichsweise *höhere Kostensteigerung*. Ein Experte präzisiert die generellen Produktivitätswirkungen für den Hypertext, die insbesondere aus dessen *Flexibilität* resultierten: *"Lernende können bei der Benutzung flexibel auch in angrenzende Lerngebiete vorstoßen, Autoren können während des Entwurfs flexibel die CUL-Applikation ausbauen und aufgrund von Ergebnissen einer Evaluation anpassen"* (Jöns).

der graphischen Benutzeroberflächen, ...

• Ähnlich verhält es sich bei den *graphischen Benutzeroberflächen*. Bei ihnen prognostizieren die Experten für die Komponenten des didaktischen und programmiertechnischen Entwurfs *geringere Steigerungen der Leistung*, als dies im Gesamtprofil (Bild 3.55, S.192) der Fall ist. Hierdurch reduziert sich die Produktivitätssteigerung bei beiden Komponenten von stark auf *leicht*.

der Wissensbasierung, ...

• Auch das Profil der *Wissensbasierung* (Bild A.16) deckt sich weitgehend mit dem Gesamtprofil (Bild 3.55, S.192), nur prognostizieren die Experten beim programmiertechnischen Entwurf eine *höhere Kostensteigerung* und dadurch nur eine *leichte* Steigerung der Produktivität. Bemerkenswert erscheinen hier vor allem die *zahlreichen statistisch signifikanten Unterschiede* zwischen verschiedenen Gruppen von Experten. So erwarten Experten aus der Industrie und Beratung fast durchgängig eine *ungünstigere Kostenentwicklung* als Experten aus der Wissenschaft. Umfeldkompetente sagen *stärkere Leistungssteigerungen* beim didaktischen Entwurf und *stärkere Kostensenkungen* bei der Datenerfassung voraus als Umfeldlaien.

Ein im Vergleich zum Gesamtprofil deutlich *anders ausgeprägtes Produktivitätsprofil* haben die Technologien *CASE* und *Objektorientierung* inne:

des CASE und ...

- Günstiger auf der Kostenseite, aber tendenziell ungünstiger auf der Leistungsseite als das Gesamtprofil (Bild 3.55, S.192) zeigt sich *CASE* in der Ansicht der Experten (Bild A.17). Hierdurch resultieren *Verschiebungen* der Produktivitätsbalken beim *didaktischen Entwurf* und bei der *Datenerfassung*. Die *Benutzung* weist eine

Bild A.16:
Produktivitätsprofil
der Technologie der
Wissensbasierung

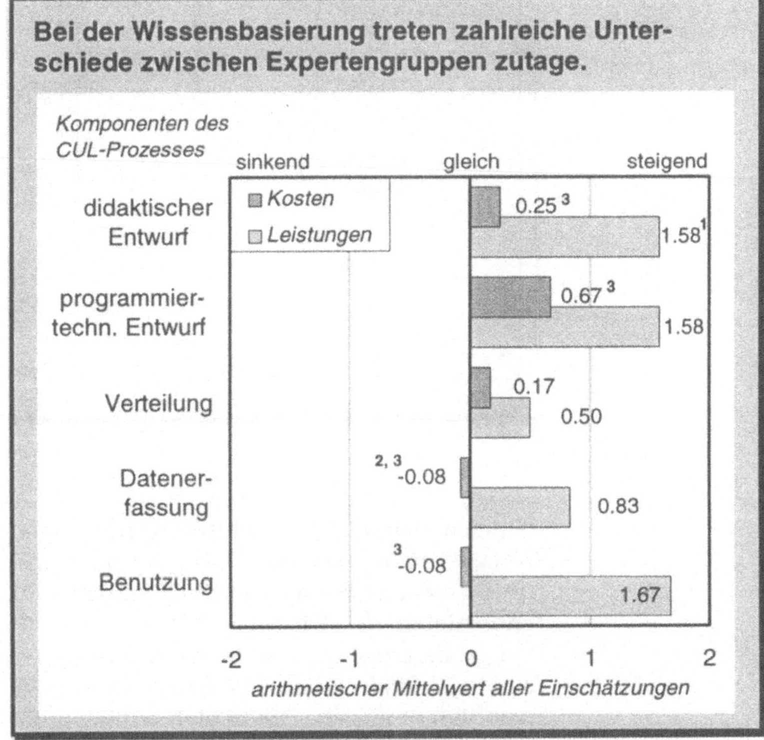

[1] *Hier prognostizieren Umfeldkompetente statistisch signifikant höhere Leistungssteigerungen als Umfeldlaien.*

[2] *Bei dieser Variablen erwarten Umfeldlaien statistisch signifikant geringere Kostensenkungen als Umfeldkompetente.*

[3] *Hier erwarten Experten aus der Industrie und Beratung statistisch signifikant höhere Kostensteigerungen bzw. geringere Kostensenkungen als Experten aus der Wissenschaft.*

Bild A.17
Produktivitätsprofil
des Technologie-
gebiets des CASE

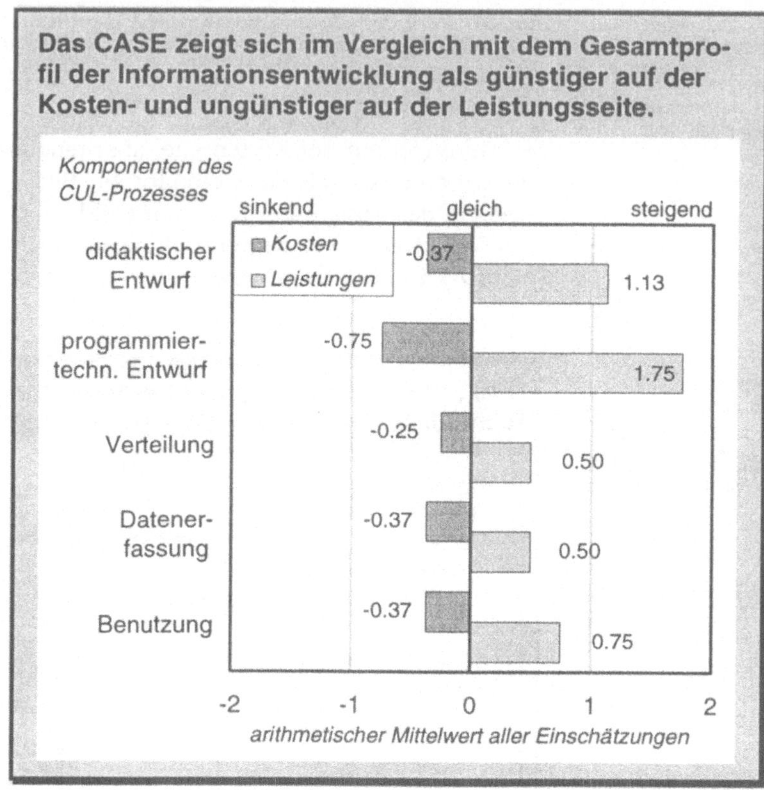

deutlich geringere Leistungssteigerung auf, die *Verteilung* eine *Kostensenkung* anstelle einer Kostensteigerung. Lediglich der *programmiertechnische Entwurf* verhält sich atypisch: Hier prognostizieren die Experten einerseits eine deutliche Kostensenkung, andererseits aber keine Leistungssenkung, wodurch hier eine *sehr starke Produktivitätssteigerung* zustande kommt. Ein Experte begründet die Produktivitätssteigerungen beim Entwurf mit einer Hoffnung: *"Mit CASE-Werkzeugen können hoffentlich 'auch echte Fachleute' zum Entwurf von CUL-Applikationen gewonnen werden"* (Dumslaff).

der Objektorien-
tierung

Im Vergleich zum Gesamtprofil (Bild 3.55, S.192) *weniger starke Änderungen* der Produktivität, insbesondere *geringere Leistungssteigerungen*, schreiben die Experten der *Objektorientierung* zu (Bild A.18). Sowohl der *didaktische Entwurf* als auch die *Benutzung* weisen dadurch nur *leichte* Produktivitätssteigerungen auf.

Bild A.18:
Produktivitätsprofil
der Technologie der
Objektorientierung

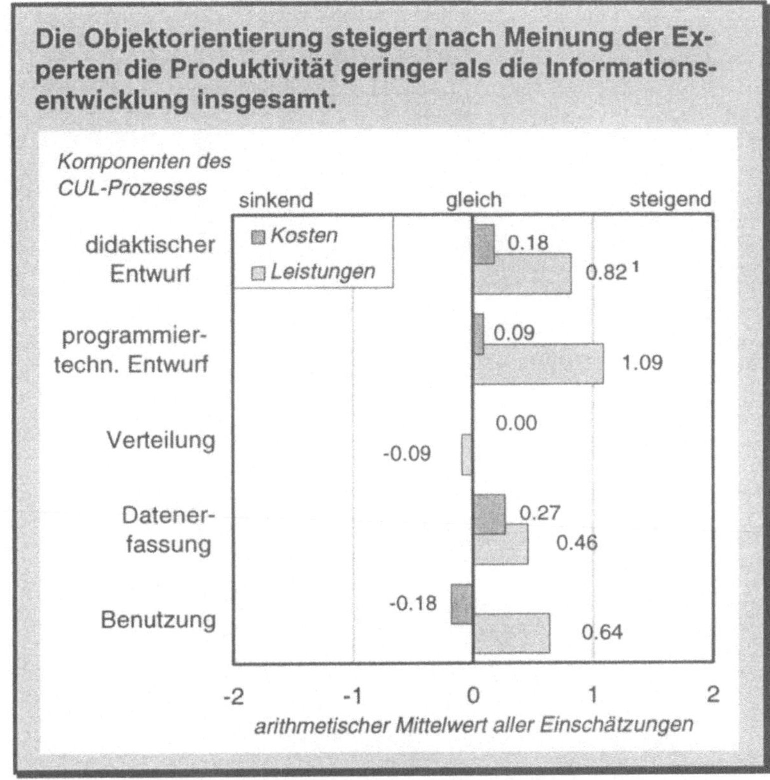

1 Hier sagen CUL-Laien eine statistisch signifikant höhere Leistungssteigerung voraus als CUL-Kompetente.

Bei der *Datenerfassung* verschwindet die Produktivitätssteigerung. Nur beim *programmiertechnischen Entwurf* wird die Objektorientierung zu höheren Leistungen, bei gleichzeitig auch höheren Kosten, führen.

Literatur

Ackoff, Russell L.: The Future of Operational Research is Past, in: The Journal of the Operational Research Society, Vol.30, **1979**, No.2, pp.93-104.

Ahlert, Dieter; **Franz**, Klaus-Peter: Industrielle Kostenrechnung, 3.Auflage. Düsseldorf: VDI **1984**.

Albrecht, Frank: Strategisches Management der Unternehmensressource Wissen. Inhaltliche Ansatzpunkte und Überlegungen zu einem konzeptionellen Gestaltungsrahmen. Frankfurt am Main et al.: Lang **1993**.

Alexander, Sylvia: Icon Author, in: The CTISS File, **1992**, No.13, pp.24-26.

Ameling, Walter: Digitalrechner - Grundlagen und Anwendungen. Technische Informatik 1. Braunschweig, Wiesbaden: Vieweg **1990**.

Apple Computer (Ed.): Human Interface Guidelines. The Apple Desktop Interface. Reading, Massachusetts, et al.: Addison-Wesley **1987**.

Arens, Stephan; **Hammwöhner**, Rainer: Ein graphischer Browser für das Konstanzer Hypertext-System, in: Kuhlen, Rainer; Rittberger, Marc (Hrsg.): Hypertext - Information Retrieval - Multimedia. Synergieeffekte elektronischer Informationssysteme. Konstanz: Universitätsverlag **1995**, S.175-189.

Armbruster, Brigitte: Noch ein Medium? Computer als Lehr- und Lernmittel in der Schule, in: Armbruster, Brigitte; Kübler, Hans-Dieter (Hrsg.): Computer und Lernen. Medienpädagogische Konzeptionen. Opladen: Leske + Budrich **1988**, S.42-55.

Arnold, Rolf: Betriebspädagogik. Berlin: Schmidt **1990**.

Arnold, Rolf: Bildungsbedarf und Bildungsbedarfsanalyse im Betrieb, in: Arnold, Rolf (Hrsg.): Taschenbuch der betrieblichen Bildungsarbeit. Hohengehren: Schneider **1991**, S.146-155.

Arnold, Rolf; **Wiegerling**, Hans-Jürgen: Programmplanung in der Weiterbildung. Bedarfsorientierung, ausgewählte Planungsstrategien, institutionelle Einflüsse. Frankfurt am Main: Diesterweg **1983**.

Aschenbrenner, Jürgen: Die elektronische Büro-Kommunikation in Gegenwart und Zukunft. Öffentliche Netze und Dienste, private Netze, Geräte, Funktionen, Nutzungsmöglichkeiten, Anwenderberichte. München: Pflaum **1986**.

Asymetrix (Hrsg.): ToolBook-Benutzerhandbuch. Eine Anleitung zum Erstellen von und Arbeiten mit Büchern. Bellevue, Washington: Asymetrix **1991**.

Aßfalg, Rolf; **Hammwöhner**, Rainer: Eine Navigationshilfe nach dem fish-eye-Prinzip für das Konstanzer Hypertext System (KHS), in: Zimmermann, Harald H.; Luckhardt, Heinz-Dirk; Schulz, Angelika (Hrsg.):

Mensch und Maschine - Informationelle Schnittstellen der Kommunikation. Konstanz: Universitätsverlag **1992**, S.287-304.

Atteslander, Peter: Methoden der empirischen Sozialforschung, 5.Auflage. Berlin, New York: de Gruyter **1984**.

Backhaus, Klaus; **Erichson**, Bernd; **Plinke**, Wulff; **Weiber**, Rolf: Multivariate Analysemethoden. Eine anwendungsorientierte Einführung, 7.Auflage. Berlin, Heidelberg: Springer **1994**.

Baehr, Joachim; **Schröder**, Hans-Horst: PC-Planspiele in der Ausbildung im Fach Industriebetriebslehre an der Universität zu Köln, in: Beuermann, Günter; Wolff, Manfred R. (Hrsg.): Mikrorechnereinsatz in den Wirtschaftswissenschaften. München, Wien: Oldenbourg **1989**, S.59-88.

Balzert, Helmut: Softwareergonomie, in: Kurbel, Karl; Strunz, Horst (Hrsg.): Handbuch Wirtschaftsinformatik. Stuttgart: Poeschel **1990**, S.585-603.

Bardeleben, Richard von; **Böll**, Georg; **Kühn**, Heidi: Strukturen betrieblicher Weiterbildung. Ergebnisse einer empirischen Kostenuntersuchung. Berlin, Bonn: Bundesinstitut für Berufsbildung **1986**.

Bardeleben, Richard von; **Gawlik**, Edith: Betrieblicher Aufwand für Weiterbildung in Großbetrieben. Wachsende Bedeutung der großbetrieblichen Weiterbildung, in: Berufsbildung in Wissenschaft und Praxis, 16.Jg., **1987**, H.3-4, S.99-101.

Barth, Gerhard; **Welsch**, Christoph: Objektorientierte Programmierung, in: Informationstechnik it, 30.Jg., **1988**, H.6, S.404-421.

Bauer, Rainer; **Bauer**, Trudy: Morphologie von Informatikprojekten, in: Fritz-Zwicky-Stiftung (Hrsg.): Erfolg mit Morphologie. Glarus: Baeschlin **1993**, S.30-41.

Bauer, Joachim; **Schwab**, Thomas: Propositions on Help-Systems, in: Wirtschaftsinformatik, 29.Jg., **1987**, H.1, S.23-29.

Baumgartner, Peter; **Payr**, Sabine: Wie Lernen am Computer funktioniert, in: c't, o.Jg., **1994**, H.8, S.138-142.

Bäumler, Claus E.: Haben Sie auch ein CUU-Pilotprojekt? In: Lernfeld Betrieb, 3.Jg., **1988**, H.11, S.44-46.

Becker, Thomas: Das frühzeitige Erkennen von Technologietrends: Patentanalyse, Bibliometrie, Technometrie, in: technologie & management, 37.Jg., **1988**, H.4, S.20-26.

Becker, Thomas: Integriertes Technologie-Informationssystem. Beitrag zur Wettbewerbsfähigkeit Deutschlands. Wiesbaden: Deutscher Universitäts-Verlag **1993**.

Belli, Fevzi: Einführung in die logische Programmierung mit PROLOG. Mannheim, Wien, Zürich: Bibliographisches Institut **1986**.

Benjamin, Ludy T.: A History of Teaching Machines, in: American Psychologist, Vol.43, **1988**, No.9, pp.703-712.

Berekoven, Ludwig; **Eckert**, Werner; **Ellenrieder**, Peter: Marktforschung. Methodische Grundlagen und praktische Anwendung, 3.Auflage. Wiesbaden: Gabler **1987**.

Bleicher, Knut: Das Konzept Integriertes Management, 2.Auflage. Frankfurt am Main, New York: Campus **1992**.

Bleymüller, Josef; **Gehlert**, Günther; **Gülicher**, Herbert: Statistik für Wirtschaftswissenschaftler, 9.Auflage. München, Vahlen **1994**.

Bodendorf, Freimut: Computer in der fachlichen und universitären Ausbildung. München, Wien: Oldenbourg **1990**.

Bodendorf, Freimut: Typologie von Systemen für die computergestützte Weiterbildung, in: Bodendorf, Freimut; Hofmann, Jürgen (Hrsg.): Computer in der betrieblichen Weiterbildung. München, Wien: Oldenbourg **1993**, S.63-82.

Börsenverein des Deutschen Buchhandels (Hrsg.): Leipziger Empfehlungen zum Elektronischen Publizieren. Frankfurt am Main, Leipzig: Börsenverein des Deutschen Buchhandels **1994**.

Bombelka-Urner, Wilma; **Koch-Priewe**, Barbara: "Im Labyrinth der Lernprogramme" - oder: Warum reicht Lernsoftware allein nicht aus? In: Berufsbildung in Wissenschaft und Praxis, 20.Jg., **1991**, H.5, S.15-20.

Bork, Alfred: Learning with Computers. Bedford, Massachusetts: Digital Press **1981**.

Bormann, Ute; **Bormann**, Carsten: Offene Bearbeitung multimedialer Dokumente. Normungsprojekte und -ergebnisse, in: Informatik-Spektrum, 14.Jg., **1991**, H.5, S.270-280.

Brand, Stewart: Media Lab. Computer, Kommunikation und neue Medien. Reinbek bei Hamburg: Rowohlt **1990**.

Brockhoff, Klaus: Schnittstellen-Management. Abstimmungsprobleme zwischen Marketing und Forschung und Entwicklung. Stuttgart: Poeschel **1989**.

Busse von Colbe, Walther; **Laßmann**, Gert: Betriebswirtschaftstheorie, Band 1. Grundlagen, Produktions- und Kostentheorie, 5.Auflage. Berlin et al.: Springer **1991**.

Cannain, Michael; **Voigt**, Walter: Verkaufsförderung durch Benutzer-Training, in: Disch, Wolfgang; Meier-Maletz, Max (Hrsg.): Handbuch Verkaufsförderung. Zürich: Kriterion **1981**, S.295-306.

Charwat, Hans-Jürgen: Lexikon der Mensch-Maschine-Kommunikation. München, Wien: Oldenbourg **1992**.

Chen, Peter Pin-Shan: The Entity-Relationship Model - Towards a Unified View of Data, in: ACM Transactions on Database Systems, Vol.1, **1976**, No.1, pp.9-36.

Conklin, Jeff: Hypertext: An Introduction and Survey. In: IEEE Computer, Vol.20, **1987**, No.9, pp.17-41.

Correll, Werner: Lernpsychologie. Grundfragen und pädagogische Konsequenzen der neueren Lernpsychologie, 17.Auflage. Donauwörth: Auer **1983**.

Corsten, Hans: Betriebswirtschaftslehre der Dienstleistungen. München, Wien: Oldenbourg **1988**.

Corsten, Hans; **Junginger-Dittel**, Klaus-Otto: Methoden technologischer Vorhersagen. Arbeitspapier Nr.4 der Reihe "Innovation und Technologie". Universität Braunschweig **1983**.

Cronin, Blaise: The Citation Process. The Role and Significance of Citations in Scientific Communication. London: Graham **1984**.

Czerwon, Hans-Jürgen: Bibliometrische Verteilungen und die Evolution von Frontgebieten der Grundlagenforschung, in: Neubauer, Wolfram; Meier, Karl-Heinz (Hrsg.): Deutscher Dokumentartag 1992. Technik und Information. Markt, Medien und Methoden. Frankfurt am Main: Deutsche Gesellschaft für Dokumentation **1993**, S.625-639.

Daniel, Hans-Dieter: Ansätze zur Messung und Beurteilung des Leistungsstandes von Forschung und Technologie, in: Beiträge zur Hochschulforschung, 11.Jg., **1989**, H.3, S.221-231.

Darby, Jonathan: Computer Assisted Learning in the UK and the Work of the Computers in Teaching Initiative, in: Schoop, Eric; Witt, Ralf; Glowalla, Ulrich; (Hrsg.): Hypermedia in der Aus- und Weiterbildung. Dresdner Symposion zum computerunterstützten Lernen. Konstanz: Universitätsverlag **1995**, S.1-5.

Debusmann, Ernst: Richtig entscheiden mit der Nutzwertanalyse. Köln: TÜV Rheinland **1991**.

Deutsche Messe AG (Hrsg.): CeBIT '93 Hannover. Katalog. Hannover: Deutsche Messe AG **1993**.

Dewe, Bernd: Wissensverwendung in der Fort- und Weiterbildung. Zur Transformation wissenschaftlicher Informationen in Praxisdeutungen. Baden-Baden: Nomos **1988**.

Diefenbach, Heiner: Controlling-Informationssystem für den Auslandsbereich einer internationalen Bankunternehmung. Frankfurt am Main et al.: Lang **1990**.

Dostal, Werner: Spektrum der betrieblichen Weiterbildung, in: Bodendorf, Freimut; Hofmann, Jürgen (Hrsg.): Computer in der betrieblichen Weiterbildung. München, Wien: Oldenbourg **1993**, S.15-24.

Drumm, Hans Jürgen: Personalwirtschaftslehre, 2.Auflage. Berlin et al.: Springer **1992**.

Dudel, Josef: Allgemeine Sinnesphysiologie, Psychophysik, in: Schmidt, Robert F. (Hrsg.): Grundriß der Sinnesphysiologie, 3.Auflage. Berlin, Heidelberg, New York: Springer **1977**, S.1-36.

Eckardstein, Dudo von; **Schnellinger**, Franz: Betriebliche Personalpolitik, 3.Auflage. München: Vahlen **1978**.

Edelmann, Walter: Lernpsychologie. Eine Einführung, 4.Auflage. Weinheim: Beltz, Psychologie-Verlags-Union **1994**.

Ehrmann, Dietmar: Nutzung von Literatur-Datenbanken, in: Claasen, Walter; Ehrmann, Dietmar; Müller, Wolfgang; Venker, Karl (Hrsg.): Fachwissen Datenbanken: Die Information als Produktionsfaktor. Essen: Klaes **1986**, S.57-71.

Eisele, Wolfgang: Technik des betrieblichen Rechnungswesens. Buchführung - Kostenrechnung - Sonderbilanzen, 2.Auflage. München: Vahlen **1985**.

Euler, Dieter: Kommunikationsfähigkeit und computergestütztes Lernen. Köln: Müller Botermann **1989**.

Fankhänel, Kristine: Autorensysteme für Personal Computer: Anforderungskriterien und Systemvergleich, in: Küffner, Helmuth; Seidel, Christoph (Hrsg.): Computerlernen und Autorensysteme. Stuttgart: Verlag für Angewandte Psychologie **1989**, S.62-93.

Fickert, Thomas: Multimediales Lernen: Grundlagen, Konzepte, Technologien. Wiesbaden: Deutscher Universitäts-Verlag **1992**.

Field, Syd: Das Handbuch zum Drehbuch. Übungen und Anleitungen zu einem guten Drehbuch, 6.Auflage. Frankfurt am Main: Zweitausendeins **1993**.

Fietta, Karlheinz: Chipkarten: Technik, Sicherheit, Anwendungen. Heidelberg: Hüthig **1989**.

Fisher, Scott S.: Wenn das Interface im Virtuellen verschwindet, in: Waffender, Manfred (Hrsg.): Cyberspace. Ausflüge in virtuelle Wirklichkeiten. Reinbek bei Hamburg: Rowohlt **1991**, S.35-51.

Freedman, David H.: Recognizing Handwriting in Context, in: Science, Vol.260, **1993**, No.5115, pp.1723.

Freibichler, Hans: Der Computerunterstützte Unterricht (CUU) aus didaktischer Sicht, in: Freibichler, Hans (Hrsg.): Computerunterstützter Unterricht: Erfahrungen und Perspektiven. Hannover et al.: Schroedel **1974**, S.11-42.

Freibichler, Hans: Aufgabenarten bei objektivierten Lehr- und Testverfahren. Kriterien zur Auswahl und Planung von Lehrsystemen. Hannover, Paderborn: Schroedel, Schöningh **1976**.

Freibichler, Hans; **Mönch**, Christian Thorsten; **Schenkel**, Peter: Computergestützte Aus- und Weiterbildung in der Warenwirtschaft. Nürnberg: BW Bildung und Wissen **1991**.

Frese, Erich: Grundlagen der Organisation. Die Organisationsstruktur der Unternehmung, 2.Auflage. Wiesbaden: Gabler **1984**.

Fritz, Günter; **Freibichler**, Hans: Möglichkeiten der computerunterstützten Video-Anwendungen. Feedback, Analyse und Dokumentation, in: Lernfeld Betrieb, 5.Jg., **1990**, H.1, S.34-35.

Fritz, Mark: Chase Lets Computers Do the Teaching, in: Computerworld, Vol.25, **1991**, No.15, p.76.

Fuchs, Walter R.: Knaurs Buch vom neuen Lernen. München, Zürich: Droemer, Knaur **1973**.

G

Gabele, Eduard; **Zürn**, Brigitte: Entwicklung interaktiver Lernprogramme. Band 1: Grundlagen und Leitfaden. Stuttgart: Schäffer-Poeschel **1993**.

Gabriel, T.; **Bicheno**, J.; **Galletly**, J.E.: JIT Manufacturing Simulation, in: Industrial Management & Data Systems, Vol.91, **1991**, No.4, pp.3-7.

Garbe, Klaus: Management von Rechnernetzen. Stuttgart: Teubner **1991**.

Gates, William H. III; **Myhrvold**, Nathan: Software für den Personal Computer, in: Spektrum der Wissenschaft, **1989**, H.3, S.46-55.

Geißler, Harald: Organisationslernen - zur Bestimmung eines betriebspädagogischen Grundbegriffs, in: Arnold, Rolf; Weber, Hajo (Hrsg.): Weiterbildung und Organisation - zwischen Organisationslernen und lernenden Organisationen. Berlin: Schmidt **1995**, S.45-73.

Gelber, Cheron L.; **Matthews**, Paul G.: Teaching and Learning with UNIX Instructional Workbench Software, in: AT&T Bell Laboratories Record, Vol.61, **1983**, No.10, pp.17-21.

George, Siegfried: Curriculare Aspekte der Neuen Technologien im politischen Unterricht, in: Bundeszentrale für politische Bildung (Hrsg.): Medien, Sozialisation und Unterricht. Bonn: Bundeszentrale für politische Bildung **1990**, S.220-235.

Gerlach, Ekkehart: Ein Zug der Zeit - Elektronische Lernprodukte, in: Lernfeld Betrieb, 4.Jg., **1989**, H.2, S.40-43.

Geschka, Horst; **Reibnitz**, Ute von: Die Szenario-Technik - ein Instrument der Zukunftsanalyse und der strategischen Planung, in: Töpfer, Armin; Afheldt, Heik (Hrsg.): Praxis der strategischen Unternehmensplanung. Frankfurt am Main: Metzner **1983**, S.125-170.

Geschka, Horst; **Winckler**, Barbara: Szenarien als Grundlagen strategischer Unternehmensplanung, in: technologie & management, 38.Jg., **1989**, H.4, S.16-23.

Gibson, Gerald A.: Interactive Video Meets the Oil Field, in: Training, Vol.21, **1984**, No.9, pp.47-52.

Glowalla, Ulrich; **Häfele**, Gudrun; **Hasebrook**, Joachim; **Rinck**, Mike; **Fezzardi**, Gilbert: Wiederlernen von Wissen, in: Glowalla, Ulrich; Schoop, Eric (Hrsg.): Hypertext und Multimedia. Neue Wege in der computerunterstützten Aus- und Weiterbildung. Berlin et al.: Springer **1992**, S.332-351.

Glowalla, Ulrich; **Schoop**, Eric: Entwicklung und Evaluation computerunterstützter Lehrsysteme, in: Glowalla, Ulrich; Schoop, Eric (Hrsg.): Hypertext und Multimedia. Neue Wege in der computerunterstützten Aus- und Weiterbildung. Berlin et al.: Springer **1992**, S.21-36.

Götz, Klaus; **Häfner**, Peter: Computerunterstütztes Lernen in der Aus- und Weiterbildung, 3.Auflage. Weinheim: Deutscher Studien Verlag **1992**.

Golüke, Ulrich: Lernt Ihr Unternehmen eigentlich effektiv genug? In: Zeitschrift für Betriebswirtschaft, 61.Jg., **1991**, H.10, S.1119-1130.

Gräbner, Günther; **Lang**, Walter: Interaktive elektronische Systeme (IES) in den Phasen des Marketing, in: Hermanns, Arnold; Flegel, Volker (Hrsg.): Handbuch des Electronic Marketing. München: Beck **1992**, S.761-775.

Grass, Bernd: Produktübersicht über Lernsoftware und Autorensysteme, in: Zimmer, Gerhard (Hrsg.): Interaktive Medien für die Aus- und Weiterbildung. Marktübersicht, Analysen, Anwendung. Nürnberg: BW Bildung und Wissen **1990**, S.177-191.

Grass, Bernd; **Jablonka**, Peter: Anwendung von Lernsoftware in der betrieblichen Weiterbildung, in: Zimmer, Gerhard (Hrsg.): Interaktive Medien für die Aus- und Weiterbildung. Marktübersicht, Analysen, Anwendung. Nürnberg: BW Bildung und Wissen **1990**, S.45-65.

Greenberg, H.J.; **Pengelly**, R.M.: A Conceptual Basis for the Role of the Microcomputer in the Teaching/Learning of College Mathematics, in: Maurer, Hermann (Ed.): Computer Assisted Learning. Proceedings of the 2nd International Conference, ICCAL '89. Berlin, Heidelberg, New York: Springer **1989**, pp.132-149.

Grupp, Hariolf: Nutzung von Wissenschafts- und Technikindikatoren bei Identifikation und Bewertung von Innovationsprozessen, in: VDI-Technologiezentrum (Hrsg.): Technologiefrühaufklärung. Stuttgart: Schäffer-Poeschel **1992**; S.41-70.

Grupp, Hariolf (Hrsg.): Technologie am Beginn des 21. Jahrhunderts. Heidelberg: Physica **1993**.

Grüter, Karl-Friedrich; **Schlosser**, Jochen: Einsatzmöglichkeiten von CBT im Versicherungsbereich, in: Bodendorf, Freimut; Hofmann, Jürgen (Hrsg.): Computer in der betrieblichen Weiterbildung. München, Wien: Oldenbourg **1993**, S.139-149.

Guedel, Heidi: Traditional Animation Concepts, in: Gold Disc Inc. (Ed.): Animation Works Interactive Reference. Mississauga, Canada: Gold Disc **1992**, Chapter 1.

Gutenberg, Erich: Einführung in die Betriebswirtschaftslehre. Wiesbaden: Gabler **1958**.

Guyer, Walter: Wie wir lernen. Versuch einer Grundlegung, 5.Auflage. Erlenbach-Zürich, Stuttgart: Rentsch **1967**.

Hack, Joachim: Magnetische Speichermedien, in: Hack, Joachim; Berghof, W.; Hammerschmitt, Peter; Leber, Günter; Winkler, Klaus; Würl, Werner (Hrsg.): Magnetische Informationsspeicher in der Daten-, Audio- und Videotechnik. Ehningen bei Böblingen: Expert **1990**, S.1-158.

Hahn, Harald: Das große CD-ROM-Buch. Düsseldorf: Data Becker **1994**.

Hanebeck, Roland; **Möhrle**, Martin G.: Einsatz von CD-ROMs in der Ausbildung von Wirtschaftswissenschaftlern, in: Dette, Klaus; Pahl, Peter Jan (Hrsg.): Multimedia, Vernetzung und Software für die Lehre. Berlin, Heidelberg, New York: Springer **1992**, S.600-606.

Hansen, Hans Robert: Wirtschaftsinformatik I. Einführung in die betriebliche Datenverarbeitung, 6.Auflage. Stuttgart, Jena: Fischer **1992**.

Hansmann, Karl-Werner: Heuristische Prognoseverfahren, in: WISU - Das Wirtschaftsstudium, 8.Jg., **1979**, H.5, S.229-233.

Hardinger, Sara Sue: Embedded Training: Programs Within Programs, in: Training, Vol.25, **1988**, No.3, pp.71-73.

Hasebrook, Joachim: Vermittlung und Erwerb von Strukturwissen. Studierhilfen für gedruckte und elektronische Lehrtexte. Dissertation, Universität Marburg **1994**.

Heinen, Edmund: Einführung in die Betriebswirtschaftslehre, 9.Auflage. Wiesbaden: Gabler **1985**.

Herrmanns, Arnold; **Prieß**, Stefan: Computer Aided Selling (CAS). Computereinsatz im Außendienst von Unternehmen. München: Vahlen **1987**.

Heß, Gerhard: Marktsignale und Wettbewerbsstrategie. Stuttgart: M+P **1991**.

Hölterhoff, Hans; **Becker**, Manfred: Aufgaben und Organisation der betrieblichen Weiterbildung. Handbuch der Weiterbildung für die Praxis in Wirtschaft und Verwaltung, Band 3. München, Wien: Hanser **1986**.

Hoffmann, Lothar: Ein Imperativ für neue Technologien. Strategische Weiterbildungskonzepte, in: Lernfeld Betrieb, 6.Jg., **1991**, H.1, S.10-22.

Hoppe, Uwe; **Kretschmer**, M.; **Teuber**, T.; **Witte**, Karl-Herrmann: Vorgehensmodelle für die Entwicklung von Teachware. Entwurf eines Rahmenmodells auf der Basis eines Vergleichs ausgewählter Vorgehensmodelle. Arbeitsbericht. Universität Göttingen **1993**.

Hoschka, Peter; **Wißkirchen**, Peter: Eine neue Generation von Unterstützungssystemen: Assistenz-Computer, in: Der GMD-Spiegel, 20.Jg., **1990**, H.1, S.20-25.

Hülsbusch, Werner: Fachinformation auf optischen Speichern. Kontexte, Technologie und Anwendungspotentiale einer innovativen Publikationsform. Konstanz: Hülsbusch **1992**.

Hüttner, Manfred: Prognoseverfahren und ihre Anwendung. Berlin, New York: de Gruyter **1986**.

Imai, Masaaki: Kaizen. Der Schlüssel zum Erfolg der Japaner im Wettbewerb. München: Langen Müller Herbig **1992**.

Institut der Deutschen Wirtschaft (Hrsg.): Zahlen zur wirtschaftlichen Entwicklung der Bundesrepublik Deutschland, Ausgabe 1993. Köln: Deutscher Instituts-Verlag **1993**.

Issing, Ludwig J.: Neues Lernen mit neuer Technik? In: Lernfeld Betrieb, 5.Jg., **1990**, H.5+6, S.14-18.

Jenkins, Michael J.; **DeBloois**, Michael L.; **Matsumoto-Grah**, Karen Y.: Future Firefighting - By the Book or by Screen? In: Training & Development Journal, Vol.39, **1985**, No.7, pp.36-39.

Jöns, Ingela: Möglichkeiten und Grenzen formativer Evaluation computerunterstützter Lernsysteme im Rahmen anwendungsorientierter Entwicklungsprojekte, in: Glowalla, Ulrich; Schoop, Eric (Hrsg.): Hypertext und Multimedia. Neue Wege in der computerunterstützten Aus- und Weiterbildung. Berlin et al.: Springer **1992**, S.279-295.

John, Gabriele; **Klein-Magar**, Margret: Von erster Hilfe bis zum Lehrwerk - Software-Dokumentation heute, in: Zimmermann, Harald H.; Luchardt, Heinz-Dirk; Schulz, Angelika (Hrsg.): Mensch und Maschine - Informationelle Schnittstellen der Kommunikation. Konstanz: Universitätsverlag **1992**, S.152-165.

Jonassen, David H.; **Mandl**, Heinz (Eds.): Designing Hypermedia for Learning. Berlin et al.: Springer **1990**.

Kaiser, Andreas: Werbung. Theorie und Praxis werblicher Beeinflussung. München, Wien: Oldenbourg **1980**.

Karczewski, Stephan: Die Entwicklung einer modularen Gesamtarchitektur für die Softwarekomponenten von Planspielen. Wiesbaden: Deutscher Universitäts-Verlag **1991**.

Karrer, Urs: Computer Assisted Learning: Toward the Development and Use of Quality Courseware. Bern et al.: Lang **1989**.

Keller, Rolf; **Müller**, Konstantin: Computerunterstützter Unterricht. Leitfaden zur Planung und Evaluation von CUU-Projekten. Bern: Bundesamt für Industrie, Gewerbe und Arbeit **1992**.

Kellerhals, Rainer A.: Die zweite Revolution der Massenkommunikation - Computergestützte Medien (I), in: technologie & management, 41.Jg., **1993**, H.4, S.155-162.

Kellerhals, Rainer A.: Mit Informations- und Kommunikationstechnologien publizieren. Computergestützte Medien (II), in: technologie & management, 43.Jg., **1994**, H.1, S.19-23.

Kellerhals, Rainer A.: Hypermedia, in: Zilahi-Szabó, Miklós Géza (Hrsg.): Kleines Lexikon der Informatik und Wirtschaftsinformatik. München, Wien: Oldenbourg **1995**, S.225-229.

Kerbl, Hannelore: Der Arbeitsplatz als Lernplatz, in: Lernfeld Betrieb, 6.Jg., **1991**, H.1, S.39-41.

Kerres, Michael: Entwicklung und Einsatz computergestützter Lernmedien. Aspekte des Software-Engineerings multimedialer Teachware, in: Wirtschaftsinformatik, 32.Jg., **1990**, H.1, S.71-78.

Kirchner, Jörg-Hagen: Halbleiterspeicher, in: Söll, Wolfgang; Kirchner, Jörg-Hagen (Hrsg.): Digitale Speicher, Informationsspeicher in der Technik und im Gedächtnis. Würzburg: Vogel **1978**, S.127-193.

Kirsch, Werner: Die Unternehmensziele in organisationstheoretischer Sicht, in: Zeitschrift für handelswissenschaftliche Forschung, 21.Jg., **1969**, S.665-675.

Kirsch, Werner: Entscheidungsprozesse, Band 3. Wiesbaden: Gabler **1971**.

Kirsch, Werner; **Blume**, Reinhard; **Gabele**, Eduard: Computerunterstützter Unterricht, in: Zeitschrift für Betriebswirtschaft, 50.Jg., **1980**, H.2, S.185-204.

Knabe, Gerald: CBT-Projekte richtig definieren, in: Lernfeld Betrieb, 5.Jg., **1990**, H.1, S.74-77.

Knabe, Gerald: IICL - Informationssystem für Individuelles Computergestütztes Lernen. Autorenhandbuch. Korschenbroich: Q-Team **1991**.

Knabe, Gerald: Entwicklungstendenzen bei Autorensprachen und Autorensystemen, in: Seidel, Christoph (Hrsg.): Computer Based Training. Göttingen, Stuttgart: Verlag für Angewandte Psychologie **1993**, S.40-58.

Kneisle, Alois: Lernprogramme für DOS und Windows: Einstiegsluken per Laufwerksklappe, in: DOS international, 6.Jg., **1992**, H.1, S.192-195.

Kosiol, Erich: Organisation der Unternehmung. Wiesbaden: Gabler **1962**.

Kotler, Philip; **Bliemel**, Friedhelm: Marketing-Management. Analyse, Planung, Umsetzung und Steuerung, 7.Auflage. Stuttgart: Poeschel **1992**.

Kramer, Horst; **Schwarz**, Hannelore: Einsatz von Computerlernprogrammen in der betrieblichen Praxis. München: a.i.m. **1990**.

Kroeber-Riel, Werner: Konsumentenverhalten. München: Vahlen **1980**.

Kryschak, Felix: Einsatzmöglichkeiten von CBT im Handel, in: Bodendorf, Freimut; Hofmann, Jürgen (Hrsg.): Computer in der betrieblichen Weiterbildung. München, Wien: Oldenbourg **1993**, S.119-126.

Küffner, Helmut: Gesichtspunkte zur Einteilung und Auswahl von Autorensystemen, in: Küffner, Helmut; Seidel, Christoph (Hrsg.): Computerlernen und Autorensysteme. Stuttgart: Verlag für angewandte Psychologie **1989**, S.46-61.

Kümmritz, Herbert: Satellitenfunk, in: Krückeberg, Fritz; Spaniol, Otto (Hrsg.): Lexikon Informatik und Kommunikationstechnik. Düsseldorf: VDI **1990**, S.536-538.

Küpper, Hans-Ulrich: Internes Rechnungswesen, in: Hauschildt, Jürgen; Grün, Oskar (Hrsg.): Ergebnisse empirischer betriebswirtschaftlicher Forschung. Zu einer Realtheorie der Unternehmung. Stuttgart, Schäffer-Poeschel **1993**, S.601-631.

Kuhlen, Rainer: Zum Stand pragmatischer Forschung in der Informationswissenschaft, in: Herget, Josef; Kuhlen, Rainer (Hrsg.): Pragmatische Aspekte beim Entwurf und Betrieb von Informationssystemen. Konstanz: Universitätsverlag **1990**, S.13-18.

L

Leder, Matthias: Innovationsmanagement. Ein Überblick, in: Albach, Horst (Hrsg.): Innovationsmanagement. Theorie und Praxis im Kulturvergleich. Ergänzungsheft 1/89 der Zeitschrift für Betriebswirtschaft. Wiesbaden: Gabler **1989**, S.1-54.

Lehmann, Andreas: Wissensbasierte Analyse technologischer Diskontinuitäten. Wiesbaden: Deutscher Universitäts-Verlag **1994**.

Lehner, Franz; **Maier**, Ronald: Information in Betriebswirtschaftslehre, Informatik und Wirtschaftsinformatik. Forschungsbericht Nr. 11 in der Schriftenreihe des Lehrstuhls für Wirtschaftsinformatik und Informationsmanagement. Vallendar: Wissenschaftliche Hochschule für Unternehmensführung **1994**.

Lehner, Karin: Wissensbasierte Lehrsysteme. München, Wien: Oldenbourg **1990**.

Leibing, Eberhard: Qualifikationsbedarf 2000. Ergebnisse eines Arbeitskreises beim Wirtschaftsministerium Baden-Württemberg, in: Office Management, 39.Jg., **1991**, H.9, S.24-27.

Lewe, Henrik; **Krcmar**, Helmut: Group Systems: Aufbau und Auswirkungen, in: Information Management, 8.Jg., **1992**, H.1, S.2-11.

Lienert, Gustav A.: Testaufbau und Testanalyse, 3. Auflage. Weinheim: Beltz **1969**.

Lödel, Dieter; **Thesmann**, Stephan; **Mertens**, Peter; **Breiker**, Jens-Stefan; **Ponader**, Michael; **Kohl**, Andreas; **Büttel-Dietsch**, Irmgard: Elektronische Produktkataloge - Entwicklungsstand und Einsatzmöglichkeiten, in: Wirtschaftsinformatik, 34.Jg., **1992**, H.5, S.509-516.

Lusti, Markus: Intelligente tutorielle Systeme. Einführung in wissensbasierte Lernsysteme. München, Wien: Oldenbourg **1992**.

M

Magnenat-Thalmann, Nadia; **Thalmann**, Daniel: Computer Animation. Theory and Practice. Berlin et al.: Springer **1985**.

Martino, Joseph P.: Technological Forecasting for Decision Making, 2nd Edition. New York, Amsterdam, Oxford: North-Holland **1983**.

Martino, Joseph P.: Technological Forecasting. An Introduction, in: The Futurist, Vol.27, **1993**, No.4, pp.13-16.

Matsuda, Takehiko: "Organizational Intelligence" als Prozeß und als Produkt. Ein neuer Orientierungspunkt der japanischen Managementlehre, in: technologie & management, 42.Jg., **1993**, H.1, S.12-17.

McKinney, Philip C.: Computer Based Training Provides Practical Aid for Micro End User, in: Data Management, Vol.22, **1984**, No.5, pp.28-29.

Meadows, Dennis L.; **Zahn**, Erich; **Milling**, Peter: Die Grenzen des Wachstums. Stuttgart: DVA **1972**.

Mel, Bartlett W.; **Omohundro**, Stephen M.; **Robison**, Arch D.; **Skiena**, Steven S.; **Thearling**, Kurt H.; **Young**, Luke T.; **Wolfram**, Stephen: TABLET: Personal Computer in the Year 2000, in: Communications of the ACM, Vol.31, June **1988**, No.6, pp.638-646.

Merk, Gerhard: Mikroökonomik. Stuttgart et al.: Kohlhammer **1976**.

Mertens, Peter: Integrierte Informationsverarbeitung 1. Administrations- und Dispositionssysteme in der Industrie, 9.Auflage. Wiesbaden: Gabler **1993**.

Mertens, Peter; **Faisst**, Wolfgang: Virtuelle Unternehmen - eine Organisationsstruktur für die Zukunft, in: technologie & management, 44.Jg., **1995**, H.2, S.61-68.

Mertens, Peter; **Plötzeneder**, Hans D.: Programmierter Unterricht in den Wirtschaftswissenschaften, in: WiSt - Wirtschaftswissenschaftliches Studium, 1.Jg., **1972**, H.1, S.19-23.

Metzig, Werner; **Schuster**, Martin: Lernen zu Lernen. Lernstrategien wirkungsvoll einsetzen, 2.Auflage. Berlin et al.: Springer **1993**.

Meutsch, Dietrich: Kognitive Prozesse beim Lernen, in: Seidel, Christoph (Hrsg.): Computer Based Training. Erfahrungen mit interaktivem Computerlernen. Göttingen, Stuttgart: Verlag für Angewandte Psychologie **1993**, S.149-180.

Meyer-Wegener, Klaus: Multimedia-Datenbanken. Einsatz von Datenbank-Technik in Multimedia-Systemen. Stuttgart: Teubner **1991**.

Microsoft (Hrsg.): The Windows Interface. An Application Design Guide. Redmond, Washington: Microsoft Press **1991**.

Microsoft (Hrsg.): OLE 2.0: Mehr Leistung, einfachere Bedienung, in: Microsoft Systems Journal, o.Jg., **1993**, H.3, S.60-69.

Möhrle, Martin G.: PROLOG - Programmieren in Logik, in: Bild der Wissenschaft, 24.Jg., **1987**, H.8, S.126-128.

Möhrle, Martin G.: Das FuE-Programm-Portfolio: Ein Instrument für das Management betrieblicher Forschung und Entwicklung, in: technologie & management, 37.Jg., **1988a**, H.4, S.12-19.

Möhrle, Martin G.: Literaturdatenbanken für Wirtschaftswissenschaftler, in: WiSt - Wirtschaftswissenschaftliches Studium, 17.Jg., **1988b**, H.11, S.577-580.

Möhrle, Martin G.: Im Wettbewerb: Klassische Autorensysteme versus objektorientierte Oberflächen, in: Zimmermann, Harald H.; Luckhardt, Heinz-Dirk; Schulz, Angelika (Hrsg.): Mensch und Maschine - Informationelle Schnittstellen der Kommunikation. Konstanz: Universitätsverlag **1992a**, S.119-129.

Möhrle, Martin G.: Wettbewerbsvorteile durch Informationstechnik: Einsatz von Lernprogrammen im Maschinenbau, in: WiSt - Wirtschaftswissenschaftliches Studium, 21.Jg., **1992b**, H.12, S.631-632.

Möhrle, Martin G.: Die technologische Dynamik des Computerunterstützten Lernens, in: technologie & management, 42.Jg., **1993a**, H.2, S.59-64.

Möhrle, Martin G.: Durch Computerunterstütztes Lernen zu Wettbewerbsvorteilen in der unternehmensexternen Kommunikation, in: Reichel, Horst (Hrsg.): Informatik - Wirtschaft - Gesellschaft. Berlin et al.: Springer **1993b**, S.117-122.

Möhrle, Martin G.: Qualitätsverbesserung interaktiver Lehre durch das Lead-Learner-Konzept, in: Albach, Horst; Mertens, Peter (Hrsg.): Hochschuldidaktik und -ökonomie. Neue Konzepte und Erfahrungen. Ergänzungsheft 2/94 der Zeitschrift für Betriebswirtschaft. Wiesbaden: Gabler **1994**, S.41-52.

Möhrle, Martin G.; **Bernauer**, Florian: A Guide to Queues - Einführung in die Warteschlangentheorie. CUL-Applikation. Universität Kaiserslautern **1993**.

Möhrle, Martin G.; **Hoffmann**, Wolfgang: Interaktives Erheben von Informationen im computerunterstützten Dialogfragebogen. Idealtypische Ausgestaltung, mediale Aspekte, Gestaltungsvariation in morphologischer Betrachtung, in: Wirtschaftsinformatik, 36.Jg., **1994**, H.3, S.243-251.

Möhrle, Martin G.; **Kellerhals**, Rainer A: Wissenschaftliches Arbeiten mit SOKRATARIS. Interaktives Erstellen von Definitionen am Personal-Computer, 2.Auflage. München, Wien: Oldenbourg **1994**.

Momm, Christian: Organizational Intelligence: Das japanische Managementkonzept der Zukunft? In: technologie & management, 42.Jg., **1993**, H.1, S.45-46.

Momm, Christian: Die "Intelligente Unternehmung". Evolution durch Gestalten und Lenken von Information, Wissen und Werten. Modell - Konzept - Methodik. Dissertation, Universität Kaiserslautern **1995**.

Mühlhäuser, Max: Hypermedia-Konzepte zur Verarbeitung multimedialer Information, in: Informatik Spektrum, 14.Jg., **1991**, H.5, S.281-290.

Müller, Hans-Joachim; **Stürzl**, Wolfgang: Dialogische Bildungsbedarfsanalyse - Eine zentrale Aufgabe des Weiterbildners, in: Geißler, Harald (Hrsg.): Neue Qualitäten betrieblichen Lernens. Frankfurt am Main et al.: Lang **1992**, S.103-146.

Müller, Werner: Interaktive elektronische Systeme in der Kommunikationspolitik, in: Hermanns, Arnold; Flegel, Volker (Hrsg.): Handbuch des Electronic Marketing. München: Beck **1992**, S.591-604.

Müller-Merbach, Heiner: Gedankenflußpläne zur Strukturierung von Vorträgen und Publikationen. Arbeitsbericht. Technische Hochschule Darmstadt **1971**.

Müller-Merbach, Heiner: Operations Research. Methoden und Modelle der Optimalplanung, 3.Auflage. München: Vahlen **1973**.

Müller-Merbach, Heiner: Develop-it-yourself Programs in Mathematical Programming, in: Prékopa, A. (Ed.): Survey of Mathematical Programming. Proceedings of the 9th International Mathematical Programming Symposium, Budapest, August 23-27, **1976**. Budapest: Akadémiai Kiadó, pp.53-59.

Müller-Merbach, Heiner: Systemanalyse als gelenkter kreativer Prozeß, in: Schelle, Heinz; Molzberger, Peter (Hrsg.): Software-Entwicklung. München, Wien: Oldenbourg **1983**, S.105-132.

Müller-Merbach, Heiner: Eine informationsorientierte Betriebswirtschaftslehre, in: Heinrich, Lutz J.; Lüder, Klaus (Hrsg.): Angewandte Betriebswirtschaftslehre und Unternehmensführung. Festschrift zum 65. Geburtstag von Hans Blohm. Herne, Berlin: Neue Wirtschafts-Briefe **1985**, S.13-34.

Müller-Merbach, Heiner: Betriebswirtschaftslehre nach dem Jahr 2000, in: Gaugler, Eduard; Meissner, Hans Günther; Thom, Norbert (Hrsg.): Zukunftsaspekte der anwendungsorientierten Betriebswirtschaftslehre. Festschrift zum 65. Geburtstag von Erwin Grochla. Stuttgart: Poeschel **1986**, S.497-511.

Müller-Merbach, Heiner: Der mündige Benutzer als Partner bei der Systemgestaltung, in: IBM Nachrichten, 38.Jg., **1988a**, H. Special II, S.7-13.

Müller-Merbach, Heiner: Platon: Expertensysteme und Urteilskraft, in: technologie & management, 37.Jg., **1988b**, H.1, S.58-60.

Müller-Merbach, Heiner: Komprehensive Informationssysteme und Allgemeine Betriebswirtschaftslehre, in: Zeitschrift für Betriebswirtschaft, 59.Jg., **1989**, H.10, S.1023-1045.

Müller-Merbach, Heiner: Leitung und Reengineering. Die Matrix der sechs Aufgabenbereiche, in: Zink, Klaus J. (Hrsg.): Wettbewerbsfähigkeit durch innovative Strukturen und Konzepte. Festschrift zum 80. Geburtstag von em. o. Prof. Dr.-Ing. Günter Rühl. München: Hanser **1994**, S.297-319.

Müller-Merbach, Heiner: Die Intelligenz der Unternehmung: Management von Information, Wissen und Meinung, in: technologie & management, 44.Jg., **1995**, H.1, S.3-8.

Müller-Merbach, Heiner; **Möhrle**, Martin G.: Empirische Forschung in der Wirtschaftsinformatik - Vergleichende Buchbesprechung, in: Wirtschaftsinformatik, 35.Jg., **1993**, H.6, S.610-614.

Müller-Merbach, Heiner; **Sommer**, Hartmut: Die betrieblichen Funktionsbereiche im Verbund, in: Wirtschaftswissenschaftliches Studium, 13. Jg., **1982**, H.6, S.263-270.

Nastansky, Ludwig: Objektorientierte Systeme im Endbenutzercomputing, in: Wirtschaftsinformatik, 32.Jg., **1990**, H.3, S.238-252.

Nastansky, Ludwig; **Otten**, Angelika; **Drira**, Mohamed: Replikation als Konzept für Kommunikation und Information Clearing in Workgroups, in: Business Computing, 11.Jg., **1993**, H.10, S.82-86.

National Science Board (Hrsg.): Science & Engineering Indicators 1989. Washington: U.S. Government Printing Office **1989**.

Nefiodow, Leo A.: Von der Rechen-Maschine zur Maschinen-Intelligenz, in: Der Technologie-Manager, 35.Jg., **1986**, H.2, S.6-15.

Nieschlag, Robert; **Dichtl**, Erwin; **Hörschgen**, Hans: Marketing, 16.Auflage. Berlin: Duncker & Humblot **1991**.

Norusis, Marija J.: SPSS/PC+ Statistics 4.0 for the IBM PC/XT/AT and PS/2. Chicago, Illinois: SPSS Inc. **1990**.

O'Shea ,.Tim; **Self**, John: Lernen und Lehren mit Computern. Künstliche Intelligenz im Unterricht. Basel, Boston, Stuttgart: Birkhäuser **1986**.

o.V.: Computerized Lessons-by-Terminal Teach Tellers On-line Operations, in: Bank Systems & Equipment, Vol.15, **1978a**, No.10, pp.91-93.

o.V.: United Airlines Picks CAI to Teach Pilots to Fly Right, in: Computerworld, Vol.12, **1978b**, No.43, p.25.

o.V.: Learning Curve: Powerplant Trainees Use PC Simulators, in: Electrical World, Vol.203, **1991**, No.4, pp.40-44.

Oesterle, Heinz: Wissensexpansion erfordert neue Lernwege, in: Lernfeld Betrieb, 4.Jg., **1989**, H.1, S.12-14.

Orlin, Jay M.: Alien Technology Made Familiar, in: Training & Development, Vol.45, **1991**, No.11, pp.55-58.

Paschen, Herbert; **Gresser**, Klaus; **Conrad**, Felix: Technology Assessment - Technologiefolgenabschätzung. Frankfurt am Main, New York: Campus **1978**.

Peiffer, Stephan: Technologie-Frühaufklärung. Hamburg: Steuer- und Wirtschaftsverlag **1992**.

Perridon, Louis; **Steiner**, Manfred: Finanzwirtschaft der Unternehmung, 7.Auflage. München: Vahlen **1993**.

Phillips, Edward H.: Simulator Testing, Class Lectures Linked in Business Pilot Training, in: Aviation Week & Space Technology, Vol.128, **1988**, No.24, pp.130-133.

Picot, Arnold; **Anders**, Wolfgang: Telekommunikationsnetze als Infrastruktur neuerer Entwicklungen der geschäftlichen Kommunikation, in: WiSt - Wirtschaftswissenschaftliches Studium, 12.Jg., **1983**, H.4, S.183-189.

Picot, Arnold; **Röntgen**, Wilhelm Konrad: Kommunikationsmodelle, in: Dichtl, Erwin; Issing, Otmar (Hrsg.): Vahlens Großes Wirtschaftslexikon. München: Vahlen **1987**, S.1025-1026.

Pompetzki, Christa; Simon, Walter: Weiterbildung - wieviel, für wen, wozu? In: Lernfeld Betrieb, 7.Jg., **1992**, H.2, S.20-21.

Popp, R.: Stichwort Multimedia, in: Log In, o.Jg., **1993**, H.1/2, S.27-28.

Porter, Alan L.; **Roper**, A. Thomas; **Mason**, Thomas W.; **Rossini**, Frederick A.; **Banks**, Jerry: Forecasting and Management of Technology. New York et al.: Wiley **1991**.

Poswig, Jörg: Visuelle Sprachen - Die Bedürfnisse der Computerbenutzer erfordern eine Novellierung der Software-Technologien, in: technologie & management, 44.Jg., **1995**, H.1, S.23-30.

Proebster, Walter E.: Peripherie von Informationssystemen. Technologie und Anwendung. Berlin et al.: Springer **1987**.

Pümpin, Cuno: Das Dynamik-Prinzip. Zukunftsorientierungen für Unternehmer und Manager. Düsseldorf, Wien: Econ **1992**.

Puppe, Frank: Intelligente Tutorsysteme, in: Informatik Spektrum, 15.Jg., **1992**, H.4, S.195-207.

Radke, Horst-Dieter: Lexikon Netzwerke. Korschenbroich: BHV **1993**.

Rauch, Wolf: Ergebnisse einer Delphi-Studie über den gegenwärtigen Stand und zukünftige Entwicklungen des wissenschaftlich-technischen Informations- und Dokumentationswesens in Österreich, in: Rauch, Wolf; Wersig, Gernot (Hrsg.): Delphi-Prognose in Information und Dokumentation. München et al.: Dokumentation Saur **1978**, S.115-275.

Rauner, Felix; **Tritier**, Jürgen: Computergesteuerter Unterricht. Das ALCU-Projekt. Ein Schulversuch in Berlin-Wedding. Stuttgart: Berliner Union **1971**.

Reichmann, Thomas: Controlling mit Kennzahlen und Managementberichten. Grundlagen einer systemgestützten Controlling-Konzeption, 3.Auflage. München: Vahlen **1993**.

Ritchie, Ian: Multimedia vs. Reality, in: The CTISS File, **1992**, No.14, pp.6-8.

Rothschild, William E.: The C.A.S.E. Approach - A Valuable Aid for Management Development, in: California Management Review, Vol.14, **1971**, No.1, p.31.

Rowe, Alan J.: Strategic Management and Business Policy, 2nd Edition. Reading, Massachusetts: Addison-Wesley **1985**.

Rudnicky, Alexander I.; **Hauptmann**, Alexander G.: Multimodal Interaction in Speech Systems, in: Blattner, Meera M.; Dannenberg, Roger B. (Eds.): Multimedia Interface Design. New York: ACM Press **1992**, pp.147-171.

Rüdenauer, Manfred: Weiterbildung als Gemeinschaftsaufgabe im Betrieb, in: Lernfeld Betrieb, 5.Jg., **1990**, H.4, S.26-29.

Saad, Kamal N.; **Roussel**, Philip A.; **Tiby**, Claus: Management der F&E-Strategie. Wiesbaden: Gabler **1991**.

Sacher, Werner: Computer und die Krise des Lernens. Eine pädagogisch-anthropologische Untersuchung zur Zukunft des Lernens in der Informationsgesellschaft. Bad Heilbrunn/Obb.: Klinkhardt **1990**.

Saliger, Edgar; **Kunz**, Christian: Zum Nachweis der Effizienz der Delphi-Methode, in: Zeitschrift für Betriebswirtschaft, 51.Jg., **1981**, H.5, S.470-480.

Schäfer, Erich: Die Unternehmung. Einführung in die Betriebswirtschaftslehre, 10.Auflage. Wiesbaden: Gabler **1980**.

Schanda, Franz: Möglichkeiten und Grenzen interaktiver Medien in der betrieblichen Bildung, in: Seidel, Christoph (Hrsg.): Computer Based

Training. Göttingen, Stuttgart: Verlag für Angewandte Psychologie **1993**, S.103-117.

Schick, Marion: Bildung als Element im Marketing-Mix, in: Lernfeld Betrieb, 6.Jg., **1991**, H.29, S.27-32.

Schimansky-Geyer, Dagmar; **Dinter**, Steffi; **Kretschmer**, Kerstin: Bürokommunikation und lokale Netze in der öffentlichen Verwaltung. Potsdam-Babelsberg: Hochschule für Recht und Verwaltung **1990**.

Schmookler, Jacob: Invention and Economic Growth. Cambridge, Mass.: Harvard University Press **1966**.

Schnabl, Hermann: Nutzwertanalyse als Bewertungsverfahren. Eine verhaltenswissenschaftliche Kritik, in: Majer, Helge (Hrsg.): Qualitatives Wachstum: Einführung in Konzeptionen der Lebensqualität. Frankfurt am Main, New York: Campus **1984**, S.75-87.

Schneider, Ursula: Kulturbewußtes Informationsmanagement. Ein organisationstheoretischer Gestaltungsrahmen für die Infrastruktur betrieblicher Informationsprozesse. München, Wien: Oldenbourg **1990**.

Schneider, Walter: Technologische Analyse und Prognose als Grundlage der strategischen Unternehmensplanung. Göttingen: Vandenhoeck & Ruprecht **1984**.

Schoop, Eric: Hypertext: Organisation schlecht strukturierbarer Information, in: technologie & management, 40.Jg., **1991**, H.1, S.20-25.

Schoop, Eric; **Glowalla**, Ulrich: Computer in der Aus- und Weiterbildung: Potentiale, Probleme und Perspektiven, in: Glowalla, Ulrich; Schoop, Eric (Hrsg.): Hypertext und Multimedia. Neue Wege in der computerunterstützten Aus- und Weiterbildung. Berlin et al.: Springer **1992**, S.4-20.

Schulte-Hillen, Jürgen: Handbuch der Wirtschaftsdatenbanken. Inhalte und Anbieter - weltweit. Darmstadt: Hoppenstedt **1994**.

Schulte-Hillen, Jürgen; **Schwerhoff**, Ulrich: Optische Speicher. Fachinformation auf optischen Massenspeichern. Essen: Klaes **1986**.

Schumann, Matthias; **Witte**, Karl-Herrmann: Teachware in der wirtschaftswissenschaftlichen Ausbildung an der Georg-August-Universität Göttingen. Arbeitspapier Nr. 6 der Abteilung Wirtschaftsinformatik II der Georg-August-Universität Göttingen **1993**.

Schumpeter, Joseph A.: Theorie der wirtschaftlichen Entwicklung, 1.Auflage. Leipzig: Duncker & Humblot **1912**.

Schweitzer, Marcell; **Küpper**, Hans-Ulrich: Systeme der Kostenrechnung, 4.Auflage. Landsberg am Lech: Moderne Industrie **1986**.

Schweizer, Peter: Systematische Produkt-Entwicklung mit Mikroelektronik. Technische und psychosoziale Erfolgsstrategien. Düsseldorf: VDI **1989**.

Schwuchow, Karlheinz: Weiterbildungsmanagement. Planung, Durchführung und Kontrolle der externen Führungskräfteweiterbildung. Stuttgart: M&P **1992**.

Seeßlen, Georg; **Rost**, Christian: PacMan & Co. Die Welt der Computerspiele. Reinbek bei Hamburg: Rowohlt **1984**.

Seidel, Christoph; **Lipsmeier**, Antonius: Computerunterstütztes Lernen. Entwicklungen - Möglichkeiten - Perspektiven. Stuttgart: Verlag für Angewandte Psychologie **1989**.

Selig, Jürgen: EDV-Management. Eine empirische Untersuchung der Entwicklung von Anwendungssystemen in deutschen Unternehmen. Berlin et al.: Springer **1986**.

Servatius, Hans-Gerd: Sicherung der technologischen Wettbewerbsfähigkeit Europas - Von der Technologie-Frühaufklärung zur visionären Erschließung von Innovationspotentialen, in: VDI-Technologiezentrum (Hrsg.): Technologiefrühaufklärung. Stuttgart: Schäffer-Poeschel **1992**, S.17-40.

Sharplin, Arthur: Strategic Management. New York: McGraw-Hill **1985**.

Shulman, Lee S.; **Ringstaff**, Cathy: Current Research in the Psychology of Learning and Teaching, in: Weinstock, Harold; Bork, Alfred (Eds.): Designing Computer-Based Learning Materials. Berlin et al.: Springer **1986**, S.1-31.

Simon, Hartmut (Hrsg.): Computer-Simulation und Modellbildung im Unterricht. Hochschuldidaktische Konzepte und Einsatzerfahrungen in den naturwissenschaftlichen Fächern. München, Wien: Oldenbourg **1980**.

Skinner, Bernard F.: Teaching Machines, in: Science, Vol.128, **1958**, No.7, pp.969-977.

Small, Henry: Co-citation in the Scientific Literature. A New Measure of the Relationship Between Two Documents, in: Journal of the American Society for Information Science, Vol.24, **1973**, No.4, pp.265-269.

Sommer, Winfried: Die neuen Medien. Eine Herausforderung für die Bildungspolitik. München, Köln, London: Weltforum **1992**.

Spaniol, Otto; **Kauffels**, Franz-Joachim: Architektur von Datenkommunikationssystemen, in: Kurbel, Klaus; Strunz, Horst (Hrsg.): Handbuch Wirtschaftsinformatik. Stuttgart: Poeschel **1990**, S.893-927.

Specht, Dieter; **Kos**, Olaf: Aspekte von CBT im Industriebereich, in: Bodendorf, Freimut; Hofmann, Jürgen (Hrsg.): Computer in der betrieblichen Weiterbildung. München, Wien: Oldenbourg **1993**, S.83-98.

Spitz, Carolyn T.: Using CD-ROM To Create Computer-Based Training With Audio, in: CD-ROM Professional, Vol.4, **1991**, No.3, pp.73-75.

Staehle, Wolfgang H.: Management: Eine verhaltenswissenschaftliche Einführung, 6.Auflage. München: Vahlen **1991**.

Stahlknecht, Peter: Einführung in die Wirtschaftsinformatik, 6.Auflage. Berlin et al.: Springer **1993**.

Stata, Ray: Organizational Learning - The Key to Management Innovation, in: Sloan Management Review, Vol.30, Spring **1989**, No.3, pp.63-74.

Staud, Josef L.: Fachinformation Online. Ein Überblick über Online-Datenbanken unter besonderer Berücksichtigung von Wirtschaftsinformationen. Berlin et al.: Springer **1993**.

Staudt, Erich: Struktur und Methoden technologischer Vorhersagen. Göttingen: Vandenhoeck & Ruprecht **1974**.

Steinbrink, Bernd: Multimedia-Baukästen. Autorensysteme und Werkzeuge im Vergleich, in: c't - magazin für computertechnik, **1992**, H.5, S.70-79.

Steinmetz, Ralf; Herrtwich, Ralf Guido: Integrierte verteilte Multimedia-Systeme, in: Informatik Spektrum, 14.Jg., **1991**, H.5, S.249-260.

Steppi, Hubert: CBT - Computer Based Training. Planung, Design und Entwicklung interaktiver Lernprogramme. Stuttgart: Klett **1989**.

Streitz, Norbert A.: Hypertext: Ein innovatives Medium zur Kommunikation von Wissen, in: Gloor, Peter A.; Streitz, Norbert A. (Hrsg.): Hypertext und Hypermedia. Von theoretischen Konzepten zur praktischen Anwendung. Berlin et al.: Springer **1990**, S.10-27.

Suppes, Patrick; **Morningstar**, Mona: Computer-Assisted Instruction at Stanford, 1966-68: Data, Models, and Evaluation of the Arithmetic Programs. New York, London: Academic Press **1972**.

Tanenbaum, Andrew S.: Computer-Netzwerke, 2.Auflage. Attenkirchen: Wolfram **1992**.

Ternes, Gabriel: Modulare Storyboard-Entwicklung (MSE), in: Brendel, Hermann (Hrsg.): Computer Based Training - Der PC in Ausbildung und Schulung. Vaterstetten: IWT **1990**, S.74-81.

Thimbleby, Harold: User Interface Design. New York: ACM Press **1990**.

Thoma, Wolfgang: Erfolgsorientierte Beurteilung von F&E-Projekten. Darmstadt: Toeche-Mittler **1989**.

Thomé, Rainer: Hypermedia als Basis für Selbstlernsysteme, in: technologie & management, 40.Jg., **1991**, H.2, S.20-23.

Ulrich, Erhard; **Lahner**, Manfred: Methoden und Informationserfordernisse der technologischen Vorausschau. Göttingen: Otto Schwartz **1974**.

Ulrich, Peter; **Fluri**, Edgar: Management, 6.Auflage. Bern, Stuttgart: Haupt **1992**.

UMI (Hrsg.): ABI/INFORM Ondisc. Benutzerhandbuch. Ann Arbor, Michigan: University Microfilms International **1991**.

Vogel, Christoph; **Wagner**, Hans-Peter: Executive Information Systems. Ergebnisse einer empirischen Untersuchung zur organisatorischen Gestaltung, in: Zeitschrift für Führung und Organisation, 62.Jg., **1993**, H.1, S.26-33.

Voltz, Hannspeter: Menschen und Computer. Streifzüge durch die Geschichte der Datenverarbeitung. Haar bei München: Markt und Technik **1993**.

Walter, Barry: Taking the Byte Out of System Rollouts, in: Training & Development, Vol.47, **1993**, No.2, pp.34-36.

Wechsler, Wolfgang: Delphi-Methode. Gestaltung und Potential für betriebliche Prognoseprozesse. München: Florentz **1978**.

Wedekind, Hartmut: Datenbanksysteme I. Eine konstruktive Einführung in die Datenverarbeitung in Wirtschaft und Verwaltung, 2.Auflage. Mannheim, Wien, Zürich: Bibliographisches Institut **1981**.

Weidle, Renate; **Wagner**, Angelika C.: Die Methode des lauten Denkens, in: Huber, Günter L.; Mandl, Heinz (Hrsg.): Verbale Daten: Eine Einführung in die Grundlagen und Methoden der Erhebung und Auswertung. Weinheim: Beltz **1992**, S.81-103.

Weimer, David; **Ganapathy**, S.K.: Interaction Techniques Using Hand Tracking and Speech Recognition, in: Blattner, Meera M.; Dannenberg, Roger B. (Eds.): Multimedia Interface Design. New York: ACM Press **1992**, pp.109-126.

Weingart, Peter; **Winterhager**, Matthias: Die Vermessung der Forschung. Theorie und Praxis der Wissenschaftsindikatoren. Frankfurt am Main, New York: Campus **1984**.

Wild, Hermann: Marktgerechte Produkte. Zürich: Industrielle Organisation **1986**.

Winkelmann, Rolf: Wirtschaftlichkeit von Lernsoftware und Autorensystemen, in: Zimmer, Gerhard (Hrsg.): Interaktive Medien für die Aus- und Weiterbildung. Marktübersicht, Analysen, Anwendung. Nürnberg: BW Bildung und Wissen **1990**, S.111-115.

Winograd, Terry; **Flores**, Fernando: Erkenntnis - Maschinen - Verstehen. Zur Neugestaltung von Computersystemen. Berlin: Rotbuch **1989**.

Winterhager, Matthias: Möglichkeiten und Grenzen der Anwendung bibliometrischer Methoden auf die Sozialwissenschaften, in: Neubauer, Wolfram; Meier, Karl-Heinz (Hrsg.): Deutscher Dokumentartag 1992. Technik und Information. Markt, Medien und Methoden. Frankfurt am Main: Deutsche Gesellschaft für Dokumentation **1993**, S.571-582.

Witte, Eberhard: Phasen-Theorem und Organisation komplexer Entscheidungsverläufe, in: Zeitschrift für betriebswirtschaftliche Forschung, 20.Jg., **1968a**, H.10, S.625-647.

Witte, Eberhard: Die Organisation komplexer Entscheidungsabläufe - ein Forschungsbericht, in: Zeitschrift für betriebswirtschaftliche Forschung, 20.Jg., **1968b**, H.9, S.581-599.

Witte, Eberhard: Lehrgeld für empirische Forschung, in: Witte, Eberhard; Hauschildt, Jürgen; Grün, Oskar (Hrsg.): Innovative Entscheidungsprozesse. Die Ergebnisse des Projekts "Columbus". Tübingen: Mohr **1988**, S.312-321.

Witte, Eberhard; **Hauschildt**, Jürgen; **Grün**, Oskar (Hrsg.): Innovative Entscheidungsprozesse. Die Ergebnisse des Projektes "Columbus". Tübingen: Mohr **1988**.

Witte, Karl-Hermann: Nutzeffekte des Einsatzes und Kosten der Entwicklung von Teachware - Empirische Untersuchung und Übertragung der Ergebnisse auf den praktischen Entwicklungsprozeß. Dissertation, Universität Göttingen **1995**.

Witte, Thomas: Simulationstheorie und ihre Anwendung auf betriebliche Systeme. Wiesbaden: Gabler **1973**.

Wolf, Jakob: Marktforschung. Landsberg am Lech: Moderne Industrie **1988**.

Wolfrum, Bernd: Strategisches Technologiemanagement. Wiesbaden: Gabler **1991**.

Young, Justyn B.: CAL and Banking: A Major Development, in: Journal of European Industrial Training, Vol.15, **1991**, No.4, pp.17-20.

Zech, Bernhard: Einsatzmöglichkeiten von CBT im Industriebereich, in: Bodendorf, Freimut; Hofmann, Jürgen (Hrsg.): Computer in der betrieblichen Weiterbildung. München, Wien: Oldenbourg **1993**, S.99-117.

Zimmer, Gerhard: Neue Lerntechnologien: Eine neue Strategie beruflicher Bildung, in: Zimmer, Gerhard (Hrsg.): Interaktive Medien für die Aus- und Weiterbildung. Marktübersicht, Analysen, Anwendung. Nürnberg: BW Bildung und Wissen **1990**, S.13-27.

Zimmer, Gerhart: Neue Weiterbildungsmethoden mit multimedialen Lernsystemen, in: Berufsbildung in Wissenschaft und Praxis, 20.Jg., **1991**, H.5, S.2-9.

Zimmermann, Gebhard: Ergiebigkeitsmaße für die Produktion, in: Kern, Werner (Hrsg.): Handwörterbuch der Produktionswirtschaft. Stuttgart: Poeschel **1979**, Sp.520-528.

Zink, Klaus J.: Arbeitswissenschaftliche Aspekte bei der Software-Gestaltung - Gedanken zur Themenstellung, in: Zink, Klaus J. (Hrsg.): Arbeitswissenschaftliche Aspekte einer benutzerfreundlichen und wirtschaftlichen Softwareproduktion. Halbergmoos: AIT **1987**, S.1-7.

Zink, Klaus J.: Neue Technologien - arbeitsorganisatorische Folgerungen ihres Einsatzes sowie Folgerungen für die Personalentwicklung und Bildungsarbeit im Betrieb, in: Arnold, Rolf (Hrsg.): Taschenbuch der betrieblichen Bildungsarbeit. Hohengehren: Schneider **1991**, S.99-111.

Zink, Klaus J.; **Schmidt**, Andreas: Qualitätsmanagement in kleinen und mittleren Unternehmen (KMU), in: technologie & management, 43.Jg., **1994**, H.4, S.155-162.

Zwicky, Fritz: Entdecken, Erfinden, Forschen im morphologischen Weltbild. München, Zürich: Droemersche München **1966**.

Stichwortverzeichnis

Multimediale Kiosksysteme

von Wieland Holfelder

1995. XVI, 181 Seiten. (Multimedia-Engineering; hrsg. von W. Effelsberg und R. Steinmetz) Gebunden. ISBN 3-528-05468-9

Über den Autor: Dipl.-Wirtsch. Inf. Wieland Holfelder hat bereits während seines Studiums freiberuflich an Design und Implementierung von Kiosksystemen gearbeitet. Nach einem einjährigen Promotionsstipendium am International Computer Science Institute in Berkeley, Kalifornien, bei dem er an der Realisierung von verteilten Multimediaanwendungen im Rahmen des amerikanischen „Information Superhighway" Projekts gearbeitet hat, setzte er am European Networking Center der IBM in Heidelberg seine Promotion auf dem Gebiet verteilte Multimedia Systeme fort.

Aus dem Inhalt: Kiosksysteme – Multimedia und Verteilung – Design von Oberflächen – Plattformen – Distributed Multimedia Kiosk Service – World Wide Web als Kiosksystem.

In vielen Branchen (z. B. Banken, Versicherungen) sowie im öffentlichen Bereich (z. B. Kommunen, Vereine) sollen Kunden bzw. die breite Öffentlichkeit ein ansprechendes Informationsangebot per Bildschirm erhalten. Das Buch zeigt den State-of-the-Art solcher Kiosksysteme und berücksichtigt insbesondere multimediale sowie verteilte Systeme. Neben der Definition und Klassifikationen von Kiosksystemen geht es um deren Nutzen, Einsatzmöglichkeiten und um technische Aspekte. Ebenso leistet das Buch Unterstützung hinsichtlich Strategie, Planung und Implementierung von Kiosksystemen. Das Buch profitiert von Ergebnissen und Erfahrungen des Autors, die er am European Networking Center (ENC) der IBM Informationssysteme GmbH (Heidelberg), am Lehrstuhl für Praktische Informatik IV (Universität Mannheim) und am International Computer Science Institute (ICSI) in Berkeley (Kalifornien) gesammelt hat.

Verlag Vieweg · Postfach 1546 · 65005 Wiesbaden

Informations-systeme der Produktion

von Birgit S. Kränzle

1995. XII, 326 Seiten. Gebunden.
ISBN 3-528-05459-X

Aus dem Inhalt: Eigenschaften objektorientierter Datenbanksysteme – Werkzeuge zum konzeptionellen Entwurf von Informationssystemen – objektorientierte Informationsstrukturen – Informationsbedarf und -erzeugung der strategischen, taktischen und operativen Aufgaben der Produktion – Informationssysteme der Produktion – Input-Output-Modelle von Herstellungsprozessen – Speicherung und Informationsretrieval bei Herstellungsprozessen mit unterschiedlichen Typen von Herstellungsverfahren (z.B. Kuppelproduktion und Mischen) – Bedarfsermittlung mittels gespeicherter Herstellungsprozesse – Bedarfsermittlung unterstützt durch Eigenschaften objektorientierter Datenbanksysteme.

Das Buch zeigt detailliert und schrittweise auf, wie sich Verbesserungen in zukünftigen Informationssystemen der Produktion realisieren lassen. Ihr Nutzen wird an dem konkreten Beispiel der Bedarfsermittlung verdeutlicht: Ein prototypisches Informationssystem ermittelt den Bedarf bei Herstellungsprozessen mit Kuppelproduktion und anschließendem Mischen. Es nutzt dabei Eigenschaften objektorientierter Datenbanksysteme, wodurch sich sowohl die Programmierung der Bedarfsermittlung vereinfacht als auch die Aktualität erhöht.

Über die Autorin: Birgit Kränzle hat an der Universität Münster Betriebswirtschaftslehre studiert. Anschließend war sie am Lehrstuhl für Betriebsinformatik und Operations Research der Universität Kaiserslautern tätig, wo sie Ende 1993 promovierte.

Verlag Vieweg · Postfach 1546 · 65005 Wiesbaden